普通高等教育“十四五”规划教材
（风景园林/园林）

园林花卉学

（全彩版）

第2版

李永华　杜　方　主编

中国农业大学出版社
·北京·

内容简介

《园林花卉学(第2版)》包括总论、各论与花卉应用三部分,共24章。总论部分重点介绍了花卉的分类,环境因子对花卉生长发育的影响,花卉的繁殖方式、栽培管理、花期调控等技术;各论部分重点介绍了一二年生花卉、藤本花卉、室内观叶花卉、观赏作物、观赏草等230余种花卉植物的识别特点、繁殖栽培、园林应用等内容;花卉应用部分介绍了花台、花境、花坛、植物墙、专类园等不同造景形式的设计原则及施工环节。教材融汇了具有较高应用前景的花卉种类和实践技术,积极呈现了园林花卉领域的新方向、新成果。

图书在版编目(CIP)数据

园林花卉学/李永华,杜方主编. --2版. --北京:中国农业大学出版社,2024.10. --ISBN 978-7-5655-3281-8

Ⅰ.S68

中国国家版本馆CIP数据核字第2024Y4L181号

书　　名　园林花卉学　第2版
作　　者　李永华　杜　方　主编

策划编辑　梁爱荣　　**责任编辑**　梁爱荣
封面设计　郑　川　李尘工作室
出版发行　中国农业大学出版社
社　　址　北京市海淀区圆明园西路2号　　**邮政编码**　100193
电　　话　发行部 010-62733489,1190　　读者服务部 010-62732336
　　　　　　编辑部 010-62732617,2618　　出　版　部 010-62733440
网　　址　http://www.cau.edu.cn/caup　　**e-mail** cbsszs @ cau.edu.cn
经　　销　新华书店
印　　刷　涿州市星河印刷有限公司
版　　次　2024年10月第2版　2024年10月第1次印刷
规　　格　210 mm×260 mm　16开本　20.5印张　540千字
定　　价　76.00元

普通高等教育风景园林/园林系列
“十四五”规划建设教材编写指导委员会

第2版编审人员

主　　编　李永华（河南农业大学）
杜　方（山西农业大学）

副 主 编　姜贝贝（四川农业大学）
付素静（铜仁学院）
董永义（内蒙古民族大学）
惠俊爱（仲恺农业工程学院）
王　政（河南农业大学）

编写人员　（按姓氏拼音排序）
董永义（内蒙古民族大学）
杜　方（山西农业大学）
付素静（铜仁学院）
韩美玲（山西农业大学）
郝喜龙（内蒙古农业大学）
惠俊爱（仲恺农业工程学院）
姜贝贝（四川农业大学）
李　俊（北京市园林绿化科学研究院）
李永华（河南农业大学）
刘红利（河南农业大学）

刘雪凝（长江师范学院）
孙凌霞（四川农业大学）
王玉英（云南农业大学）
王　政（河南农业大学）
杨　玲（重庆三峡学院）
张青华（云南农业大学）

主　　审　何松林（河南农业大学）
孙　明（北京林业大学）

第1版编写人员

主　　编　杨利平（长江师范学院）
　　　　　　和凤美（云南农业大学）

副 主 编　姜贝贝（四川农业大学）
　　　　　　付素静（铜仁学院）
　　　　　　董永义（内蒙古民族大学）

参编人员　（按姓氏拼音排序）
　　　　　　孙凌霞（四川农业大学）
　　　　　　郭碧花（西华师范大学）
　　　　　　张青华（云南农业大学）
　　　　　　王玉英（云南农业大学）
　　　　　　杨　玲（重庆三峡学院）
　　　　　　刘雪凝（长江师范学院）
　　　　　　郝喜龙（内蒙古农业大学）

出版说明

美丽乡村建设、生态文明建设、人们对美好生活的新期待等对风景园林/园林专业提出了新的更高要求，也为风景园林/园林专业高质量发展提供了新的发展机遇，学科内容更加丰富，与人民生活更加密切，社会需求更加广泛。

风景园林学科是规划、设计、保护、建设和管理户外自然和人工境遇的学科，是人居环境学科的三大支柱之一，涉及气候、地理、水文等自然要素，同时也包含了人工建筑物、历史文化、传统风俗及地方色彩等人文元素，是一门涉及多学科、多知识体系、相对复杂的综合应用型学科，协调好人与自然之间的关系是其最重要的基本要求。

在生态文明建设大背景下，基于“四新”融合的新工科建设要求，面对新一轮科技革命和产业变革，风景园林教育应进一步强化与新兴的科技、工程和设计领域深度结合。“工农艺”多元融合是风景园林学科的基本特征，融合了风景园林学、林学、生态学、建筑学、艺术学等多学科知识体系。系统性是多学科融合的基本要求。规划与设计、植物与生态、人文与社会三大模块是课程设置的基础，围绕风景园林学科的核心内涵，相关课程应在统一的大系统上形成整体，内核突出，外延有度。围绕“概念成型-风景园林设计-工程设计-施工图绘制-材料选购-项目概预算-植物种植-施工组织与管理”的流程主线，既注重学科内容的系统性，又注重各个环节的独立性和应用性，将知识传授、能力培养与价值观塑造融为一体，在注重培养学生的发现问题能力、分析问题能力和解决问题能力的同时，更加注重培养学生的创新意识和实践能力，强调跨学科专业合作能力和可持续发展能力。

2022 年 9 月，风景园林学被正式取消一级学科。但同时相应地新增了风景园林专业学位，研究生培养以专业硕士和专业博士为主，更注重对综合实践能力的培养。这一措施的落地，对风景园林学科包括本科教育在内人才培养体系产生了一定的影响。风景园林学科有关专业组织、高等院校等竞相开展积极的研讨活动，为在新的形势下实现风景园林学科健康和可持续发展，为在高质量要求下更好培养符合新时代要求的新型风景园林专业人才开展新的探索和实践活动。“自信自强守初心，创新致远启新程”彰显了风景园林人追求新形势下学科发展的决心和信心。

2023 年 12 月，中国农业大学出版社于 2023 年 9 月在四川农业大学召集近 20 位来自全国不同高校的专家召开的新形势下本科人才培养及系列教材建设研讨会的基础上，又在北京召开了“风景园林/园林专业‘十四

五'规划系列教材建设研讨会”。专家代表们对2017年前后以面向西南地区高等院校风景园林专业人才培养的系列教材做了全面回顾和分析总结，立足新的形势和要求在人才培养目标和定位上，在知识结构调整上、在课程体系建设上、在学生综合能力培养上，特别是针对教材建设更好服务学科发展，保障人才培养质量方面展开了深入研讨和论证。会议对新时期、新形势、新要求下的课程教学和教材建设做出如下判断并提出相应要求：

1.课程教学应立足新的发展要求，更加注重生态文明建设大背景下学科内容新的发展要求，更加注重新时期新形势下本科人才培养新的目标定位，更加注重新的人才培养目标下课程体系与教学内容建设，更加注重人才培养方式与教学方式方法的创新性和适应性。

2.系列教材应努力处理好夯实专业基础与彰显优势特色之间的关系，在教材内容上特别是案例资源上努力做到品种丰富、特色鲜明、质量优质、适用性强。注重人工智能等新技术在提高教学质量和效率上的积极作用。

3.系列教材建设应系统谋划、整体运行、立体化建设，统筹好教材内容间的知识衔接，教材内容形成分工明确、边界交叉、结构相连、彼此呼应的格局，构建与课程建设相互关联、联动发展的教材内容以及与能力、素质培养的关系。

4. 教材体系构建从教材内容、课程、科研、实践与教学手段等方面综合形成动态、复合、多元的网络化特点。教材编写同精品课程、数字平台进行建设联动，鼓励各门课程教材编写人员将科研课题的研究内容、方法、结论融入教材，通过实际案例启发学生深入思考，提高发现问题、分析问题和解决问题的能力。

5.鼓励参编人员主动开展各类、各级教学研究，总结教学中的问题及经验，申报教学成果，并将其转化为教学理论，丰富和指导教材内容组织构架。

6.系列教材建设要遵循整体要求，保证系列教材体例与形式的合理性和统一性，注重形式与内容的有机融合。注重案例素材的典型性、适用性和高质量，全方位满足高质量教材建设要求。

7.教材出版形式努力满足风景园林/园林学科的审美要求，在封面、版式以及案例素材等细微之处体现学科特色和对风景园林人心灵深处润物细无声的慰藉。

8. 坚持“大思政课”的理念，站在风景园林/园林专业整体教学与特色的高度整体设计课程思政教学内容，努力构建风景园林/园林专业应有的课程思政教育内容体系。

9.坚持理论与实践相结合，满足产教融合、科教融汇要求。教材品种和内容与科研、教学、生产及人民生活(行业发展)密切联系。吸收企业人员或用人单位人员加入教材编写队伍。

编写指导委员会

2024年7月

第 2 版前言

党的二十大报告提出"城乡人居环境明显改善，美丽中国建设成效显著"作为未来五年的主要目标任务，全国花卉业发展规划(2022—2035 年)提出到 2035 年基本实现花卉业现代化，基本建成花卉强国。新时代发展态势下，公共绿化和家庭园艺对园林花卉新品种、新材质、新技术的需求日益增加，对花卉类型与品质的要求越来越多元。园林花卉的创新型成果与实践性技术在专业人才的培养中显得尤为重要，具有丰富文化内涵的花卉产品逐渐成为花卉产业的主要力量。

《园林花卉学》有 8 所院校的一线专业教师参与编写，于 2017 年 7 月出版发行，已在全国 20 多个高等院校使用。教材根据专业创新人才培养要求，从学生认知角度构建内容体系，着重介绍了园林花卉在生产生活中的应用以及当前国内外有关园林花卉的新理论和新技术。但随着城乡人居环境建设质量的提升，园林花卉新品种的大量出现，家庭园艺的逐渐兴起，教材部分内容已不能适应产业行业的发展和学生对新的理论知识和技术技能的渴求，急需完善修订。教材编写委员会组织了全国 11 所高等农林院校与科研机构长期从事园林花卉教学、科研、社会服务的教授、专家等，对《园林花卉学》进行了修订完善。

《园林花卉学》(第 2 版)针对新时代创新型与复合型人才培养的需求，融汇了具有较高应用前景的研究成果和工程实践技术，结合花卉产业发展现状及专业课程设置，将园林花卉新品种、花卉应用新形式、栽培管理新技术、景观建设新理念融入教材，对花卉设施类型、花卉病虫害防治、花丛应用设计与施工等内容进行了调整，增加了观赏作物、藤本花卉等章节，对各论中每种花卉的介绍条目进行了凝练与整合。在每一章的后面增加了思考题与推荐阅读文献，思考题来源于该章内容，又拓展了阅读思考的领域，只有在掌握产业发展前沿的基础上才能做到融汇与贯通。新版教材既继承了传统的园林花卉繁殖与栽培管理技术，又呈现了园林花卉领域的新方向、新成果。

全书共分 24 章，计划总学时 40～60。该教材由李永华、杜方统稿。具体编写分工如下：绪论由李永华、杜方编写；第 1 章由王政编写；第 2 章由刘雪凝编写；第 3 章由杨玲编写；第 4 章由孙凌霞、王玉英、张青华编写编写；第 5 章由董永义、郝喜龙编写编写；第 6 章由孙凌霞编写；第 7 章由姜贝贝、付素静编写；第 8 章由姜贝贝编写；第 9 章由孙凌霞编写；第 10 章由郝喜龙、刘雪凝编写；第 11 章由付素静编写；第 12 章由刘红利编写；第 13 章由张青华编写；第 14 章由王玉英编写；第 15 章由惠俊爱、韩美玲编写；第 16 章由杜方、王政编写；

第 17 章由姜贝贝编写；第 18 章由杨玲编写；第 19 章由惠俊爱、韩美玲编写；第 20 章由董永义编写；第 21 章由李永华、刘红利编写；第 22 章由李俊编写；第 23 章由杨玲编写；每章配有丰富的图片，以增强教学的直观性。

《园林花卉学》(第 2 版)可作为园林、园艺、风景园林、城乡规划等专业的教材，也可作为花卉生产企业、规划设计企业及花木产品经销商的参考书籍。

教材编写过程中，参考了大量相关文献资料，在此向被引用文献资料的作者表示感谢！编写过程中河南农业大学风景园林与艺术学院的领导和老师给予了许多指导和帮助，在此一并致谢。

由于本书内容广泛，加之编者的知识水平所限，虽然在编写过程中反复研究讨论和校对，书中错误与不足之处在所难免，尚希不吝批评指正。

编者

2024 年 7 月

第1版前言

《园林花卉学》为高等院校风景园林、园林、园艺及相关专业的教学用书。教材编写本着贯彻落实《国家中长期教育改革和发展规划纲要（2010—2020年）》《国家中长期人才发展规划纲要（2010—2020年）和《关于深化高等学校创新创业教育改革的实施意见》的精神，以花卉产业发展为背景，以花卉栽培和花卉园林应用为核心，以紧贴生产实际和市场动态为目标，充分反映花卉生产和花卉应用的最高水平。教材力求做到结构完整、内容新颖、重点突出、实用性强。为了更好地促进不同学科背景的编写老师发挥各自优势，参编教师以集中会议和网络讨论的方式多次研讨，认领编写任务，使得参编者能将自己积累的教学成果和实践经验充分融入教材。教材根据专业创新人才培养要求，从学生认知角度构建内容体系，着重介绍了园林花卉在生产生活中的应用以及当前国内外有关园林花卉的新理论和新技术。

全书分为总论、各论和花卉应用三部分，由8所院校有多年教学经验的一线专业教师共同编写完成。具体编写分工如下：绪论由杨利平、和凤美、郭碧花编写；第1章由郭碧花编写；第2章由刘雪凝编写；第3章由杨玲编写；第4章由孙凌霞、王玉英、张青华编写；第5章由董永义、郝喜龙编写；第6章由孙凌霞编写；第7章由付素静编写；第8章由和凤美、姜贝贝编写；第9章由姜贝贝编写；第10章由孙凌霞、郭碧花、杨利平编写；第11章由郝喜龙、刘雪凝编写；第12章由付素静编写；第13章由和凤美、郭碧花编写；第14章由张青华编写；第15章由王玉英、和凤美编写；第16章由姜贝贝编写；第17章由杨玲编写；第18章和第19章由杨利平编写；第20章由杨利平、董永义编写；第21章和第22章由杨利平编写；第23章由杨玲编写。每章配有丰富图片或墨线图，以增强教学的直观性。

在教材编写过程中，参考了大量相关文献资料，在此向被引用文献资料的作者表示感谢！

由于本书内容广泛，加之编者的知识水平所限，虽然在编写过程中反复研究讨论和校对，但错误之处在所难免，恳请广大读者批评指正。

编者

2017年3月

目　录

第1部分　总论

第 2 部分 各论

第 3 部分 花卉应用

第1部分　总论

绪　论

0.1 园林花卉学的定义及其范畴

0.1.1 花卉学

花卉的概念包括狭义和广义两个方面。狭义的花卉(garden flowers，bedding plants)是指具观赏价值的草本植物，包括不开花的蕨类植物和观赏草类。如凤仙花、仙客来、菊花、鸟巢蕨、沿阶草等。广义的花卉，是具有观赏价值的植物总称。根据生产特点和用途，可将花卉分为鲜切花类、盆栽植物类、观赏苗木、食用与药用花卉、工业及其他用途花卉、草坪、种子用花卉、种球用花卉和种苗用花卉、干花等。

花卉的概念是与时俱进的，其范畴随时代的发展愈加宽泛。《辞海》(1979 年版)中指出："花是指能开花供观赏的植物，卉是草的总称，而花卉一词即指可供观赏的花草。"其定义已明确包含有开花的木本和草本植物，以及可供观赏的草类。《新华词典》(2007 年版)解释："花"是种子植物的有性繁殖器官，引申为有观赏价值的植物；"卉"是草的总称。因此，花卉为"花草的总称"。21 世纪以来，随着城市建设的飞速发展，美化环境、保护环境意识的不断增强，人类对大自然美好环境的渴望以及对各种花卉的需求越来越强烈，花卉的概念与范畴也随之无限地衍生和扩展，出现许多相应的名词与概念。如陈俊愉先生在《中国花卉品种分类学》中所列出的相关名词有园林植物、园林花卉、观赏植物、风景植物和环境植物等，这些名词从不同视角对花卉进行界定，但基本含义相同，皆可归入广义的花卉概念中，即除有观赏价值的草本植物(狭义花卉)之外，还包括木本的地被植物、花灌木、观花或观叶、观枝、观果的乔木。花卉也可统称为园林植物，即一切适用于园林(从室内花卉装饰到风景名胜区绿化)的植物材料的统称(《中国花卉品种分类学》)。随着人类生产水平和科学技术的不断进步，以及国际文化艺术的相互交流与渗透，花卉的内涵和外延依然在不断扩大。目前，国外通用的花卉英文表达为 floriculture crop。

花卉在人类生活的最初作用是其实用性，如药用、食用、香料、染料等。随着人类花卉审美活动的发展，其在社会精神生活中占有了一定地位，花卉的应用和栽培成为人类文明的一部分，成为一种文化。人类从早期直接欣赏应用野生花卉，逐渐发展到人工栽培野生花卉，进而培育花卉品种，使花卉栽培逐步走向生产栽培，形成了具有很高经济价值的花卉产业。"家庭园艺"现已成为花卉行业最常用的词汇之一。家庭园艺是指在室内、阳台、屋顶或是庭院等空间范围内，从事园艺植物栽培和装饰的活动。中国传统的家庭园艺包括养花、插花和盆景制作，而现代家庭园艺含义与传统意义上的家庭园艺中的养花更接近。随着市场的进一步发展，家庭园艺会回归到种植本质，逐渐重视植物产品的低维护和省心省力。许多花卉植物不但可以用于景观营建，还可以为种植者提供食物。将食用性植物与观赏性植物或赏食兼用型植物在同一区域融合种植后构成的，集观赏性、健康性和生态性为一体的新型景观被称为可食用景观。由于其既能满足人的审美需求，也能满足营养需求，在欧美国家受到越来越多人的青睐，在国内已然引起了人们的兴趣。

0.1.2 花卉的栽培形式

园林花卉种类繁多，生态习性和生物学特性各不相同，加之栽培目的有异，从而形成了各种不同的栽培方式。目前，根据栽培的目的和性质不同，可将花卉栽培分为三大类。

1）观赏栽培

观赏栽培是以观赏为主要目的的花卉种植和培育技术，在园林系统和城市绿化美化中发挥着重要作用，在医疗、康复、教育领域中广泛应用。如在全国各地公园、城市绿地、各种公共游憩场所、各类庭院及植物园中举办牡丹花展、菊花展、梅花展等，或在城市绿化重要节点栽植花卉，以花坛、花境等绿化形式营造景观等。

2）生产栽培

生产栽培是以获取经济利益为目的的花卉栽培。一般在各种体制的企业中进行，使用专门的土地和花卉栽培技术和设施。通常会采用新优品种，使用和开发新的栽培技术，采用智能化管理，进行专业化生产。在一些发展较好的国家和地区已形成生产、市场、销售及售后服务的完整系统，形成了良好运行的花卉产业。相对观赏栽培而言，每个生产单位栽培的种类相对少而集中，但品种丰富。目前主要有几大类产品：切花、盆花、观叶植物、花坛花卉、种子、种球和苗木等。如我国云南的各种切花生产，福建漳州和上海崇明的水仙球茎生产。

3）科研栽培

科研栽培也称标本栽培，以种质资源收集、科学研究和科普教育为主要目的。在各级植物园、专类园、品种圃、标本植物温室等特定区域进行栽植，栽培的对象比以上两类广泛，包括大量的野生种和栽培种及品种。如我国武汉的梅花资源圃“梅园”，洛阳的“国家牡丹基因库”等。

0.1.3 花卉与园林的关系

在园林景观设计中，结合当地的气候，花朵的颜色、形状和花期以及园林景观的主题、风格等合理布置园林花卉，既能够打造出独特而美丽的园林景观，又能够使人们在园林中获得心灵的愉悦与享受，对保持人们的身心健康具有重要意义。花卉与园林之间存在着紧密而丰富的联系。

从美学角度来看，花卉是园林设计中不可或缺的元素，它们以其丰富的色彩、形态和香气，为园林空间增添了生机与活力。通过精心选择和搭配，可以创造出令人愉悦的视觉效果，提升园林的观赏价值。花卉的种植和配置，不仅能够营造出丰富多样的景观效果，还能体现出设计师的创意和审美。

从空间划分方面来看，在园林设计中，花卉可以用来划分空间、引导视线和创造节奏感。例如，种植不同高度和形态的花卉，可以形成层次丰富的空间效果；利用花卉的色彩和形态变化，可以引导游客的视线流动，增强空间的流动性；同时，通过花卉的季相变化，可以创造出丰富的节奏感，使园林空间更加生动有趣。

从经济角度来看，花卉产业与园林建设相互促进、共同发展。花卉种植和销售为园林行业提供了丰富的材料来源，同时也带动了相关产业链的发展，如花卉培育、景观设计、园艺施工等。而园林建设作为城市建设和生态环境改善的重要组成部分，也为花卉产业提供了广阔的市场空间和发展机遇。

0.2 花卉在生活中的地位和作用

0.2.1 城乡景观营建

如今花卉越来越多地出现在人们的生活中，为创造人居美好环境发挥着越来越大的作用。城乡的绿化带和马路两边，因花卉的装饰而生机勃勃。用花卉装点庭院、美化居室，使人们的生活更加五彩缤纷，充满乐趣。花卉也是青春和生命的象征，在热闹喜庆的日子里，美丽鲜艳的花卉更是增添不少气氛，让人们在节日的喜庆里心情更加美好。花卉鲜艳的色彩和沁人肺腑的芬芳，令人赏心悦目、心旷神怡。越来越多的地方建成了花园城市、花园小区、花园工厂、花园式学校、花园式乡镇。

地域特色是一个地区自然景观与历史文脉的综合，市花、市树是一个地区文明的标志和城市文化的象征。如上海的白玉兰、北京的月季和菊花、洛阳的牡丹、扬州的琼花、深圳的叶子花、福州的茉莉花等都具有悠久栽培历史和深刻的文化内涵，已经成为这些城市的名片。随着乡村振兴战略的实施，很多地方以花为媒，吸引游客前来观赏，乡村花海景观应运而生。如江西婺源的油菜花海，江苏射阳的菊花花海，河南荥阳的“丰乐樱花园”，这些乡村景观不但丰富了人们的生活，而且已成为乡村发展的新活力。

0.2.2 花文化与生活

中国人性格含蓄，常喜欢托物言志，借以表达自己的精神追求。古语有“凤凰非梧桐不栖”的说法，就是借笔直伟岸的梧桐树形象，象征人无私正直的品行。宋代周敦颐《爱莲说》写荷花“出淤泥而不染，濯清涟而不妖，中通外直，不蔓不枝，香远益清，亭亭净植”，把荷花的自然习性和人的思想品格联系起来，使人们对荷花的欣赏不仅停留在自然之美，还延伸到对其高尚品格的崇敬。范成大《范村菊谱》云：“岁华晼晚，草木变衰，乃独晔然秀发，傲睨风露，此幽人逸士之操”，在这里“以菊比君子”，菊花的坚贞与高洁，早已深深嵌入了中国人的骨髓。翻阅历史的篇章，不难看出，我国历代文人墨客留下了大量描绘花木的诗词歌赋；刘禹锡吟咏栀子、桃花、杏花，杜牧常以杏花、荔枝为题，而扬州琼花之名满天下，实因文人的大量咏颂而起。

作为园林中具有动态生命力的要素，植物不仅“形、声、色”可以作为人们观赏的对象，其精神和文化内涵更是园林营建中植物选择的重要因素。人们常常将花木栽植在自家的“咫尺山林”，以营造理想中“天人合一”的居所，增加园林的文化意境。“宁可食无肉，不可居无竹”这句诗写出了中国人对待物质与精神的态度，也体现了人们对自然生活美的追求。留园十八景之一的“古木交柯”，在明式花台内植柏树、云南山茶各一株，正中墙面上挂着“古木交柯”砖匾，手法简练，空间疏朗，好似一幅耐人寻味的传统国画，蕴含了古人对人与自然和谐统一的追求。

植物不仅是艺术作品的灵感源泉，也是文化符号的象征，常常会以文化符号的方式出现在人们的生活中。不同的花卉在不同的文化中形成了各自独特的意义，如玫瑰代表爱情，向日葵象征希望。松柏为长生和子孙兴旺的象征；梅花花开五瓣，人称“梅开五福”；“梅”和“眉”谐音，与喜鹊组合为“喜鹊登梅”的图案，寓意“喜上眉梢”；牡丹与芙蓉、牡丹与长春花结合表示“富贵长春”。古典园林中常常以类似的文化符号进行花街铺地，或作园林漏窗的植物文饰，体现了古人对植物的浓厚情感和深刻理解。

0.2.3 花卉的生态功能

1)碳氧平衡

目前大部分城市建成区的二氧化碳含量已超过自然界大气中二氧化碳正常含量，园林花卉通过光合作用固碳释氧，在城市低空范围内从总量上调节和改善城区碳氧平衡状况，在就地缓解或消除局部缺氧、改善局部地区空气质量中起到尤为重要的作用。园林花卉的这种功能，是在城市环境这种特定的条件下其他手段所不能替代的。

2)降温增湿效应

由于自然降雨大部分被建筑物和铺装道路所拦截而流入地下水道而丧失，所以自然降雨通过非铺装地面上植被的蒸腾向大气补偿水分的数量大为减少，使城市过热和过干的恶性循环得以继续，这种状况在北方城市尤为明显。园林花卉作为城市中宝贵的绿色资源之一，通过其叶片大量蒸腾水分而消耗城市中的辐射热，通过枝叶形成的浓荫阻挡太阳的直接辐射热和来自路面、墙面及相邻物体的反射热，从而产生降温增湿效益，对缓解城市的热岛，减少居民由于干热环境引起的多种疾病的发生，提高居民的健康水平和生活舒适度，具有特殊和重要的意义。

3)杀菌效应

园林花卉对细菌具有抑制和杀灭作用，不同花卉种类在杀菌能力方面有显著差异性。园林花卉通过其枝叶的吸滞和过滤作用减少粉尘(作为细菌的载体),从而减少城市空气中细菌含量。绿色植物所释放的芳香化合物,有杀死大气中病毒、细菌的作用,从而保护人体健康。研究发现植物芳香油“杀菌素”的种类达340多种,有的能引起细菌溶解,有的可破坏或抑制病原菌的代谢和繁殖,并有改善心肌缺血、解除血管平滑肌痉挛的作用,从而稳定情绪、解除焦虑并促进睡眠。

4)减污效应

园林花卉在其生命活动的过程中,主要通过呼吸作用吸收有毒气体,并将有毒气体转变为无毒的物质,从而在一定程度上起到净化环境的作用。不同的园林花卉种类在减污能力上也表现出很大的差异性。万寿菊可吸收二氧化硫、氯气、氟化氢等有害气体;美人蕉能吸收二氧化硫、氯化氢等有害气体;石竹可吸收二氧化硫和氯气;一串红对硫、氯的吸收能力均较强;鸡冠花可抗二氧化硫、氯化氢等有毒气体。栽种园林植物来减少污染,作为减污综合治理中一项有效的生物措施,特别是在减少和改善局部地区污染状况中的积极作用,应受到足够的重视。

5)滞尘效应

园林花卉通过枝叶降低风速而起到减尘作用;通过其枝叶对粉尘的截留和吸附,起到滞尘效应。园林花卉枝叶对粉尘的截留和吸附是暂时的,随着下一次降雨的到来,粉尘被冲洗到土壤中,在这个间隔时期内,有的粉尘可由于风力或其他外力的作用而重新返回空气中,不同植物的滞尘能力和滞尘积累量也有差异。枝繁叶茂的花卉,能够吸附空气中大量的灰尘,达到净化空气的目的。玉兰、木槿、女贞等都是理想的防尘花卉。

6)减噪效应

园林花卉的减噪效应往往受到噪声源和一定空间距离的局限,更多地表现为局部效应。高大的花卉具有很强的隔音效果,枝叶表面的气孔和茸毛可削弱声波的强度,并有吸收声波的作用,从而有效减轻噪声污染。园林花卉对声波的反射和吸收能力的大小与植被的种类、种植密度有关。

7)监测环境

植物对大气污染的反应,要比人类敏感得多。在环境污染的情况下,污染物质对植物的毒害也会以各种形式表现出来,植物的这种反应就是环境污染的“信号”,人们可以根据植物所发出的“信号”来分析鉴别环境污染程度。美人蕉的叶面对空气污染的反应很敏感,在净化空气的同时,还可作为环境监测器。有些花卉对有害气体十分敏感,可作为某种气体的指示植物,如唐菖蒲、萱草、郁金香对氟化氢敏感,桃对氯化氢敏感,秋海棠对氮化物、氧化物敏感,丁香对臭氧敏感。

0.2.4 花卉与国民经济发展

1)药用价值

鲜花含有极丰富的蛋白质、脂肪、淀粉、氨基酸、多种维生素及微量元素,同时还含有某些延迟人体衰老的激素和抗生素等,具有保健和药疗之功效。如菊花明目养肝,芍药行血补气,月季活血消肿,茉莉长发强肌,梅花养神去痛,梨花润燥化痰等。精神层面,花卉还能使人愉悦、心旷神怡。桂花的香气飘远轻溢,可解郁、辟秽;兰花的幽香能解除人的烦闷和忧郁;天竺葵的香气具有平喘、顺气的功效;郁金香的香气能疏肝利胆;槐花油可以泻热凉血。目前已发现有几种鲜花的香气对治疗心血管病、气喘、高血压、肝硬化、神经衰弱和失眠等有明显的治疗效果。长期用眼用脑的人若经常面对一丛绿色的盆景,会消除心身疲劳。此外,白色花卉神圣纯洁、宁静消暑;红、橙、黄诸色则使人亢奋热烈。

2)食用价值

很多花卉,不仅根、茎、叶、花以及果实可观赏,还可供食用、制药、酿酒和提取香精等。据不完全统计,可食用的花卉约97个科,100多个属,180多个种。珠兰的花和根状茎可提取香精油,并可熏茶,有名的“珠兰香茶”就是把黄色的鲜花掺入茶叶中熏制而成;玫瑰干花可制药、做玫瑰酥糖、玫瑰月饼、玫瑰甜羹,用花瓣熏制“玫瑰红茶”,玫瑰花还可提取香精、玫瑰油等;百合地下鳞茎可煮食,也可干制后煮粥;金银花可炒肉片、肉丝或泡茶;菊花有食用菊、茶用菊、药用菊；桂花可做桂花糕、桂花酒；芦荟可炒吃、炖、红烧等。

3)经济价值

园林花卉以室内装饰或室外花丛、花带、花台、花坛、花境、立体应用和专类园等方式广泛应用。切花、盆花、苗木、种子、种球、干花等大规模商品化生产，是高效创汇的重要途径。切花生产包括切花、切叶、切枝等生产，主要用于制作花束、花篮、花圈、新娘捧花等花艺作品。盆栽植物是指以观赏为目的用容器栽培的植物，未经过严格的修剪造型，以花、果、叶为主要观赏部位。种球是植物地下部分膨大的根或茎，通常是球根类花卉的繁殖器官。干花制品保持了鲜花的真与美，便于运输、储存和销售，是室内装饰、橱窗陈列等的美化品。2023 年，我国花卉出口贸易总额达 7.10 亿美元，其中进口额 2.72 亿美元，出口额 4.38 亿美元。

0.3 中国花卉的发展

0.3.1 中国花卉栽培史

中华民族有 5000 年的文化，诸多古籍中均有观赏植物开发利用的记载。梅、杏、菊的栽培在夏朝《夏小正》中已有记载；春秋时期吴王夫差兴建梧桐园，栽植野生观赏植物；西晋的《南方草木状》是最早的观赏植物专著，记载各种奇花异木的产地、形态、花期等；唐朝时期，植物嫁接技术已大量运用到花卉方面，菊花已经开始嫁接繁殖。花卉栽培最为兴盛的时期则为宋朝到前清时期中国花卉栽培历史见表 0-1。

0.3.2 中国花卉资源特点及对世界园林的贡献

我国地形、地貌、土壤类型多种多样，自然地理和气候条件也异常复杂。这些多样化的环境为我国野生花卉生长提供了得天独厚的自然条件，使得我国成为世界花卉种质资源宝库之一，在世界上享有“世界园林之母”的美誉。据初步统计，目前世界上已栽培的花卉植物中原产于我国的有 113 科 523 属，达数千种之多。

1)资源种类及其特点

据统计全球观赏植物共约 3 万种，其中较常见的有 6000 多种。我国原产观赏植物大约 2 万种，常见的有 2000 多种，可见我国拥有丰富的种质资源，是世界花卉原产地最丰富的国家之一。如具有重

表 0-1　中国花卉栽培历史

时期	年代	事件、著作等
春秋时期	前 495—前 476 年	吴王夫差(前 495—前 476 年)在会稽建梧桐园
秦汉时期	前 221—公元 220 年	汉武帝在长安兴建上林苑，《西京杂记》记载 2000 余种花木
西晋	304 年	嵇含著《南方草木状》，记载岭南地区栽培的园林植物 80 种
东晋	317—420 年	陶渊明诗集中有‘九华菊’品种名
隋代	581—618 年	花卉栽培渐盛。据李格非《洛阳名园记》记载，“北有牡丹芍药四株，中有竹百亩”
唐代	618—907 年	王方庆《园林草木疏》和李德裕《平泉山居草木记》均记载了许多引种栽培的观赏植物
宋代	960—1299 年	花卉栽培发展兴旺，有代表性的专著如陈景沂《全芳备祖》，范成大《桂海花木志》《范村梅谱》《范村菊谱》，欧阳修《洛阳牡丹记》，周师厚《洛阳花木记》，陆游《天彭牡丹谱》，陈思《海棠谱》，王观《扬州芍药谱》，刘蒙《刘氏菊谱》，史正志《史氏菊谱》，赵时庚《金漳兰谱》，王贵学《王氏兰谱》等
明代	1368—1644 年	高濂《兰谱》，黄省增、周履靖《菊谱》，陈继儒《种菊法》，黄省曾《艺菊书》，薛凤翔《牡丹史》，曹璿《琼花集》等。综合性著作有周文华《汝南圃史》，王世懋《学圃杂疏》，陈诗教《灌园史》，王象晋《二如亭群芳谱》等
清代	1644—1911 年	花卉园艺兴盛，代表性的专著如杨钟宝《缸荷谱》，赵学敏《凤仙谱》，计楠《牡丹谱》，陆廷灿《艺菊志》，评花馆主《月季谱》、陈淏子《花镜》等
民国	1912—1949 年	代表性的专著如陈植《观赏树木》，夏诒彬《种兰法》，章君瑜《花卉园艺学》，陈俊愉、汪菊渊等《艺园概要》，黄岳渊、黄德邻《花经》等

要观赏价值的杜鹃，全世界有 800 余种，我国就有 600 多种；槭树 200 余种，我国有 140 余种；百合属植物近百种，我国有 40 余种。其他如梅花、牡丹、菊花、月季、玉兰、山茶、珙桐、丁香、石楠等花卉的原产地都在中国。此外，我国花卉栽培有 2000 多年的历史，传统名花品种繁多，如牡丹品种就有 1000 多个。

植物资源调查统计发现，秦巴山区有野生观赏植物 85 科 152 属 327 种；冀南太行山区可供观赏的植物资源有 53 科 132 种；甘肃小陇山区有观赏植物 327 种；青岛崂山地区可供观赏的植物近 600 种；舟山群岛有野生花卉 539 种；长白山区有野生花卉 200 种以上。近些年许多地区也摸清了当地观赏植物资源现状。如西双版纳有野生花卉资源 2000 种，神农架有 1253 种，黄山有 200 种，河北坝上有 293 种，云南有 2040 种，河南有 674 种，新疆有 390 种，海南有 406 种，黑龙江有近 300 种。此外，浙江、湖南、福建、海南、华南、青藏高原、黔西北等对兰科植物资源进行了专项调查，云南西双版纳、河南对石斛属植物资源进行了专项调查，云南、西藏、四川、黄山、湖南、浙江、青海对高山花卉中的杜鹃进行了专项调查，湖南、北京、江苏、福建对观赏蕨类进行了专项调查，贵州对凤仙花科、江苏对荚蒾属、浙江对鸢尾科和石蒜科也做了大量的资源调查。

调查发现了许多各地特有物种。青岛崂山地区特有种崂山百合、崂山蓟、无萼齿野豌豆、滨旋花及耐冬(山茶)等；舟山群岛有大量的海岛特有种，如普陀鹅耳枥、普陀樟(天竺桂)、舟山新木姜子、普陀水仙、海滨木槿等。我国物种最为丰富的地方是西南地区，被认为是世界著名的动植物资源宝库之一。其中，尤以云南为盛。云南有八大名花，山茶、杜鹃、木兰、兰花、报春、百合、绿绒蒿和龙胆。山茶是自然界中少见的大花常绿乔木，素有“云南山茶甲天下”的美誉。杜鹃有 250 多种，尤其以高山常绿杜鹃著称，有“木本花卉之王”的美称。木兰泛指木兰科植物，以花大、芳香闻名，云南有 9 属 60 多种。云南的兰花种类极为丰富，占全国 1/2 以上，就地生兰而言，滇西一带有素心兰、大雪兰、朱砂兰，滇中有春兰、蕙兰，滇东南有建兰，滇南有建兰、墨兰等；附生兰分布在西双版纳和滇南热带地区，有兜兰、万代兰、蝴蝶兰、卡特兰和石斛等 100 余种。云南还分布有独特的兰花品种，如莲瓣兰、套叶兰、矮叶虎头兰等，尤其是碧罗雪山的杏黄兜兰和文山的麻栗坡兜兰，均为世界名品。报春花和龙胆主要分布在云南高山地区，报春花有 150 多种，龙胆约 130 种，天蓝色的紫龙胆最为名贵。云南产绿绒蒿 17 种，多分布在滇西北 3000～4000 m 的高山草甸。云南百合类观花植物有 20 多种，其中的宝兴百合是亚洲百合中少有的具有芳香气味的百合。除以上种类外，云南还拥有许多珍奇花卉植物，如驰名中外的珙桐(鸽子树)、冬樱、云南樱花，花色奇特的紫牡丹、黄牡丹，沁香四溢的木香、野蔷薇，种类繁多的秋海棠以及花形奇异的飞燕草、乌头、马先蒿、角蒿等。

河南地处中原，复杂的地形地貌，独特的过渡带气候条件，古老的地质成因，决定了其具有丰富的野生观赏植物资源，是北方地区最佳的观赏植物引种栽培的种源地。河南有野生观赏植物 900 余种，其中观赏草本类 250 余种，观赏藤蔓类 100 余种，观赏水生类 30 余种。野生常绿阔叶木本植物资源计 34 科 145 种，黑壳楠、红豆树等具有较高观赏价值和市场应用前景的共计有 23 科 90 余种。有百种以上的珍贵稀有植物，如原产河南的太行花、河南海棠、河南杜鹃、河南山梅花等，有“孑遗植物”香果树、连香树、领春木、粗榧等。牡丹在河南栽培始于隋代，盛于唐宋，已培育出牡丹品种 500 多个，素有“洛阳牡丹甲天下”的美誉。鄢陵蜡梅历来闻名遐迩，已培育出虎蹄纹蜡梅、素心蜡梅、小花蜡梅三大品系近 300 个品种。

2)花卉资源对世界的贡献

我国原产的花卉为世界花卉事业做出了巨大的贡献。从 19 世纪初开始，大批欧美植物学工作者来华搜集花卉资源。其中，著名的植物学家威尔逊(E. H. Wilson)自 1899 年起先后 5 次来华(达 18 年之久)，采集乔灌木 1200 余种，还有许多种子和鳞茎。他在 1929 年出版的《中国，园林之母》(*China, Mother of Gardens*)一书中有这样的描述“中国确是园林之母，我们花园中从早春开花的连翘、玉兰，夏季的牡丹、蔷薇，到秋天的菊花都是中国贡献给世界园林的珍贵资源”。英国公园的春景是由大量的中国杜鹃、报春和玉兰属植物美化的，街道上的著名行道树——珙桐也来自中国。云南的报春花在英国引种成功，并通过杂交育种培育出许多花大色艳的新品种。

以英国邱园引种成功中国园林植物为例，原产华东、华中及西南地区的树种近 1400 种，占该园引自全球树木的 33.5%；21 世纪初，邱园共有 11635 份采自中国的植物标本，含 206 科 1102 属 6056 种植物。60 种墙园植物中有 29 种来自中国，其中重要的有紫藤、迎春、木香、火棘、连翘、蜡梅、藤绣球等；牡丹芍药园中有 11 种及变种来自中国，其中 5 种木本牡丹全部来自中国；优美的秋色叶树种槭树中有 50 种来自中国，如血皮槭(*Acer griseum*)、青皮槭(*A. cappadocium*)、青榨槭(*A. davidii*)、疏花槭(*A. laxiflorum*)、茶条槭(*A. ginnala*)、地锦槭(*A. mono*)、桐状槭(*A. platanoides*)、红花槭(*A. rubrum*)、鸡爪槭(*A. palmatum*)等。100 多年以来，英国爱丁堡皇家植物园栽培的我国原产植物达 1500 种之多。北美引种的我国乔、灌木达 1500 种以上，德国有 50%、荷兰有 40%的栽培植物来源于我国。西方栽培的观赏树木，如银杏、水杉、珙桐、玉兰、泡桐以及松柏类，大部来自我国。由于原产我国的花卉广泛栽培在欧美的园林中，有言道“没有中国植物就不能称其为庭园”。

中国植物在世界园林培育新的杂交种中起到了举足轻重的作用。如现代月季品种多达 2 万个，其中许多品种中都含有原产中国的月季(*Rosa chinensis*)、香水月季(*R. odorata*)、玫瑰(*R. rugosa*)、木香花(*R. banksiae*)、黄刺玫(*R. xanthina*)和峨眉蔷薇(*R. omeiensis*)的血统。

0.3.3 中国花卉产业发展趋势

花象征着美好、传递着情感。随着我国人民生活水平的日益提高，花卉已经逐步走进大众消费市场，成为人们日常表达祝福的最佳选择之一。花卉已经不仅仅是一种植物，更成为一种艺术品。人们通过欣赏花卉来感受自然之美，从而提高生活品质。花卉在园艺、绿化、环保等领域的应用也越来越广泛，这也为花卉产业发展提供了更广阔的市场空间。目前花卉苗木的种植和销售市场依然是国家重点发展的产业和领域，在提高产品质量的同时，各企业需要结合地方条件突出产品特色，并着力开发优势品种，加大耐寒、耐盐碱、耐高温等功能性花木的开发力度，以巩固市场竞争力。

在消费需求快速增长的拉动下，我国花卉产业不断发展壮大。截至 2022 年年底，全国花卉种植面积 149.42 万 hm^2，销售额 2254.76 亿元，同比增长 4.36%；进出口贸易总额 7.2 亿美元，同比增长 2.71%。我国观赏苗木、切花和盆栽植物、种球的生产面积分别位列世界第一、第二和第三位，是全球最大的康乃馨、百合切花生产国，第二大月季和菊花切花生产国。

1)中国花卉产业发展现状及特点

中国是世界最大的花卉生产基地之一，尤其是云南省，拥有亚洲最大的花卉市场——斗南花卉市场。中国的花卉产业不仅满足国内市场的需求，还出口到日本、韩国、新加坡等 50 多个国家和地区。2023 年 5 月，国家林业和草原局、农业农村部联合印发《全国花卉业发展规划(2022—2035 年)》，提出了推进花卉种业自主创新、完善花卉产业链供应链体系等方面的发展战略，明确了花卉生产和市场布局，并提出强化花卉种质资源保护体系建设、加强花卉种业创新平台建设等发展重点。当前，我国花卉业正处于由高速发展向高质量转变的关键阶段。目前中国花卉产业的发展现状呈现以下特点：

(1)市场规模不断扩大。随着经济的发展和收入水平的提高，人们对花卉消费的需求不断增长。数据显示，我国花卉消费规模以每年 10%的速度增长，2024 年将达到 6000 亿元，成为世界上最大的花卉消费国家。

(2)产业链不断完善。我国花卉产业链逐渐形成，从花卉种植、批发零售到物流配送，每个环节都有专业的企业参与。目前，我国有数千家花卉批发市场和近万个花卉零售店，同时，在线销售也成为花卉业的新兴渠道。

(3)花卉品种丰富多样。我国地域广阔，气候条件和土壤环境适宜花卉生长，因此花卉种类丰富多样。除了传统的月季、康乃馨、郁金香等花卉外，越来越多的新品种被引进和培育，如向日葵‘欲望红’、伊藤杂种‘东方金’、勋章菊‘小丑’系列等。

(4)国内花卉生产能力强劲。我国花卉生产能力大幅提高，不仅满足国内需求，还出口到世界各地。目前，我国已成为世界最大的花卉生产国和出口国之一，出口额年均增长15%以上，并且全国各地都形成了各自的产区和特色。昆明是切花和多肉的主产区；山东是蔬菜和多肉的大产区；上海一带是盆栽和花境植物的主产区；福建是多肉和杜鹃的主产区；广东在观叶植物、盆栽、年宵花方面都有传统优势；此外，作为中国花卉市场的重要组成部分，广东的工业植物市场和年宵花市场也是独一无二的。

2)中国花卉产业发展面临的主要问题

(1)花卉种质资源保护利用和品种创新亟待加强。目前，我国对花卉种质资源保护意识不强，监管不力，导致资源破坏和流失严重；同时，花卉种质资源的开发利用效率不高，品种创新能力有待提升。

(2)花卉产业链发展不充分。尽管我国已成为重要的花卉生产国、消费国和进出口贸易国，但花卉产业链的某些环节，如加工、销售、品牌建设等，仍然存在短板，需要进一步延长和完善。

(3)花卉产业的科技支撑能力有待提高。科技创新是推动产业高质量发展的关键，但目前花卉产业在新品种研发、生产技术改进、病虫害防治等方面的科研投入和创新能力不足，影响了产业的整体竞争力。

(4)产业创新能力有待提高。虽然花卉产业在品种多样化方面有所进步，但与国际先进水平相比，我国在自主知识产权的新品种研发方面仍有较大差距。缺乏原创性和市场竞争力强的新品种，导致产业创新能力不足。

3)中国花卉电商市场的迅速发展

花卉产业是绿色生态产业、富民增收产业，在优化农业产业结构、改善生态环境、提高人民生活质量、推动乡村振兴等方面，发挥着越来越重要的作用。我国花卉行业产业链包括三个环节，上游为花材供应，包括花卉育苗、花卉培育、花田基地种植等；中游为花卉产品加工、零售；下游则是应用市场。由于花卉行业对时效性具有较高的要求，因而中游零售渠道是花卉行业的关键环节。花卉电商是花卉零售借助电商模式发展的一大创新，逐步成为花卉零售行业的关键渠道。2015年至今，鲜花电商迅速流行，改变了传统的生日、情人节、教师节、婚礼庆典等特殊场景用花的习俗，促使消费者形成“每周一花”“每日一花”消费习惯，线上销售成为主流，产品复购率与消费频次大幅提升。2022年中国鲜花电商零售市场规模达到1086.8亿元，显示出花卉电商的巨大潜力。

数字经济时代，花卉零售迎来新的挑战，数字化赋能将打造新一代数字化闭环的花卉零售个体，零售模式、直播带货模式、电商模式、社区团购等多种商业模式的涌现，“悦己经济”“宅经济”、花文化的不断升温，中国冷链行业的迅速发展，都使得花卉产品更加易得，供给更加稳定，花卉产品消费从集团消费、节庆消费扩散为大众消费、日常消费，带动未来花卉电商零售持续扩张。

4)花卉产业高质量发展对策

花卉产业的高质量发展是指在整个产业链中实现高效率、高效益、可持续的发展模式。这涉及从资源利用、种植、生产、加工到销售各个环节的优化和创新。花卉产业应抓住碳达峰、碳中和目标带来的绿色产业发展机遇，围绕生态宜居、美丽中国、人民美好生活三个维度发展。应深化花卉种质资源普查工作，强化种质资源数据管理，探索建立种质资源信息共享机制和知识产权保护机制。花卉生产企业应采用集约化、数字化、智能化的生产方式，注重品种化和功能化苗木的开发培育。政府应加大企业扶持力度，通过政策减免税收和费用，支持小微企业发展，帮助企业解决发展中的困难。各方应积极拓展新的花卉销售渠道，构建多元化的市场体系，推进重大花事活动，积极参与国际花卉展览和交流，以引导花卉消费，提升花卉产业的社会影响力，提升中国花卉在国际市场的竞争力和知名度。根本上，各方应共同努力推进现代花卉产业体系建设，解决产业链供应链的结构性问题，促进产业链上下游的有效衔接和高效运转。

0.4 世界花卉产业概况

全球花卉产业在经济发展中扮演着越来越重要的角色，不仅为人们提供美化环境的产品，还能促进国际贸易和文化交流。目前，经济发达国家仍主导着世界花卉业的发展，但一些第三世界国家逐渐迎头赶上，在世界花卉领域的地位明显提高。全球花卉产业的主要生产国家包括荷兰、哥伦比亚、加拿大、美国、日本等，这些国家在花卉生产和出口方面占据着重要的地位。

0.4.1 荷兰

荷兰在花卉行业拥有百年的经验，以其大量优质的产品和先进的花卉拍卖市场而闻名，产量约占全球总量的一半，是全球最大的花卉生产和出口国，被誉为“花卉王国”。全球最大的鲜花拍卖市场位于荷兰阿斯米尔(Aalsmeer)，年营业额达40亿美元。2024年荷兰花卉市场规模约为48.9亿美元，预计到2029年将达到61.5亿美元，在预测期内(2024—2029年)复合年增长率为4.70%，因其在欧洲的物流地位以及在花卉业务中建立的国际贸易关系而成为欧洲花卉市场的核心。

0.4.2 哥伦比亚

哥伦比亚是全球第二大鲜花出口国，以其高品质的玫瑰和康乃馨而知名。主要出口花卉为玫瑰、康乃馨、兰花、绣球花、六出花、百合花和菊花等，出口到北美、欧洲和其他地区。2022年，哥伦比亚一共出口了32吨、价值20多亿美元的鲜花，预计到2029年达到25.4亿美元，在预测期内(2024—2029年)复合年增长率为4.81%。大约有150家公司在美国(主要是迈阿密)进口和分销哥伦比亚花卉，2021年疫情导致部分经销商暂时关闭，使得哥伦比亚花农加快了在西半球电商的销售进程。

0.4.3 肯尼亚

肯尼亚是世界第四大鲜切花出口国，是非洲最大的鲜花出口国，产品出口到60多个国家，包括荷兰、英国和俄罗斯，出口的新目标为韩国、日本、澳大利亚、新加坡、中国等鲜花进口需求增长迅速的国家；主要种植的花卉包括切花月季、康乃馨、百合、满天星等，其中最受欢迎的是切花月季。2024年，花卉市场规模预计为10.9亿美元，预计2029年将达到14.1亿美元，在预测期内(2024—2029年)复合年增长率为5.20%。

0.4.4 美国

美国花卉市场主要品种有郁金香、非洲菊、百合等，是一个多样化且不断发展的市场，涵盖了从种植到批发再到零售的各个环节。2024年预计市场规模为521.3亿美元，2029年将达到708.9亿美元，2024—2029年预计复合年增长率为6.34%，花卉销售额较高的州包括佛罗里达州、加利福尼亚州、密歇根州等，5月是美国花卉销售的高峰期。互联网在线鲜花拍卖和配送服务如ProFlowers和1-800-Flowers等，也正在推动市场增长。

0.4.5 加拿大

加拿大的花卉产业是观赏园艺的重要组成部分，涉及花卉栽培和苗圃，主要产品包括天竺葵、微型玫瑰、菊花、兰花等。安大略省在加拿大花卉业中处于领先地位，占加拿大销售额的一半以上，其他主要省份包括不列颠哥伦比亚省和魁北克省。预计在2024—2029年观赏园艺市场的复合年增长率为6.2%。

0.4.6 以色列

以色列的花卉产业以其高科技农业和灌溉技术的创新而闻名，这些技术使得以色列能够在沙漠等恶劣环境中有效地种植花卉。花卉产业主要以出口为导向，其中90%的鲜花都用于出口，尤其是牡丹和银莲花等高利润的花卉种类，每年出口产值达到2亿美元。以色列是世界第三大花卉出口国，仅次于荷兰和哥伦比亚，玫瑰花出口量世界第一。过去十年中，以色列每年有15亿支花出口，出口量比十年前翻了一番，但从事出口的种植者数量下降了75%，说明以色列整个种植系统十分高效。此外，以色列利用死海或地中海盐水淡化后的水进行农业灌溉，体现了以色列在农业方面的创新能力。

0.4.7 日本

日本花卉产业跻身全球十大花卉产业之列，是亚洲重要的花卉消费国，同时也是花卉进出口贸易国。花卉类型主要有切花、球根植物和盆栽花卉，主要产品有康乃馨、玫瑰、菊花、百合等。日本对高品质和特色花卉的需求稳定，是亚洲花卉产业的重要市场之一。超市和商店是顾客购买鲜花主要的场所。

总的来说，世界花卉产业的未来前景光明。随着第三世界国家在这一领域地位的提高，以及亚洲市场的崛起，我们可以预见一个更加多元化和竞争激烈的国际花卉市场，花卉产业的持续繁荣将为全球经济增长贡献新的动力。

思考题

1. 什么是花卉学？简述花卉与园林的关系。
2. 中国花卉植物资源的特点有哪些？
3. 如何看待电商在花卉销售中的推动作用？
4. 中国花卉产业发展面临的问题有哪些？
5. 国外花卉市场的发展对中国花卉产业发展有哪些启示？

第1章 栽培植物起源与世界花卉分布

地球已发现的植物大约35万种，其中具有观赏价值的约3万种。植物广泛分布于热带、亚热带、温带及寒带地区，且存在分布不均匀现象，如南美洲巴西及亚洲东南亚地区的热带雨林地区植物分布相对丰富，而非洲干旱沙漠区域或西伯利亚严寒区域的植物分布相对贫乏。栽培植物是指对人类有一定的应用价值且被有目的地选育、栽培和收获利用的植物。一般来说，栽培植物应有其野生祖先，野生植物祖先分布与一定的环境条件和地域密切相关。关于栽培植物起源方面，众多学者进行了深入研究，其中以苏联著名植物学瓦维洛夫的“栽培植物起源中心学说”和哈兰的“地理学连续统一体学说”影响力较大。

1.1 栽培植物起源中心学说

1.1.1 栽培植物起源中心学说的发展简史

19世纪以来，许多学者对栽培植物的起源中心进行了考察研究，并发表了一系列的著作。一般来说，瑞士的植物地理学家德坎道尔（A. P. de Candolle）是最早研究栽培植物起源问题的开创者，通过对植物学、历史学及语言学等方面的综合研究，发表了名著《栽培植物起源》，其认为栽培植物最早被驯化的地方可能是中国、亚洲西南和埃及、热带亚洲。苏联植物地理学家和遗传学家瓦维洛夫在德坎道尔的《栽培植物起源》影响下，从1920年起率领一支植物采集远征队，经过10余年的实地考察，先后到达60个国家，在不同生态环境的地区考察180多次，采集了30余万份栽培植物及其近缘植物标本和种子并进行了系统研究，于1926年发表了《栽培植物起源中心》，提出了“栽培植物起源中心”学说。瓦维洛夫1926年发表此学说后，不断补充修订，于1935年分析了640种重要栽培植物（含一部分野生近缘种）的表观遗传多样性的地理分布，发表了《主要栽培植物的世界起源中心》，提出将全世界划分出8个栽培植物起源中心地区（表1-1中1～8）和3个亚区；这些中心彼此为沙漠、山脉或海洋所隔离，分别发展为独立的农业起源地，彼此很少相互影响；证明栽培植物的起源中心都包括在野生植物的自然分布区内。许多植物经传播后形成次生起源中心或在小范围形成小中心。

这一学说发表以后，许多学者对其观点进行了修正和补充。达林顿（C. D. Darlington）利用细胞学方法从染色体分析栽培植物的起源，提出在瓦维洛夫的8大中心基础上增加了欧洲亚区。荷兰的泽文（Zeven）和苏联的茹考夫斯基（P. M. Zhukovsky）在瓦维洛夫学说的基础上，根据研究结果，将8个起源中心所包括的地区范围扩大，另增加了4个起源中心（表1-1中9～12）。这12个起源中心被称为大基因中心（megagene center），或称为变异多样化区域。大基因中心或变异多样化区域都包括作物的原始起源地点和次生起源地点。有的中心虽以国家命名，但其范围并非以国界来划分，而是以起源作物多样性类型的分布区域为依据。

表 1-1 栽培植物起源中心学说的 12 个起源中心

编号	起源中心	地域范围	典型植物
1	中国起源中心（东亚中心）	中国中部和西北山区	刚竹属、青篱竹属、箣竹属、桃、梅、李、杏、樱桃、山楂、木瓜、榆叶梅、贴梗海棠、西府海棠、垂丝海棠、银杏、香榧、棕榈、苏铁、胡颓子、枳椇、香橙、宜昌橙、金柑、枳、柿、君迁子、枇杷、杨梅、龙眼、荔枝、山茶、桃金娘、樟、杜仲、桑、构、乌头、山楂、莲藕、板栗、杨梅、牡丹、芍药、菊花、中国水仙、百合等
2	印度-缅甸起源中心与印度-马来西亚起源中心（南亚热带中心）	印度的北部与西北部边缘、东北部的阿姆利则，缅甸、马来半岛、爪哇、婆罗洲、苏门答腊、菲律宾等地	落葵、海芋、枸橼、酸橙、椰子、余甘子、玫瑰、茄、山柰、姜黄、檀香、散沫花、印度橡皮树、虎尾兰、柚、槟榔、面包果、依兰、红毛丹、豆蔻、香橼、慈竹属、蛇瓜、葫芦等
3	帕米尔起源中心（中亚细亚中心）	阿富汗、塔吉克斯坦、乌兹别克斯坦等地	杏、巴旦杏、西洋梨、苹果、阿月浑子、核桃、樱李、樱桃类、枣、葡萄等
4	近东起源中心（西亚细亚中心）	小亚细亚内地、外高加索全部、伊朗、土库曼斯坦高地等地	罂粟、石榴、无花果、榅桲、月桂、樱、番红花、郁金香、鸢尾、丁香、君迁子、甜樱桃、欧洲葡萄、白柳、七叶树、栎、蔷薇属部分种、苜蓿等
5	地中海起源中心	非洲东北部、小亚细亚西部及南部、意大利、希腊、叙利亚、巴勒斯坦、西班牙等地	荆豆、油橄榄、麝香草、薰衣草、突厥蔷薇、月桂、羽扇豆、三叶草等
6	非洲东部和埃塞俄比亚起源中心	埃塞俄比亚、阿拉伯山地等地	唐菖蒲、芦荟、天竺葵、小苍兰、鹤望兰、君子兰、非洲紫罗兰、凤仙花、万代兰、变叶木等
7	中美和墨西哥起源中心	墨西哥南部和中美洲的危地马拉、洪都拉斯等地	仙人掌、龙舌兰、凤梨、虎皮花、大丽花、万寿菊、百日草、竹芋、虎皮兰、仙人掌、番木瓜、人心果、牛心果、万寿菊、一品红、波斯菊等
8	南美起源中心	秘鲁、厄瓜多尔、玻利维亚、智利、巴西、巴拉圭等地	西番莲、金鸡纳树、球根酢浆草、番樱桃、向日葵、粉美人蕉等
9	澳大利亚中心	澳大利亚大陆和塔斯马尼亚岛	木麻黄、桉树、金合欢、白千层、澳洲蒲葵、澳洲狐尾、瓶干树、阔叶银桦等
10	东南亚洲中心	越南、泰国等	天竺葵、龙须牡丹、蝶豆等
11	欧洲-西伯利亚中心	欧洲至西伯利亚地区	菊苣、大米草、欧洲小檗、小冠花欧乌头、毛地黄、毒鱼草、红三叶草、三色堇、夹竹桃、矢车菊、铃兰、喇叭水仙等
12	北美中心	美国、加拿大	刺槐、红桧、糖槭、长山核桃、北美商陆、醋栗、天人菊、堆心菊、福禄考等

［引自：包满珠(2011)、杜比宁(1974)、张菊平(2019)，等。］

1.1.2 瓦维洛夫栽培植物起源中心学说的主要内容

1）初生起源中心与次生起源中心

凡遗传类型多样性丰富、分布集中、具有地区特有变种性状及其近亲野生种和栽培种的区域应是栽培植物的起源中心，又称初生起源中心。现在的栽培植物起源中心概念为：野生植物最先被人类栽培利用或产生大量栽培变异类型的比较独立的农业地理中心，有 4 个标志：①有野生祖先；②有原始特有类型；③有明显的遗传多样性；④有大量的显性基因。

当植物由初生起源中心地向外扩散到一定范围时，在边缘地点又会因植物本身的自交和自然隔离而形成新的隐性基因控制的多样化地区，即次生起源中心。与初生起源中心相比，其具有4个特点：①无野生祖先；②有新的特有类型；③有大量的变异；④有大量的隐性基因。

2)同源系列规律

在一定的生态环境中，一年生草本作物间在遗传性状上存在一种相似的平行现象。如地中海地区的禾本科及豆科作物均无例外地表现为植株繁茂、穗大粒多、粒色浅、高产抗病，而我国的禾本科作物则表现为生育期短、植株较矮、穗粒小、后期灌浆快、多为无芒或勾芒。瓦维洛夫将这种现象称为“遗传变异性的同源系列规律”。

3)原生作物与次生作物

根据驯化的来源，可以将作物分为两类：一类是人类有目的驯化的植物，如小麦、大麦、玉米、棉花等，称为原生作物；另一类是与原生作物伴生的杂草，当其被传播到不适宜于原生作物而对杂草生长有利的环境时，被人类分离而成为栽培的主体，这类作物谓之次生作物，如栽培燕麦和栽培黑麦。

1.1.3 哈兰的有关栽培植物起源的观点

瓦维洛夫栽培植物起源中心学说发表以后，许多学者对其观点进行了修正和补充，同时也引起了一些争论。多数学者主张用遗传多样性中心代替起源中心，有人则用扩散中心代替起源中心，其理由是遗传多样性中心不一定就是起源中心，初生中心不一定是多样性最大的基因中心，次生中心有时比初生中心具有更多的特异种质。其中美国遗传学家哈兰(Harlan)是这些争议的代表人物。

以近东为例，在那里确实有一个小的区域曾有大量动植物被驯化，可以认为是作物起源中心之一；但在非洲情况却不一样，撒哈拉以南地区和赤道以北地区到处都存在植物驯化活动，这样大的区域难以称为“中心”，因此哈兰把这种地区称为“泛区(non-center)”。他认为在其他地区也有类似情形，如中国北部肯定是一个中心，而东南亚和南太平洋地区可称为“泛区”；中美洲肯定是一个中心，而南美洲可称为“泛区”。基于以上考虑，哈兰(1971)提出了他的“作物起源的中心与泛区理论”。然而，后来的一些研究对该理论又提出了挑战。例如，研究发现近东中心的侧翼地区包括高加索地区、巴尔干地区和埃塞俄比亚也存在植物驯化活动；在中国，由于新石器时代的不同文化在全国不同地方形成，哈兰所说的中国北部中心实际上应该大得多；中美洲中心以外的一些地区也有植物的独立驯化。因此，哈兰(1992)最后又抛弃了以前他本人提出的理论，并且认为已没有必要谈起源中心问题。

1)哈兰“作物起源的中心与泛区理论”的主要内容

(1)中心和非中心体系(center and non-center system)　农业分别独立地开始于三个地区，即近东、中国和中美洲，存在着由一个中心和一个非中心组成的一个体系；在一个非中心内，当农业传入后，土生的许多植物物种才被栽培化，在非中心栽培化的一些主要作物可能在某些情况下传播到它的中心。哈兰的3个中心-非中心体系为：

中心		非中心
A1 近东	⟺	A2 非洲
B1 中国	⟺	B2 东南亚
C1 中美	⟺	C2 南美

哈兰提出的作物起源中心是从人类文明进程和作物进化进程在时间和空间上的同步和非同步角度上来说明的，是农业起源中心，不同于瓦维洛夫的作物起源中心。

(2)地理学连续统一体学说(Geographical continuum)　1975年，哈兰对他的中心非中心论进行了修正，提出了“地理学连续统一体学说”。该学说认为任何有过或有着农业的地方，都发生过或正在发生着植物驯化和作物进化，每种作物的地理学历史都是独特的，但作物的驯化、进化活动是一个连续统一体，不是互不相关的中心。其依据如下：很难把起源中心说成是相对小的范围，明确的区域，进化的开始阶段似乎就已散布到较大的或很大的地区，作物随着人类迁移而迁移，并在移动中进化。不存在具有突出进化活力的 8 个或 12 个地区，东西两半球都是发展农业的一个地理学连续统一体。野生祖先源、驯化地区、进化多样性地区三者间无必然联系，有的只是二者或者它们之间的巧合而已。

2)作物进化类型

哈兰根据作物进化的时空因素，把作物的进化类型分为以下几类：

(1)土著(endemic)作物　指那些在一个地区被驯化栽培，并且以后也很少传播的作物。例如，起源于几内亚的臂形草属植物(*Brachiaria deflexa*)、埃塞俄比亚的树头芭蕉(*Ensete ventricosa*)、西非的黑马唐(*Digitaria iburua*)、墨西哥古代的莠狗尾草(*Setaria geniculata*)、墨西哥的美洲稷(*Panicum sonorum*)等。

(2)半土著(semiendemic)作物　指那些起源于一个地区但有适度传播的作物。例如，起源于埃塞俄比亚的苔夫(*Eragrostic tef*)和小葵子(*Guizotia abyssinica*，它们还在印度的某些地区种植)、尼日尔中部的非洲稻(*Oryza glaberrima*)等。

(3)单中心(monocentric)作物　指那些起源于一个地区但传播广泛且无次生多样性中心的作物。例如咖啡、橡胶等。这类作物往往是新工业原料作物。

(4)寡中心(oligocentric)作物　指那些起源于一个地区但传播广泛且有一个或多个次生多样性中心的作物。例如，所有近东起源的作物(包括大麦、小麦、燕麦、亚麻、豌豆、小扁豆、鹰嘴豆等)。

(5)泛区(non-centric)作物　指那些在广阔地域均有驯化的作物，至少其中心不明显或不规则。例如高粱、普通菜豆、油菜(*Brassica campestris*)等。

1.1.4　郝克斯作物起源理论要点

郝克斯(Hawkes，1983)认为作物起源中心应该与农业的起源地区别开来，进而提出了一套新的作物起源中心理论，在该理论中把农业起源的地方称为核心中心，而把作物从核心中心传播出来，又形成类型丰富的地区称为多样性地区(表 1-2)。同时，郝克斯用“小中心”(minor centers)来描述只有少数几种作物起源的地方。

表 1-2　栽培植物的核心中心和多样性地区

核心中心	多样性地区	外围小中心
A 中国北部(黄河以北的黄土高原地区)	Ⅰ中国	1 日本
	Ⅱ印度	2 新几内亚
	Ⅲ东南亚	3 所罗门群岛、斐济、南太平洋
	Ⅳ中亚	4 欧洲西北部
	Ⅴ近东	
B 近东	Ⅵ地中海地区	
	Ⅶ埃塞俄比亚	
	Ⅷ西非	
C 墨西哥北部	Ⅸ中美洲	5 美国、加拿大
		6 加勒比海地区
D 秘鲁中部至南部(安第斯地区、安第斯坡地东部、海岸带)	Ⅹ安第斯地区北部(委内瑞拉至玻利维亚)	7 智利南部
		8 巴西

(引自 Hawkes，1983)

1.1.5 中国栽培植物起源及种质资源调查与保存研究

我国幅员辽阔，地跨寒带、温带、亚热带三个气候带，自然生态环境复杂，植物种质资源极为丰富。全世界的维管束植物共有265000种，我国有显花植物25000～30000种，主要分布在热带和亚热带地区，如云南13000～15000种，四川约10000种等。我国西南山区的植物种类比毗邻的印度、缅甸、尼泊尔等国山地多出4～5倍，因此，我国的中部和西部山区及附近平原被苏联植物学家瓦维洛夫认为是栽培植物最早和最大的独立起源中心之一，有极其多样的温带和亚热带植物。众多学者对我国的栽培植物起源进行了重点研究，我国科研工作者也进行了卓有成效的科研工作。

1959年，中国作物（栽培植物）种质资源奠基人董玉琛先生从苏联瓦维洛夫研究所留学归来，分析了中国作物种质资源的现状，于1960年提出“作物品种资源”的概念，标志着中国作物种质资源学科开始形成；1962年，由金善宝、刘定安二位先生主编出版了中国第一本作物品种志——《中国小麦品种志》，至此实现了中国作物种质资源从无到有的飞跃。在国家科委、农业部大力支持下，1979—1984年进行了全国作物品种资源补充征集工作，经初步整理共补征到60多种作物的11万余份种质资源，连同50年代征集的还具有发芽能力的资源共计27万余份。组织开展了云南、西藏等地区的综合考察和牧草、果树、野生稻、野生大豆、小麦野生近缘植物等全国专业性考察，连同“七五”的神农架及三峡地区、海南岛，“八五”的大巴山（含川西南）、黔南桂西，“九五”的长江三峡库区、赣南粤北等地考察，共计收集8万余份种质资源。至2000年年底，从国外引进各类种质资源共计7万余份，丰富了我国作物种质资源的多样性。

21世纪，在董玉琛院士的引领与指导下，首次明确中国有9631个粮食和农业植物物种，其中栽培及其野生近缘植物物种3269个（隶属528种农作物）。阐明了528种农作物栽培历史、利用现状和发展前景，查清了中国农作物种质资源本底的物种多样性。建立了主要农作物变种、变型、生态型和基因型相结合的遗传多样性研究方法，研究了110种作物的987个变种、978个变型、1223个农艺性状特异类型，阐明了中国110种作物地方品种本底的遗传多样性，提出了“中国是禾谷类作物裸粒基因、糯性基因、矮秆基因和育性基因等特异基因的起源中心或重要起源地之一”的新结论。在国际上首次明确了我国110种农作物种质资源的分布规律和富集程度，提出了中国农作物种质资源分布与作物起源地、热量资源、农业种植历史和地形条件密切相关，黄河中下流地区是农作物种质资源富集区，山西是旱粮作物富集区等一系列新结论，绘制了512幅地理分布图，系统、全面、定量地反映了我国主要农作物种质资源的地理分布，分析了我国主要农作物种质资源地理分布的特点和形成原因。

在上述研究工作的基础上，董玉琛院士等首次编撰出版了《中国作物及其野生近缘植物》，该专著是一套系统、权威性的著作，形成了具有中国特色的作物种质资源学科的理论体系。用中英文字首次编制出版了《中国主要农作物种质资源地理分布图集》，这是我国第一部反映种质资源地理分布的科学著作。

第三次全国农作物种质资源普查与收集行动可收集10万余份，同时分散于各地的种质资源还有10万余份，到2035年可以从国外引进15万余份种质资源，经编目整理入长期库（圃）保存，使我国种质资源总量突破80万份。全面大力推进种质资源精准鉴定和种质创新，力争到2035年精准鉴定超过20万份，创新种质超过2000份，强力支撑种业发展和乡村振兴，有效解决种质资源丰富与育种材料贫乏之间的矛盾，满足农业农村现代化推进中对种质资源的重大需求。

21世纪以来，我国作物种质资源研究工作开创了一个全面深入发展的新局面，特别是在全面制定技术规范、加强创新技术方法、发布中长期规划、强化基础研究等方面都得到显著提升。

1.2 世界花卉分布

自然界给与人类极其丰富的花卉资源，其中用于观赏的植物花卉有4000余种，大量栽培的有2000多种。不同科、属花卉以某些地区为其世界分布中心，展现了花卉地理分布的广泛性和复杂性。众所周知，植物的分布与环境因子具有密切关系。对于野生花卉来说，气候、土壤、海拔和光照等多种因素决定了它们的分布，也形成了不同的生活习性。其中以温度和降水量为主要因素，决定了植物在自然界的分布范围。因此，以温度与降水情况为主，Miller与日本塚本氏将野生花卉的原产地按气候型分为7个大的区域，其他学者进一步将其细分为热带雨林气候、热带草原气候、热带沙漠气候、热带季风气候、地中海气候、温带海洋性气候、温带季风气候等17种类型，其中极地长寒气候（苔原气候）、极地冰原气候、亚寒带气候在每个区域内，由于其特有的气候条件又形成了不同类型的花卉的自然分布中心。

1.2.1 热带气候

1)热带雨林气候

(1)地理范围　位于各洲的赤道两侧，向南、北延伸5°～10°，如南美洲的亚马孙平原，非洲的刚果盆地和几内亚湾沿岸，亚洲东南部的一些群岛等。

(2)气候特点　这些地区位于赤道低压带，全年多雨，无干季，年降水量在2000 mm以上，最少雨月降水量也超过60 mm，且多雷阵雨；各月平均气温为25～28℃，全年长夏，无季节变化，年较差小于3 ℃，而平均日较差可达6～12 ℃。

(3)主要代表花卉　常见的种类有兰科、凤梨科、芭蕉科、棕榈科、天南星科、蕨类植物等，诸如猪笼草、红掌、芭蕉、凤梨、龟背竹、观音莲、滴水观音、棕榈、榕树、凤尾蕨、巢蕨、石斛、附生兰、食虫植物、高山榕、露兜树、蝎尾蕉、王莲等。

2)热带草原气候

(1)地理范围　主要分布在赤道多雨气候区的两侧，即南、北纬5°～15°（有的伸达25°）的中美、南美和非洲。主要位于非洲中部、南美巴西大部、澳大利亚大陆北部和东部地区。

(2)气候特点　全年高温，分明显干湿两季。干季的气温高于热带雨林地区，每日平均气温在24～30 ℃，最热月出现在干季之后、雨季之前，因而本区气候分干、热、雨三个季节。

(3)主要代表花卉　代表树种有猴面包树、纺锤树、金合欢树、波巴布树、朱焦、海枣、吊兰等，另外还具有许多珍稀的多肉植物种类。

3)热带荒漠（沙漠）气候

(1)地理范围　分布于热带干湿季气候区以外，大致在南、北纬15°～30°，以非洲北部、西南亚和澳大利亚中西部分布最广。

(2)气候特点　热带沙漠气候的特点很多，比如晴天多，阳光强，干燥，夏季热，昼夜温差大，风沙多，等等，年温差为10 ～20 ℃，而日温差更大，在15 ～30 ℃。

(3)主要代表花卉　热带荒漠（沙漠）气候以其极端干旱、高温和昼夜温差大等特点而著称。在这种气候条件下，只有零星的耐旱植物能够生存，它们通常具有特殊的适应性，如储存水分、减少蒸腾等。该气候带沙漠广布，生物较少，只有零星的耐旱植物，如仙人掌、光棍树、芦荟、柽柳、沙漠玫瑰等。

4)热带季风气候

(1)地理范围　分布在北纬10°到北回归线附近的南亚和东南亚大部分地区，如我国台湾南部、雷州半岛、海南岛和云南南部；中南半岛；印度半岛大部；菲律宾；澳大利亚北部沿海等地。

(2)气候特点　热带季风显著，一年中风向的季节变化明显。旱雨季明显，降水集中在雨季，且降水量大，集中在夏季。全年气温皆高，年平均气温在20℃以上，最冷月在18℃以上。

(3)主要代表花卉　植被以热带季雨林和灌丛、热带草原、热带旱生植物和灌丛等为主，常见植物有壳斗科、樟科、山茶科、木兰科、兰科（附生兰）和金缕梅科等主要植物花卉。此外，还有如三角梅、千日红、木槿、茉莉、朱槿、鹤望兰、非洲菊、鸡蛋花等花卉也是热带季风气候地区的原产花卉。这些花卉通常喜欢高温、高湿的生长环境，需要充足的阳光和适当的水分。

5)热带海洋性气候

(1)地理范围　指出现在南、北纬 10°～25°信风带大陆东岸及热带海洋中的若干岛屿上的气候。如中美洲的加勒比海沿岸、西印度群岛、南美洲巴西高原东侧沿海的狭长地带、非洲马达加斯加岛的东岸、太平洋中的夏威夷群岛和澳大利亚昆士兰沿海地带。

(2)气候特点　这些地区常年受来自热带海洋的信风影响,终年盛行热带海洋气团,气候具有海洋性。气温年、日较差小,最冷月在 15 ℃以下;全年降水量皆多,夏秋两季比较集中,无明显干季,常有地形雨,季节分配比较均匀。

(3)主要代表花卉　以棕榈科植物和树状羊齿类植物为主,此外蓝雪花、三角梅、木槿、海芋、鸡冠花、彩叶草、变叶木、非洲紫罗兰、猪笼草、万带兰、紫茉莉、大岩桐、美人蕉、竹芋、水塔花、卡特兰等花卉是热带海洋性气候原产的种类。

1.2.2　亚热带气候

1)地中海气候

(1)地理范围　分布于南北纬 30°～40°大陆西岸,包括地中海沿岸、黑海沿岸、美国加利福尼亚州、澳大利亚西南部珀斯和南部阿德莱德一带,南非西南部,以及智利中部等地区,因地中海沿岸地区最典型而得名。

(2)气候特点　夏季炎热干燥、冬季温和多雨,夏季温度在沿海和内陆有较大区别,沿海受冷洋流影响,温度较低,最热月在 22℃以下,空气比较潮湿,多雾,称为凉夏型;在内陆距海较远,海洋调节较小,空气干燥,暖热,最热月温度在 22℃以上,称为暖夏型。

(3)主要代表花卉　地中海气候的特点是夏季炎热干燥、冬季温和多雨,因此地中海气候型花卉多具有夏季休眠、秋冬生根并萌发新芽但不出土的特性,需要经历冬季低温后,在第二年春季开始伸展生长形成茎叶,并在春季或夏季开花,由于夏季干燥,故形成了夏季休眠的秋植球根花卉的自然分布中心。主要花卉有水仙、郁金香、风信子、花毛茛、番红花、小苍兰、唐菖蒲、网球花、球根鸢尾、雪滴花、地中海蓝钟花、银莲花、无花果等。

2)亚热带季风气候

(1)地理范围　分布在北纬 25°～35°亚热带大陆东岸,它是热带海洋气团和极地大陆气团交替控制和互相角逐交绥的地带。主要分布在我国东部秦岭淮河以南、热带季风气候型以北的地带,以及日本南部和朝鲜半岛南部等地。

(2)气候特点　冬季温暖,最冷月平均气温在 0℃以上;夏季炎热,最热月平均气温大于 22℃,气温的季节变化显著,四季分明。夏季较多,但无明显干季。同温带季风气候相比,季节变化基本相似,只是冬温较高,年降水量增多。

(3)主要代表花卉　亚热带季风气候的植物是亚热带常绿阔叶林,典型的有樟树、茶树、柑橘树、甘蔗等。花卉有石竹、石蒜、百合类、报春花。此外,还有菊花、满天星、木百合、帝王花、郁金香等多种花卉也是亚热带季风气候原产的。在昆明等亚热带季风气候地区,这些花卉被广泛种植,成为当地的一大特色。

3)亚热带季风性湿润气候

(1)地理范围　南北纬 25°～35°的北美洲大陆东岸、墨西哥湾沿岸、南美洲和非洲的东南海岸及澳大利亚东岸。这种气候的地理范围大致包括中国南部、美国东南部、巴西东南部,以及阿根廷、澳大利亚等国家的沿海地区。

(2)气候特点　冬夏温差较小,其 1 月平均温度普遍在 0℃以上,7 月平均温度为 25℃左右,冬夏风向有明显变化,年降水量在 1000 mm 以上,主要集中在夏季。四季分明,夏季高温多雨,冬季温和湿润。降水量年内分配较均匀。

(3)主要代表花卉　植被类型为亚热带常绿阔叶林,主要代表花卉有桂花、蔷薇、栀子、山茶花、菊花、兰花等。

4)亚热带沙漠气候

(1)地理范围　位于热带沙漠气候的向高纬一侧,在纬度 25°～35°的大陆西岸和内陆地区。具体分布在北非、约旦、叙利亚、伊拉克、美国西南部、墨西哥北部、澳大利亚南部、潘帕斯南部、巴塔哥尼亚和南非部分地区。

(2)气候特点　与热带沙漠气候的共同点是少雨、少云、日照强、气温高、蒸发旺盛。与热带沙漠气候的不同点是凉季气温较低，年较差比热带沙漠气候大。全年干旱少雨，夏季高温炎热，但因纬度稍高，冬季气温比热带沙漠气候低。

(3)主要代表花卉　以仙人掌科、龙舌兰科、大戟科植物为主。

1.2.3 温带气候

1)温带海洋性气候

(1)地理范围　位于南、北纬40°～60°大陆西岸地区。主要分布于西北欧、加拿大太平洋沿岸、智利南部、澳大利亚东南部、新西兰等小部分。

(2)气候特点　气温年变化与日变化都很小，降水量的季节分配比较均匀。冬暖夏凉，年温差小，全年雨季，冬雨较多。

(3)主要代表花卉　温带海洋性气候的植被类型是温带落叶阔叶林。主要花卉有雏菊、银白草、霞草、勿忘草、紫罗兰、羽衣甘蓝、毛地黄、剪秋罗、铃兰等。

2)温带季风气候

(1)地理范围　出现在北纬35°～55°的亚欧大陆东岸，包括中国东部秦岭-淮河一线以北地域、朝鲜半岛、日本北部以及俄罗斯远东地区的南部。

(2)气候特点　气候四季分明，夏季高温多雨，冬季寒冷干燥，季风性显著。

(3)主要代表花卉　月季、菊花、茉莉、牵牛、荷花、向日葵等。

3)温带大陆性湿润气候

(1)地理范围　主要分布于北纬35°～55°的北美大陆东部，代表城市有纽约、芝加哥、波士顿、费城、底特律等。

(2)气候特点　夏季炎热多对流雨、冬季寒冷少雨，温度变化较大，夏季炎热、冬季寒冷，这种气候的降水分布较为均匀。

(3)主要代表花卉　金银花、芍药、牡丹、水仙、迎春花、蜡梅、紫藤、紫穗槐、地锦、凌霄等。

4)温带大陆性气候

(1)地理范围　主要分布在南、北纬40°～60°的亚欧大陆和北美大陆内陆地区和南美东南部，我国西北地区大多属于这种气候。

(2)气候特点　冬季严寒，夏季炎热，气温年、日较差很大。冬季1月的平均气温南部为0 ℃以下，北部接近−40 ℃，极端低温达−73 ℃；夏季南部7月平均气温达26～27 ℃，最高达33 ℃，北部接近20 ℃。降水集中，四季气温变化分明，年降水量较少。

(3)主要代表花卉　霞草、雏菊、毛地黄、铃兰、紫罗兰等。

1.2.4 高原山地气候

(1)地理范围　在中纬度地区的高原地区，如青藏高原、安第斯山脉等地区，由于海拔较高，终年低温，形成了高原山地气候。

(2)气候特点　“地形高”“气温冷”。气温随高度增高而降低，气候垂直变化显著，在一定高度内，湿度大、多雾、降水多；越向山地上部，风力越强。中国青藏高原，海拔高，气温低，但辐射强，日照丰富，降水少，冬半年风力强劲。

(3)主要代表花卉　高原山地气候的植被属于垂直分布，变化很大。主要有细叶百合、绿绒蒿、龙胆、雪莲、高山杜鹃、塔黄、薰衣草等。

思考题

1.什么是初生起源中心与次生起源中心？

2.温带季风气候的特点是什么？代表性花卉有哪些？

3.栽培植物的核心中心有哪些？

4.简述我国重要花卉栽培中心的分布。

5.简要分析地中海气候与亚热带季风气候的差异。

第2章 花卉的分类

2.1 花卉的名称

2.1.1 国际藻类、真菌及植物命名法规

每种植物都有它自己的名称。因世界之广，语言之异，同一种植物在不同国家或一个国家的不同地区常存在多种名称，如碧冬茄又称矮牵牛，叶子花又名三角梅、九重葛，丛生福禄考也叫芝樱、针叶天蓝绣球等。而不同植物也可能有同一个名称，如卫矛科的大叶黄杨(冬青卫矛)(*Euonymus japonicus*)和黄杨科的大叶黄杨(*Buxus megistophylla*)。为避免上述情况造成的“同名异物”和“同物异名”现象，使各国学者的学术交流更加顺畅，必须按一定规则对植物进行统一命名。第一届国际植物学会议通过了世界上第一部《国际植物命名法规》，以法律的形式规定植物命名的原则，使其在国际范围内取得一致。国际植物学会议每6年举办一次，每次都会对法规进行修订，并推出新版法规，使其日臻完善。自第十八届国际植物学会议后，法规更名为《国际藻类、真菌及植物命名法规》。该法规是各国植物分类学者对藻类、菌物和植物命名时必须遵循的规章。要点如下：

1)植物命名必须明确其分类地位

植物界共22个分类等级，每种植物的命名必须明确在这个阶层系统中的位置，并且只占一个位置。

2)学名的合格发表与优先律原则

认定一个新物种需要先进行形态和分子实验，通过比较来确定“证据”，之后在业内认可的期刊等平台上发表，才能得到国际植物命名法规委员会的承认。最初，对于学名的有效发表的规定是必须是出版的印刷品，并可通过出售、交换或赠送，到达公共图书馆或者至少植物学家能去的研究机构的图书馆。第十八届国际植物学会议对法规修订后，将在网络上以PDF文档发表且具有国际标准书号(ISBN)或国际标准连续出版物号(ISSN)的出版品也视为有效发表，同时规定自2012年1月1日起，发表新种时可用拉丁文或英文描述。

优先律原则规定，凡符合法规的最早发表的名称为正确的名称。

3)植物命名的模式标本

为使植物的名称与其所指的物种之间有固定的、可查的依据，在给新种命名时，除了要有拉丁文或英文的描述和图解外，还需将研究和确立该种时所用的标本永久保存，以便今后核查，这种标本即模式标本。模式标本又被称为“名称的携带者”。

4)学名唯一性

每种植物只有一个合法的正确学名，其他名称均作为异名或废弃。

5)双名命名法

以双名法作为植物学名的命名法。双名法规定用两个拉丁词或拉丁化的词作为植物的学名。第一个词为属名，首字母应大写，第二个词为种加词,首字母小写(属名、种名在印刷时应为斜体)。同时法规要求双名之后还应附加命名人之名,以示负责。在不影响交流和科学性的情况下,命名人的名字可省略不写。

种下级分类群的名称,由种名与种下级名称组合而成,种下级名称前冠以该等级的缩写词,如变种或变型的加词前的缩写词 var.(变种)、f.(变型)(种下级名称在印刷时应为斜体,缩写词需为正体)。例如:百合的学名是 *Lilium brownii* var. *viridulum*,表示百合是野百合 *Lilium brownii* 的变种,其中 *viridulum* 为变种加词,又如绿萼梅的学名为 *Prunus mume* f. *viridicalyx*,表示绿萼梅是梅的变型,其中 *viridicalyx* 是变型加词。

2.1.2 国际栽培植物命名法规

《国际藻类、真菌及植物命名法规》主要针对植物拉丁学名的构成和使用,而《国际栽培植物命名法规》(简称《栽培植物法规》)主要针对附加在拉丁学名后,描述栽培植物生物学、经济学等属性的加词。该法规明确了栽培植物的3个分类群——品种、品种群及嫁接嵌合体的定义、构成和使用。

1)品种的命名

按照《栽培植物法规》,品种是为专门目的而选择、具有一致而稳定的明显区别特征,而且采用适当的方式繁殖后,这些区别特征仍能保持下来的一个分类单位,是栽培植物的基本分类单位。

加词仅为品种时,采用属名和种名加上用单引号的品种加词构成,如墨西哥鼠尾草的'午夜'品种,其拉丁学名为 *Salvia leucantha* 'Midnight',其中 *Salvia leucantha* 为植物学对应的拉丁学名墨西哥鼠尾草,'Midnight'则为品种名,对应中文'午夜'(品种加词在印刷时需为正体)。

2)品种群的命名

品种群是指在一个属、种、杂交属、杂交种或其他的命名等级内,两个或者多个相似的已命名的品种的集合。

加词仅为品种群时,为植物所隶属的分类等级的拉丁学名加上品种群加词构成,如:*Osmanthus fragrans* Siji Group,其中 Siji Group 为木樨(桂花)所属的四季桂品种群。

3)嫁接嵌合体的命名

嫁接嵌合体是由两种或者多种不同植物的组织构成通过嫁接得到的植物。当其符合《栽培植物法规》关于品种的定义时,可以给予品种名称。

嫁接嵌合体由一个公式或者一个拉丁形式的植物学名来表示。

嫁接嵌合体的表示公式,是由组成该嵌合体的各分类单位的接受名称按字母顺序排列,并以嫁接符号"+"连接构成的,公式中的嫁接符号两侧必须各留一个空格。如:*Abelia* + *Photinia*,表示某嵌合体由六道木属和石楠属两种植物嫁接而来。

当嫁接嵌合体的分类单位属于同一个属,该嫁接嵌合体的名称可由属名加上品种加词组成。如:*Syringa* 'Correlata'是 *Syringa* × *chinensis* + *S. vulgaris* 嫁接得到的品种的名称。

2.2 花卉的分类

园林花卉种类繁多且习性各异,众多花卉有不同的栽培技术和应用方式。

2.2.1 按花卉生态习性分类

1)一年生花卉

在一个生长季内完成生活史的花卉。通常为春季播种,夏秋开花结实后枯死,又称春播花卉,如鸡冠花、千日红、醉蝶花等。

2)二年生花卉

跨年完成生活史的花卉。通常为秋季播种,于翌年春季开花结实,又称秋播花卉。此类花卉多喜冷凉,不耐高温,如三色堇、紫罗兰、羽扇豆等。

3)宿根花卉

指个体寿命超过两年,可连续生长,多次开花、结实,且地下根系或地下茎形态正常,不发生变态的多年生草本花卉,如萱草、蔓长春花、翠芦莉等。

4)球根花卉

地下部分具有膨大的变态根或变态茎,以其储藏养分度过休眠期的多年生花卉。根据其变态器官的形态和结构可分为鳞茎类、球茎类、块茎类、根茎类及块根类。

(1)鳞茎类　地下茎短缩呈扁平的鳞茎盘，肉质肥厚的鳞片着生于鳞茎盘上并抱合呈球形。根据其外层有无膜质鳞片包被又分为有皮鳞茎类和无皮鳞茎类。有皮鳞茎类如郁金香、水仙、朱顶红等，无皮鳞茎类如百合属(图 2-1)。

图 2-1　卷丹的无皮鳞茎

(2)球茎类　地下茎短缩呈球形或扁球形，肉质实心，有膜质外皮，剥去外皮可见顶芽，如唐菖蒲(图 2-2)。

图 2-2　唐菖蒲球茎

(3)块茎类　直立生长，顶芽发达，地下茎肉质膨大呈不规则块状，不产生新籽球，如仙客来。

(4)根茎类　地下茎变态为根状，在土中横向生长，如美人蕉、鸢尾(图 2-3)。

(5)块根类　地下不定根或侧根膨大呈块状，如大丽花(图 2-4)、花毛茛。

图 2-3　鸢尾根茎

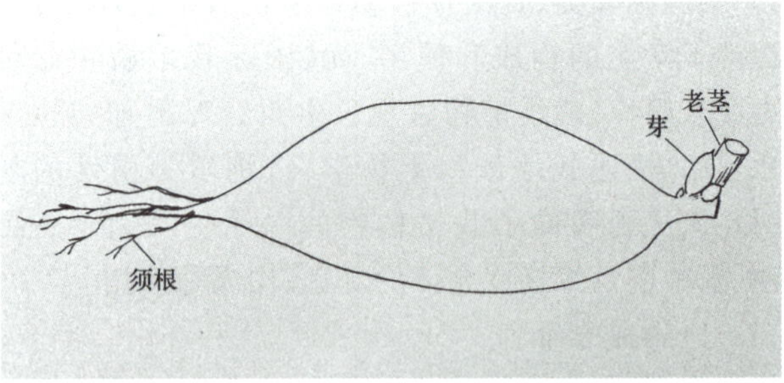

图 2-4　大丽花块根

5)水生花卉

水生花卉指用于美化园林水体或湿地或布置水景园的水边、岸边及潮湿地带的观赏植物，如再力花、梭鱼草、千屈菜、狐尾藻等。

6)木本花卉

木本花卉指以观花为主的木本植物，本教材所列木本花卉多为可用于矮化盆栽的观花、观果的灌木或小乔木，如杜鹃类、山茶类、八仙花、茉莉、倒挂金钟、朱砂根、叶子花等。

7)室内观叶花卉

室内观叶花卉指以叶为主要观赏器官且多以盆栽形式供室内装饰的观赏植物。

此类植物以阴生植物为主，多产于热带亚热带地区，以天南星科、秋海棠科、凤梨科及蕨类植物居多。

8)多肉花卉

广义上的多肉花卉,指茎、叶或根肥厚多汁的植物,常见栽培的有仙人掌科、景天科、番杏科、萝藦科、菊科、百合科、龙舌兰科、大戟科的许多属种。因仙人掌科的种类较多,栽培上常将其单列为仙人掌科植物,如仙人掌、蟹爪兰、金琥、昙花。因此,狭义上,多肉植物指仙人掌科以外的茎、叶或根肉质的植物,如芦荟、长寿花、生石花、虎刺梅、龙舌兰、树马齿苋等。

9)兰科花卉

兰科花卉泛指兰科植物中具有观赏价值的种类,如春兰、建兰、寒兰、大花蕙兰、蝴蝶兰等。

10)藤本花卉

藤本植物指具有缠绕茎或攀缘茎的植物,如紫藤、金银花、木香等。

11)观赏作物

观赏作物是指传统农作物或由传统农作物育种获得的,以观赏为主,可以用于景观设计、家庭种植或农业旅游等领域的作物。有可供观果的观赏辣椒、小番茄和千姿百态的瓜菜类,有可供观花的观赏向日葵,还有可观赏五彩叶片的羽衣甘蓝等叶菜类植物。

12)观赏草类

传统的观赏草指具有极高生态价值和观赏价值的一类单子叶多年生草本植物,以禾本科植物为主,如蒲苇、狼尾草属、针茅属、羊茅属、芒属等。一些可以捕获并消化动物而获得营养的食虫植物也可以归入本类,如猪笼草、茅膏菜、捕蝇草等。

2.2.2 按茎木质化程度分类

1)草本花卉

草本花卉指具有草质茎的花卉,按其生育期长短不同可分为一年生花卉、二年生花卉和多年生草本花卉。

2)木本花卉

木本花卉指具有木质化茎干的多年生花卉,根据其生长习性又可分为乔木、灌木和竹类。

2.2.3 按花卉对环境因素的适应性分类

1)对光的要求分类

(1)依对光照强度的要求分类

①喜光花卉。此类花卉必须在全光照条件下生长,长期于荫蔽条件下生长会导致枝叶纤细、花小色淡,最终因生长不良而失去观赏价值。如月季花、茉莉、大花马齿苋等。

②喜阴花卉。此类花卉需在适度遮阳的环境下才能正常生长,不能忍受强烈的阳光直射。此类植物多原产于热带雨林或分布于林下,如兰科、苦苣苔科、天南星科等。

③中性花卉。中性花卉对光照的要求介于前两者之间,喜阳光充足,又可忍耐一定程度荫蔽,大部分花卉属于这一类型,如萱草、杜鹃、山茶等。

(2)依光周期的要求分类

①长日照花卉。每天光照时数必须长于一定时数,花芽才能正常分化的花卉,如八仙花、唐菖蒲、瓜叶菊、香豌豆等。

②短日照花卉。每天光照时数短于一定时数,花芽才能正常分化的花卉,如叶子花、一品红等。

③日中性花卉。此类花卉在生长发育过程中对日照时间长短无明确要求,只要其他条件适宜,一年四季都能开花,如月季花、茉莉、天竺葵等。

2)对温度的要求分类

(1)耐寒花卉　此类花卉原产于高纬度地区或高山,具有较强的耐寒性,冬季能忍受-10 ℃或更低的气温而不受害,如萱草、牡丹、郁金香等。

(2)耐热花卉　此类花卉多原产于热带或亚热带地区,性喜温暖,可耐40 ℃以上高温,如扶桑、米兰、变叶木等。

(3)中温花卉　此类花卉对温度的需求介于前两者之间,多产于暖温带,生长期间可忍耐0 ℃左右低温。在北方地区加防寒设施方可安全越冬,如三色堇、金盏菊、紫罗兰等。

3)对水分的要求分类

(1)旱生花卉　此类花卉具有较强的耐旱性,能忍耐长期干旱。为了适应干旱的环境,它们常具有发达的根系,叶片变小或退化成刺状以降低蒸腾作用,如仙人掌类植物。

(2)水生花卉　广义上讲,根系必须生活在水中或潮湿土壤中的花卉均为水生花卉,此类花卉如遇干旱则枯死。根据其对水体涨落的适应性可分为挺水、浮水、漂浮及沉水植物。挺水植物的根着生于水下泥土之中，叶和花朵高挺出水面，如香蒲、菖蒲、再力花等；浮水植物的根也着生于水下泥土中，但叶片漂浮于水面或略高于水面，如睡莲、萍蓬草等；漂浮植物根不入土，全株漂浮于水面，可随水漂移，如凤眼莲、大薸等；沉水植物整个植株全部沉于水中，如金鱼藻、莼菜等。

狭义上讲，水生花卉仅指生活在水体中的花卉。生活在潮湿或积水较浅的环境中，在深水环境中不可生存的花卉被称为湿生花卉。

(3)中生花卉　大多数花卉属于此类，既不耐干旱，也不耐淹渍。

4)对土壤酸碱度的要求分类

(1)酸性土花卉　此类花卉在 pH 小于 6.5 的土壤中才能正常生长，如山茶、杜鹃、栀子等。

(2)碱性土花卉　此类花卉在 pH 大于 7.5 的土壤中生长良好，如柽柳、石竹、天竺葵等。

(3)中性土花卉　中性土花卉指在 pH 6.5～7.5 的土壤中生长最佳的花卉，大部分花卉属于此类。

2.2.4　按花卉经济用途分类

1)药用花卉

某一器官提取物具有药用价值的花卉。常见药用花卉有芦荟、桔梗、金银花和牡丹等。

2)香料花卉

某一器官具有芳香味道的花卉。常见香料花卉有薄荷、薰衣草、玫瑰和桂花等。

3)食用花卉

某一器官可以食用的花卉。常见食用花卉有百合、菊花和食用仙人掌等。

4)其他花卉

其他花卉包括某一器官可用于纤维、淀粉和油料等生产的花卉。

2.2.5　按花卉观赏部位分类

1)观花类

以观花为主的花卉，主要欣赏其艳丽的花色或奇异的花形，如月季花、牡丹、杜鹃等。

2)观茎类

此类花卉的茎、枝常发生变态，具有独特的观赏价值，如仙人掌类、竹节蓼等。

3)观叶类

此类花卉叶形奇特或带有彩色条纹或斑点等，如龟背竹、秋海棠科、蕨类植物等。

4)观果类

此类花卉的果实具有形态奇特、颜色艳丽、数量巨大、挂果时间长等特征，具有较高的观赏价值，如朱砂根、冬珊瑚、佛手等。

5)观芽类

此类花卉主要观赏其肥大的叶芽或花芽，如银芽柳等。

6)观根类

此类花卉主要观赏其暴露在外的形态奇特的根，如榕树等。

思考题

1.书写植物学名和栽培植物的名称应注意什么问题？

2.花卉依据观赏部位分类的意义是什么？

3.除本章所列，花卉还有哪些分类方法？

4.什么是短日照花卉？常见的短日照花卉有哪些？

5.什么是酸性土花卉？常见的酸性土花卉有哪些？

第3章 花卉生长发育与环境

3.1 花卉生长发育的规律

3.1.1 生长与发育

1)花卉生长发育的规律性

花卉的生长(growth)是指花卉植物体积的增大和重量的增加,是一个不可逆的量变的过程,其结果是由小变大。而花卉的发育(development)则是植物器官和机能经过一系列复杂质变后产生与其相似个体的现象,是一个有序的质变过程。发育的结果是产生新的器官——花、果实、种子。花卉的生长多指营养生长,如种子萌发、花卉的根、茎、叶等营养器官的生长。而花卉的发育多指生殖生长,指花芽分化、开花、结实的过程。

(1)生命周期与年生长周期　花卉同其他植物一样,在一生中既有生命周期(life cycle)的变化,又有年生长周期(annual growth cycle)的变化。

生命周期是指花卉个体从萌芽、生长、开花、结果、芽或储藏器官形成和休眠等变化,然后衰老而死亡的过程,简言之从生到死的生长发育全过程。多数花卉的整个个体发育过程经历了种子时期、营养生长时期和生殖生长时期(无性繁殖的种类可以不经过种子时期)。其中种子时期包括胚胎发育期、种子休眠期、发芽期;营养生长时期包括幼苗期、营养生长旺盛期、营养生长休眠期;生殖生长时期包括花芽分化期、开花期和结果期。草本花卉的生命周期如下:

种子萌发—幼苗生长—开花—结实 {
死亡(一二年生花卉)
休眠(多年生)—芽萌发—生长—开花—结实

对于植物个体而言,生长的基本方式是"慢—快—慢",即初期生长慢,中期生长逐渐加快,当生长达到最高峰后生长逐渐减慢,直到最后停止生长,个体死亡。生长呈现"S"形曲线,这是花卉生长发育固有的规律。花卉种类、品种不同生命周期长短各异。如木本花卉牡丹的生命周期可达300～400年。草本花卉的生命周期短的只有几日(如短命菊),长的有1～2年(如金盏菊、羽衣甘蓝)或数年(菊花、鸢尾类)。

年生长周期(annual growth cycle)是指一年内随着气候变化,花卉表现出有一定规律性的生命活动的过程。在年生长周期中表现最明显的有两个阶段,即生长期和休眠期。生长期是花卉从春季萌发、展叶抽梢、开花结果到秋季落叶或地上部枯死的生长阶段。休眠期,又叫相对休眠期,是指花卉为适应逆境而处于休眠状态,生长暂时停顿,或仅维持微弱的生命活动的时期。

由于花卉种和品种极其繁多,原产地立地条件也极为复杂,因此年生长周期的情况也较多变化,尤其是休眠期的类型和特点有多种多样:一年生花卉由于春天萌芽后，当年开花结实而后死亡，仅有生长期的各时期变化，因此年生长周期即为生命周期，较短而简单；二年生花卉秋播后，以幼苗状态越冬休眠或半休眠；多年生的宿根花卉和球根花卉则在开花结实后，地上部分枯死，地下储藏器官形成后进入休眠期，如萱草、芍药、鸢尾；以及春植球根类的唐菖蒲、大丽花、荷花等；或秋植球根类花卉，如水仙、郁金香、风信子等。还有许多常绿性多年生花卉，在适宜环境条件下，几乎周年生长保持常绿而无休眠期，如君子兰、万年青等。

(2)顺序性与局限性　花卉生长发育的顺序性是指前一阶段完成之后，后一阶段才能出现，不能超越，也不能倒转。花卉生长发育的局限性是指花卉在生长发育过程受诸多因素影响，尤其是温度、水分和光照等环境“限制因素”，如果其中一个或多个因子不足，会限制花卉的正常生长发育，甚至死亡。

2)花芽分化

花卉花芽分化(flower bud differentiation)是指叶芽的生理和组织状态向花芽的生理和组织状态转化的过程。花芽分化是花卉发育中最为关键的阶段，是由营养生长向生殖生长转变的生理和形态标志。花芽的多少和质量直接影响观赏效果和花卉种子生产，因此了解花芽分化的机理和规律可确保花芽分化顺利进行，对花卉栽培和生产具有极其重要的意义。

(1)花芽分化的阶段　花芽分化的整个过程大致可以分为生理分化期、形态分化期和性细胞成熟期三个阶段。生理分化期也称为分化初期，是在芽的生长点内进行的生理变化，其特点为生长点先变得圆滑肥大，向上隆起，呈半球形，以后生长点继续伸长增大。形态分化期是花部各器官的发育过程，包括萼片分化和花瓣分化，其特点为在隆起的半球形生长点上分化产生出1～3个突起，即为花蕾原基。随后生长点顶端变得宽而平坦，继而在周围产生突起，形成萼片原基。随着萼片原基的分化和不断发育，在其内侧基部产生突起，即为花瓣原基。性细胞成熟期包括雄蕊分化和雌蕊分化期，在花瓣原基内侧基部相继出现两轮突起，形成雄蕊原基。在雄蕊原基的内侧基部，花蕾底部中央向上出现突起，形成雌蕊原基。

(2)影响花芽分化的因素　花芽分化是一个复杂的形态建成过程，且受诸多因素影响，包括环境因素、碳水化合物、内源激素和多胺等。

①环境因素。花芽分化是植物由营养生长向生殖生长转化的过程，环境变化会引起花卉花芽分化的进程。环境因素对花芽分化的影响包括温度、光照、养分与水分等，通过影响花卉基因表达或生理代谢而影响成花和开花。温度影响花原基的发生，不同品系花卉对温度高低要求不同。例如二年生及春季开花的许多宿根花卉，如紫罗兰、芍药，必须经过一段时间的低温才能促进花芽形成和花器官发育。这种必须经过低温诱导才能开花的效应称为春化作用(vernalization)。而一些兼性需低温的花卉花芽分化受低温促进，但没有低温也能开花。此外也有不需要低温的花芽分化类型。光照长度、光照强度和光质影响花芽分化，尤其是光照长短可能促进或抑制花芽分化。例如短日照可促进菊花的花芽分化；高强光能够加速天竺葵花的发端和花器官的形成；蓝光有利于菊花茎叶生长和侧枝产生，使花期提前。养分在植物的花芽分化过程中起了很大的作用。如N素是花和花序发育所必需的，在一定范围内N素能增加花量，保证植株生长健壮，但要向花芽分化转化，应控制N肥，多施P、K肥；Ca水平高时菊花和香石竹花量减少。水分也影响植物的花芽分化和开花，适当干旱有利于花卉向花芽分化阶段转化。

②碳水化合物。碳水化合物的积累是花芽分化所必需的。在一定范围内，碳水化合物含量高，有助于促进花卉向花芽分化转化，对花芽形成的质量也有重要作用。但过高含量的碳水化合物会使植株徒长，不利于成花，适宜栽培观叶花卉。

③内源激素。目前已知的5大类激素对植物开花都有一定的作用，但最有影响的是赤霉素、细胞分裂素、生长素等。

④多胺。多胺作为第二信使物质，对成花基因启动、信使RNA转录、特异蛋白质翻译有着重要作用。

3)花芽分化机理

影响花芽分化的因素较多,了解花芽分化机制有助于制定合理的栽培和花期调控计划。因此许多研究学者从不同角度和水平上对成花机理做了不同研究,提出了不同看法。

(1)C/N(碳-氮比)学说 碳-氮比学说认为花芽分化的物质基础是植物体内糖类的积累,并与体内含氮化合物和含碳化合物的比例有关,C/N高的,花芽分化得多。否则植物体内碳素含量低的,不能成花或花芽分化少,如花序中的花朵数少、花朵小。

(2)激素平衡学说 大量研究均表明内源激素间的平衡与综合作用调节植物的花芽分化。植物花芽分化以花原基的形成为前提,而花原基的形成是由于植物体内各种激素趋于平衡所致。形成花原基以后的生长发育速度也主要受营养和激素所制约。

(3)遗传基因控制论 遗传基因控制论则认为,所有的细胞有同样的遗传全能性,但不是所有的基因在一个细胞的任何时期都能表现出它们的活性。那些控制花芽分化的基因,要等到外界条件和内部因素的刺激后,才会变得活跃或解除抑制,促进成花,而另一套外界条件和内部因素就不能刺激有关开花的基因的活化,只能激活营养生长或休眠等基因。

4)花芽分化的类型

花芽分化的时间及完成花芽分化的全过程所需时间的长短因花卉种类、品种及花卉所处地区和气候环境条件不同而异。

(1)夏秋分化类型 花芽分化一年一次,多于高温季节进行,秋末花器官的主要部分已经完成,第二年早春或春天开花,性细胞的形成必须经过低温才能完成。如牡丹、芍药。

(2)冬春分化类型 花芽分化时间短并且连续进行,大多在冬春季节低温时进行花芽分化。如三色堇、雏菊等。

(3)当年一次分化一次开花类型 当年夏秋开花的种类,在当年枝条的新梢上或花茎顶端形成花芽。如菊花、萱草等。

(4)多次分化类型 一年中多次发枝,每次枝条顶端均能形成花芽并开花,此类花卉的营养生长与生殖生长同步进行。如月季、倒挂金钟、茉莉等。

(5)不定期分化类型 每年一次花芽分化,但无确定日期,只要营养生长达到一定的程度就能开花。如凤梨科植物、叶子花等花卉。

3.1.2 生长的相关性

1)地上部与地下部的相关性

花卉生长发育同其他植物一样,首先发根,然后生长茎叶,之后地下部分的根系与地上部茎叶等其他器官同时生长。地上部分与地下部分的生长既相互促进又相互抑制。相互促进表现为地上部是靠地下部的根吸收矿质营养和水分而生长的,正所谓“根深才能叶茂”“壮苗必先壮根”;而根的生长则依靠叶生产的同化物质,特别是碳水化合物来维持。相互抑制表现为根系生长不好,会影响地上部的生长;叶片早衰(特别是下部叶片),则向根提供的碳素减少,导致根系早衰。因此,花卉的地上部与地下部必须达到动态平衡才能保证较好的花卉品质。

2)营养生长与生殖生长的相关性

营养生长对生殖生长的影响既促进又抑制。在不徒长的情况下,营养生长旺盛,叶面积大,有助于生殖生长。但如果生长过剩会抑制生殖生长。反过来,生殖生长对营养生长的影响主要是抑制作用,进入生殖生长消耗大量养分会抑制营养生长,受抑制的营养生长反过来又制约生殖生长。花卉的营养生长与生殖生长相互影响的程度因花卉种类不同而异。

3)同化器官与储藏器官的相关性

同化器官主要为叶片,储藏器官则有多种类型,如变态的根、茎、叶、果实、种子等。同化器官生长旺盛,碳水化合物生产越多,运输到储藏器官的养分就越多。相反,储藏器官的生长,在一定程度上也能提高同化器官的效能,使同化器官的光合作用增强,生产更多的光合产物,进一步促进储藏器官的形成。这对指导球根类花卉种球的生产有极其重要的意义。

3.2 环境对花卉生长发育的影响

3.2.1 温度

生命活动是由酶催化作用下的生物化学反应构成的，这个过程受温度的控制，因此植物的生长发育与温度有密切的关系。温度既影响花卉地理分布，也影响其生长发育每一个过程。温度通过影响花卉的光合、呼吸、蒸腾、物质吸收及转运等重要生理代谢过程而影响花卉的生存和生长发育。

1）花卉对温度的要求

（1）温度三基点　温度是影响花卉生长的关键环境因子。花卉生长发育所需的最低温、最适温和最高温称为温度三基点，即指花卉开始生长的最低温度、花卉生长既快又好的最适宜生长温度和停止生长的最高温度。

（2）不同原产地花卉对温度要求　不同原产地花卉的最适温度各有不同，如瓜叶菊、仙客来最适温度为 10 ℃左右，而月季、百合为 13～18 ℃。对此，根据不同原产地花卉对温度的要求，将花卉分为三类：①原产热带的花卉。生长的最低温度较高，在 18 ℃左右开始生长。如热带王莲的种子，需在 30～35 ℃的水温下才能萌发。②原产温带的花卉。生长的最低温度较低，在 10 ℃左右开始生长。如芍药、牡丹在 10 ℃左右就能萌芽生长。③原产亚热带的花卉生长的最低温度介于二者之间，在 15～16 ℃开始生长。杜鹃、月季等。

（3）不同种或品种对温度要求　不同种或不同品种对温度要求不同，可将花卉分为耐寒花卉、不耐寒花卉和半耐寒花卉。耐寒花卉也叫秋播花卉，耐－5 ℃低温，需要经历低温春化作用，生育最适温度为 20～25 ℃。代表植物有三色堇、玉簪、雏菊等花卉。不耐寒花卉又称为温室花卉，春播花卉，不耐 0 ℃以下低温。生育最适温度为 30～35 ℃，如凤仙花、百日草。半耐寒花卉也为秋播花卉，对温度要求介于前两者之间。

（4）同一种或品种不同生长发育阶段对温度要求　同一种或品种的花卉不同生长发育阶段对最适温度要求可能不同。春播一年生草花，其幼苗的最适宜生长温度比种子发芽时的要低，而营养生长旺盛时又比幼苗期的要高，生殖生长期又要求更高的温度。而秋播二年生花卉种子萌芽要求在较低温度下进行，幼苗期温度更低（通过春化作用），旺盛生长期逐渐升高温度利于进行同化作用积累营养，开花结果期相对低温有利于延长花期和种子成熟。如郁金香花芽形成最适温度 20 ℃，茎的生长最适温度为 13 ℃。此外，栽培温度还应考虑温度的持续时间、昼夜温差和季节温度变化。

（5）土温与气温的关系　土温（土壤温度）对花卉种子发芽、根系发育及幼苗生长均有很大影响。土温影响根系生长发育，在一定的范围内土温与根系的活力成正比。土温高则微生物活力强、盐类溶解快、有机质分解快，根系吸取营养多，从而促进地上部分长得更茂盛，最终又促使根系茁壮、发育良好。当土温比气温高 3～6 ℃时，扦插苗成活率最高。

2）温度对花卉生长发育的影响

温度对花卉生长发育的影响主要包括所在环境的空气温度、土壤温度、叶表温度。主要通过温周期、温度高低变化等影响花卉生长发育的不同阶段。

（1）温周期　温周期作用即温度周期性的变化对花卉生长发育的影响。温度周期性变化包括两个方面，一是温度昼夜变化，即昼夜温差现象，也叫温度日周期性。二是温度季节性变化，即季节温差现象，也叫温度年周期性。昼夜温差影响茎的伸长和开花数量。白天，植物以光合作用为主，高温有利于光合产物的形成；夜晚植物以呼吸作用为主，温度降低可以减少内部物质的消耗，有利于糖分积累，而且在低温下也有利于根的生长，提高根冠比。所以在昼夜温差适宜的条件下，植物生长发育良好。但不同花卉对昼夜温差要求不同（表 3-1），一般来讲，热带植物需要昼夜温差为 3～6 ℃；温带植物需要昼夜温差为 5～7 ℃；沙漠植物需要昼夜温差为 10 ℃以上。块根、块茎和球茎等球根花卉，在昼夜温差较大的条件下，生长较好，有利于地下储藏器官的形成、膨大，从而提高产量。季节温差主要影响花卉的分布范围。

表 3-1 部分花卉对昼夜温度要求

种类	适宜温度/℃	
	白天	夜间
金鱼草	14～16	7～9
矮牵牛	27～28	15～17
菊花	18～20	16～17
一品红	24～28	16～17
一串红	16～23	13～18
百日草	25～27	16～20
月季	21～24	13.5～16

(2)影响花卉的休眠与萌发　休眠是指花卉生长发育暂时停顿的现象，是花卉为抵抗严寒或渡过干热等不良气候条件的最常见的保障。休眠受多因子的影响，但温度是主要的。温度影响种子的休眠与萌发，不同花卉萌发对温度高低及温度范围要求不同。一般来说，低温可使种子处于休眠状态。有些花卉种子需要低温处理打破其休眠，有的需要变温处理。温度也影响球根的休眠与萌发，春植球根花卉需要较高的温度才能萌发生长，如大丽花、唐菖蒲。而秋植球根花卉休眠后需要一段低温才能萌发，如郁金香、百合、水仙等。对宿根花卉和木本花卉而言，秋季温度的高低影响芽休眠的早晚，而早春的温度影响芽萌动的时间，从而影响花卉的整个生长节奏。因此，可根据花卉休眠与萌发时对温度的要求，通过调节温度达到调控花期的目的。

(3)影响花卉生长　花卉的生长主要指营养生长，包括地下根系生长和地上茎生长，侧芽萌发，节间伸长，叶生长等。不同花卉种类和不同生长阶段，有各自的适宜范围。温暖条件下生长快，低温条件下生长慢。地下根系生长所需温度低于地上部分各器官生长所需温度，芽萌发所需温度低于茎伸长和叶生长所需温度。

(4)影响花芽分化　不同花卉花芽分化都需要一定温度条件，但因原产地及观赏特性的不同，对温度要求也各异。许多越冬性花卉(二年生和早春开花的宿根花卉)和木本花卉，冬季低温是必需的，即必须经历春化作用。冬性越强的植物，花芽分化要求的温度越低，时间也越短。许多原产温带中北部以及各地的高山花卉，其花卉分化多要求在 20 ℃以下较凉爽气候条件下进行，如八仙花、石斛属的某些种类在低温 13 ℃左右和短日照下促进花芽分化；许多秋播草花如金盏菊、雏菊、三色堇、羽衣甘蓝等也要求在低温下进行花芽分化。也有许多花卉的花芽分化是在高温下进行的，在 6—8 月的高温条件下进行花芽分化，入秋后植株进入休眠，经一段低温打破休眠后开花。如一年生花卉、宿根花卉中夏秋开花的种类、球根花卉的大部分种类。球根花卉中的唐菖蒲、美人蕉(春植球根花卉，生长期)、郁金香、风信子(秋植球根花卉，休眠期)等在 25 ℃以上进行花芽分化。

(5)影响花的发育　花的发育是指花芽分化完成后到成花的过程，即花芽伸长。花芽伸长最适温度与花卉花的发生、花芽分化要求温度差异不大。秋植球根花卉例外。如郁金香花芽分化适温 20 ℃，花芽伸长适温为 9 ℃；风信子花芽分化适温为 25～26 ℃，花芽伸长适温为 13 ℃。

(6)影响花色　大部分花卉颜色不受温度影响，但喜温花卉温度越高，花色越艳丽；不耐热花卉温度升高，花色反而变浅，称为高温返青现象。如落地生根，高温下(弱光下)开花几乎不着色。粉红月季品种，低温下呈浓红色，高温下呈白色。暖地栽培的大丽花，炎夏一般不开花，即使开花，花色暗淡，秋凉后才鲜艳；寒地栽培，盛夏也可开花。菊花等草花，寒地栽培的均比暖地栽培的花色浓艳。也有的花卉随温度的升高而花色变深。如蓝白复色矮牵牛的蓝色和白色的比例随温度而变化，在 30～35 ℃开花时花瓣呈蓝或紫色；在 15 ℃下时开花时呈白色；在上述两者之间的温度下，就呈蓝和白的复色花。

(7)影响花香和花期　温度对花期和花香也有一定影响。较低的温度有利于已经盛开的花卉延长花期；高温会使一些花卉芳香油挥发更快，花朵香味浓但持续时间短，如白兰、菊花、玫瑰。

(8)极端温度对花卉的危害　极端低温和高温都会对花卉造成一定伤害，不同花卉对极端温度的抵抗力不同；同一植物在不同的生长发育时期，对极端温度的忍受能力也有很大差别。一般来说，休眠种子的抗寒力最高，休眠植株的抗寒力也较高，而生长中的植株抗寒力明显下降。

极端低温对花卉的伤害主要包括冻害和寒害。冻害是花卉生长期间，0 ℃或＜0 ℃时，细胞间隙内结冰，如果气温骤然回升（晚上打霜，白天晴天），细胞来不及吸收蒸发掉的水分，会造成植物脱水而枯干或死亡的现象。寒害是由于寒潮来临，低于花卉生育的最低温度（＞0 ℃）引起的植物生理活动障碍，如嫩枝和叶萎蔫。如降温时间短，恢复常温后，加强管理，也可复苏。

当温度超过植物生长的最适温度时，植物生长速度反而下降，如继续升高，则植株生长不良甚至死亡。当气温达 35～40 ℃时，很多植物生长缓慢甚至停滞，当气温高达 45～50 ℃时，除少数原产热带干旱地区的多浆植物外，绝大多数植物会死亡。为防止高温对植物的伤害，应经常保持土壤湿润，以促进蒸腾作用，使植物体温降低。在栽培过程中常采取灌溉、松土、叶面喷水、设置荫棚等措施以免除或降低高温对植物的伤害。加强花卉的耐热和抗寒锻炼也是花卉适应极端温度的有效措施之一。此外，骤然变化的高温或低温对花卉生长极其不利，应控制好温度的变化，必要时采取保护措施。

3.2.2 光照

光照是花卉制造营养物质的能源，没有光的存在，光合作用就不能进行，花卉的生长发育就会受到严重影响。光照对花卉生长发育的影响主要包括光照强度、光照长度及光质。

1）花卉对光照强度的要求

地球表面光照强度因地理位置（纬度、海拔）、地势高低、坡向、降水量和云量、时间而不同。光照强度随纬度增加而减弱、随海拔升高而增强，一年之中夏季强、冬季弱，一天之中中午强、早晚弱。不同花卉或同种花卉的不同生长发育阶段，不同季节对光照强度要求皆不相同。

大多数植物只有在充足的光照条件下才能花繁叶茂。不同花卉对光照强度要求是不同的，花谚云："阴茶花、阳牡丹、半阴半阳四季兰。"同种花卉不同生长期对光照强度的要求也不相同，同时受到种和品种影响。大多数花卉种子萌发不需要光照或需求量低，随着幼苗生长逐步增多，部分花卉在开花期适当降低光照可以延长花期。

2）光照强度对花卉发育的影响

（1）影响花卉种子萌发　大多数花卉种子发芽对光照无特殊要求，光照下或黑暗中均可发芽，适当黑暗反而有助于种子萌发。但有些花卉种子需要一定的光照刺激才能萌发，称为喜光种子，这类花卉种子在光下比在暗中发芽效果好。如报春花、秋海棠、六倍利等。这类种子播种时不必覆土或稍覆土即可。另有一些种子需在暗条件下发芽，称为嫌光种子。如喜林芋属的花卉。这类种子播种时必须覆土，否则不会发芽。

（2）影响花卉的形态建成　光照强度通过影响光合和蒸腾等生理过程从而影响花卉叶片大小、茎的粗细、节间长短、叶肉结构等形态结构的建成。花卉在暗处生长，幼苗形态不正常，主要表现为幼茎的节间充分延伸，形成细而长的茎。而在充足的光照条件下则节间变短，茎变粗。光照过强时，生长发育受抑制，产生灼伤，严重时造成死亡。

（3）影响开花时间和开花数量　光照强度影响花卉开花时期。一般花卉都在光照下开放，即早晨开放夜间闭合。但有些花只在强光下开放，日落后闭合，阴雨天不开花，如半枝莲、酢浆草；有些在弱光下开放，如月见草、紫茉莉、晚香玉等在傍晚时开花；而牵牛花、茑萝在每日的早晨开花，午后闭合；也有的植物只能在无光照的环境下开放，如昙花。此外，光照强度也对部分花卉开花数量有一定影响，例如矮牵牛，夏天光强时开花数量多。

（4）影响花色、花香和叶色　光是影响叶绿素形成的主要因素，一般植物在黑暗中不能合成叶绿素，但能合成胡萝卜素，导致叶片发黄，称为黄化现象。光照强度还可通过影响光合作用改变糖分的积累量，进而影响花青素的形成。花青素在强光、直射光下易形成，而弱光、散射光下不易形成。所以观花花卉的花色和彩叶花卉的叶色，在光照充足的条件下，色彩更艳丽。蓝白复色的牵牛花，蓝白比例受温度和光照强度，光照持续时间影响。温度升高，蓝色多；光强增加，白色多。光照不足，花色及花的香气不足。

3)光照长度对花卉的影响

同其他植物一样，花卉各部分的生长发育，包括茎部的伸长、根系的发育、休眠、发芽、开花、结果等，不仅受到光照强度的影响，还常常受到光照长度控制。光照长度也叫光周期，光周期是指一天中日出日落的太阳照射时间（即一天的日照长度）或指一天中明暗交替的时数。不同花卉对光照长度要求不同，有些花卉只有在适当条件下受到不超过标准长度的短日照才能开花，而另一些花卉只有在白昼时间超过一个标准日照长度或者在连续光照下才能开花。花卉这种对光照昼夜长短（光周期）的反应称为光周期现象。光照长度对花卉生长发育的影响主要包括以下几方面：

(1)影响花卉种类的分布　分布于不同气候带的花卉对光照长度的要求不同。热带和亚热带植物，全年的日照长度均等，所分布的花卉属于短日照花卉；温带地区的花卉属于长日照花卉。

(2)影响花卉的营养繁殖　在长日照条件下，落地生根属植物叶缘上易产生小植株，而一些球根花卉的块根、块茎，如大丽花、球根秋海棠，易在短日照条件下形成。

(3)影响花卉休眠　短日照促进休眠，长日照促进营养生长。以储藏器官休眠的花卉，有些在短日照下可促进储藏器官的形成，如唐菖蒲、晚香玉、球根秋海棠、大丽花、美人蕉等；有些则是长日照会促使其进入休眠，如仙客来、水仙、郁金香等。

(4)影响花卉成花过程　不同花卉对光周期的反应不同，光周期长短主要影响植物的花芽分化与开花时间。

长日照花卉要求每天有长于12 h的光照，可以促进或提早开花。相反，在较短的日照下不开花或延迟开花。原产于温带地区的花卉属于长日照花卉。二年生花卉和早春开花的多年生花卉多属此类，在冷凉的气候条件下进行营养生长，在春天长日照下迅速开花，如丛生福禄考。唐菖蒲是典型的长日照花卉，当日照长达13 h以上才能进行花芽分化。

短日照花卉要求每天日照短于12 h才能促进开花，而在较长的光照下便不能开花或延迟开花。一年生花卉和秋天开花的多年生花卉多数为短日照花卉，在夏季长日照条件下生长茎、叶，在秋天短日照下开花。如菊花、一品红是典型的短日照花卉，当日照减少到12 h以下时才能进行花芽分化。

日中性花卉对光周期不敏感，只要其他环境条件和营养适宜，在较长或较短的光照下都能开花。对于光照长短的适应范围较广，在10～16 h光照下均能开花。这类花卉有大丽花、非洲紫罗兰、石竹、非洲菊、扶桑等。

此外，有研究表明，对光周期敏感的花卉主要受黑暗时间长短影响。且随着研究深入发现，花卉成花对光周期的要求比较复杂。例如，以上所述长日照植物和短日照植物也被称为质性（专性）花卉，对光照长度要求只能长于某一临界日长或短于某一临界日长。与之对应的一类花卉在长日照条件下可促进开花，在短日照条件下也能开花，只是花期稍晚一些，称为量性（兼性）长日照花卉。还有少数花卉开花严格要求12 h日长和12 h黑暗条件，称为中日照花卉。另有花卉必须先在长日照条件下形成花芽和伸长花芽，再在短日照条件下开花，称为长短日照花卉，如翠菊；或必须先经历短日照再经历长日照方能开花，称为短长日照花卉。或者要求日长时数非常长或者非常短。一些花卉对光周期长短的要求还受温度的影响，例如矮牵牛在13～20 ℃下是长日照花卉，但超过这个温度就是日中性花卉。

4)光质对花卉的影响

光质即光的组成，是指具有不同波长的太阳光谱成分，太阳光的波长范围主要为150～4000 nm，其中包括可见光（红、橙、黄、绿、蓝、靛、紫），波长为380～760 nm，占全部太阳光辐射的52%，此外，不可见光的红外线占43%，紫外线占5%。植物可以有效吸收380～770 nm的光，主要吸收红光，其次为黄光、蓝紫光。

不同波长的光对植物生长发育的作用不同。实验证明：红橙光有利于植物碳水化合物的合成，加速长日照植物的发育，延迟短日照植物的发育。蓝紫光加速短日照植物的发育，抑制长日照植物的发育。蓝光有利于蛋白质的合成，而蓝紫光和紫外线能抑制茎的伸长和促进花青素的形成。高山上紫外线较多，紫外线能促进花青素的形成，所以高山花卉低矮且色彩比平地的艳丽，热带花卉的花色浓艳也是因为热带地区含紫外线较多之故。其中，直射光中黄、橙光占 37%，而散射光中占 50%～60%，说明散射光对半阴及阴性花卉效用大于直射光。

3.2.3 水分

水分既是构成花卉的必要成分，又是植物赖以生存的必不可少的生活条件。花卉的光合作用、水解作用、大气中的 CO_2、O_2 以及土壤中养分的吸收及其在体内的运转和利用等生命活动，都离不开水分。花卉如失水过多，其生理过程将受到抑制而产生萎蔫，甚至死亡。此外，水分和温度是花卉分布的直接影响因子。花卉生长发育受土壤水分和空气湿度共同影响，且对水质有一定要求。

1)花卉对水分的要求

(1)不同花卉需水量要求　不同花卉对水分多少要求不同，宿根花卉耐旱力比一二年生花卉强，球根花卉耐旱力最差。

(2)同种花卉不同生长发育时期需水量要求　同种花卉不同生长发育时期对水分的要求不同。种子萌发期，需要较高的土壤湿度，因为种子发芽需要充足的水分。种子发芽过程是种子吸水膨胀，种皮变软，种子内酶促反应、呼吸作用，胚根、胚芽突破种皮而萌发。幼苗期植株和根系较细弱，吸水能力差，抗旱力弱。因此，应保持表层土适度湿润，下层土壤适当干燥，才有利于幼根下扎。过湿、过干都影响根系下扎。随着幼苗逐渐长大成苗，进入快速生长期，抗旱能力较强。为满足其旺盛生长需要，需给予充足水分。但要注意，当营养生长到一定阶段，应控制土壤湿度(温度)，防止植株徒长，促使花卉进入开花期，称为“扣水”。开花后，土壤含水量过多则花朵会很快完成授粉受精而凋谢。过大的空气湿度也会影响异花授粉类花卉花粉的传播。对于观果类花卉则应在开花后期供应充足的水分，以促进和满足果实生长发育的需要。如若要收集花卉种子，也需要较多的水分，便于养分输送(灌浆)使种子更饱满。种子灌浆后则需要较干燥的土壤湿度和空气湿度，利于种子成熟。

(3)花卉对空气湿度要求　花卉的不同生长发育阶段对空气湿度的要求不同，在营养生长阶段对湿度要求大，开花期、结实和种子发育期要求低。不同花卉对空气湿度的要求不同。旱生花卉要求空气湿度小，而湿生花卉要求空气湿度大。湿生花卉向温带及山下低海拔处引种时，其成活与否的主导因子就是要保持一定的空气湿度，否则极易死亡。花卉要求 65%～70%的空气湿度。空气湿度过大对花卉生长发育有不良影响，往往使枝叶徒长，植株柔弱，降低对病虫害的抵抗力，并造成落花落果；还会妨碍花药开放，影响传粉和结实。空气湿度过小，花卉易产生红蜘蛛等病虫害，影响花色，使花色变浓。

(4)花卉对水质要求　水中可溶性含盐量和酸碱度对花卉生长发育有影响。含盐量高，影响土壤酸碱度，进而影响土壤养分的有效性和根系营养吸收。花卉要求水的 EC (electrical conductivity)值小于 1.0 ms/cm，水的最适 pH 为 6.0～7.0。现在家庭养花多用自来水浇花。自来水先放置一段时间使 Cl_2 挥发，同时平衡水温，对花卉生长更有利。此外，花卉需要水分的多少还与天气(晴天多，雨天少)，花卉年生长周期(生长期多，休眠期少)有关。因此，应根据花卉的种类，花卉生长发育阶段及天气与季节给花卉提供合理的水分量。

2)水分对花卉的影响

(1)影响花芽分化　控制水分供给可以控制一些花卉的营养生长，促进花芽分化，球根花卉尤其明显。球根花卉中，含水量少的，花芽分化早，含水量多的或提早收获的球根，花芽分化延迟。球根鸢尾、水仙、风信子、百合等用 30～35 ℃的高温处理，使其脱水而达到提早花芽分化和促进花芽伸长的目的。叶子花成株后，停止向花盆浇水，使盆土处于干旱状态，可诱导花芽分化。

(2)影响花色　花卉在适当的细胞水分含量下

才能呈现出各自应有的色彩。适度的控水，使色素形成较多，花色变浓，叶色变深，如蔷薇、月季、菊花。大多数花卉花色对土壤水分变化不是很敏感。

3.2.4　空气成分

空气中的各种气体，有的为花卉生育所必须，有的则相当有害。空气污染可能会影响花卉的生长发育。但也有一些花卉具有抵抗污染的能力，污染区应栽植与之相适应的能抵抗污染的花卉。

1）氧气

花卉通过光合作用释放氧气，为大气环境提供充足的氧气供其他生物使用。花卉进行呼吸作用时会吸收氧气，放出二氧化碳。大气中氧气的平均含量是21%，能满足花卉的呼吸作用需求，但土壤中的氧气却不一定。城市中由于人流的践踏和车辆的碾压，导致土壤紧实或板结，从而使得土壤的空隙度减少，通气性下降，气体不能随时交换，根系呼出的二氧化碳大量聚集在土壤中，又造成土壤缺氧。土壤缺氧，根系呼吸作用不能正常进行，新根不能萌发，老根无法生长，厌气性的有害细菌大量滋生，根系就会腐烂，导致花卉死亡。此外，土壤给水也会导致土壤缺氧。所以，栽培养护中经常松土，防止土层渍水，保证花卉正常生长发育。

2）二氧化碳

二氧化碳是光合作用的原料，空气中的含量约0.03%，不能满足花卉的需要。温室中可以通过二氧化碳施肥，提高花卉的光合作用。如月季增施到0.12%～0.2%可以增收，菊花和香石竹增施二氧化碳大大提高了产品的质量。二氧化碳过量（最高量是0.5%左右）对植株有危害。如新鲜的厩肥或堆肥过多时，二氧化碳高达10%左右，对植物产生严重伤害。在温室或温床中，施用过量厩肥，会使土壤中二氧化碳含量增多至1%～2%，如若持续时间较长，植株易发生病害。可适当提高温度和松土以防止病害发生。

3）有害气体

有毒气体影响花卉的生长发育，严重时导致死亡。而有毒气体对花卉的毒害作用一方面受有毒气体的成分、浓度、作用时间及其当时其他的环境因子影响；另一方面与花卉自身对有毒气体的抗性也有关。

（1）二氧化硫　主要是工厂释放出的有害气体。当空气中的二氧化硫量增至0.001%～0.002%时，便会使花卉受害，浓度越高，危害越重。危害症状为叶脉间发生许多褐色斑点，严重时，叶脉变为黄褐色或白色。

（2）氟化氢　主要来源于炼铝厂、磷肥厂、搪瓷厂等厂矿地区。它危害植株幼芽和嫩叶，叶片出现褐色斑点和萎蔫。还使植株矮化、早期落叶、落花及不结实。

（3）氨气　氨气是由氮肥散发出来的，当其含量达到0.1%～0.6%时，叶缘开始出现烧伤现象，在4%浓度下，经24 h后，大部分花卉便会中毒死亡。

（4）其他有害气体　如乙烯、乙炔、丙烯、硫化氢、氧化硫、一氧化碳、氯、氰化氢等。

4）花卉对空气成分的适应

有些花卉抗性强，还可以净化空气，称为抗性花卉。对二氧化硫抗性强或较强的花卉有美人蕉、金盏菊、百日草、晚香玉、鸡冠花、大丽花、玉簪、凤仙花、地肤、石竹、菊花等。对氯气抗性强或较强的花卉有杜鹃、万年青、一串红、矮牵牛、扶桑、朱蕉、唐菖蒲、大丽花、栀子等。对氟化氢抗性强或较强的花卉有大丽花、天竺葵、万寿菊、山茶、秋海棠等；抗性弱的有郁金香、唐菖蒲、万年青、杜鹃等。

各种花卉对有害气体的抗性差异很大，有些花卉对有害气体很敏感，作为“报警器”可以监测预报大气污染类型与污染程度，称为监测花卉或指示花卉。空气中的低浓度有毒气体对人体的危害是长期而慢性的过程，不容易及时被察觉，监测花卉常可在人们感觉不到的较低浓度下表现出受害症状，起到及早发现污染，初步检测污染物种类和污染程度的作用。

3.2.5　土壤与养分

1）花卉对土壤的要求

土壤为花卉生长提供养分与水分，并能固定植株。大部分花卉要求土壤质地疏松，土层深厚，富含有机质。但由于其根系状况和生长发育需求不同，对土壤的要求也不同。不同种类的花卉对土壤的要求不同，同种花卉在不同的发育时期对土壤的要求也有差异。

（1）露地花卉　一二年生花卉和球根类花卉：由于根系较浅而细小，在土层中分布于上部，抗旱能力弱、吸肥范围窄，根的扩展能力差，故要求地下水位较高、表土深厚且土质疏松，水分干湿适中，富含有机质。喜排水良好的沙质壤土、壤土及黏质壤土。其中水仙、晚香玉、石蒜、郁金香等以黏质壤土为宜。

多年生宿根类花卉：根系较深，扩展能力强。不但要求表土土质疏松、深厚（40～50 cm），有机质丰富，而且要求下层土壤的有机质含量也较高，故需要改土，增施有机肥。喜排水良好而表土富含腐殖质的黏质壤土。

（2）盆栽花卉　由于盆内空间有限，因此盆栽花卉土壤深度与所含养分有限。需要特殊的培养土，要求富含腐殖质，土壤松软，通气排水良好，并且能够长期保持土壤湿润，不易干燥。常用腐叶土、园土和沙按一定的比例配制。不同花卉对营养要求和水分要求不同，因此对土壤要求也不相同。一般来说，一二年生花卉、宿根花卉、球根花卉、木本花卉对养分要求依次增多，可通过加大腐殖土来达到增加土壤养分的目的，同时可使土壤更松软透气、排水保水性能好。

2）土壤对花卉生长发育的影响

土壤对花卉生长发育的影响主要包括土壤中的矿物质、有机质、土壤温度、水分、土壤微生物及土壤酸碱度等（详见第5章花卉的栽培管理）。

思考题

1. 花芽分化、春化作用、光周期的定义是什么？

2. 根据花卉对光照强度的不同需要，可大致将花卉分为哪三类？

3. 花芽分化的类型有哪五类？

4. 花卉生长相关性有哪些？

5. 请用思维导图梳理温度、光照及水分对花卉生长发育的影响。

第4章 花卉的繁殖

花卉繁殖是通过自然或人工手段，扩增植物种群并产生新一代的关键过程。它在种苗生产、种质保护和新品种培育中发挥着重要作用。随着植物长期的自然进化和环境适应，形成了独特的繁殖方式；而人类在园艺实践中也开发了多种繁殖方法。依据产生新后代的方式，花卉繁殖主要分为有性繁殖和无性繁殖两大类。

4.1 有性繁殖

有性繁殖，也称种子繁殖，涉及通过减数分裂产生的雌雄配子结合形成合子，这个合子发育成胚，最终长成新个体的过程。简而言之，就是通过有性生殖获取种子，并利用这些种子培养新植株。种子繁殖具有以下特点：种子易于储存、包装和运输；所培养的实生苗后代根系健壮、生长快速、适应性强；繁殖效率高，能迅速生产大量种苗；F1代种子苗因包含双亲各半的遗传信息，展现出性状的多样性，是培育新品种的常规方法。

在园林中，多数产种子量大的一二年生草本花卉，以及部分生命周期较短的多年生草本花卉，主要通过种子来繁殖。这些花卉的优质品种种子通常为F1，由性状优良的父母本通过杂交获得。

4.1.1 花卉种子的类型

花卉种类繁多，其种子在形状、大小、色泽和硬度等方面展现出显著差异，这些特征常被用来识别不同种子并评估种子质量。对种子分类的目的在于更准确地辨识和应用种子。常见的分类包括是有无胚乳、粒径大小、表皮特性、种子形状以及果实类型等几个方面。

1)按有无胚乳分类

种子可以分为无胚乳种子和有胚乳种子。无胚乳种子只有种皮和胚，子叶肥厚储藏大量营养物质，代替了胚乳的功能，占种子大部分体积，如香豌豆、慈姑等花卉。有胚乳种子由胚、胚乳和种皮三部分构成，胚乳占种子的大部分体积。大多数花卉种子都有胚乳。

2)按粒径大小分类

根据种子长轴的长度来分类，可分为大粒、中粒、小粒和微粒。粒径5.0 mm以上的为大粒种子，如紫茉莉(图4-1)、牵牛、荷花、牡丹(图4-2)、金盏菊等；粒径在2.0～5.0 mm的为中粒种子，如紫罗兰、矢车菊、凤仙花、一串红(图4-3)等；粒径在1.0～2.0 mm的为小粒种子，如三色堇、鸡冠花、半枝莲(图4-4)、报春花等；粒径在0.9 mm及以下的为微粒种子，如金鱼草、矮牵牛、四季秋海棠、兰科植物等。

3)按种子表皮特性分类

根据种子有无附属物及附属物的不同可分为下面3类：①种子无附属物的，如半枝莲、凤仙花、紫茉莉、牵牛花等；②种子坚硬的即硬实种子，如荷花、美人蕉、牡丹等；③种子被毛、翅、钩、刺的，如矢车菊(冠毛)、紫罗兰(翅)、含羞草和千日红(毛)。

图 4-1　紫茉莉种子

图 4-2　牡丹种子

图 4-3　一串红种子

图 4-4　半枝莲种子

4)按种子的形状分类

可分为椭圆形(如秋海棠)、卵形(如金鱼草)、倒卵形(如三色堇)、舟形(如金盏菊)、线性(如万寿菊)、球形(如紫茉莉)和肾形(如鸡冠花)。

5)按果实形态分类

可分为干果类和肉质果类。干果是果实成熟时自然干燥、开裂而散出种子,或种子与干燥的果实一同脱落。干果类包括如蒴果、荚果、角果、瘦果、坚果、蓇葖果、分果等。大部分花卉种子属于干果类,如三色堇、矮牵牛、金鱼草、报春花等。肉质果成熟时果皮含水量大,一般不开裂,成熟后从母体脱落或逐渐腐烂,常见的有浆果、核果等,如文竹和君子兰(浆果),桃花和梅花(核果)。

4.1.2　花卉种子的采收

1)种子的成熟

种子的成熟分为形态成熟和生理成熟两个层面。形态成熟是种子的大小和形态已不再有变化,呈现出品种的固有色,可以作为收获指标。生理成熟是种子营养物质储藏到一定程度,种胚具有了发芽的能力,可以作为种用价值指标。真正成熟的种子包括两种形态的成熟,成熟指标包括营养物质不再积累,养料运输已经停止,干物质不再增加;种子含水量下降到适宜水平;果实和种皮内含物变得坚硬;种胚具有了萌发能力。

大多数花卉植物的种子都是生理成熟在先,一段时间后达到形态成熟。菊科、十字花科和报春花属的种子生理成熟和形态成熟过程几乎同步，所以在适宜的环境条件下收获的种子可以立即发芽。蔷薇属、苹果属及李属等木本花卉的种子，在达到形态成熟时生理上还未成熟，需要生理后熟。兰科花卉果实成熟时形态和生理均达到成熟状态，所以种子寿命很短。

2)种子的采收

高品质的花卉种子需要从品种纯正、生长健壮、发育良好、无病虫害的植株上采收。花卉采种要适时采收，一般在种子形态成熟时，果实开裂或自行脱落时采收。

对多数干果类植物而言，为避免种子过早脱落，应在果实尚未开裂、清晨空气湿润时进行采收。针对那些开花结实期较长，种子逐步成熟并自然脱落的植物，例如半枝莲、凤仙花和三色堇等，需要分批次从不同时间开花的植株中收集成熟种子。而对于那些果实成熟后既不开裂也不自行脱落的种类，如千日红、桂竹香、矮雪轮和屈曲花等，则可在整株植物完全成熟后进行一次性采收。在肉质果植物中，成熟的标志表现为果皮软化，颜色变化从绿色转向红色、黄色、紫色或黑色，并伴有香气释出，这类植物的果实通常会自然脱落或随时间逐渐腐烂，故一旦形态成熟应立即采收。

3)种子采后处理

干果类种子采集后需在阴凉通风处自然晾干、晒干或低温烘烤。含水量低的、果皮比较厚实的可以晒干，而含水量高的采用阴干法。如遇高温高湿天气，可以采用低温干燥法烘干种子。种子初步干燥后，再脱粒并去除掉发育不良的种子及杂质，最后再干燥达到安全含水量标准，一般为8%～15%。

肉质果类种子因果肉含有很多果胶及糖类，容易滋生病菌，所以果实采收后需及时处理。可以用清水浸泡几天，或自然发酵后去掉外层果肉，然后将种子洗净晾干后再储藏。

不论是干果类还是肉果类种子，在净种工作台(图 4-5)净种后还要采用风选、筛选及粒选等方法对种子进行分级储藏保存。

图 4-5　净种工作台

4.1.3　种子的寿命与储藏

1)花卉种子的寿命

花卉种子寿命指的是种子在特定环境条件下保持生命活力的时长。在生产实践中，种子寿命通常通过测定样本群体的发芽率评估。当种子群体的发芽率下降至最初值的 50%时，从种子采集到这一时间点时长定义为种子的半活期，也即种子的群体寿命。此外，种子生命力的完全消失标志着种子寿命的终结。对花卉种子寿命的了解对花卉的栽培管理、种子收集、储藏及种质资源的保存等方面至关重要。不同种花卉种子由于种皮结构和化学成分的差异，其寿命也呈现明显的不同。根据种子在自然环境中的存活时间，花卉种子可被分类为短寿命种子、中寿命种子和长寿命种子三种类型。

短寿命种子(＜1 年)　自然储存条件下，种子寿命仅数月至一年的。常见种类包括高温高湿地区无休眠期的植物如天南星科、兰科、非洲菊、球根秋海棠等，水生植物如睡莲科(荷花除外)、慈姑、灯芯草等，种子在早春成熟的如报春花类等。

中寿命种子(1～5 年)　大多数花卉种子属于此类。

长寿命种子(＞5 年)　莲、美人蕉属及锦葵科等植物种子寿命都属于这一类。这类种子都含有不透水的硬种皮。

2)影响花卉种子寿命的因素

除了受自身遗传因素外,还受到内在因素如种子的成熟度、种皮的完好程度、种子的含水量及外在储藏条件如温度、湿度、氧气和光照。

(1)种子的成熟程度　充分成熟的种子,由于含水量较低、籽粒饱满,因而具有较长的种子寿命。相反,未完全成熟的种子含水量较高,种皮松散,其较强的呼吸作用会加速营养物质的消耗,从而导致种子寿命缩短。

(2)种子含水量　对于多数种子而言,当其含水量处于5%～8%时,种子的寿命最长。足够干燥的种子更能耐受较高或较低的温度环境。在高温下,低水分可限制种子的生理活动,减少营养物质的消耗,从而延长种子寿命。然而,极度干燥则可能导致种子失去发芽能力。安全储藏种子的理想含水量,对于含油量高的不宜超过9%,而含淀粉量高的种子则不宜超过13%。

(3)种皮的完好程度　完好的种皮能够阻止氧气和水分的通过,使种子保持完好的休眠状态,延长其寿命。种皮受到损伤的种子,容易滋生病菌,影响种子寿命。

(4)温度　低温能有效抑制种子的呼吸作用,从而延长其寿命。因此,最佳的储存条件是在1～5 ℃下,避免阳光直射。当温度升高,种子的呼吸作用增强,导致营养物质消耗加快,进而缩短种子的寿命。

(5)湿度　湿度是影响草本花卉种子寿命的重要因素,多数种子在干燥条件下能够延长寿命。这是因为低水分阻碍了生理活动,减少了储存物质的消耗。然而,也有少数种子如芍药和睡莲在干燥后迅速丧失发芽能力。在高温多湿的环境下,种子的发芽力会降低。当空气相对湿度维持在20%～25%时,种子的储存寿命可达到最长。

(6)氧气和光照　氧气可以促进种子的呼吸作用,低氧条件下能抑制呼吸作用降低营养物质的消耗,如将种子存储于其他气体中也能延长种子的寿命。多数种子需要避光保存,暴露于光照下会影响种子的发芽率及寿命。

3)种子储藏方法

花卉种子的发芽率在正常储藏条件下多数是以恒定的速度降低的,大多数种子寿命为1～5年。随着储藏时间的延长,发芽率和发芽势降低。种子活力丧失程度与种子的储藏方法有密切关系,通过良好的储藏方法,可以延长种子的寿命。低温、密闭、干燥环境可以最大限度地降低种子的生理活动,减少种子内营养物质消耗,从而延长种子的寿命,但是不同用途的种子采用不同的储藏方法。日常生产和栽培中用到的储藏方法有:

(1)室内常温储藏　将充分干燥的花卉种子装进纸袋中,放置于通风环境中储藏,适用于第二年内即将播种的花卉种子。

(2)干燥密封储藏　将充分干燥的种子放入密闭容器中阴凉处储藏,这个方法适用于容易丧失活力的种子的中长期保存。

(3)干燥低温密闭法　将充分干燥的种子放入密闭容器中,放置于1～5 ℃冷库或冰箱中储存,可以很长时间地保存种子。

(4)湿藏法　在一定的湿度、较低温度和通风条件下,将种子与湿沙分层堆积,利于种子维持一定的含水量。这个方法适用于大多数木本花卉种子,尤其是对于一些含水量高、休眠期长又需要催芽的种子,如牡丹等。

(5)水藏法　种子采收后,将植物种子立即储藏于水中。这个方法适用于某些水生花卉的种子储藏,如睡莲和王莲等。

4.1.4　种子检验

为了了解种子的发芽力,确定播种量和幼苗密度,播种前要对种子进行质量检查。种子质量检查包含品种品质和播种品质两方面内容。

1)品种品质

种子的品种品质是指与遗传特性有关的品质,即种子的真实性和品种纯度。真实性是指种子真实可靠的程度,品种纯度用本品种的种子数或植株数占供试样品的百分率表示。纯度的检验以该品种稳定的重要性状为主要依据,与该品种标准对照进行比较,明确其数量性状的差异。

2)播种品质

播种品质是指种子播种后与田间出苗有关的

品质,包括净度、千粒重、发芽率、发芽势及种子含水量。净度是完好种子占供检样品重量的百分率来表示。千粒重是1000粒风干种子的重量,可以代表种子的饱满程度。发芽率是指在足够的时间内,发芽的种子占全部供试种子的百分率。发芽势是指在规定的时间内,发芽种子占供试种子的百分率。发芽力是指种子发芽出苗齐壮的程度,通常用发芽率和发芽势表示,是确定种子使用价值和估算田间出苗率的主要依据。种子含水量是种子水分占整个种子重量的百分率,代表着种子干燥耐藏的程度,是种子储藏期长短的主要内因。

种子检验主要分为田间检验和室内检验两大类。田间检验发生在花卉植物的生长期间,通过在采种田中进行取样分析,主要目的是鉴定种子的真实度和品种的纯度,同时评估病虫害感染率、杂草及非目标花卉的混入情况以及生长状况,其中以品种纯度为核心检验项目。而室内检验则是在种子完成收获和脱粒后进行,从收集地点经仓库直到销售或播种前阶段,都可能会对种子样本进行抽取和检验。在脱粒、储存、运输及播种前的各个环节,种子的品质都可能因不同因素而发生改变。因此,对种子品质的全面和定期检验尤为重要,包括种子的真实度、品种纯度、净度、发芽率、发芽活力、千粒重、含水量及病虫害情况等方面。

优良种子的标准是品种纯正,各性状指标符合要求;发育充分,成熟饱满,发芽力和生活力高;无病虫害和机械损伤;种子新鲜;种子纯净度高,杂质少。

4.1.5　种子休眠

在遇到适宜的萌发条件(温度、水分和氧气等)下具备活力的种子也无法萌发的现象称为种子休眠。这种现象是种子为了适应季节性和环境变化的一种机制。种子休眠主要分为以下三类:

1)胚休眠

虽种子在形态上已显成熟,但种胚在形态上还没有完全发育或生理上不成熟,种子还需通过从胚乳中吸收养分,经过后熟作用才能萌发,如毛茛属、荚蒾属以及兰科植物中尤为典型。

2)种皮障碍

主要是由于种皮的构造使水分和氧气不能进入种子内部,从而抑制了种子的萌发,导致种子休眠。如豆科植物种子其种皮具有发达的角质层和栅栏组织而不透水,导致吸水困难,抑制了种子萌发。

3)抑制物质

有些种子形态和生理上都达到成熟,但是因种子或果实内含有种子萌发抑制剂如生物碱、脱落酸、酚类等化学物质,从而抑制了种子的萌发,如存在于鸢尾胚乳中的抑制剂,存在于蔷薇属植物种皮中的抑制剂。

根据不同的种子休眠原因,解除种子休眠方式可采用如下一种或结合几种方式进行:

机械损伤法,浸种,温度处理,药剂处理。

4.1.6　播种前处理

在播种前对种子进行适当处理,不仅能有效预防种子带来的病原体危害及土壤中存在的病虫害问题,打破种子休眠,还能增强种子对不良土壤与气候条件的耐受力,提升成活率。常见的播种前处理方法包括种子消毒、种子包衣及种子催芽。

1)种子消毒

把种子进行精选后,在催芽和播种之前,应对种子进行消毒,这样可以消灭种子表面所带病菌,预防花卉种苗发生病害。一般采用紫外线消毒、药剂浸种、药剂拌种和晒种方法。

(1)紫外线消毒　紫外线消毒是指将种子放在紫外线下照射,以杀死种子表面所带病毒。因为光线只能照射到表层种子,因此要将种子摊开,隔0.5 h翻搅一次,通常消毒1 h便可完成。

(2)药剂浸种消毒　是一种通过将种子浸泡在特定浓度的消毒液中一定时间以杀灭附着的病菌或预防萌发后可能遇到的病虫害的方法。完成消毒后,需将种子用清水彻底冲洗并阴干。常见的消毒剂包括甲醛(福尔马林)、多菌灵、高锰酸钾溶液等。正确的做法是先将种子用清水浸泡,再进行浸种,根据使用的消毒剂浓度调整浸种时间——浓度低时可适当延长,浓度高则相应缩短时间。对于药剂忍受力较差的种子，浸种后应立即用清水冲洗以避免药害。

(3)药剂拌种消毒　是将种子与一定比例的药剂混合后施入土壤的方法，旨在杀死种子表面的病菌并防止土壤中的病虫害。常用药剂包括多菌灵、福美双等。根据药剂性质分为干拌法和湿拌法：干拌要求种子和药粉均干燥，以避免不均匀拌合和药害，药粉通常占种子重的 0.2%～0.5%，需要分批混合以保证均匀；湿拌法则将药粉与少量水混合后拌种，或将干药粉直接拌入湿种子，使药粉能均匀附着于种子表面，在播种后药剂逐渐被植物吸收并传导。

(4)晒种消毒　播前晒种能促进种子的后熟，增加种子酶的活性，同时能降低水分，提高种子发芽势和发芽率，还可以杀虫灭菌，减轻病虫害的发生。一般选择晴天晒种 2～3 d 即可。

2)种子包衣

为了适应机械化快速、均匀地播种需要，许多花卉种子采用不同的包衣处理。种子包衣是以种子为载体，种衣剂为原料，包衣剂为手段，集生物、化工、机械等技术于一体，利用黏着剂或成膜剂、杀虫剂、杀菌剂、微肥、植物生长调节剂及着色剂等包裹在种子外面，以使种子成球形或保持原有形状的综合技术。根据所用的包衣剂的不同，将种子包衣方法分为种子包膜和丸粒化处理两种方法。

(1)种子包膜　种子包膜是指在种子外部喷上一层较薄的含有杀菌剂、杀虫剂、植物生长调节剂及荧光颜料的成膜剂，种子在包衣处理后仍保持原有的大小和形状，只是种皮颜色会因包衣剂的颜色而有所改变。包衣处理使种子在播种机上更容易流动，因涂层含有杀菌剂、杀虫剂和植物生长调节剂，种子萌发率要比没有包衣的种子高，而且不容易受到病害和虫害。因涂层含有荧光颜料，种子是否在穴盘中播种很容易识别。种子包膜适用于中粒花卉种子。

(2)丸粒化处理　丸粒化处理是指在种子外部包裹一层带凝固剂的黏土料，还有含杀菌剂、杀虫剂、植物生长调节剂及荧光颜料的包衣剂。丸粒化技术采用多层包衣，里层是能促进种子萌发的植物生长调节剂，中间为肥料，外部为杀虫剂、杀菌剂等。这种包衣处理将种子加工成了大小和形状无明显差异的球形单粒种子，改变了种子形状，增加小粒种子或不规则种子的体积和均匀度，并提高畸形种子在播种机内的流动性。包衣剂中其他物质能促进种子的萌发，免受病虫害的危害。常用丸粒化包衣处理的植物，如矮牵牛、秋海棠、六倍利等小粒种子花卉。

3)种子催芽

为了播种后能达到出苗迅速、整齐、均匀、健壮的标准，在播种前需要进行催芽处理。常用的催芽方式有以下几种：

(1)层积催芽　是将种子和湿润的沙子分层堆放于 3～10 ℃的低温库中 1～3 个月。层积处理能使种子的抑制物质脱落酸下降，还能使促进种子发芽的赤霉素和细胞分裂素含量增加。适用于种子或果实内存在化学抑制物质的花卉种子，如蔷薇科的木本花卉。

(2)植物生长调节剂处理　赤霉素、细胞分裂素和乙烯等植物生长调节物质都能解除种子休眠，促进种子萌发，其中赤霉素效果最为显著，可以代替层积作用和低温处理。

(3)机械破损　可以用沙子或砂纸与种子摩擦，磨破或去除种皮来促进萌发。适用于有坚硬种皮的种子，如羽扇豆、荷花、美人蕉等。

(4)温水浸种　温水浸种是一种提高植物种子发芽率的方法，特别适用于具有较硬种皮的种子。通过将种子浸入 45～55℃的温水中，种子的种皮透性得以增强，从而促进发芽过程。此外，这一方法还利用了种子本身较强的耐热性，相对于病原菌来提高其温度耐受力，使用高温水不仅可以杀死附着在种子表面及其内部的病菌，还有助于刺激种子的萌发。

(5)化学药剂处理　用化学药剂如硫酸或过氧化氢处理具有坚硬种皮的种子，使其种皮表面产生破损从而促使水分和氧气进入种子，促进种子萌发。主要适用于种子的外壳特别坚硬的种子。

(6)人工组织培养　将没有发育完全的胚放置于人工培养基上使其分化从而促进种子的萌发。

主要适用于兰科花卉的种子。

4.1.7　有性繁殖的方法与技术

1)苗床播种育苗(裸根苗)

苗床播种育苗是先将花卉种子播种于育苗床中,然后经分苗后再培养的方法。这种方法便于幼苗集中养护管理,同时节约成本。根据播种地气候条件,可以采用露地苗床或温室内苗床播种。

(1)播前整地　选用土质较好、日光充足、空气流通、排水良好的地方作为播种苗床。为了给种子发芽和幼苗出土创造一个良好的条件,也为了便于幼苗的养护管理,在播种前需要细致整地。整地的要求是苗床平坦,土块细碎,上虚下实,畦埂通直。土壤湿度以手握成团、抛开即散为原则。整地时要施入种肥便于幼苗的萌发。

(2)播种时期　播种时期需要根据不同花卉的遗传特性、耐寒力、越冬温度而定。幼苗萌发后能有一段相当长的适宜气候来完成其营养生长是选择播种时期的主要依据。适时播种能保证种子萌发后苗木的茁壮成长。

一年生花卉耐寒力差,在春季晚霜过后播种,尽量集中播种,缩短播种期。长江以南地区约在 2 月上旬到 3 月上旬播种,长江以北地区要推迟 15～45 d。为了能让种苗提前开花,生产上往往在温室苗床或覆盖塑料薄膜露地苗床上育苗。二年生花卉耐寒力强,一般在秋季气温降至 25 ℃以下时播种。长江以南地区约在 9 月上旬至 10 月上旬播种,长江以北约在 9 月上旬播种。

多年生宿根花卉的播种期以其耐寒力的强弱为依据。耐寒性强的落叶宿根花卉,春播、夏播、秋播均可以。但是种子需要低温打破休眠的宿根花卉如芍药、牡丹等,播种时期必须为秋季。不耐寒常绿宿根花卉宜春播。

(3)播种量　播种量是单位面积上播种种子的重量。适宜的播种量可以节约种子成本,同时保证幼苗有足够的空间生长。播种量是根据单位面积上需种植的苗木数量,种子的千粒重,纯净度及发芽率来决定的。播种量(g/m^2)=(每平方米需留苗数×种子的千粒重)/(纯净度×发芽率×1000)。

(4)播种方法　根据种子粒径的大小可分为撒播、条播和点播。撒播就是将种子均匀地撒于苗床上,为了使细小的种子撒播均匀,一般将种子混入细沙后再撒播,这个方法适用于小粒种子的花卉种类,如一串红和矮牵牛等。条播是按一定的株行距将种子均匀地撒播在苗床上的播种沟内,这个方法适用于中粒种子的花卉种类。点播是将种子按一定的株行距逐粒播于苗床上,这个方法适用于大粒种子,如牡丹的播种。

(5)播种深度　播种深度以种子直径的 2～3 倍为宜,具体播种深度取决于种子的发芽力、发芽方式和覆土等因素。小粒种子和发芽力弱的种子适宜浅播,大粒种子和发芽力强的种子适宜深播。春夏播种覆土宜薄,秋播覆土宜厚。播种后覆盖的土层最好是过筛的细土,可选用沙土、泥炭土、腐殖质土等,从而起到土壤保温、保湿、通气,利于幼苗萌发。此外,播种深度要一致才能保证幼苗萌发整齐。

(6)播后覆盖　为防止雨水冲刷种子,播后一般覆盖稻草或无纺布,待种子萌发后需撤掉覆盖物。

2)穴盘播种育苗(容器苗)

穴盘播种是以穴盘为容器,选用泥炭土混合蛭石或珍珠岩为基质,采用穴盘播种机自动播种。发芽率高的种子一般每穴 1 粒,发芽率较低的种子需要每穴放置 2～3 粒。播种后放置于催芽室内催芽,萌发后放置于温室内培养。因在温室内播种生长,播种时间不受季节的限制(图 4-6)。

图 4-6　穴盘播种育苗

(1)穴盘育苗特点　相对于苗床裸根苗育苗,

穴盘育苗的优点是播种后出苗快，幼苗整齐，成苗率高，节省种子量；苗龄短，幼苗品质好；每一株幼苗都拥有独立的空间，水分养分互不竞争，幼苗的根系完整，移植后的成活率接近100%，无缓苗期，收获期提前，移植后的生长发育快速整齐，商品率高；苗床面积小，管理方便，便于运输；不用泥土，基质通过消毒处理，苗期病虫害少；操作简单，节约人力。但是穴盘育苗需要一些专用机械设备如混料机、穴盘填充机、播种机、覆盖机等，对肥水及生长环境要求很高，需要精细管理。

(2)穴盘容器选择　穴盘的穴格及形状与幼苗根系的生长有密切关系。圆锥形穴盘或非倒梯形穴盘，根部容易环绕周围长，不利于根系的生长，透明的穴盘透光率比较高，根系见光后容易死亡，所以一般选择黑色、方口、倒梯形的穴盘。其次穴格体积大，基质容量大，其水分、养分蓄积量大，对供给幼苗水分的调节能力也大；另外，还可以提高通透性，对根系的发育也有利。但穴格越大，穴盘单位面积内的穴格数目越少，影响单位面积的产量，价格或成本会增加。常见的穴盘的规格有288孔、200孔、128孔和50孔，穴盘规格的选择主要视育苗时间的长短、根系深浅和商品苗的规格来确定。对使用过的穴盘，再次使用前必须消毒，常用方法是600倍液多菌灵，800～1000倍液杀灭尔等杀菌剂洗刷或喷洒，之后用清水冲洗干净。

(3)基质选择　适用于穴盘苗的基质应结构疏松、质地轻、颗粒大、pH 5.5～6.5。基质和水必须有一定的容量，能保持一定的水分；另外还必须有一定的孔隙度，既要保水又要透气，能给苗充足的水分。基质材料必须一致，无菌、无虫卵、无杂物及杂草种子。基质的种类很多，为适应不同花卉育苗的需要，基质的配比也有所区别。一般原则是种子越小，需要的基质越细。基质的主要组成有泥炭土、椰糠、珍珠岩、蛭石等。生产中常将泥炭和珍珠岩(或蛭石)以3∶1的比例混合，或将泥炭、蛭石和珍珠岩按照1∶1∶1的比例进行配制。

基质填充时要先把基质湿润，先喷水，有一定的含水量，要求达到50%～60%，用手一握能成团，但水不能从指头缝滴出来，松手的时候，用手轻轻一捅这个团要能散开。填充时要均匀一致，填的料必须一样多，这样播完种以后能均匀出苗，好管理。装穴盘可机械操作，也可人工填装。注意尽量使每个穴孔填装均匀，并轻轻镇压，使基质中间略低于四周。播种时力求种子落在穴孔正中。

(4)穴盘播种机　穴盘播种机基本分为针式播种机、滚筒式(鼓式)播种机和盘式(平板式)播种机三种。针式播种机利用一排吸嘴从振动盘上吸附种子，当育苗盘达到播种机下方时，吸嘴将种子释放，种子经下落管和接收杯后落在育苗盘上进行播种，然后吸嘴自动重复上述动作进行播种。播种速度可达2400行/h(128穴的穴盘最多每小时可播150盘)，无级调速，能在各种穴盘、平盘或栽培钵中播种，并可进行每穴单粒、双粒或多粒形式的播种。针式播种机因配有不同直径的吸嘴，是适应范围最广的播种机，从细小的矮牵牛到大粒的美人蕉种子均可使用，适合中小型育苗企业使用。

滚筒式播种机利用带有多排吸孔的滚筒，首先在滚筒内形成真空吸附种子，转动到育苗盘上方时滚筒内形成低压气流释放种子进行播种，然后滚筒内形成高压气流冲洗吸孔，接着滚筒内重新形成真空吸附种子进入下一循环的播种。相对于针式播种机，播种精密度提高，播种速度快，播种速度高达18000行/h(128穴的穴盘最多每小时可播1100盘)，适合于大中型育苗企业的精密播种。

盘式(平板式)播种机利用带有吸孔的盘播种，首先在盘内形成真空吸附种子，再将盘整体转动到穴盘上方，并在盘内形成正压气流释放种子进行播种，然后盘回到吸种位置重新形成真空吸附种子，进入下一循环的播种。播种方式为间歇步进式整盘播种，播种速度相对于前两者更快，一般为1000～2000盘/h，适用于大型专业育苗企业，年育苗量在5000万株以上。

(5)播后覆盖　多数种子播种后需要用播种基质或其他基质进行覆盖，以保证正常萌发和出苗。如大粒种子三色堇、万寿菊、翠菊等，必需覆盖才能保证种子周围有充足的水分以保证其萌发。有些花卉需避光才能萌发的如仙客来、福禄考、蔓长春花等需要深度覆盖才能使种子萌发。光照抑制幼苗根系的发育，覆盖的另一好处是利于种子根系的发育。覆盖厚度以种子的大小为依据，小粒种子覆盖需浅一些，大粒种子覆盖需深一些。还有整个穴盘覆盖应厚薄均匀一致，一般通过播种机或人工完成覆盖操作。覆盖的基质以疏松透气的基质为主，一般选用播种基质、蛭石或沙子。

3)实生幼苗的管理

(1)露地苗床育苗的苗期养护管理　花卉植物种子发芽之后，到生长旺盛期和开花期之前的这一段时间，称为苗期。苗期生长通常分为两个阶段，即生长初期(幼苗期)和生长旺期(大苗期)，不同的生长阶段，有着不同的管理方法。生长初期与生长旺期之间，有一个过渡点，就是离乳期，离乳期通常出现在幼苗5～6片真叶的时候(因植物种类而有不同)。这个时期，幼苗的子叶或胚乳养分基本消耗完毕，此时真叶数量增多，能自主进行光合作用，生长开始逐步加快。因此，对于苗期的划分，就以这个过渡点为标准。苗床播种幼苗的管理主要指幼苗期的管理，包括浇水、间苗和除草。

幼苗期指出苗之后到5～6片真叶前。幼苗期植物生长特点是生长缓慢，养分供给全靠子叶或者胚乳，根系浅而少，地上部植株弱小。主要的养护管理措施是浇水、除草。浇水原则以子叶或者第1片(对)真叶展开为依据。子叶展开之前，保持土壤湿润，浇水以喷雾为主，少量多次。当叶子展开之后，根据表层土壤的干旱情况浇水，因幼苗根系仍然不是很发达，浇水原则是见干见湿，即指干燥和湿润要有间隔，需要浇水时则浇透水。为避免引起肥害，幼苗期不施追肥。多数幼苗萌发后，应根据苗的生长情况适当间苗。间苗一个目的是去除混在幼苗中间的杂草，为避免杂草和幼苗竞争空间，另一个目的是去除长势相对较弱的幼苗。以防止幼苗因为过于拥挤而光照不足，进而引发徒长。露地苗床幼苗需要在荫棚下生长，真叶长出后，需要足够阳光才能长得健壮，需要去除遮阳网，从而避免徒长，形成弱苗。幼苗长出5～6片真叶后即可移栽到合适的容器中栽培。

(2)穴盘育苗的幼苗养护管理　穴盘育苗的生育期分为4个阶段，主要是因为穴盘苗这4个阶段的生长状态与所需要的温度、湿度、光照和肥料等环境管理条件各有差异。

①从播种到种子初生根(胚根)突出种皮为止，即所谓的“发芽”期。为提高穴盘苗的萌发率，播种好种子的穴盘浇水后放入发芽室内进行催芽。发芽期最主要的特征是需要较高的温度和湿度。较高的温度是相对于以后三个阶段来说的。种子发芽所需要的温度在21～28 ℃，大部分在24～25 ℃为最适温度，喜凉花卉如花毛茛、仙客来、蒲包花等的发芽温度为15～18 ℃。持续恒定的温度对种子来说可以促进种子对水分的吸收，解除休眠，激活生命活力。较高的湿度可以满足种子对水分的需要，首先软化种皮，增加透性，为种胚的发育提供必需的氧气；其次作为种子生化反应的溶剂，促进其生物化学反应的完成。催芽室内的加湿措施采用喷雾装置。为防止幼苗在发芽室内徒长，50%种苗的胚芽露出基质而叶子尚未展开时，应移出发芽室。

②种子发芽以后，紧接着是下胚轴伸长，顶芽突破基质，上胚轴伸长，子叶展开，根系、茎干及子叶开始进入发育状态。第二阶段养护管理的重点是下胚轴的矮化及促壮。如果下胚轴伸长过快，就会引起幼苗徒长。要想促壮及矮化幼苗的下胚轴，必须严格控制栽培环境的各个主导因子，如温度、湿度、光照等。第二阶段以后必须见光，结合温度的情况，可以适当遮阳，遮阳程度从40%～60%不等，要根据不同种子的生态特性来决定，大岩桐和四季秋海棠要求的遮阳强一些，一串红、鸡冠花可完全不遮阳，瓜叶菊遮去30%左右的阳光就可以。幼苗子叶展开的下胚轴长度以0.5 cm较为理想。下胚轴若太长，当真叶开始伸展时，随着真叶的叶面积增大及叶片数目的增多，其机械支撑力量不足，容易发生倒伏现象。所以下胚轴的矮化及促壮是提高成苗率的关键。

③主要是真叶的生长和发育。这一阶段的管理重点是水分和肥料。水分的管理重点在于维持生育期间的水分平衡，避免基质忽干忽湿，做到在适当的时候给予适量的水分。在人工浇水的条件下，要先观测基质的干湿程度和蒸发情况，确定浇

水的时间和浇水量。在自动喷灌条件下，一天浇水三次，每次给水量约达到基质持水量的60%为宜。浇水时间分别为8时、11时及14～15时。16时之后若幼苗无萎蔫现象，则不必浇水。降低夜间湿度，减缓茎节的伸长，矮化幼苗是管理追求的目标。进入第三阶段的幼苗要开始施肥。其施肥的量是从低浓度向高浓度逐渐增加的。以氮肥浓度为标准可从0.01%开始，每周增加0.01%，视长势和叶色来判断幼苗对肥料的需要量。使用穴盘育苗最好使用液体肥料，这样比较容易控制其浓度，如条件不允许也可以使用缓效控施肥，切忌使用带有挥发性的氮肥，以免对幼苗造成伤害。肥料氮、磷、钾的比例选择氮含量较低的配方（N：P：K=15：10：30），以减少叶面积的快速生长，降低其蒸腾作用。营养过剩，除了容易造成徒长弱苗之外，基质的电导率增加，根系的正常发育也会受到影响。

④幼苗生长到3～4片真叶时。此阶段的幼苗准备进行移植或出售。移植前要适当控水施肥，以不发生萎蔫和不影响其正常发育即可。

4.1.8 种子繁殖实例

1）一串红播种繁殖

一串红是多年生亚灌木，通常作一年生栽培。在中国大部分地区，3—6月适宜露地播种。播种后10～14 d种子萌发，生长周期约100 d开花，花期持续约2个月。温室播种可常年进行。一串红的种子较大，每克含有260～280粒。最适宜播种温度为20～25 ℃，低于15 ℃时，种子发芽困难，而且在20 ℃以下时发芽不整齐。作为喜光性种子，一串红播种后不需要覆土，可用轻质蛭石撒在种子周围，这样既不影响透光又能保持土壤湿度，从而提高种子的发芽率和整齐度。

2）瓜叶菊播种繁殖

瓜叶菊是多年生草本，常作二年生花卉栽培。播种后5～8个月开花，分期播种能使其在不同时期开花。在中国大部分地区，露地8月中旬播种，可在元旦至春节期间开花。10月温室播种，可在“五一”开花。瓜叶菊发芽的最适温度为21 ℃，10 d左右发芽出苗。当小苗长到4～5片叶时上盆移栽。

3）虞美人播种繁殖

虞美人是二年生花卉，直根系。种子极为细小，每克8000粒左右。播种推荐采用288孔穴盘或200孔穴盘，采用含10%的珍珠岩的泥炭基质，育苗周期为6～7周，播种后无须覆盖种子。发芽最适温度为18～21 ℃，5～7 d发芽，幼苗期间温度控制在17～18 ℃，施肥浓度为0.01%，每周一次肥料。第4～5片期可以上盆移栽。

4）仙客来播种繁殖

仙客来是一种球根花卉，但是因其块茎不能分生子球，一般用种子繁殖。其种子多通过人工辅助授粉获得种子。种子播种前用清水浸种24 h或温水（30 ℃）浸泡2～3 h，之后在25 ℃条件下放置2 d以促进种子萌发，再进行播种。露地播种通常在9—10月进行，种子在播种后约40 d发芽，次年12月开花。若在温室中12月播种并在冷凉条件下过夏，可以在当年8月中下旬开花。育种时常用穴盘播种法，种子发芽需要黑暗环境，因此播种后要用基质覆盖约0.5 cm。在18～20 ℃的环境中，种子在30～40 d后可发芽。

4.2 无性繁殖

无性繁殖（asexual propagation）又称营养繁殖（vegetative propagation），是以植物的营养器官为材料进行的繁殖方式。很多植物的营养器官具有再生性，即细胞全能性。无性繁殖是体细胞经有丝分裂的方式重复分裂，产生和母细胞有完全一致的遗传信息的细胞群发育而成新个体的过程，不经过减数分裂与受精作用，因而保持了亲本的全部特性。

无性繁殖包括扦插繁殖（cutting）、嫁接繁殖（grafting）、分生繁殖（division）、压条繁殖（layering）、组织培养（tissue culture propagation）和孢子繁殖（spore propagation）。其特点为：保持母本所有性状，后代一致性高；后代生长发育没有幼年阶段，开花结实早；繁殖系数小；根系浅，抗逆性差，寿命短（实生苗嫁接者除外）；长期无性繁殖的植株，生长势弱，易感染病毒，品质逐渐退化；容易产生花色、花形、叶形、叶色的变异，且发生变异的植株较易发现。

4.2.1 扦插繁殖

1)扦插繁殖的概念和特点

扦插繁殖是利用离体的植物营养器官的再生能力,切取其根、茎、叶、芽的一部分,在一定条件下,插入土、沙或其他基质中,使其生根发芽,经过培育发育成为完整植株的繁育方法。通过扦插繁殖所得的苗木称为扦插苗,扦插繁殖所用的繁育材料(或器官)称为插条(穗)。扦插繁殖除具备营养苗繁育的基本特点外,还具有方法简单、取材容易、成苗迅速、繁育系数大等优点,是花卉营养繁育育苗常用的方法之一。

2)扦插繁殖的类型

根据所选取的营养器官的不同,可以分为三种:叶插、茎插和根插。

(1)叶插(leaf cutting)　指以植物的叶为插穗,使之生根长叶,从而成为一个完整的植株(图 4-7)。叶片要求叶柄、叶脉粗壮,叶片肥厚。

图 4-7　豆瓣绿叶插

①全叶插。以完整的叶片为插穗。可将叶片平置在基质上,但要保证叶片紧贴在基质上,因此可以用铁钉、竹签或基质固定叶片,如景天科(落地生根等)、秋海棠科(秋海棠、蟆叶秋海棠等)的植物;也可以将叶柄插于基质中,而叶片平铺或直立在基质上,此种方法适于能自叶柄基部产生不定芽的植物,如大岩桐、非洲紫罗兰、豆瓣绿等。

②片叶插。将一片完整的叶片分切成若干块分别扦插,每一块叶片上都能形成不定芽。如虎尾兰、大岩桐、椒草及秋海棠科的植物等。

(2)茎插(stem cutting)　以花卉的茎(枝条)作插穗的方法(图 4-8)。是扦插繁殖中繁殖系数最高,操作最容易,也是应用最多的方法。

①硬枝扦插(hardwood cutting)。又称休眠扦插。以生长成熟的休眠枝作插条的繁殖方法,常用于落叶木本花卉,如夹竹桃、石榴、芙蓉、木槿、紫薇等。一般在秋冬季落叶后选取当年生枝条作插条。

②软枝扦插(softwood cutting)。以当年生长、发育充实的枝条作插穗的方法(图 4-9)。常用于草本花卉,如菊花、吊竹梅、网纹草、富贵竹、五色草、绿萝等。

③半硬枝扦插(semi-hardwood cutting)。指用当年生半木质化的枝条进行扦插的方法。常用于木本花卉,如月季、玫瑰、茉莉、山茶、杜鹃等,以常绿、半常绿木本花卉居多。半硬枝扦插于生长季节进行,原则上于母株第一次旺盛生长结束,第二次旺盛生长尚未开始时进行,如春梢生长停止而夏梢尚未开始生长的间歇期。

④叶芽插(又称短穗扦插)。为充分利用材料,只剪取一叶一芽做短插穗,插穗长度 1～3 cm 为宜。

图 4-8　茎插

图 4-9　菊花的软枝扦插

扦插时，将枝条和叶柄插入沙中，叶片完整地留在地面，如桂花等。

(3)根插　是以根段作为插条，使其成为独立植株的扦插方法。常用于某些不易生根的植物，但其根部却容易生出不定芽，如贴梗海棠等。

3)扦插繁殖的原理

(1)插条的生根类型　植物插条生根，由于没有固定的着生位置，所以称为不定根。扦插成活的关键是不定根的形成，而不定根发源于一些分生组织的细胞群中，这些分生组织的发源部位有很大的差异，随植物种类而异。根据不定根形成的部位可分为三种类型：皮部生根型、愈伤组织生根型和混合生根型。

①皮部生根型。以皮部生根为主，从插条周身皮部的皮孔、节(芽)等处发出很多不定根。皮部生根数量占总根量的70%以上，而愈伤组织生根较少，甚至没有，如金银花、柳树。

②愈伤组织生根型。以愈伤组织生根为主，从基部愈伤组织，或从愈伤组织相邻近的茎节上发出很多不定根。愈伤组织生根数量占总根量的70%以上，皮部根原基较少，甚至没有，如银杏、悬铃木、雪松、水杉。

③混合生根型。混合生根型，其愈伤组织生根与皮部生根的数量相差较小，如金边女贞、夹竹桃、石楠等。插条成活后，由上部第一个芽(或第二个芽)萌发而长成新茎，当新茎基部被基质掩埋后，往往能长出不定根，这种根称为新茎根。如杨、柳、悬铃木、结香、石榴等，可促进新茎生根，以增加根系数量，提高苗木的产量和质量。

(2)扦插生根的生理基础

①生长素。研究认为植物扦插生根以及愈合组织的形成都是受生长素控制和调节的，细胞分裂素和脱落酸也有一定的关系。枝条本身所合成的生长素可以促进根系的形成，其主要是在枝条幼嫩的芽和叶内合成，然后向基部运输，参与根系的形成。生产实践证明，人们利用植物嫩枝进行扦插繁殖，其内源生长素含量高，细胞分生能力强，扦插容易成活。目前，在生产上使用的有吲哚乙酸、吲哚丁酸(IBA)及广谱生根剂ABT、HL43等，处理插穗基部后提高了生根率，且缩短了生根时间。

②生长抑制剂。是植物体内对生根有抑制作用的物质。相关研究证实，生命周期中老龄树抑制物质含量高，而在树木年周期中休眠期含量最高，硬枝扦插靠近梢部的插穗又比基部的插穗抑制物含量高。因此，生产实际中，可采取相应的措施，如流水洗脱、低温处理、黑暗处理等，消除或减少抑制剂，以利于生根。

③营养物质。插条的成活与其体内养分，尤其碳素和氮素的含量及其相对比率有一定的关系。C/N值高，即植物体内碳水化合物含量高，氮化合物含量低，对插条不定根的诱导较有利。插穗营养充分，不仅可以促进根原基的形成，而且对地上部分增长也有促进作用。实践证明，对插条进行碳水化合物和氮的补充，可促进生根。在插穗下切口处用糖液浸泡或在插穗上喷洒氮素如尿素，能提高生根率。但外源补充碳水化合物，易引起切口腐烂。

4)影响插条生根的因素

(1)内因

①遗传因素。花卉种类不同花卉间遗传性也反映在插条生根的难易上，不同科、属、种甚至品种间都会存在差别。如仙人掌、景天科、杨柳科的植物普遍易扦插生根；木樨科的大多数易扦插生根，但流苏树难生根；山茶属的种间反映不一，山茶、茶梅易，云南山茶难；菊花、月季等品种间差异大。

②母株状况与采条部位

母株的年龄：由于年龄较大的母株发育阶段老，细胞分生能力低，而且随着树龄的增加，枝条内所含的激素和养分发生变化，尤其是抑制物质的含量随着树龄的增长而增加，因此在选条时，应采自年幼的母株，最好选用1～2年生实生苗上的枝条。

插穗的年龄：插穗以当年生枝的再生能力为最强。这是因为嫩枝插穗内源生长素含量高，细胞分生能力旺盛，有利于不定根的形成。根据这个道理，采用半木质化的嫩枝作插穗比较合适。对针叶树种很明显，从树冠下部采的枝条，一般成活率较高，这是由于受到不同程度的荫蔽，阳光照射比较弱，枝条内形成的阻碍生根物质也少。同时，又因上部枝条生长旺盛，消耗的养分较多，影响生根。

枝条着生部位及发育状况：有些植物树冠上的枝条生根率低，而树根和树干基部萌发条的生根率高。因为母树根颈部位的一年生萌蘖条其发育阶段最年幼，再生能力强，又因萌蘖条生长的部位靠近根系，得到了较多的营养物质，具有较高的可塑性，扦插后易于成活。干基萌发枝生根率虽高，但来源少。所以，做插穗的枝条用采穗圃的枝条比较理想，如无采穗圃，可用插条苗、留根苗和插根苗的苗干，其中以后二者更好。同一枝条的不同部位根原基数量和储存营养物质的数量不同，其插穗生根率、成活率和苗木生长量都有明显的差异。一般来说，常绿植物中上部枝条较好。这主要是中上部枝条生长健壮，代谢旺盛，营养充足，且中上部新生枝光合作用也强，对生根有利。落叶植物硬枝扦插中下部枝条较好。因中下部枝条发育充实，储藏养分多，为生根提供了有利因素。若落叶园艺植物嫩枝扦插，则中上部枝条较好。由于幼嫩的枝条，中上部内源生长素含量最高，而且细胞分生能力旺盛，对生根有利。

(2)外因

①温度。插穗生根的适宜温度因植物而异。不同种类的花卉，要求不同的扦插温度，多数花卉的软材扦插宜在20～25 ℃进行，热带植物可在25～30 ℃扦插，温带花木要求20 ℃左右的温度。土温(包括其他生根基质如沙、泥土、泥炭土等)比气温高3～6 ℃更可促进根的迅速发生。

②湿度。插穗生根过程中，空气的相对湿度、基质湿度以及插穗本身的含水量是扦插成活的关键，尤其是嫩枝扦插，应特别注意保持合适的湿度。空气相对湿度对难生根的花卉植物影响很大。插穗所需的空气相对湿度一般为90%左右。嫩枝扦插空气的相对湿度一定要控制在90%以上，使枝条蒸腾强度最低，硬枝扦插可稍低一些。生产上多采用喷水、间隔控制喷雾等方法提高空气的相对湿度，使插穗易于生根。插穗最容易失去水分平衡，因此要求基质有适宜的水分。但基质的湿度也不宜过大，否则易导致插床透气性差，不利于插穗进行呼吸作用，使插穗腐烂甚至死亡。一般基质的湿度保持在田间最大持水量的60%～70%最有利于扦插成活。

③空气。插穗形成愈伤组织和成活的过程，进行着强烈的呼吸作用，这一过程需要足够的氧气。通气情况良好，呼吸作用需要的氧气就能得到充足供应，有利于扦插成活。

④光照。充足的光照能提高插床温度和空气相对湿度，也是带叶扦插不可或缺的条件。光合作用所产生的碳水化合物和植物激素对插穗生根具有促进作用，可以缩短生根时间，提高成活率。但扦插过程中，强烈的光照又会使插穗干燥或灼伤，降低成活率。在生产中，可采取喷水降温或适当遮阳等措施来维持插穗水分平衡。夏季扦插时，最好的方法是应用全光照自动间歇喷雾法，既保证了供水又不影响光照。

⑤基质。基质直接影响水分、空气、温度及卫生条件，是扦插的重要环境。理想的扦插基质要求排水、通气良好，保温，卫生及不带病、虫、杂草等有害物质。生产中，花卉常用沙子、蛭石、蛭石与珍珠岩的混合物。

5)促进插穗生根的方法

(1)生长素及生根促进剂处理　常用的生长素有萘乙酸、吲哚乙酸、吲哚丁酸、2,4-D等。常用有两种形式：水剂和粉剂。处理时间与溶液的浓度随花卉和插条种类的不同而异。一般生根难的浓度高，生根易的浓度低；硬枝浓度高些，嫩枝浓度低些。

生根促进剂目前使用较为广泛的有中国林业

科学研究院林业研究所王涛研制的 ABT 生根粉系列；华中农业大学林学系研制的广谱性植物生根剂 HL43；昆明市园林所等研制的 3A 系列促根粉等。它们均能提高多种树木如银杏、桂花、板栗、红枫、樱花、梅、落叶松等的生根率，其生根率可达 90%以上，且根系发达，吸收根数量增多。

(2)洗脱处理　洗脱处理有温水处理、流水处理、酒精处理等。洗脱处理不仅能降低枝条内抑制物质的含量，同时还能增加枝条内水分的含量。

温水洗脱处理：将插穗下端放入 30～35 ℃的温水中浸泡几小时或更长时间，具体时间因园林植物而异，如云杉浸泡 2 h，生根率可达 75%左右。

流水洗脱处理：将插条放入流动的水中，浸泡数小时，具体时间也因园林植物不同而异。多数在 24 h 以内，也有的可达 72 h，甚至有的更长。

酒精洗脱处理：用酒精处理也可有效地降低插穗中的抑制物质，大大提高生根率。一般使用浓度为 1%～3%酒精、1%酒精和 1%乙醚混合液，浸泡时间 6 h 左右，如杜鹃类。

(3)营养处理　用维生素、糖类及其他氮素处理插条，也是促进生根的措施之一。如用 5%～10%蔗糖溶液处理雪松、龙柏、水杉等园林植物的插穗 12～24 h，促进生根效果很显著。若糖类与植物生长素并用，则效果更佳。在嫩枝扦插时，在其叶片上喷洒尿素，也是营养处理的一种。

(4)化学药剂处理　化学药剂能有效地促进插条生根，如乙酸、磷酸、高锰酸钾、硫酸锰、硫酸镁等。如生产中用 0.1%乙酸水溶液浸泡卫矛、丁香等插条，能显著地促进生根。再如用 0.05%～0.1%高锰酸钾溶液浸泡插穗 12 h，除能促进生根外，还能抑制细菌发育，起消毒作用。

(5)物理处理　在生长季节，将枝条基部环剥、刻伤或用铁丝、麻绳或尼龙绳等捆扎，阻止枝条上部的碳水化合物和生长素向下运输，使其储存养分，至休眠期再将枝条从基部剪下进行扦插，能显著地促进生根。

黄化处理：在生长季前用黑色的塑料袋将要作插穗的枝条罩住，使其处在黑暗的条件下生长，形成较幼嫩的组织，待其枝叶长到一定程度后，剪下进行扦插，能为生根创造较有利的条件。

6)扦插繁殖技术

(1)扦插基质的准备　选择的基质应满足插穗对基质水分和通气条件的要求，有利于生根。如河沙、蛭石、珍珠岩和碳化稻壳等。对扦插基质要严格消毒，常用消毒方法有物理消毒和化学消毒等(具体详见第 5 章花卉的栽培管理)。

(2)插条的准备

①硬枝扦插。在春秋两季进行最适宜的时期为春季，在叶芽萌动前进行扦插。秋季扦插在尚未落叶、生长停止前一个月进行。南方常绿树种常在冬季扦插。依扦插成活的原理，应选用优良幼龄母株上发育充实、已充分木质化的一二年生枝条或萌生条；选择健壮、无病虫害且含营养物质多的枝条。

一般长穗插条 15～20 cm 长，保证插穗上有 2～3 个发育充实的芽。剪切时上切口距顶芽 1 cm 左右，平切。下切口的位置依植物种类而异，一般在节附近，节附近薄壁细胞多，细胞分裂快，营养丰富，易于形成愈伤组织和生根。下切口有平切、斜切、双面切等几种方法。平切口生根呈环状均匀分布，便于机械化截条，对于皮部生根型及生根较快的植物应采用平切口；斜切口与基质的接触面大，可形成面积较大的愈伤组织，利于吸收水分与养分，提高成活率，但根多生于斜口的一端，易形成偏根，同时剪穗也较费工。双面切与基质的接触面更大，在生根较难的植物上应用较多。

②半硬枝扦插、软枝扦插。在生长季节进行。采穗的具体时间是关键，原则是应在母株两次旺盛生长期之间的间隙生长期采插条，即最好在春梢完全停止生长而夏梢尚未萌动期间进行。

选取腋芽饱满，叶片发育正常、无病虫害的当年生枝条。选取枝条的中上部分，剪成 10～15 cm 的枝段，每段 3～5 个芽，上剪口在芽上方 1 cm 左右，下剪口在基部芽下 0.3 cm 左右，切面平滑。枝条上部保留 2～3 枚叶片，叶片较大的可适当剪去一半。

③叶插。在生长季进行，均用生长成熟的叶片，有几种不同的方式。

整片叶扦插是常用的方法，多用于一些叶片肉质的花卉。许多景天科植物的叶肥厚，但无叶柄或叶柄很短，叶插时只需将叶平放于基质表面，不用埋入土中，不久即从基部生根出芽。另一些花卉，如非洲紫罗兰、草胡椒属等，有较长的叶柄，叶插时需将叶带柄取下，将基部埋入基质中，生根出苗后还可以从苗上方将叶带柄剪下再度扦插成苗。

切段叶插用于叶窄而长的种类，如虎尾兰叶插时可将叶剪切成 7～10 cm 的几段，再将基部约 1/2 插入基质中（图 4-10）。为避免倒插，常在上端剪一缺口以便识别。网球花、风信子、葡萄水仙等球根花卉也可用叶片切段繁殖，将成熟叶从鞘上方取下，剪成 2～3 段，扦插，2～4 周即从基部长出小鳞茎和根。

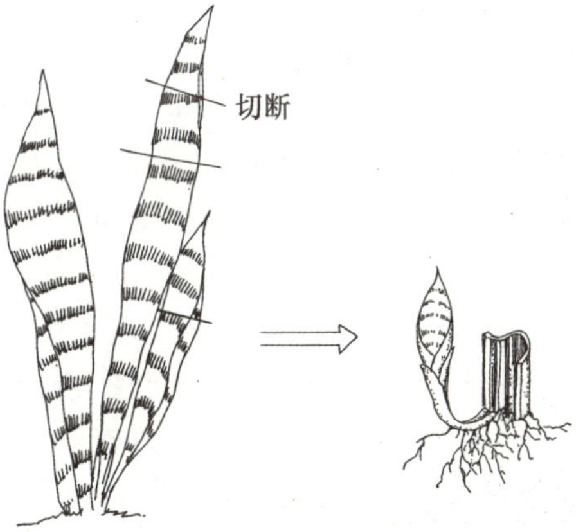

图 4-10　虎尾兰叶插

刻伤与切块叶插常用于秋海棠属花卉上。具根茎的种类，如毛叶秋海棠，从叶背面隔一定距离将一些粗大叶脉作切口后将叶正面向上平放于基质表面，不久便从切口上端生根出芽（图 4-11）。具纤维根的种类则将叶切割成三角形的小块，每块必须带有一条大脉，叶片边缘脉细、叶薄部分不用，扦插时将大脉基部埋入土中。

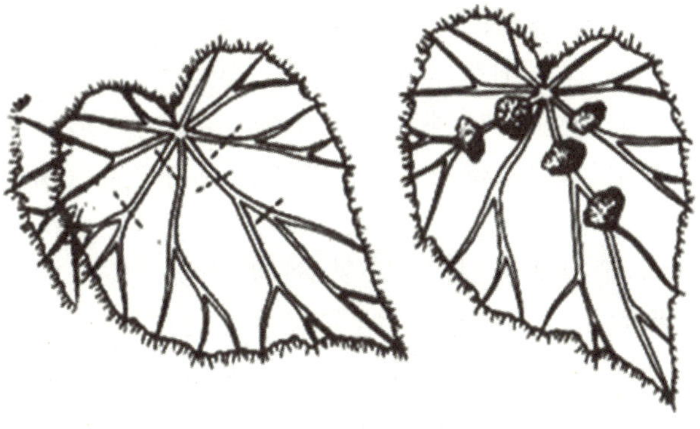

图 4-11　秋海棠叶插

叶柄插用易发根的叶柄作插穗。将带叶的叶柄插入基质中，由叶柄基部发根；也可将半张叶片剪除，将叶柄斜插于基质中；橡皮树叶柄插时，将肥厚叶片卷成筒状，减少水分蒸发；大岩桐叶柄插时，叶柄基部先发生小球茎，再形成新个体。

鳞茎类花卉可以采用鳞片进行扦插，鳞片是叶片的变态，扦插时，取下成熟的鳞片消毒后与轻质基质分层或混合（生产上称为埋片法）（图 4-12）。

图 4-12　百合鳞片扦插

④叶芽插。在生长季节，取 2 cm 长、枝上有较成熟芽（带叶片）的枝条作插穗，如橡皮树、天竺葵等。

⑤根插。插条在春季活动生长前挖取，结合分株将粗壮的根剪成 10 cm 左右 1 段，全部埋入插床基质或顶梢露出土面，注意上下方向不可颠倒，如牡丹、芍药、月季、补血草等。某些小草本植物的根，如蓍草、宿根福禄考等，可剪成 3～5 cm 的小段，撒播于床面后覆土即可。

(3)插条处理的方法

①生长调节剂。插条的生根处理都是在插条剪截后立即于基部进行，浓度依据植物种类、施用方法而异。一般来说，草本和生根容易的植物用较低浓度，相反则用高浓度。使用方法分水剂和粉剂两种。一是生根液（水剂），先用少量 95%酒精溶解生长素，然后配置成不同浓度的药液，低浓度（如

50～200 mg/L)溶液浸泡插穗下端6～24 h,高浓度(如500～10000 mg/L)可进行快速处理(几秒钟到1 min);二是将溶解的生长素与滑石粉或木炭粉混合均匀(粉剂),阴干后制成粉剂,用湿插穗下端蘸粉扦插,或将粉剂加水稀释成为糊剂,用插穗下端浸蘸,或做成泥状,包埋插穗下端。

②杀菌剂。插条的伤口用杀菌剂处理可以防止生根前受感染而腐烂,常用的杀菌剂为克菌丹、多菌灵和苯那明等。水剂浓度为2%～3%,粉剂浓度为4%～6%,与生根剂配合处理。用水剂生根处理的插条可先用水剂杀菌剂处理,或处理后再用粉剂杀菌剂处理,或将二者的水剂按用量混合使用。

(4)扦插方法　茎插采用直插、斜插均可,一般情况采用直插。斜插的扦插角度不应该超过45°。扦插深度为插穗长的1/2～2/3,露地时深一些,使芽微露于床面。扦插时注意不要碰伤芽眼,插入土壤时不要左右晃动,并用手将周围土壤压实。

(5)扦插后管理

①湿度控制。为防止插穗失水枯萎,必须在插后马上喷足水。空气相对湿度保持80%～95%为宜。一般每天喷水2～3次,如果气温过高,每天喷水3～4次。每次喷水量不能过大,以达到降低温度,增加湿度而又不使基质过湿为目的。基质中不能积水,否则易使插穗腐烂,因此,大多采用自控定时间歇喷雾或电子叶喷雾装置。

②温度控制。嫩枝扦插棚内的温度控制在18～28 ℃为宜。如果温度过高则要采取降温措施,如喷水、遮阳或通风等。遮阳度不可过大,因为枝上的叶片还要进行光合作用,为生根提供营养物质。

③炼苗。插穗生根后,若用塑料棚育苗时,要逐渐增加通风量和透光度,使扦插苗逐渐适应自然条件。

④移植。插穗成活后要及时进行移植,或移于容器中继续培育。在移植的初期,应适当遮阳、喷水,保持一定的湿度,可提高成活率。

4.2.2 嫁接繁殖

嫁接繁殖是将植物优良品种的一个芽或一个枝条(段)转接到另一个植株个体的茎、干或根上,两者(常是不同品种或种)经愈合后形成独立新个体的繁殖方法。嫁接的植株部分称为接穗(scion),承接穗的植株称为砧木(stock),接穗和砧木形成相互依赖的共生关系。嫁接繁殖培育出来的苗,称为嫁接苗。嫁接繁殖常用于播种、分生或扦插繁殖困难以及播种难以保持品种性状的植物。如一些木本花卉山茶、月季、杜鹃、樱花、梅花和桂花等,嫁接也常用于菊花、仙人掌等草本花卉的造型。

1)嫁接繁殖的意义

嫁接繁殖作为生产部分观赏树木、花卉的种苗繁育的主要技术,是现代植物育苗及生产过程中广泛运用的一项基本技术。利用砧木根系对土壤及气候的适应性,提高植株整体对环境的适应性。例如,部分花木生产中,嫁接育苗属于无性繁殖,利用营养器官进行繁殖,变异小,能较好保持接穗优良的品种特性。除砧木外,育成苗木所需接穗繁殖材料少,繁殖系数高,能在短时间内迅速扩大栽培面积。嫁接苗生长迅速,开花结果早,产量高,品质好,经济寿命长。接穗枝芽处于生理成熟期,嫁接成活后,不需要经历幼年期,生长迅速,进入开花结果期早。嫁接可用于扦插、压条、分株等无性繁殖方法不易繁殖的园林植物苗木繁育,如云南山茶的繁殖较难,可用腾冲红花油茶或野生红花山茶作为砧木进行嫁接,扩繁较快。还可将亲缘关系较近的几种植物同时嫁接到同一砧木上,形成新植株一树多花的奇特观赏效果,提高观赏价值。

2)嫁接繁殖的基本原理

砧木和接穗亲缘较近,能够亲和。嫁接后砧、穗结合紧密,在一定的温度、湿度条件下,两者的形成层(韧皮部内侧与木质部之间的1～2层很薄的薄壁细胞,这层细胞具有很强的分裂能力,它不断地进行细胞分裂,向外形成次生韧皮部,向内形成次生木质部,引起枝条加粗生长。)部分均产生愈伤组织,保护伤口,愈伤组织进一步增生,充满结合部的空间,把接穗包围固定下来,两者愈伤组织内的薄壁细胞相互连接成一体,完成愈合过程。此后,薄壁细胞进一步分化成新的形成层细胞,向内形成木质部细胞,向外形成韧皮部细胞。使砧、穗双方的木质部的导管、韧皮部的筛管连通,水分和养分得以相互交流，至此嫁接成活，为嫁接苗的生长奠定了基础。

砧木与接穗的形成层间必须有较大面积的紧密接触，才能保证成活，这表明形成层在嫁接愈合过程中的重要作用。嫁接成活的关键是形成层的对齐及紧密接触(图 4-13)。

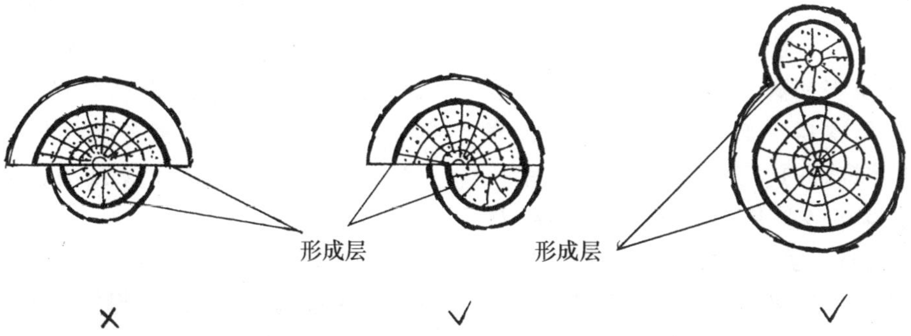

图 4-13　嫁接原理(形成层连接)

3)影响嫁接成活的因素

(1)砧木和接穗的亲和力　亲和力指砧木和接穗经过嫁接后，能否愈合成活及正常生长的能力，是嫁接成活的关键因素和基本条件。亲和力高，嫁接成活率也高；亲和力低则嫁接成活率低；不亲和则难以嫁接成活。一般来说，植物分类学上亲缘关系近的亲和力强。同一种内不同类型、不同品种之间互相嫁接大多数亲和良好；同一属内种间嫁接有的有亲和力，有的无亲和力，表现为亲和力差。有些嫁接组合虽然能愈合生长，但经过一段时期或几年甚至更长一段时间就会死去，这种现象叫短期亲和。同科不同属或其他远缘嫁接表现为不亲和。

(2)外界环境条件　影响嫁接成活的外界条件主要有温度、湿度、氧气和光照等。

温度是愈伤组织产生和生长的必需条件。一般春季萌芽早的植物愈伤组织形成需要的温度低些，萌芽晚的要求温度高些。愈伤组织生长的适宜温度要比春季发芽的温度高，所以最好在芽萌发前先采接穗储藏在冷窖内，砧木芽萌动后再嫁接，这样成活率高。多数植物生长最适温度为 12～32 ℃，也是嫁接适宜的温度。

湿度对愈伤组织的形成影响很大，主要影响砧木的生长势及形成层细胞的生理活性。当接口周围干燥时，伤口大量蒸发水分，使表面干燥不能形成愈伤组织，往往导致嫁接失败。在接口处空气温润，相对湿度保持在 95%～100%的情况下，愈伤组织才能很快形成。在嫁接过程中，接口用塑料薄膜包扎，既能很好地保持湿度，又能将砧木和接穗捆紧，使两者密接，操作简便、省工，大大提高了嫁接成活率。

细胞旺盛分裂时呼吸作用加强，需要充足的氧气。生产上常用透气保湿聚乙烯膜包裹嫁接口和接穗，能保证氧的正常供给。

光照条件也是形成愈伤组织不可少的条件，在黑暗的条件下能促进愈伤组织生长，但绿枝嫁接，适度的光照则能促进同化产物的生成，有利加速伤口愈合。

(3)砧木、接穗的质量及嫁接技术　由于愈伤组织形成和形成层细胞的分化需要消耗一定的养分，所以凡是砧、穗内部，特别是接穗内部储藏养分较多的，一般嫁接愈合速度快，成活容易。因此，砧木应选择生长健壮，无病虫害，达到一定规格标准的实生苗；接穗应选择生长充实的枝条，同一枝条上宜选用充实部位的芽或枝段进行嫁接。另外，嫁接技术也是影响成活的重要因素。嫁接技术的操作快慢、熟练程度和砧穗处理的质量，直接影响嫁接成活。

4)砧木和接穗的选择

(1)砧木的选择　我国砧木资源丰富，种类繁多，各地选用的种类往往各不相同。但优良的砧木须具备以下特点：与接穗品种有良好的亲和力；对接穗的生长、开花、结果有良好影响，如使接穗生长健壮、花大、花美、果型大、品质好、丰产等；砧木根系发达，对栽培地区气候、土壤等环境条件有良好的风土适应性；对主要病虫害有较强的抗性；砧木来源充足，易繁殖；能符合特殊栽培目的要求，如控制树冠生长的矮化砧。

(2)接穗的选择　一般选用生长发育健壮、丰产稳定、无检疫病虫害和病毒、品种性状已充分表现的成年植株作母本树。剪取树冠外围生长充实、枝条光洁、芽体饱满的发育枝(生长枝)或结果枝作接穗。春季嫁接多采用一二年生的枝条，尽量避免使用多年生枝。夏季嫁接选用当年成熟的新梢，也可用储藏一二年生枝；秋季嫁接则多选用当年生春梢。枝条以中段为宜，顶端部分芽体发育不充分，储藏养分少。而基部往往芽体不饱满，多为潜伏芽。

春季嫁接用的一二年生枝，宜在休眠期剪取，避免伤流现象的发生。休眠期采穗时，由于枝条较多，应及时在室内阴凉通风处，利用容器或堆湿沙埋藏，保持储藏适宜的基质和环境条件。基质条件同种子层积处理，环境条件要求相对空气湿度80%～90%，4～13 ℃低温的储藏条件较为理想。储藏期间一般7～10 d检查一次，要防止霉烂、干死和芽提早萌发，应及时剔除腐烂枝条。对容易早萌动的枝条，则要降低温度，使储藏温度下降到0 ℃左右，枝条处于休眠状态，防止提早萌动。开春后，即可取出进行嫁接。

夏、秋季嫁接用的接穗，可随采随用。采穗时间最好是在早、晚进行，此时枝条含水量最高。剪去枝条上下两端不充实、芽眼不饱满的枝段，生长期采穗后应立即剪去叶片，只留下小段叶柄，以减少水分损失。将接穗按每50～100支扎成一捆，挂上两张标签，标明品种、采集地点、时间。为防止病虫害传播，应及时对接穗进行消毒。生长期采的枝条，应注意随用随采，随采随接，短时间不用包上湿布保湿。

5)嫁接方式与方法

嫁接方法多种多样，因植物种类、砧穗状况等不同而异。依据砧木和接穗的来源性质不同可分为枝接(grafting)、芽接(budding)、根接(root grafting)、靠接(approaching)和插接(cutting grafts)等。花卉繁殖中常用枝接、芽接方法。

(1)枝接法　是指以具有一个或几个芽的枝段为接穗的嫁接繁殖方法。其与芽接法相比较，具有嫁接苗成活率高、成活后生长整齐迅速的优点。但接穗使用量较大，嫁接技术复杂，难度大，速度慢，对砧木要求较粗，嫁接适宜时期短。但对较粗砧木的嫁接，如高接换种更换树冠及利用坐地苗建园等，应用效果优于芽接法。生产上常用的方法有：

①切接法。常用于砧木、接穗粗细相近的嫁接；砧木宜选用1～2 cm粗细的幼苗，将砧木从距地面5～8 cm处剪断，并将砧木修剪平整，再按接穗的粗细，在砧木比较平滑的一侧，用切接刀略带木质部垂直下切，切面长2.5 cm左右。接穗长5～10 cm，带有两个以上的叶芽。然后切接刀在接穗的基部没有芽的一面起刀，削成一个长2.5 cm左右平滑的长斜面，一般不要削去髓部。稍带木质部较好。在另一面削成长不足1 cm的短斜面，使接穗下端呈扁楔形，削时切接刀要锋利手要稳，保持削面平整、光滑，最好一刀削成。将削好的接穗长的削面向里插入砧木切口中，并将两侧的形成层对齐，接穗削面上端要露出0.2 cm左右，即俗称的“露白”。以利于砧木与接穗愈合生长(图4-14)。

②劈接法。常用于较粗大的砧木或高接换种；砧木顺髓心纵切，剖口长2～3 cm，形成劈口。接穗留2～3个芽，在下部2～3 cm处两面各削一刀(削面要平整，一气呵成)，形成楔形，楔形两面一样厚，注意接穗削面要长而平，但不能削得太薄，接穗切削后形成的角度要和砧木劈口的角度一致，使砧木和接穗形成层生长的愈伤组织从上到下都相连接。然后用刀片或手指甲将砧木劈口撬开，将接穗插入劈口的一边，使双方的形成层两边对准或至少接穗外侧形成层与砧木形成层对齐(图4-15)。

③舌接法。适用于砧穗都较细且等粗的情况。根据所需要高度，在砧木平直处将枝条锯断，削平锯面，选择皮光滑平直一侧，削去老皮长约5 cm，深达嫩皮见白。接穗上保留2个饱满芽，削面成马耳形，削面平直，长3～4 cm，再从背后下部轻削一刀，

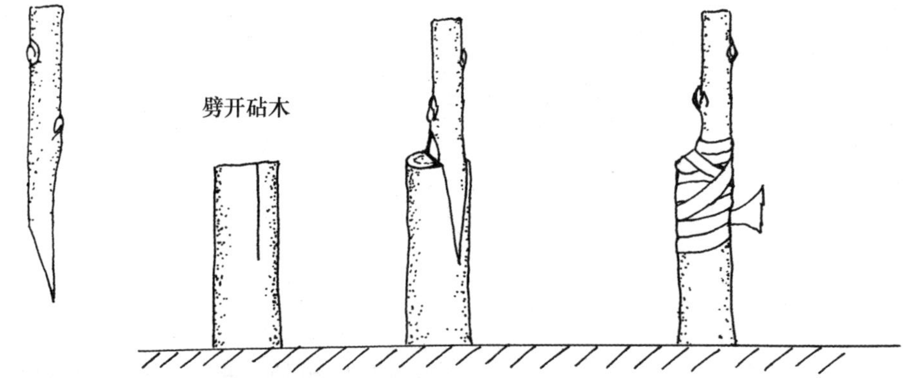

图 4-14 切接

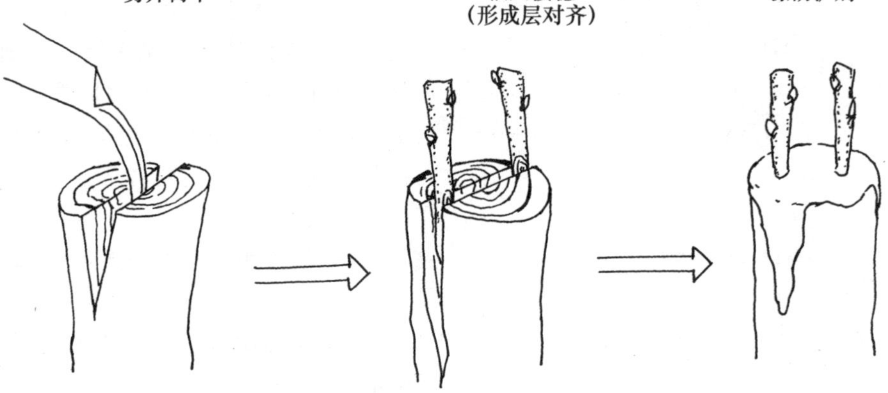

图 4-15 劈接

并去掉前端较软部分，以便插入，用手捏开，使木质部和韧皮部分离。再用手捏开砧木的韧皮部，并使其与木质部分离或用嫁接刀将韧皮部撬开口，然后将接穗木质部向内插入砧木的木质部和韧皮部之间，直至微露接穗为止，然后用塑料薄膜绑缚牢固，封紧接口。

④楔接和锯缝接。常用于粗大砧木高接。楔接时在砧木上做 2～4 个"V"形切口，再将接穗基部削成能吻合的相应切面，嵌入砧木切口后封扎。锯缝接与楔接相似，先用锯在砧桩上作缝，再用短而厚的刀从上向下将锯缝削成"V"形光滑面，然后嵌入接穗。

⑤皮下接(插皮接)。也适用于粗大的砧木。在砧木上 2～4 cm 处将树皮从木质部剥离，将削面与切接相似的接穗插入、封扎(图 4-16)。需在砧木生长期进行，树皮易剥离，但接穗需先采下冷藏。

⑥腹接。在砧木的茎上斜着切成朝下的接口，再把接穗的茎也斜着切成朝上的接口，然后把二者接合在一起，用嫁接夹进行固定即可。

⑦靠接。将选作砧木和接穗的两植株置于一处，选取相互靠近而又粗细相当的两枝条，在相靠拢的部位接穗和砧木分别削去长 3～5 cm 的一片，深略超过木质部，然后两枝相靠，形成层对正，切削面紧密相靠，扎缚即可(图 4-17)。

(2)芽接法　是指以芽片作为接穗的嫁接育苗方法。其优点有操作简单，速度快；节省繁殖材料；接口伤面小，易绑缚保护，成活率高；嫁接适宜期长；嫁接时砧木不断头，未接活的可以补接，保证出

图 4-16　皮下接

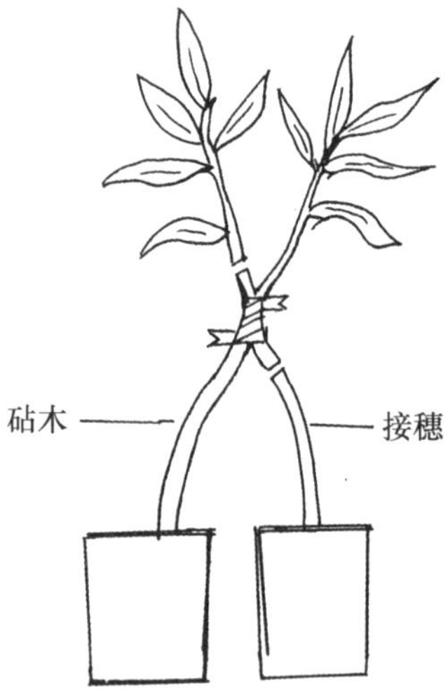

图 4-17　靠接

苗率等特点。因此，芽接是应用广泛的嫁接方法。如盆栽梅花、月季、茶花、桂花等。梅花可用山桃、李子作砧木；丁香可用小叶女贞作砧木；桂花用小叶女贞、大叶女贞或桂花实生苗作砧木；新品种茶花可用普通品种的山茶、油茶作砧木。

①"T"形芽接。又称丁字形芽接，是最常用的方法。嫁接时期宜选择在砧木、接穗的皮层较易剥离时。将砧木洗净，用芽接刀横切，再垂直纵切一刀，成"T"形。然后用尾端骨片沿垂直口轻轻将树皮撬开，在芽上方 0.5 cm 处横切一刀，深至木质部，再在芽下 1 cm 处斜切与前刀口交叉处。将芽取下，用骨片挑除木质部，然后插入"T"形切口撬开的皮层内，使芽穗与砧木二者形成层紧贴后绑扎；倒"T"形芽接的砧木切口为倒"T"形；嵌芽接为带木质部芽接，适用于木皮不易分离或枝条有棱角及沟纹的植物。将砧木从上向下削开长约 3 cm 的切口，将芽嵌入。

②贴皮芽接。接穗为不带木质部的小片树皮，将其贴在砧木去皮部位的方法。适用于树皮较厚或砧木太粗的植物。先在接穗上削取个弧形芽片，芽居于芽片的正中。再用同样的方法在砧木上削个弧形削口，大小及形状均与芽片相似，削后立即将芽片贴上去，并使两者形成层对准密接扎紧即可(图 4-18)。

(3)根接法　是以根系(段)作为砧木的嫁接育苗方法。多采用劈接、切接或倒腹接等方法进行嫁接，通常在休眠期进行。用作砧木的根，可以是完整的根系，也可以是 1 个根段。如果是露地嫁接，可选生长粗壮的根在平滑处剪断，用劈接、插皮接等方法。也可直径 0.5 cm 以上的根系，截成 8～10 cm 长的根段，移入室内，在冬闲时用劈接、切接、插皮接、腹接等方法嫁接。若根砧比接穗粗，可把接穗削好插入根砧内，若根砧比接穗细，可把根砧插入接穗，接好绑缚后，用湿沙分层沟藏，早春植于苗圃。肉质根的花卉用此方法嫁接。

(4)髓心接　接穗和砧木以髓心愈合而成的嫁接方法。多用于仙人掌类花卉植物，形成新植株的奇特观赏效果，提高观赏价值(图 4-19)。

6)嫁接后的管理

嫁接后 7～15 d 即可检查成活情况。芽接苗接芽新鲜，叶柄一触即落即为已成活；枝接苗需待接穗萌芽后有一定的生长量时才能确定是否成活。成活的要及时解除绑缚物，未成活的要在其上或其下补接。

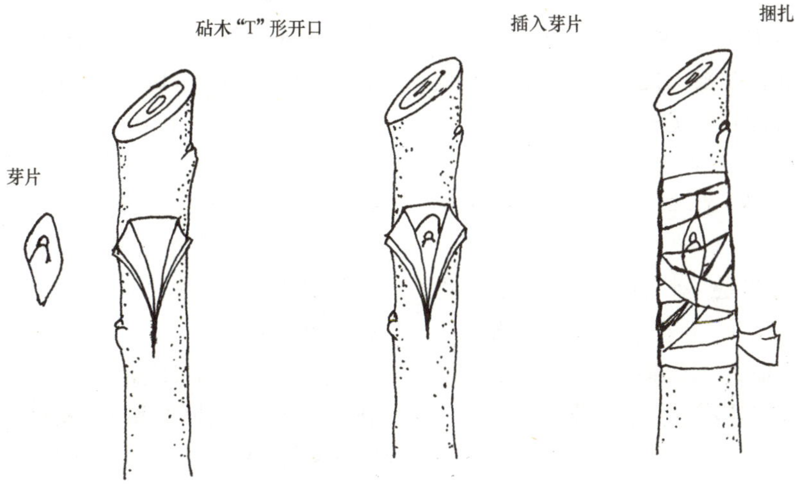

图 4-18　芽接

图 4-19　仙人掌嫁接

(1)剪砧　夏末和秋季芽接的在翌年春季发芽前及时剪去接芽以上砧木，以促进接芽萌发，春季芽接的随即剪砧，夏季芽接的一般 10 d 之后解绑剪砧。剪砧时，修枝剪的刀刃应迎向接芽的一面，在接芽上方 0.3～0.4 cm 处向下斜剪，不宜留桩过长。剪口向芽背面稍微倾斜，有利于剪口愈合和接芽萌发生长，但剪口不可过低，以防伤害接芽。

(2)除萌　剪砧后砧木基部会发生许多萌蘖，须及时除去，以免消耗水分和养分，影响接穗生长。

(3)设立支柱　接穗成活，萌发后，遇有大风易被吹折或吹歪，而影响成活和正常生长。需将接穗用绳捆在立于旁边的支柱上，直至生长牢固为止。一般在新梢长到 5～8 cm 时，紧贴砧木立一支柱，将新梢绑于支柱上，不要过紧或过松。

(4)加强肥水管理、中耕除草及病虫害防治　嫁接苗成活 10 d 后，应开始施肥，一般一个月施肥 1～2 次，要求勤施薄施。前期以速效性氮肥为主，后期适当控制氮肥，增施磷钾肥。同时，注意水分管理，保持土壤适宜含水量及通气性。应根据水分和杂草生长情况，适时中耕除草，保持苗圃地土壤疏松无杂草，还应做好病虫害防治工作。

4.2.3　分生繁殖

分生繁殖是将植物体自然分生的幼植物体(如根蘖、株芽、吸芽等)，或植物营养器官的一部分(如走茎及变态茎等)与母株分割或分离，易地栽植而形成独立生活的新植株的繁殖方法。其特点是简便、容易成活、成苗较快、新植株能保持母株的遗传性状，但繁殖率较低。常用于多年生草本花卉和某些木本花卉。依植株营养体的变异和来源不同分为分株和分球繁殖两种。

1)分株繁殖

分株繁殖是将母株掘起分成数丛，每丛都带有根、茎、叶、芽，另行栽植，培育成独立生活的新植株的方法。适于易从基部产生丛生枝的花卉植物。如宿根花卉芍药、菊花、兰花等及木本花卉牡丹、蜡梅和紫荆等。

依萌发枝的来源不同可分为以下几种：

(1)根蘖　有些植物在根上能发生不定芽并形成根蘖，与母株分离后能成为独立的个体。如泡桐、枣、丁香、蔷薇、牡丹、竹类、石榴和樱桃等的分株繁殖个体。其主根不明显，根系分布浅，生活力较弱，但个体差异较小。

(2)匍匐茎　匍匐茎是一种特殊的茎，其由根颈的叶腋发生，沿地面生长，并在节上基部发根，上部发芽，可在春季萌芽前或秋后将其与母株切离定植，形成一新植株。如虎耳草、吊兰等(图 4-20)。

图 4-20　吊兰匍匐茎繁殖

(3)根颈　茎与根交接处产生分枝。草本植物的根颈是植物每年生长新条的部分，如荷兰菊、玉簪和紫萼等；木本植物的根颈产生于根与茎的过渡处，如木绣球、麻叶绣球和紫荆等。

(4)吸芽　某些植物在生长期间，从母株地下茎节上抽生吸芽并发根，待生长一定高度后，切离母株分植，如龙舌兰、春兰、萱草等。多浆植物中如芦荟、景天、石莲花等，常自基部生出吸芽，而下部自然生根，可随时分离栽植，形成一新植株。

2)分球繁殖

分球繁殖是指利用具有储藏作用的地下变态器官(或特化器官)进行繁殖的一种方法。地下变态器官种类很多，依变异来源和性状不同，分为球茎(corms)、鳞茎(bulbs)、块茎(tubers)、根茎(rhizomes)和块根(tuberous roots)等。

(1)球茎　地下变态茎短缩肥厚而呈球状。老球侧芽萌发基部形成新球，新球旁常生子球。繁殖时可直接用新球茎和子球栽植，也可将较大的新球茎分切成数块(每块具芽)栽植。唐菖蒲等可用此法繁殖。

(2)鳞茎　地下变态茎有短缩而扁盘状的鳞茎盘，上面着生肥厚的鳞叶，鳞叶之间发生腋芽，每年可从腋芽中形成一个或数个子鳞茎。生产上可将子鳞茎分出栽种而形成新植株，如水仙、郁金香等。为加速繁殖，还可创造一定条件分生鳞叶促其生根，在百合的繁殖栽培中已广泛应用。

(3)块茎　地下变态茎近于块状。根系自块茎底部发生，块茎顶端通常具几个发芽点，块茎表面也分布一些芽眼，内部着生侧芽，如花叶芋、马蹄莲。这类植物可将块茎直接栽植或分切成块繁殖。

(4)根茎　地下茎肥大呈粗而长的根状。根茎与地上茎在结构上相似，均具有节、节间、退化鳞叶、顶芽和腋芽。用根茎繁殖时，将其切成段，每段具2～3 个芽，节上可形成不定根，并发生侧芽而分枝，继而形成新的株丛。莲、美人蕉等多用此法繁殖。

(5)块根　块根是由侧根或不定根膨大而形成的，通常成簇着生于根茎部，不定芽生于块根与茎的交接处，而块根上没有芽，在分生时应从根茎处进行切割。此法适用于大丽花、花毛茛、豆薯等繁殖。

3)分株繁殖方法

分株繁殖一般在春、秋两季进行。春季开花的植物宜在秋季落叶后进行，秋季开花的植物应在春季萌发前进行，一定要考虑到分株对母树生长开花的影响以及栽培地的气候条件。分株繁殖基本包括切割、分离与栽培培育 3 个步骤，可分为分株前不起苗的侧分法和分株前起苗的掘分法。侧分法多用于分株不需起出母体植株，如分匍匐茎、某些植物分吸芽等；掘分法一般用于丛生植物的分株，如分根蘖、分根颈及某些植物的分球，分株需全部起出母体植株。

(1)分株法　选择生长健壮的苗木作为分株繁殖的母株；将植株挖掘出来，抖去泥土；从容易分之处用手劈开，或用刀分割，成为数丛，每丛至少应有2～4 苗；将株丛按一定种植规格进行栽植。

(2)分球法　植株茎叶枯黄之后，将母株挖起，分离母株上的新鳞茎球；按新鳞茎大小进行分级进行栽植，大鳞茎种植后当年可开花，中型鳞茎第二年开花，小的鳞茎需经过 3 年培育后才能开花。

分株繁殖时要注意，根蘖苗一定要有较好的根系，茎蘖苗除了保持较好的根系外，地上部分要根据苗木树种和繁殖的要求，选留适当数量的枝干，可为 2～3 条或更多。侧分时注意不要对母株根系损伤太大，以免影响其正常生长；掘分时要尽量保留较多的根，剪去太长的根或老朽的病根，以方便栽培和培育健壮的植株。分割要用锋利的刀、铣、剪或斧进行，尽量避免造成较大的创伤。当分株量较大时，对小分株苗在栽植前按繁殖要求和规格进行分级分类。

4)分株苗的养护管理

花卉分株繁殖时，常对母树进行切根或平茬处理，以促进更多根蘖或茎蘖的发生，提高繁殖效率。相对于扦插苗和嫁接苗来讲，分株苗由于本身具有根系，成活率较高。定植后浇足定根水，并视情况进行适当遮阳或地膜覆盖，适时进行灌水、施肥及病虫害防治。

4.2.4　压条繁殖

1)压条繁殖的原理

压条(layerage)繁殖是在枝条不与母株分离的情况下，将枝梢部分埋于土中，或包裹在能发根的基质中，促进枝梢生根，然后再与母株分离成独立植株的繁殖方法。由于新植株在生根前不与母体脱离，其养分、水分和激素等均可由母株提供，较易生根。但操作费工、繁殖系数低，且生根时间较长，成苗规格不一，难大量生产。花卉中仅有一些温室花木类采用高压繁殖。压条繁殖的原理和扦插繁殖的茎插相似，在茎上产生不定根即可成新植株。不定根的产生原理和植物种类有关。

2)压条繁殖的方法

依据埋条的状态、位置及其操作方法的不同，可分为单枝压条、堆土压条、波状压条及高空压条等。可在休眠期和生长期进行压条繁殖，休眠期压条繁殖一般在秋季落叶后或春季萌芽前，用 1～2 年生的枝条进行压条。一般普通压条、水平压条、波状压条在此时期进行；生长期压条繁殖在生长季节进行，用当年生的枝条进行压条。一般堆土压条、空中压条在此时期进行。

(1)单枝压条　取靠近地面的枝条，作为压条材料，使枝条埋于土中 10～15 cm 深，将埋入地下枝条部分施行割伤或轮状剥皮，枝条顶端露出地面，以竹钩或铁丝固定，覆土并压紧。经过一个生长季即可生根分离成独立植株。连翘、罗汉松、迎春等常采用此法繁殖(图 4-21)。

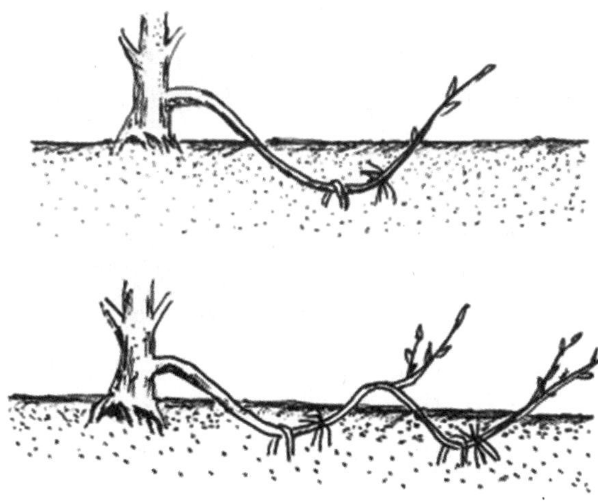

图 4-21　单枝压条和波状压条繁殖

(2)堆土压条　在丛生枝条的根基部覆土，使其生根成为新植株的繁殖方法。此法多用于丛生性花卉，可在头年将地上部剪短，促进侧枝萌发，第二年将各侧枝的基部刻伤堆土，生根后，分别移栽。这种压条方法适用于萌芽性强、丛生性强的植物种类，如八仙花、杜鹃、木兰等均可用此法繁殖。

(3)波状压条　将枝条弯曲于地面，在枝条上割伤数处，将割伤处埋入土中，生根后，切开移植，即成新个体。此法用于枝条长而易弯的种类(图4-21)。

(4)空中压条　又称高压法。因始于我国古代,故又称中国压条法。适用于树体高大、树冠较高、枝条难以弯曲的木本植物进行压条繁殖。如桂花、山茶、米兰、橡皮树等。高压法在整个生长期都可进行,但以春季和雨季较好。一般在3—4月选直立健壮的2～3年生枝,也可在春季选用去年生枝,或在夏末部分木质化枝上进行,于基部5～6 cm处环剥2～4 cm,注意刮净皮层、形成层,在环剥处包上保湿的生根材料,如苔藓、椰糠、锯木屑、稻草泥,外用聚乙烯膜等保湿材料包紧,两端扎牢。3～4个月后,待泥团中有嫩根露出时,剪离母树。为了保持水分平衡,必须剪去大部分枝叶,并用水湿透泥团,再蘸泥浆,置于树根下保湿催根,一周后有更多嫩根长出,即可假植或定植(图4-22)。一般空中压条绿叶树是在生长缓慢期进行分株移植,落叶树是在休眠期进行分株移植。为防止生根基质松落损伤根系,最好在无光照迷雾装置下过渡几周,再通过锻炼更易成活。空中压条成活率高,但易伤母株,大量应用有困难。

3)压条后的管理

压条后,对于高空压条,检查包裹的保湿材料水分情况,如太干可以用针筒注水。对于其他压条方法,应注意保持土壤湿润,适时灌水,保持适宜的土壤通气条件和温度,及时进行中耕除草;常检查压入土中的枝条是否压稳,有无露出地面,发现有露出地面的要及时重压,如果情况良好则尽量不要触动,以免影响生根。压条留在地面上的部分生长过长时,需及时剪去梢头,有利于营养积累和生根。

分离压条苗的时期,取决于根系生长状况。当被压处生长出大量根系,形成的根群能够与地上枝条部分组成新的植株,能够协调体内水分代谢平衡时,即可分割。一般春季压枝条须经过3～4个月的生根时间,待秋凉后才分割移栽。较粗的枝条需分2～3次切割,逐渐形成充足的根系后方能全部分离,新分离的植株抗性较弱,需要采取保护措施以提供良好的环境条件,适量的灌水、遮阳以保持地上、地下部的水分平衡,维持恰当的湿度和温度。一般温度为22～28 ℃,相对空气湿度80%,温度太高,介质易干燥,长出的不定根会萎缩,温度太低又会抑制发根。冬季采取防寒措施有利压条苗越冬。

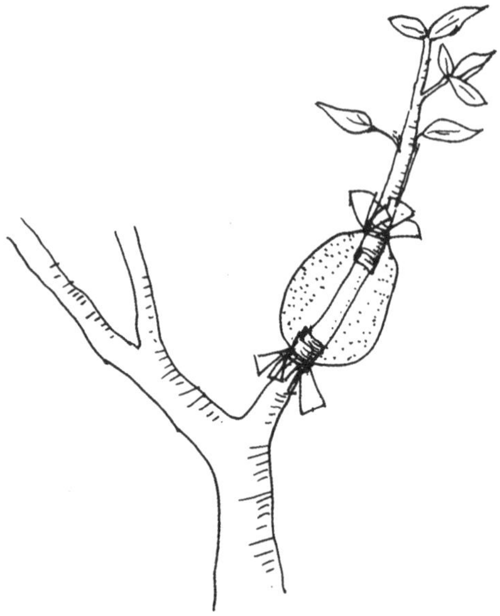

图4-22　空中压条繁殖

4.2.5　组织培养繁殖

1)组织培养的概念和特点

植物组织培养是指将植物体离体的器官、组织、细胞,在无菌条件下接种到人工配制的培养基上,在人工控制的环境条件下进行培养,从而获得新植株的方法。组织培养繁殖除具有快速、繁殖系数大的优点外,还可通过组织培养以获得无病毒苗。现已在许多观赏植物上获得组培繁殖苗和脱毒苗,在种苗生产、濒危物种保护、新品种培育等方面取得了巨大的社会效益和经济效益。

2)组织培养的方法

(1)材料采集　材料采集非常广泛,可采取根、茎、叶、花、芽、花粉粒、花药及种子等。木本花卉多在一二年生的枝条上采集茎尖、带节间的茎段;草本植物可采集茎尖、侧芽、叶、花序轴、花瓣等。最常用的培养材料是茎尖,通常切块在0.5 cm左右,为培养无病毒苗而采用的培养材料通常仅取茎尖的分生组织部分,其长度在0.1 mm以下。

(2)消毒处理　将材料用流水冲洗干净，最后一遍用蒸馏水冲洗，再用无菌吸水材料吸干水分，消毒时需在超净工作台上进行，常用的消毒剂为70%～75%的酒精浸泡30～60 s，2%次氯酸钠溶液浸泡10～30 min，0.1%氯化汞溶液浸泡搅动10 min，外植体灭菌操作时通常采用组合消毒的方法，每种消毒剂消毒后用无菌水冲洗3～4次。

(3)制备外植体　将已消毒的材料，用无菌刀、剪、镊等，在无菌的环境下，切成带芽茎段或0.2～0.5 cm厚的小片。

(4)接种　在无菌环境下，将切好的外植体立即接在培养基上，每瓶接种4～10个，接种后，瓶、管用无菌药棉或盖封口，培养皿用无菌胶带封口。培养温度一般为(25±2)℃，不同花卉种类及材料部位的不同应区别对待。

(5)培养步骤

①初代培养。即接种某些外植体后，最初的几代培养。初代培养时，常用诱导或分化培养基，即培养基中含有较多的细胞分裂素和少量的生长素。初代培养建立的无性繁殖系包括茎梢、芽丛、胚状体和原球茎等。

②继代培养。初代培养所获得的芽、苗、胚状体和原球茎等，需进一步增殖，使之数量越来越多，从而达到扩大繁殖的目的。将材料分株或切段转入增殖培养基中，增殖培养基一般在初代培养基上加以改良，以利于增殖率的提高。

③生根培养。生根培养是使无根苗生根的过程。当材料增殖到一定数量后，将培养物转到生根培养基上。生根培养可采用1/2或者1/4 MS培养基，并添加生长素(NAA、IBA等)。

(6)组培苗的炼苗和移栽　试管苗从无菌的光、温、湿稳定的环境进入自然环境，必须进行炼苗。一般移植前，先将培养容器打开，于室内自然光照下放3 d，然后取出小苗，用自来水把根系上的培养基冲洗干净，再栽入已消毒好的基质中。移栽后要适当遮阳，加强水分管理，保持较高的空气湿度(相对湿度98%左右)，但基质不宜过湿，以防烂苗。

4.2.6 孢子繁殖

孢子是在孢子囊中经过减数分裂形成的特殊细胞。蕨类植物繁殖时，叶的背面出现成群分布的孢子囊，此类叶称为孢子叶，植株其他叶称为营养叶。孢子成熟后，孢子囊开裂，散出孢子。孢子在适宜的条件下萌发生长为微小的配子体，又称原叶体(prothallium，prothallus)，其上的精子器和颈卵器同体或异体而生，大多生于叶状体的腹面。精子借助外界的水，进入颈卵器与卵结合，形成合子。合子发育为胚，胚在颈卵器中发育成孢子体，分化出根、茎、叶。

1)孢子繁殖的特点

孢子繁殖在植物界比较广泛，在花卉中仅见于蕨类。蕨类植物的孢子只有在一定的湿度、温度及pH下才能萌发成原叶体。原叶体微小、只有假根，不耐干燥与强光，必须在水的条件下才能完成受精作用，发育成胚而再萌发成蕨类的植物体(孢子体)。成熟的孢子体上又产生大量的孢子，但在自然条件下，只有处于适宜条件下的孢子能发育成原叶体，也只有少部分原叶体能继续发育成孢子体。

2)孢子繁殖的方法

(1)孢子的收集　当孢子囊群变褐，孢子将散出时，给孢子叶套袋，连叶片一起剪下，在20 ℃干燥，抖动叶子，帮助孢子从囊壳中散出，收集孢子。

(2)基质　以保湿性强又排水良好的人工配制基质最好，常用2份泥炭藓和1份珍珠岩混合而成。

(3)播种和管理　将基质放入浅盆内，稍压实。把孢子均匀撒播在浅盆表面，或用孢子叶直接在播种基质上抖动散播孢子。以浸盆法灌水，保持清洁并盖上玻璃片。将盆置于20～30 ℃的温室荫庇处，经常喷水保湿，3～4周“发芽”并产生原叶体(叶状体)。当孢子体长到1 cm左右就可移栽。

(4)移栽　产生原叶体时进行第一次移植，用镊子钳出一小片原叶体，待产生出具有初生叶和根的微小孢子体植物时再次移植。移栽的器皿可选择穴盘、塑料盆、瓦盆等，移栽的基质要求疏松透水。保持基质湿润，并适当遮阳。快速缓苗后，进行常规管理。

思考题

1. 花卉种子采收后的处理方式有哪些？
2. 种子休眠的因素有哪些？
3. 播种前一般有哪些处理方式？
4. 苗床播种育苗的步骤有哪些？
5. 什么是无性繁殖？简述无性繁殖的意义。
6. 花卉常用的无性繁殖的方法有哪些？
7. 扦插繁殖、嫁接繁殖、分生繁殖、压条繁殖分别有哪些类型？
8. 提高嫁接成功率的方法有哪些，嫁接后管理方式有哪些？

第5章 花卉的栽培管理

5.1 花卉的露地栽培

露地栽培是指完全在自然气候下，不加任何保护的栽培形式。一般植物的生长周期与露地自然条件的变化周期基本一致。露地栽培具有投入少、设备简单、生产程序简便等特点。

5.1.1 土壤质地

土壤颗粒是指在岩石、矿物的风化过程及土壤成土过程中形成的碎屑物质。土壤中大小不同的土壤颗粒所占比例不同，就形成了不同的土壤质地。不同的土壤质地具有明显不同的生产性状，了解土壤的质地类型，对花卉栽培和生产具有重要的指导价值。

1)沙土

土壤颗粒大于 0.05 mm，粒间空隙大，通透性强、排水良好，但保水性差；有机质含量少，保肥能力差，对土壤肥力贡献小；土温易增易降，昼夜温差大。沙土常用作黏土的改良，也可作扦插基质和多肉植物的栽培基质。

2)黏土

土壤颗粒小于 0.002 mm，粒间空隙小，通透性差，排水不良，但保水性强；含矿质元素和有机质较多，保肥能力强且肥力也长；土壤昼夜温差小。除适于少数喜黏质土壤的木本和水生花卉外，一般不直接用于栽培花卉。黏土可和其他土类配合使用，或用于沙土的改良。

3)壤土

壤土类土壤颗粒在 0.002～0.05 mm，粒间空隙居中，土壤性状也介于沙土和黏土之间，通透性好，保水保肥力强，有机质含量多，土温比较稳定。壤土有利于花卉生长，适应大多数花卉种类的要求。

5.1.2 土壤性状与花卉的生长

1)土壤结构

土壤结构影响土壤水、肥、气、热的状况，在很大程度上反映了土壤肥力水平。土壤结构有团粒状、块状、核状、柱状、片状、单粒结构等。团粒结构最适宜花卉的生长，是最理想的土壤结构。因为团粒结构是由土壤腐殖质把矿物质颗粒相互黏结成直径为 0.25～10.0 mm 的小团粒而形成的，外表呈球形，表面粗糙，疏松多孔，在湿润状态时手指稍用力就能压碎，放在水中能散成微团聚体。团粒结构是土壤肥料协调供应的调节器，有团粒结构的土壤，其通气、持水、保湿、保肥性能良好，而且土壤疏松多孔利于种子发芽和根系生长。

2)土壤通气性与土壤水分

土壤空气决定土壤孔隙度和含水量。由于土壤中存在大量活动旺盛的微生物，它们的呼吸均需消耗大量氧气，故土壤氧气含量低于大气，在 10%～21%。通常土壤氧含量从 12%降至 10%时，根系的正常吸收功能开始下降，氧含量低至一定限度时（多数植物为 3%～6%）吸收停止，若再降低会导致已积累的矿物质离子从根系排出。土壤CO_2的含量远高于大气，可达2%或更高，虽然CO_2被根系固定成有机酸后，释放的氢离子可与土壤阳离子进行交换，但高浓度的CO_2和CO_3^{2-}对根系呼吸及吸收均会产生毒害，严重时使根系窒息死亡。

土壤水分对植物的生长发育起着至关重要的作用，俗语说“有收无收在于水”。适宜的土壤含水量是花卉健康生长的必备条件。土壤水分过多则通气不良，严重的缺氧及高浓度CO_2的毒害，会使根系溃烂、叶片失绿，直至植株萎蔫。尤其在土壤黏重的情况下，再遇夏季暴雨，通气不良加雨后阳光暴晒，会使根系吸水不利而产生生理干旱。适度缺水时，良好的通气反而可使根系发达。

3)土壤酸碱度

土壤酸碱度对花卉的生长有较大的影响，诸如必需元素的供给性、土壤微生物的活动、根部吸水吸肥的能力以及有毒物质对根部的作用等，都与土壤酸碱度有关。多数花卉喜微酸性到中性土，适宜的土壤pH为5.5～5.8。特别喜酸性土的花卉如杜鹃、山茶、八仙花等要求pH为5.5～6.8。三色堇pH应为5.8～6.2，大于6.5会导致根系发黑、基叶发黄。土壤酸碱度影响土壤养分的分解和有效性，因而影响花卉的生长发育，如酸性条件下，磷酸可固定游离的铁离子和铝离子，使之成为有效形式；而与钙形成沉淀，使之成为无效形式。因此在pH 5.5～6.8的土壤中，磷酸、铁、铝均易被吸收。pH过高过低均不利于养分吸收。pH过高使钙、镁形成沉淀，锌、铁、磷的利用率降低；pH过低铝、锰浓度增高，对植物有毒害。

4)土壤盐浓度

土壤中总盐浓度的高低会影响植物的生长，植物生长所需要的无机盐类都是根系从土壤中吸收获取，所以土壤盐浓度过高，因渗透压高，会引起根部腐烂或叶片尖端枯萎的现象。盐类浓度的高低一般用电导值(EC)表示，单位是S/cm，EC值高表示土壤中盐浓度高。每一种花卉都有一个适当的EC值，如香石竹为0.5～1.0 mS/cm，一品红为1.5～2.0 mS/cm，百合、菊花为0.5～0.7 mS/cm，月季为0.4～0.8 mS/cm。EC值在适宜的数值以下表示需要肥料，EC值在2.5 mS/cm以上时，会产生盐类浓度过高的生理障碍，需要大量灌水冲洗以降低EC值。

5)土壤温度

土壤温度也影响花卉的生长。早春进行播种繁殖和扦插繁殖时，气温高于地温，一些种子难以发芽；插穗则只萌发而不发根，导致水分养分很快消耗而使插穗枯萎死亡，因此提高土温才能促进种子萌发及插穗生根。

不同的花卉种类及不同生长发育阶段，对土壤性状要求也有所不同。露地一二年生夏季开花种类忌干燥及地下水位低的沙土，秋播花卉以黏壤土为宜。宿根花卉幼苗期喜腐殖质丰富的沙壤土，而生长到第二年后以黏壤土为好。球根花卉，一般下层沙砾土、表土沙壤土最理想，但水仙、风信子、郁金香、百合、石蒜等，则以黏壤土为宜。

5.1.3 土壤改良

在实际操作中，主要通过混入一定量的沙土使黏土的土质得以改良，或是使用有机肥改良土壤的理化性质；还可以使用微生物肥来改良土壤的理化特性和养分状况。在实际工作中，符合种植花卉要求的理想土壤是很少的。因此，在种植花卉之前，要对土壤质地、土壤养分、pH等进行检测，必要时需检测EC值，为花卉栽培提供可靠的信息。

过沙、过黏、有机质含量低等土壤结构差的土质，可通过客土或加沙或施用有机肥等方法加以改良，起到培育良好结构性的作用。可加入的有机质包括堆肥、厩肥、锯末、腐叶、泥炭等。合理的耕作也可以在一定时期内改善土壤的结构状况。施用土壤结构改良剂可以促进团粒结构的形成，利于花卉的生长发育。

由于花卉对土壤酸碱性要求不同，栽培前应根据花卉种类或品种的要求，对酸碱性不适宜的土壤进行改良。一般碱性土壤，每10 m^2施用1.5 kg的硫酸亚铁后，pH可相应降低0.5～1.0，黏性重的碱性土，用量适当增加。当土壤酸性过高不适宜花卉生长时，应根据土壤情况可用生石灰中和，以提高土壤pH。草木灰是良好的钾肥，也可起到中和酸性的作用。含盐量高的土壤采用淡水洗盐，可降低土壤EC值。

5.1.4　水肥管理

5.1.4.1　水分管理

水是花卉的主要组成成分之一。花卉的一切生理活动，都是在水的参与下完成的。各种花卉由于生活在不同的环境条件下，需水量不尽相同；同一种花卉在不同生长发育阶段或在不同季节，其对水分的需求也不一样。灌水需要考虑的问题很多，如土壤的类型、土壤湿度和地形地势（坡度）、栽培花卉的种类和品种、气候、季节、光照强度以及地面覆盖物的有无等。

1)花卉的需水特点

不同的花卉，其需水量有极大差别，这与原产地的雨量及其分布状况有关。一般宿根花卉根系强大，并能深入地下，因此需水量较其他花卉少。一二年生花卉多数容易干旱，灌溉次数应较宿根花卉和木本花卉多。对于一二年生花卉，灌水渗入土层的深度达30～45 cm，草坪应达30 cm，一般灌水45 cm，能够满足花卉对水分的需求。

同一花卉不同生长发育阶段对水分的需求量也不相同。种子发芽时需要较多的水分，以便种子吸水膨胀，促进萌发和出苗。如水分不足播种后种子较难萌发，或即使萌发，但胚轴不能伸长而影响及时出苗。幼苗期的植株叶面积小，蒸腾量也小，需水量不多，但根系分布浅且表层土壤不稳定，易受干旱的影响，必须保持稳定的土壤湿度。营养生长旺盛期和养分积累期是根、茎、叶等同化器官旺盛生长的时期，栽培上应尽量满足其水分需求，但在花开始形成前水分不能供应过多，以抑制其茎叶徒长。开花期对水分要求严格，水分过多会引起落花，不足又容易导致早衰。

花卉在不同季节和气象条件下，对水分的需求也不相同。春秋季干旱时期，应浇灌较多的水。晴天、风大时应比阴天、无风时多浇水。

2)土壤状况与灌水

花卉根系从土壤中吸收生长发育所需的营养和水分，只有当土壤理化性质满足花卉生长发育对水、肥、气和温度的要求时，才能获得优质的花卉。

土壤的性质影响灌水质量，壤土较易灌溉。优良的园土持水能力强，多余的水也容易排出。黏土持水量强，但粒间空隙小，水分渗入慢，灌水易引起流失，还会影响花卉根部对氧气的吸收，造成土壤的板结。疏松土质的灌溉次数应比黏重的土质多，所以对黏土应特别注意干湿相间的管理，湿以利开花所需足够的水分，干以利土壤空气含量的增加。沙土颗粒越大，持水力则越差，粗略地测算，30 cm厚沙土持水仅0.6 cm，沙壤土2.0 cm，细沙壤3.0 cm，而粉沙壤、黏壤、黏土持水达6.3～7.6 cm。因此，不同的土壤需要不同的灌水量。土壤性质不良或管理不当，常引起花卉缺水。增加土壤中的有机质，有利于土壤通气与持水力。

灌水量因土质而定，以根区渗透为宜。灌水次数和灌水量过多，花卉根系反而生长不良，以至引起伤害，严重时造成根系腐烂，导致植株死亡。此外，灌水不足，水不能渗入底层，常使根系分布浅，这样就会大大降低花卉对干旱和高温的抗性。因此，掌握两次灌水之间土壤变干所需的时间非常重要。

遇表土浅薄、下层黏土重的情况，每次灌水量宜少，但次数增多；如土层深厚的沙壤土，应一次灌足水，待见干后再灌。黏土水分渗透慢，灌水时间应适当延长，最好采用间歇方式，留有渗入时间，如灌水10 min，停灌10 min，再灌10 min等，这是喷灌常用的方式，遇高温干旱时尤为适宜。

3)灌溉方式

(1)漫灌　大面积的表面灌水方式，用水量大，适用于夏季高温地区植物生长密集的大面积花卉或草坪。

(2)畦灌　在田间筑起田埂，将田块分割成许多狭长地块——畦田，水从输水沟或直接从毛渠放入畦中，畦中水流以薄层水流向前移动，边流边渗，润湿土层，这种灌水方法称为畦灌。畦灌用水量大，土地平整的地块，灌溉比较均匀。离进水口近的区域灌溉量大，远的区域灌溉量小。

(3)沟灌　适合于宽行距种植的花卉。沟灌是在行间开挖灌水沟，水从输水沟进入灌水沟后，在流动的过程中主要借毛细管作用湿润土壤。较畦灌节水，不会破坏花卉根部附近的土壤结构，可减少灌溉浸湿的表面积，减少土壤蒸发损失。

(4)喷灌　利用喷灌设备系统，使水在高压下通过喷嘴喷至空中，分散成细小的水滴，像降雨一样进行灌溉。喷灌可节水，可定时，灌溉均匀，但投资大。

(5)滴灌　利用低压管道系统将水直接送到每棵植物的根部，使水分缓慢不断地由滴头直接滴在根附近的地表，渗入土壤并浸润花卉根系主要分布区域的灌溉方法。主要缺点是管道系统堵塞问题，严重时不仅滴头堵塞，还可能使滴灌毛管全部废弃。采用硬度较高的水灌溉时，盐分可能在滴头湿润区域周边产生累积，造成危害，利用天然降雨或结合定期大水漫灌可以减轻或避免土壤盐分积累的问题。

(6)渗灌(浸灌)　利用埋在地下的渗水管，水依靠压力通过渗水管管壁上的微孔渗入田间耕作层，从而浸润土壤的灌溉方法。

4)灌水时期

花卉的灌水分为休眠期灌水和生长期灌水。休眠期灌水在植株处于相对休眠状态进行，如北方地区常对园林树木浇“冻水”防寒。

生长期灌水时间因季节而异。夏季灌溉应在清晨和傍晚进行，此时水温与地温接相近，灌水对根系生长活动影响小，傍晚灌水更好，因夜间水分下渗到土层中，可避免日间水分的迅速蒸发。严寒的冬季因早晨温度较低，灌水应在中午前后进行。春秋季以清晨灌水为宜，蒸腾较低；傍晚灌水，湿叶过夜，易引起病害。

应特别注意幼苗定植后的水分管理。幼苗移植后的灌溉对其成活关系很大，因幼苗移植后根系尚未与土壤充分接触，移植又使一部分根系受到损伤，吸水力减弱，此时若不及时灌水，幼苗会因干旱而生长受到阻碍，甚至死亡。生产实践中有“灌三水”的操作，即在移植后随即灌水 1 次；过 3 d 后，进行第 2 次灌水；再过 5～6 d，灌第 3 次水，每次都灌满畦。“灌三水”后，进行正常的松土、灌溉等日常管理。对于根系强大，受伤后容易恢复的花卉，如万寿菊等，灌 2 次水后，就可进行正常的松土等管理；对于根系较弱、移苗后生长不易恢复的花卉，如一些直根系的花卉，应在第 3 次灌水后 10 d 左右，再灌第 4 次水。

5)灌溉用水

灌溉用水以软水为宜，避免使用硬水，最好使用富含养分、温度高的河水，其次是河塘水和湖水，不含碱质的井水也可使用。城市园林绿地灌溉用水，提倡使用中性水。井水温度低，对植物根系发育不利，如能先一日抽出井水贮于池内，待水温升高后再使用，则比较好。小面积灌溉时，可以使用自来水，但成本较高。

6)排水

土壤水分过多时影响土壤通透性，造成氧气供应不足，从而抑制根系的呼吸作用，降低对水分和矿物质的吸收，严重时可导致地上部枯萎、落花、落叶，甚至根系或整个植株死亡。涝害比干旱更能加速植株受害，涝害发生 5～10 d 就会使一半以上的栽培植物死亡。中国南方降雨繁多，在梅雨季节涝害问题更为突出；北方雨量虽少，但降雨时期集中，7—9 月是主要降雨季节，涝害问题也不容忽视。因此，处理好排水问题也是保证花卉正常生长发育的重要条件，在降水量大、地势低洼、容易积水或排水不良的地段，一开始就进行排水工程的规划，建设排水系统，做到及时排水。

积水主要来自雨涝、灌溉不当、上游地区泄洪、地下水位异常上升等方面，目前主要应用的排水方式有沟排水、井排 2 种。

(1)沟排水　包括明沟排水和暗沟排水两种。明沟排水是国内外大量应用的传统的排水方法，是在地表面挖排水沟，主要排出地表径流。在较大的花圃、苗圃可设主排、干排、支排和毛排渠 4 级组成网状排水系统，排水效果较好，具有省工、简便的优点。明沟排水工程量大，占地面积大，易塌方堵水、淤塞和滋生杂草而造成排水不畅，养护任务重。

暗沟排水是在种植地按一定距离埋设带有小孔的水泥或陶瓷暗管排水，上面覆土后种植花卉。排水管道的孔径、埋设深度和排水管之间的间距应根据降水量、地下水位、地势、土壤类型等情况设置。暗沟排水的优点是不占地表，不影响农事作业，排水、排盐效果好，养护负担轻，便于机械施工，在不宜开沟的地区是较好的方法。缺点是管道易被泥沙沉淀所堵塞，花卉根系也容易深入管内阻碍水流，成本较高。城市绿化有应用。

(2)井排　井排是在耕作地边上按一定距离开挖深井，通过底边渗漏把水引入深井中，优点是不占地，易与井灌结合，可调节井水水位的高低来维持耕地一定的地下水位，特别适于容易发生内涝危害的地段，缺点是挖井造价和运转费用较高。此外，机械排水和输水管系统排水是目前比较先进的排水方式，但由于技术要求较高且不完善，所以应用较少。

5.1.4.2　施肥

1)施肥的依据和基本原则

(1)主要营养元素的生理功能　花卉吸收的营养元素来源于土壤和肥料，施肥就是供给植物生长发育所必需的营养元素。因此，明确营养元素的功能是施肥的基础。

(2)施肥的原理　施肥以养分归还(补偿)、最小养分律、同等重要律、不可代替律、肥料效应报酬递减和因子综合作用律为理论依据。

①养分归还(补偿)学说。花卉植株中，有大量的养分来自土壤，但土壤并非是取之不尽、用之不竭的“养分库”。为保证土壤有足够的养分供应容量和强度，保持土壤养分的输入与输出的平衡，必须通过施肥把花卉吸收的养分“归还”土壤。

②最小养分律。花卉作物生长发育需要吸收各种养分，但严重影响花卉生长、限制产量和品质的是土壤中那种相对含量最小的养分因素，也就是花卉最缺乏的那种养分(最小养分)。如忽视这个最小养分，即使继续增加其他养分，产量或品质也难再提高。最小养分律也即“木桶原理”。

③同等重要律。对花卉来讲，不论大量还是微量元素，都是同等重要、缺一不可，即缺少某一种微量元素，尽管它的需要量很少，但仍会影响某种生理功能而导致减产或花卉品质的降低。微量元素与大量元素同等重要，不能因为需要量少而忽略。

④不可代替律。花卉需要的各营养元素，都有其特定的功效，相互之间不能替代，缺什么元素就必须使用含有该元素的肥料进行补充。

⑤肥料效应报酬递减律。从一个土地上获得的产品，随着施肥量的增加而增加，但当施肥量超过一定量后，单位施肥量的获得就会依次递减。故施肥要有限度，超过合理施肥上限就是盲目施肥。

⑥因子综合作用律(或称限制因子律)。花卉品质好坏和花卉产品产量高低是影响花卉生长发育各个因子综合作用的结果，包括施肥措施在内，其中必有一个或几个在某一阶段是限制因子。所以，为了充分发挥肥料的作用和提高肥料的效益，一方面施肥措施必须与其他农业技术措施密切配合，另一方面各养分之间的配合作用也是不可忽视的问题。

(3)施肥的依据　施肥主要依据花卉的需肥和吸肥特点、土壤类型和理化性质、气候条件以及配套农业措施等。

①花卉的需肥和吸肥特性。不同类花卉需肥种类和数量不同，同一花卉的不同生育阶段需肥的种类和数量也不同。不同花卉的吸肥能力也不同，对营养元素的种类、数量及其比例都有不同的要求。

一二年生花卉对氮、钾的要求较高，施肥以基肥为主，生长期可以视生长情况适量施肥，但一二年生花卉间也有一定的差异。播种一年生花卉，在施足基肥的前提下，出苗后只需保持土壤湿润即可，苗期增施速效性氮肥以利快速生长，花前期加施钾肥、磷肥，有的一年生花卉花期较长，故在开花后期仍需追肥。而二年生花卉，在春季就能旺盛生长开花，故除氮肥外，还需选配适宜的磷、钾肥。宿根花卉对于养分的要求以及施肥技术基本上与一二年生花卉类似，但需度过冬季不良环境，同时为了保证次年萌发时有足够的养分供应，所以后期应及时补充肥料，常以速效肥为主，配以一定比例的长效肥。球根花卉对磷、钾肥需求量大，施肥上应该考虑如何使地下球根膨大，除施足基肥外，前期追肥以氮肥为主，在子球膨大时应及时控制氮肥，增施磷、钾肥。

通过分析不同花卉植株养分的含量，有利于了解花卉对不同养分的吸收、利用及分配情况，并以此作为施肥标准的参考。以家天竺葵(*Pelargonium domesticum*)为例，其不同部位的养分分配比例为：茎和叶 72%、根 23%、花 6%，其中大量元素氮、磷、钾的含量及分配情况（表 5-1）。

表 5-1　大花天竺葵植株中氮、磷、钾含量占其干重的百分率　%

营养元素	根	茎	叶	花
N	0.49	0.56	1.82	1.27
P_2O_5	0.49	0.66	0.41	0.70
K_2O	0.77	1.41	1.53	2.05

与大花天竺葵类似，在菊花、香石竹、月季、紫罗兰等切花及仙客来、大岩桐、四季报春等盆花中，必需的大量元素的吸收和分配表现的规律为：氮的含量在叶片中最多，而且对氮、钾吸收较多，对磷的吸收相对较少。但不同种类花卉的养分含量相差悬殊（表 5-2）。

②土壤类型和理化性质。因不同类型和不同理化性质的土壤中，营养元素的含量和有效性不同，保肥能力不同，土壤类型和性质必然影响肥料的效果，所以施肥必须考虑土壤类型和性质。沙质土保肥能力差，需少量多次施肥；黏质土保肥能力强，可以适当少次多量施肥。

表 5-2　几种花卉体内营养元素的适宜浓度

元素	杜鹃	香石竹	天竺葵	一品红	月季	菊花
N/%	2.0～3.0	3.5～5.2	3.3～4.8	4.0～6.0	3.0～5.0	4.5～6.0
P/%	0.29～0.5	0.2～0.3	0.4～0.67	0.3～0.7	0.2～0.3	0.26～1.15
K/%	0.8～1.6	2.5～6.0	2.5～6.0	1.5～3.5	1.8～3.0	3.5～10
Ca/%	0.22～1.6	1.0～2.0	0.81～1.2	0.7～2.0	1.0～1.5	0.5～4.6
Mg/%	0.17～1.5	0.24～0.50	0.2～0.52	0.4～1.0	0.25～0.35	0.14～1.5
Mn/(mg/kg)	30～300	100～300	42～174	100～200	30～250	195～260
Fe/(mg/kg)	50～150	50～150	70～268	100～500	50～150	—
Cu/(mg/kg)	6～15	10～30	7～16	6～15	5～15	10
B/(mg/kg)	17～100	30～100	30～280	30～100	30～60	25～200
Zn/(mg/kg)	15～60	25～75	8～40	25～60	10～50	7～26

③气候条件。气候条件影响施肥的效果，与施肥方法的关系也很密切。干旱地区或干旱季节，肥料吸收利用率不高，可以结合灌水施肥、叶面施肥等。雨水多的地区和季节，肥料淋溶损失严重，应少量勤施；低温和高温季节，花卉吸肥能力差，应少量勤施。

④栽培条件和农业措施。施肥必须考虑与栽培条件和农业技术措施的配合。例如，瘠薄土壤上施肥，除应考虑花卉需肥外，还应考虑土壤培肥，即施肥量应大于花卉需求量；而肥沃土壤上施肥应根据“养分归还”学说，按需和按吸收量施肥。地膜覆盖后因不便土壤追肥，应施足基肥，生长期可以叶面追肥。

⑤露地施肥的基本原则。有机肥和无机肥合理施用。有机肥多为迟效性肥料，可以在较长时间内持续供应花卉所需的营养物质；无机肥多为速效性肥料，可以满足较短时间内花卉对营养物质相对较多的需求。在花卉施肥中，有机肥和无机肥要配合使用，以达到相互补充。增施有机肥、适当减少无机肥，可以改良土壤理化性状，减少环境污染，使土地资源能够真正实现可持续利用，同时也是提高花卉产品品质、减少污染，实现无公害安全生产的有效途径。

以基肥为主，及时追肥。基肥施用量一般可占总施肥量的 50%～60%。在暴雨频繁、水土流失严重或地下水位偏高的地区，可适当减少基肥的施用量，以免肥效损失。结合不同花卉种类和不同生育时期对肥料的需求特点，要进行及时、合理的追肥。

科学合理施肥。在前期施肥管理经验的基础上，及时“看天、看地、看苗”，结合土壤肥力分析、叶分析等手段，判断花卉需肥和土壤供肥情况，正确选择肥料种类，科学配比，及时有效地施用肥料。

2)施肥时期

按施肥时期划分，施肥可分为是施基肥、施种肥和追肥。

(1)施基肥　播种或移植前结合土壤耕作施用肥料。目的是为了改良土壤和保证整个生长期间能获得充足的养料。基肥一般以有机肥料为主，如堆肥、厩肥、绿肥等，与无机肥料混合使用，效果更好。以无机肥料做基肥时，应注意 3 种主要肥分的配合(表 5-3)。为了调节土壤的酸碱度，改良土壤，施用石灰、硫黄或石膏等间接肥料时也应作基肥。施基肥常在春季进行，但有些露地木本花卉可在秋季施入基肥，以增强树体营养，以利越冬。施基肥的方法一般是普施，施肥深度应该在 16 cm 左右。

表 5-3　花卉基肥施用量　kg/100 m²

花卉种类	硝酸铵	过磷酸钙	氯化钾
一年生花卉	1.2	2.5	0.9
多年生花卉	2.2	5.0	1.8

(2)施种肥　在播种时同时施入肥料，称为施种肥。一般以速效性磷肥为主，如在播种时同时施入过磷酸钙颗粒肥。容易烧种、烧苗的肥料，不作为种肥。

(3)追肥　追肥是在花卉生长发育期间施用速效性肥料的方法，目的是为了补充基肥的不足，及时供应花卉生长发育旺盛期对养分的需要，加快花卉的生长发育，达到提高产量和品质的目的。追肥可以避免速效肥料作基肥使用时养分被固定或淋失。

一二年生花卉在幼苗期的追肥，主要目的是促进其茎叶的生长，氮肥成分可稍多一些，但在以后生长期间，磷钾肥料应逐渐增加，生长期长的花卉，追肥次数应较多。宿根和球根花卉追肥次数较少，一般追肥 3～4 次，第 1 次在春季开始生长；第 2 次在开花前；第 3 次在开花后；秋季叶枯后，应在株旁补以堆肥、厩肥、饼肥等有机肥，行第 4 次追肥。一些开花期长的花卉，如大丽花、美人蕉等，在开花期也应适当给予追肥。

花卉对肥料需求有两个关键的时期，即养分临界期和最大效率期，掌握不同种类花卉的营养特性，充分利用这两个关键时期，供给花卉适宜的营养，对花卉的生长发育非常重要。植物养分的分配首先是满足生命活动最旺盛的器官，一般生长最快以及器官形成时，也是需肥量最多的时期。施足基肥，以保证在整个生长期间能获得充足的矿质养料。一年中，追肥时期通常在夏季，把速效性肥料分次施入，以保证花卉旺盛生长期对养分的大量需求。

3)施肥方法

土壤施肥的深度和广度，应依根系分布的特点，将肥料施在根系分布范围内或稍远处。这样一方面可以满足花卉的需要，另一方面还可诱导根系扩大生长分布范围，形成更为强大的根系，增加吸收面积，有利于提高花卉的抗逆性。由于各种营养元素在土壤中移动性不同，不同肥料施肥深度也不相同。氮肥在土壤中移动性强，可以浅施；磷、钾肥移动性差，宜深施至根系分布区内，或与其他有机质混合施用效果更好。氮肥多用作追肥，磷、钾肥与有机肥多用作基肥。

(1)普施　是指将肥料均匀撒布在土壤表面，然后通过耕翻等混入土壤中。这种方法多用在作为基肥的有机肥的施用。在平畦状态下，有时也用作化肥的追肥，但要结合灌水。

(2)条施和沟施　条施是在播种或定植后，在行间成条状撒施肥料，行内不施肥。条施后一般要耕翻混入土壤。沟施是指在开好播种沟或定植沟后，将肥料施入沟中再覆土的施肥方法。条施和沟施多用于化肥或肥效较高的有机肥的追肥。在行间较大或宽窄行栽植时应用，操作简单易行。

(3)穴施和环施　穴施是指在定植时，边定植边施入肥料，或者是在栽培期间，于植株根颈附近开穴施入肥料，并埋入土壤的施肥方法。环施是指沿植株周围开环状沟，将肥料施入后随即掩埋的施肥方法。穴施可以实现集中施肥，有利于提高肥效，减少肥料被土壤固定和流失，施肥量、施入深度及距植株的距离可调。但穴施用工量大，适用于单株较大的花卉种类和密度较低的栽培形式。环施是在植株的周边，以植株为圆心，开沟施入肥料，主要应用在单株特别大、根系分布较深的观赏植物，园林中应用多。穴施常用化肥，环施常用有机肥。

(4)随水冲施　是指将肥料浸泡在盛水的桶、盆等容器中，在灌溉的同时将未完全溶解的肥料随灌溉水施入土壤。缺点是施肥的均匀性难以保证。生产中要根据灌溉水流动速度，调整加入肥水混合液的速度，使肥料均匀施入。主要应用在畦灌、沟灌的无机肥的追肥。

(5)根外追肥　或称叶面施肥。这种方法简单易行，节省肥料，效果快，可与土壤施肥相互补充，一般在施肥1～2 d后即可表现出肥料效果，使用复合肥效果更好。叶面施肥仅作为解决临时性问题时的辅助措施，一般需喷施3～4次。常用于根外追肥的肥料种类有尿素、磷酸二氢钾、硫酸钾、硼砂等。根外追肥浓度要适宜，如磷、钾肥以0.1%为宜，尿素以0.2%为宜。喷溶液的时间宜在傍晚，以溶液不滴下为宜。

(6)施肥量　施肥量应根据花卉的种类、品种、栽培条件、生长发育状况、土壤条件、施肥方法、肥料特性等综合考虑。一般植株矮小的可以少施，植株高大、枝繁叶茂、花朵丰硕的花卉宜多施。有些喜肥花卉，如香石竹、月季、菊花、牡丹、一品红等需肥较多；有些耐贫瘠的花卉，如凤梨等需肥较少。缓效肥料可以适当多施，速效肥料适度施用。

要确定准确的施肥量，需经田间试验，结合土壤营养分析和植物体营养分析，根据养分吸收量和肥料利用率来测算。

施肥量的计算公式：

$$施肥量=\frac{花卉吸肥量-土壤供肥量}{肥料中养分含量\times肥料当季利用率}$$

根据Aldrich，G. A.的报道，施用N、P、K比例为5∶10∶5的完全肥，球根类0.05～0.15 kg/m^2，花境0.15～0.25 kg/m^2，落叶灌木0.15～0.3 kg/m^2，常绿灌木0.15～0.3 kg/m^2。我国通常每千克土壤施氮肥0.2 g，磷肥(P_2O_5)0.15 g，钾肥(K_2O)0.1 g，折合成硫酸铵1 g或尿素0.4 g，磷酸二氢钙1 g，硫酸钾0.2 g或氯化钾0.18 g，即可供一年生作物开花结实。由于淋失，实际用量一般远远超过这些数值。通常与植物需求量大的磷、钾、钙一样，土壤中氮含量有限，大多不能满足植物的需要，需通过施肥来大量补充。其他大量元素是否需要补充，视植物要求及其存在于土壤中的数量和有效性决定，并受土壤和水质的影响。通常微量元素除沙质土壤和水培时外，一般在土壤中已有充足供应，不需另外补充。

5.1.5　防寒与降温

1)防寒

对于露地栽培的二年生花卉和耐寒能力差的花卉，冬季进行防寒，以免过度低温的危害。由于各地区的气候不同，采用的防寒方法也不尽相同。常用的防寒有以下几种：

(1)覆盖法　在霜冻到来之前，在畦面上覆盖干草、落叶、草苫物，一般可在第二年春季晚霜过后再将畦面清理好，也可视情形灵活掌握去除覆盖物时间。常用于二年生花卉、宿根花卉、可露地越冬的球根花卉和木本植物幼苗的防寒越冬。

(2)培土　冬季地上部枯萎的宿根花卉和进入休眠的花灌木，培土防寒是常用的方法，待春季到来后，萌芽前再将土扒平。

(3)熏烟法　对于露地越冬的二年生花卉，可采用熏烟法以防霜冻。熏烟时，用烟和水汽组成的烟雾，能减少土壤热量的散失，防止土壤温度降低。同时，发烟时烟粒吸收热量使水汽凝成液体而释放出热量，可使地温提高，防止霜冻。但熏烟法只有在温度不低于－2 ℃时才有显著效果。因此，在晴天夜里当温度降低到接近0 ℃时即可开始熏烟。

(4)灌水　冬灌能减少或防止冻害，春灌有保温、增湿的效果。由于水的热容量大，灌水后提高了土壤的导热能力，使深层土壤的热量容易传导上来，从而提高近地表的温度2～2.5 ℃。灌溉还可提高空气中的含水量，空气中的蒸汽凝结成水滴时放热，可以提高气温。灌溉后土壤湿润，热容量加大，能减缓表层土壤温度的降低。

(5)浅耕　进行浅耕，可减低因水分蒸发而发生的冷却作用，同时，耕翻后表土疏松，有利于太阳辐射的导入。再加镇压后，能增强土壤对热的传导作用并减少已吸收热量的散失，保持土壤下层的温度。

(6)绑扎　一些观赏树木茎干，用草绳等包扎，可防寒。

(7)密植　密植可以增加单位面积茎叶的数目，减低地面热的辐射散失，起到保温的作用。

除以上方法外，还有设立风障、利用冷床(阳畦)、减少氮肥和增施磷钾肥增强花卉抗寒力等方法，都是有效的防寒措施。

2)降温

夏季温度过高，会对花卉产生危害，可通过人工降温保护花木安全越夏。人工降温措施包括叶面喷水、畦间喷水、搭设遮阳网或草帘覆盖等。

5.1.6　杂草防除

杂草防除是除去田间杂草，不使其与花卉争夺水分、养分和光照，杂草还是病虫害的寄主。因此一定要清除杂草，以保证花卉的健壮生长。

除草工作应在杂草发生的早期及时进行，在杂草结实之前清除完毕，不仅要清除栽植地上的杂草，还应把四周的杂草除净，对多年生宿根性杂草应把根系全部挖出，深埋或烧掉。小面积以人工除草为主，大面积可采用机械除草或化学除草。可使用除草剂去除杂草，根据花卉的种类正确选择适合的除草剂，并根据使用说明书，掌握正确的使用方法、施药浓度、施药量和施药时间。

除草剂的类型大致分 4 类：①灭生性除草剂对所有杂草全部杀死，不加区别。如百草枯。②选择性除草剂对杂草做有选择地杀死，对作物的影响也不尽相同。如 2,4-D 丁酯。③内吸性除草剂通过杂草的茎、叶或根部吸收到植物体内，起到破坏内部结构、破坏生理平衡的作用，从而使杂草死亡。由茎、叶吸收的，如草甘膦；通过根部吸收的，如西玛津。④触杀性除草剂只杀死直接接触的植物部分，对未接触的部分无效。如除草醚。

常见的除草剂有：除草醚、扑草净、灭草隆、敌草隆、绿麦隆、2,4-D 丁酯、草甘膦、茅草枯、西玛津、盖草能等。2,4-D 丁酯可防除双子叶植物杂草，多用 0.5%～1.0% 的稀释液田间喷洒，每亩用量为 0.05～0.3 kg。

草甘膦能有效防除一二年生禾本科杂草、莎草、阔叶杂草以及多年生恶性杂草。草甘膦对植物没有选择性，具强内吸性，因此不能将药剂喷到花木叶面上。在杂草生长旺盛时使用，比幼苗期使用效果更好。蜀桧、龙柏、大叶黄杨、紫薇、紫荆、女贞、海桐、金钟花、迎春、南天竹、金橘、木槿、麦冬、鸢尾等花卉草甘膦抗逆性强，桃、梅、红叶李、水杉、酢浆草、无花果、槐、金丝桃等花卉苗木对草甘膦反应极敏感，不宜使用。

盖草能能有效去除禾本科杂草，如马唐、牛筋草、狗尾草等。每亩使用 25～35 mL，加水 30 kg 喷雾，在杂草 3～5 叶期使用较佳；如在杂草旺盛期使用，需加大剂量。

部分草坪杂草和观赏植物的杂草防除剂见表 5-4 和表 5-5。

表 5-4　草坪杂草防除剂

杂草名称	除草剂	使用有效成分量/(g/hm²)	时期	注意事项
普通双子叶植物杂草(如蒲公英、车前草和十字花科杂草)	2,4-D 胺盐	1125 或按说明	秋、春	杂草至少生长 60 d，避免飘雾喷洒
车轴草	2,4-D 胺盐 百草畏 Senvel D.	1125 300～600	秋、春	杂草至少生长 60 d，避免飘雾喷洒，每月 1 次对乔灌木根部有害
繁缕	2 甲 4 氯丙酸(MCPP) 百草畏	1125～1425 525～600	秋、春(发芽后) 生长期	 对乔灌木根部有害
婆婆纳属	2 甲 4 氯丙酸 草藻灭(Endothal)	1125～1425 1125	生长期 生长期	对剪股颖和高羊茅可能有害

续表 5-4

杂草名称	除草剂	使用有效成分量 /(g/hm²)	时期	注意事项
蓍属	Trime 或 2,4-D	1 125	常年	对乔灌木根部有害
	百草畏	600	生长期	
蓼属	2,4-D	1125	种子萌发期	随植株长大药效显著
小酸膜	百草畏	300	生长期	对乔灌木根部有害
早熟禾(一年生)	地散磷(Betasan)	16875	种子萌发期	2～3 个月对草坪草有害
苔藓类	亚硫酸铵	450000	生长期	撒在湿叶上

表 5-5 观赏植物杂草防除剂

花卉类型	除草剂	用量	施用期	注意事项
所有作物通用(土壤消毒)	溴甲烷	450 kg/hm²	种植前	有毒,应用塑料薄膜覆盖,土温保持 10 ℃,播种前一周施用
	威百亩	3750 L/hm²	种植前	施用后灌水,土温在 10 ℃以上,种植前 2～4 周施用
	棉隆	280.5～393 kg/hm²	种植前	混入土中,保持湿润 6～8 周后播种
球根类	草乃敌	4500～6750 g/hm²	出土前	土壤无杂草
	西玛三嗪	1125 g/hm²	长成植物	保持土面湿润
一般观赏植物	莠去津	2250～4500 g/hm²	长成植物	无草土壤喷撒
	毒滴混剂	2250～4500 g/hm²	种植前,长成植物	杀多年生杂草,勿接触栽培植物
	敌草腈	2250～4500 g/hm²	长成植物	无草土壤
		4500～9000 g/hm²	长成植物	防多年生杂草
	草乃敌	4500～6750 g/hm²	长成植物,移后	无草土壤,耕作后
	草萘胺	4500～6750 g/hm²	长成植物,移后	无草土壤,土壤湿润
	敌草索	10250～13500 g/hm²	长成植物,移后	无草土壤,土壤湿润
	恶草灵	2250～4500 g/hm²	长成植物,移后	无草土壤,土壤湿润
	西玛三嗪	1125～3375 g/hm²	成活植物	无草土壤,土壤湿润
	氟乐灵	562.5～1125 g/hm²	种植前、成活后、移后	与土壤混合应用
	拿草特	1125～3375 g/hm²	成活后	10 月至翌年 3 月控制多年生杂草

5.1.7 花卉露地栽培实例

1)百日草

百日草性强健,适应性强,根系较深茎秆不易倒伏。喜阳光,在肥沃和土层深厚的土壤中生长良好。生长适温为 15～20 ℃,适合在我国广泛栽培。

百日草以播种繁殖为主,露地直播在晚霜过后进行。露地播种,宜用沟播,高型百日草的沟距(行距)为 40～50 cm,沟深 1.5～2 cm。种子覆土深度为种子的 2～3 倍,比温室播种要厚。露地直播,时间不可过早,否则出苗后气温降低将会使幼苗停止生长,会造成始终生长不良。

一般播种后 7 d 左右出苗,子叶期就可进行间苗,间苗过迟,会引起苗株拥挤徒长。间苗应选强除弱,同时可结合除草进行。间苗要在土壤湿润的状况下进行,间苗后应进行灌溉。定植后,追施氮肥和钾肥,促进旺盛生长,同时加强日常管理。春播一般 50～60 d 开始开花。百日草的主枝枝顶首先开花,以后逐节抽生侧枝,侧枝枝顶能陆续开花,百日草随着节间的伸长可不断开花。因此,在花期也要加强肥水管理。

盛夏季节，百日草生长衰退，开花停止，这时应停止追肥，但要保持土壤湿润，防止凋萎和死亡；待秋凉后，又可开花。

2)萱草

萱草类花卉适应性强，喜阳光充足、排水良好并富含腐殖质的湿润土壤，耐半阴、耐干旱，对土壤要求不严。

萱草类多采用分株繁殖，在春季和秋季都可以进行。选择定植3年以上的植株，用刀将根切成几块，每块上留有3～5个芽，这样不影响当年的观赏效果。若是秋季栽植，则需减去大部分叶片。

根据种类和品种的特点，选择适宜的株行距(株距20～50 cm，行距65～100 cm)。挖栽植穴或开沟，穴深或沟深均为30 cm，施入基肥后，距土面为15～20 cm，然后进行栽植，踩实后再浇透水。注意栽植不宜过深或过浅。萱草定植后，一般管理简单。为使生长茂盛、花多、花大，最好在春季新芽抽出时施以追肥，花前和花后再各追肥1次。秋季落叶时，可在植株四周施以腐熟的厩肥或堆肥。

3)百合

9月下旬，选取富含腐殖质、土层深厚疏松、土壤潮湿且排水良好的地块，整地、做畦，同时施入腐熟有机肥作基肥。有条件施入骨粉以补充磷肥，用量为基肥量的1/20。若土壤墒情不好，需提前1周左右进行灌溉。

露地栽种百合，确定栽种鳞茎的时间最为关键，以秋季栽种为最好。太早，雨季未过，土壤湿度大，容易造成鳞茎腐烂，太晚则地温低，鳞茎栽植后无法生根(基生根)，不利于越冬。在呼和浩特地区，若"十一"过后种植，效果明显不好。百合类也可早春栽种种球，栽种时间因地区而异，呼和浩特地区可在4月初进行栽种。

百合类宜深栽，一般种球顶端到土面的距离为8～15 cm，即覆土厚度为种球高度的2～3倍。种植密度随种系和品种、种球大小等的不同而异。秋种后，一般不用灌水。

翌年春季，当百合地上茎开始出土后(呼和浩特地区为4月中旬)，茎生根开始迅速生长并为植株提供大量水分和养分。进入花期后(呼和浩特地区为6月底到7月中旬)，增施1～2次过磷酸钙、草木灰等磷钾肥，注意施肥离茎基稍远。蕾期时土壤应适当湿润，花后减少水分灌溉。及时进行中耕除草，同时设立支撑，防止花枝倒伏。在其生长过程中为了防止光线过强，可适当遮阳，并保持栽植地通风。

5.2　花卉的设施栽培

花卉栽培设施是指人为建造的适宜或保护不同类型花卉正常生长发育的各种建筑及设备，主要包括温室、塑料大棚、冷床与温床、荫棚、风障以及机械化或自动化设备、各种机具和容器等。由于花卉的种类繁多，产地不同，对环境条件的要求差异很大。因此，在花卉栽培中采用以上设施，就可以在不适于某类花卉生态要求的地区和不适于花卉生长的季节进行栽培，使花卉生产不受地区、季节的限制，从而能够集世界各气候带地区和要求不同生态环境的奇花异草于一地，进行周年生产，以满足人们对花卉日益增长的需求。

5.2.1　花卉设施栽培的意义

如何满足花卉不同品种在不同生长阶段对环境条件的要求，生产高品质的花卉产品是花卉设施栽培需要解决的问题，其在花卉生产中的作用主要表现在以下几个方面：

(1)提高繁殖速度　在塑料大棚或温室内进行三色堇、矮牵牛等草花的播种育苗，可以提高种子发芽率和成苗率，提高繁殖速度。在设施栽培的条件下，菊花、香石竹可以周年扦插，其繁殖速度是露地扦插的10～15倍，扦插的成活率提高40%～50%。组培苗的炼苗也多在设施栽培条件下进行，可以根据不同种、品种以及瓶苗的长势进行环境条件的人工控制，有利于提高成苗率，培育壮苗。

(2)进行花卉的花期调控　随着设施栽培技术的发展和花卉生理学研究的深入，满足植株生长发育不同阶段对温度、湿度和光照等环境条件的需求，已经实现了大部分花卉的周年供应。如唐菖蒲、郁金香、百合、风信子等球根花卉种球的低温储藏和打破休眠技术，牡丹的低温春化处理，菊花的光照结合温度处理已经解决了这些花卉的周年供应问题。

(3)提高花卉的品质　在长江流域普通塑料大棚内，可以进行蝴蝶兰的生产，但开花迟、花径小、叶色暗、叶片无光泽。在高水平的设施栽培条件下，进行温度、湿度和光照的人工控制，是解决长江流域高品质蝴蝶兰生产的关键。我国广东省地处热带亚热带地区，是我国重要的花卉生产基地之一，但由于缺乏先进的设施，产品的数量和质量得不到保证，在国际市场上缺乏竞争力，如广东产的月季在中国香港批发价只有荷兰的1/2。

(4)提高经济效益　提高花卉对不良环境条件的抵抗能力，提高经济效益。不良环境条件主要有夏季高温、暴雨、台风，冬季霜冻、寒流等，往往给花卉生产带来严重的经济损失。2017年12月，云南大部分地区出现霜冻降温，部分地区还出现零下3 ℃的低温。在嵩明、石林、宜良等地，不少盆花产品受影响，小盆花、多肉、大花蕙兰出现不同程度死伤。而有些公司进行设施栽培的花卉由于有加温设备，各种苗木基本没有损失。

(5)打破花卉生产和流通的地域限制　花卉和其他园艺作物的不同在于观赏上人们追求“新、奇、特”。各种花卉栽培设施在花卉生产、销售各个环节中的运用，使原产南方的花卉如蝴蝶兰、杜鹃、山茶顺利进入北方市场，也使原产于北方的牡丹花开南国。

(6)提高劳动生产率　进行大规模集约化生产，提高劳动生产率。设施栽培的发展，尤其是现代温室环境工程的发展，使花卉生产的专业化、集约化程度大大提高。目前在荷兰等发达国家从花卉的种苗生产到最后的产品分级、包装均可实现机器操作和自动化控制，提高了单位面积的产量和产值，人均劳动生产率大大提高。

5.2.2 花卉的温室栽培

1)温室地栽

(1)灌水

①灌溉。水分管理是一项经常性的工作，在很大程度上决定了地栽花卉的成败。浇水看似简单，其实技术性强，需要不断摸索、积累经验。

②水质要求。水质以清澈的活水为上，如河水、湖水、池水、雨水，避免用死水或含矿物质较多的硬水如井水等。若使用自来水，应注意当地的自来水水质，如酸碱度、含盐量等，并在水池中预置，让氟、氯离子及其他重金属离子等有害物质充分挥发、沉淀后再使用。

③根据不同花卉的特性浇水。掌握不同地栽花卉的需水特性，有针对性地浇水，才能取得良好的效果。如花谚中有“干兰湿菊”，说明兰花这种阴生植物需较高的空气湿度，但根际的土壤湿度又不宜太大；而菊花则喜阳，不耐干旱，要求土壤湿润，但又不能过于潮湿、积水。一般来说，大叶、圆叶植株的叶面蒸腾强度大，需水量较多；而针叶、狭叶、毛叶或蜡质叶等叶表面不易失水的花卉种类需水较少。

④根据不同生育期浇水。同一种地栽花卉在各个不同的生长发育阶段对水分的需求量是不同的。通常而言，幼苗期根系较浅，虽然代谢旺盛，但不宜浇水过多，只能少量多次；植株恢复正常营养生长后，生长量大，应增大浇水量；进入开花期后，因根系深，生长量小，应控制水分以利提早开花和提高花卉品质。

⑤根据不同季节、土质浇水。就全年而言，春、秋两季少浇，夏季多浇，冬季浇水最少。但在大棚栽培中，冬季双层薄膜覆盖下湿度很大，往往给人一种错觉，认为不必浇水。其实只是土壤表层湿润，而中下层比较干，单靠薄膜内汽化形成的雾滴水无法满足根系的需水量，所以也需要适当浇水。

⑥浇水时间。夏季以早、晚浇水为好，秋冬则可在近中午时浇灌。原则就是使水温与土温相近，若水温与土温的温差较大，会影响植株的根系活动，甚至伤根。

(2)施肥　土壤在栽培过程中需不断进行施肥。特别是对那些肥力水平不高、不适宜地栽花卉生长发育的土壤更需要进行改良施肥，使水、肥、气、热条件都适应花卉植物高产、优质的需要。对设施栽培的土壤要特别注意加强施肥，以防止土壤发生退化。

①保护性耕作。种植其他农作物的大田改种地栽花卉时，对土壤进行保护性耕作，少耕浅耕，轮作换茬，增加土壤中有机物的积累，涵养水分，提高微生物活动能力，以释放更多的土壤养分，满足花卉生长发育的需要。

②增施有机肥。有机肥料分解慢，肥效长，有利于改良土壤结构，故多用于基肥，也可用部分无机肥料与有机肥料混合作基肥使用，特别是那些易被土壤固定失效的无机肥如过磷酸钙等，与有机肥料混合效果很好。在用有机肥料作基肥时，必须是腐熟的，因为有机肥在发酵和分解时会释放大量的热，容易伤根，而且未经发酵腐熟的有机肥其养分难以吸收，且往往带有许多病原菌和虫卵。基肥中通常氮、磷、钾的总量多于追肥，宿根花卉与球根花卉要求更多的有机肥料作基肥。有机肥料可以结合整地均匀地施入耕作层。常用的有机肥包括厩肥、堆肥、饼肥、骨粉、畜禽肥、人粪尿等。

③种植绿肥。豆科植物具有固氮作用，采摘可食用部分后将其茎秆还田，尤其是将豌豆、绿豆、蚕豆、田菁等鲜嫩茎叶压青，可增加土壤有机质和氮素含量。

种植夏季绿肥作物，生长快，产量高，对土壤适应性强，耐盐、耐涝、耐瘠，便于管理，根瘤多，固氮能力强，能活化、富集土壤中的磷、钾养分，同时获得大量蛋白质和有机物质，是改土培肥的理想途径。种植前后土壤样品分析结果表明，培肥效果明显。

④合理施用化肥。化肥及无机肥，其特点是含量高、养分单一，多为无机盐类，易溶于水，便于植物吸收，肥效快，同时也易流失，一般多用于追肥。施肥前必须了解分析化肥的性质及各种花卉吸收养分的特性，合理施用。如磷肥的施用，应根据土壤酸碱性选用不同的磷肥品种，在酸性、微酸性土壤中施用钙镁磷肥、磷矿粉等碱性肥料，既可增加有效磷，又可中和土壤的酸性，还增加了土壤中的钙、镁元素；而在石灰性土壤中宜选施过磷酸钙、重过磷酸钙等磷肥，不仅提高磷的有效性，还可用过磷酸钙来改良盐碱土壤。常用的无机肥料还有尿素、硫酸铵、硝酸钾、磷酸氢铵、磷酸二氢钾、硫酸亚铁等。

无机肥料大多含养分单一，长期施用易使土壤板结，并不能满足地栽花卉对各种营养元素的均衡需要，应同时施用几种化学肥料，或无机肥料与有机肥料混合使用。但不是所有的肥料都能混合，若混合不当，易降低肥效甚至产生副作用。

⑤根外追肥。根外追肥一般采用叶面喷施肥料，以花卉急需某种营养元素或补充微量元素时施用最宜。喷施的时间，以清晨、傍晚或阴雨时最适。喷施浓度不能过高，一般掌握在 0.1%～0.2%。

施肥量及用肥种类依据地栽花卉生育期不同而有差异。幼苗期吸收量较少，茎叶大量生长至开花前吸收量呈上升，一直到开花后才逐渐减少。幼苗生长期、茎叶发育期多施氮肥，能促进营养器官的发育；孕蕾期、开花期则应多施磷、钾肥，以促进开花和延长开花期。通常生长季节每隔 7～10 d 施一次肥(图 5-1)。

图 5-1　幼苗喷施叶面肥

准确施肥还取决于气候、土壤以及管理水平。要掌握少量多次的原则，切忌施浓肥。施肥后要及时浇透水，不要在中午前后或有风时追肥，以免无机肥伤害植株。

(3)整形与修剪　整形修剪是地栽花卉生产过程中技术性很强的工作，包括摘心、除芽、除蕾、修剪枝条等。通过整枝可以控制花卉植株的高度，增加分枝数以提高着花率；或除去多余的枝叶，减少其对养分的消耗；也可作为控制花期或使植株二次开花的技术措施。整枝不能孤立进行，必须根据植株的长势与肥水等其他管理措施相结合，才能达到目的。

①摘心。是指摘除枝梢顶芽，能促使植株的侧芽形成，开花数增多，并能抑制枝条生长，促使植株矮化，还可延长花期。如香石竹每摘心一次，花期延长 30 d 左右，每分枝可增加 3～4 个开花枝。

②摘芽。摘芽的目的是除去过多的腋芽，以限制枝条增加和过多花蕾发生，可使主茎粗壮挺直，花朵大而美丽。

③剥蕾。通常是摘除侧蕾、保留主蕾（顶蕾），或除去过早发生的花蕾和过多的花蕾。

④修枝。是剪除枯枝、病虫枝、位置不正易扰乱株形的枝、开花后的残枝，改进通风透光条件，并减少养分消耗，提高开花质量。

⑤剥叶。是经常剥去老叶、病叶及多余叶片，可协调植株营养生长与生殖生长的关系，有利于提高开花率和切花品质。

⑥支缚。是用网、竹竿等物支缚住切花植株，保证切花茎秆挺直、不弯曲、不倒伏。例如香石竹、菊花生产上常用尼龙网作为支撑物。

（4）杂草防除　中耕除草的作用是疏松表土，通过切断土壤毛细管，减少水分蒸发来提高土温，使土壤内空气流通，促进有机质分解，为地栽花卉生长和养分吸收创造良好的条件。中耕同时可以除去杂草，但除草不能代替中耕，因此在雨后或灌溉后，即使没有杂草也要进行中耕。

幼苗期中耕应浅，随着苗的生长而逐渐加深。株、行中间处中耕应深，近植株处应浅。当幼苗渐大，根系已扩大于株间时中耕应停止，否则根系易断，造成生长受阻。

除草可以避免杂草与地栽花卉争夺土壤中的水分、养分、阳光，应在杂草发生之初尽早进行，因为此时杂草根系较浅，易于清除。多年生杂草必须将其地下部全部掘出，以防翌年再生。除草一般结合中耕进行，在花苗栽植初期，特别是在植株郁闭之前将其除尽。可用地膜覆盖防除杂草，尤以黑膜效果最佳。目前除人工方法外，还可以使用除草剂，但浓度一定要严格掌握。如采用 0.5%～1.0% 2,4-D 稀释液，可消灭双子叶杂草。

2）容器栽培

将花卉栽植到各类容器中的方式统称为盆栽花卉，简称盆花或盆栽。盆栽便于控制花卉生长的各种栽培条件，控制花卉的营养生长，在适当的水肥管理条件下利于促成和抑制栽培，还便于搬迁，既可陈放于室内，也可布置于庭院。

我国盆栽花卉历史悠久，在河姆渡出土的距今 7000 年前的陶块上的盆栽图案是最早的关于盆栽的史料。盆栽花卉的栽培历史是与盆景艺术的发展历史分不开的，盆栽先于盆景的出现，盆景艺术的雏形就是盆栽花卉，早在新石器时代就已经有了盆栽花卉的现象。经过千年的栽培技艺的演变，盆栽已经是花卉生产中非常重要的栽培形式之一，而盆花在花卉生产中也占有极其重要的地位。近些年，盆花发展非常迅速，2022 年江苏省观赏苗木种植面积 11.70 万 hm^2，持续成为江苏省花木产业主体；鲜切花生产面积 2779.20 hm^2，产量 7.73 亿支；盆栽花卉生产面积 7807.0 hm^2，产量达 4.85 亿盆。每年春节花卉市场上，盆花琳琅满目，供求数量飞速增长。蝴蝶兰、大花蕙兰、凤梨、红掌、仙客来、一品红等盆花都深受人们的青睐。

花卉组合盆栽也备受推崇，组合盆栽又叫盆花艺栽，就是把若干种独立的植物栽种在一起，使它们成为一个组合整体，欣赏它们的群体美，使之以一种崭新的面貌呈现在人们面前。这种盆花艺栽色彩丰富，花叶并茂，极富自然美和诗情画意，予人一种清新和谐的感觉，极大地提高了盆花的观赏效果。

（1）容器类型与性质　选择适当的花盆对于盆栽很重要。通用的花盆为素烧泥盆或瓦钵，这类花盆通透性好，适于花卉生长，价格便宜，在花卉生产中广泛应用。近年塑料盆也大量用于花卉生产，它具有色彩丰富、轻便、不易破碎和保水能力强等优点。此外应用的还有紫砂盆、水泥盆、木桶以及作套盆用的瓷盆等。不同类型花盆的透气性、排水性等差异较大（表 5-6），应根据花卉的种类、植株的高矮和栽培目的选用。

表 5-6　盆栽容器的类别及性能

材质	类别	用途	透气性	排水	花盆特性
土	素烧盆	栽培观赏	良好	良好	质地粗糙，不美观，易破损，使用不太方便
	陶瓷盆	栽培观赏	不透气	居中	观赏价值高，不太易破损
	紫砂盆	栽培观赏	居中	良好	造型美观，形式多样
	套盆	栽培观赏	不透气	不良	盆底无孔洞，不漏水，美观大方
塑胶	硬质	栽培观赏	不透气	居中	不易破损，轻而方便，保水能力强
	软质	育苗	不透气	居中	不会破，使用方便，容易变形
	发泡盆	栽培观赏	不透气	居中	轻而体积大
木	木盆或木桶	栽培观赏	居中	良好	规格较大，盆侧有把手，便于搬运，整体美观
玻璃	玻璃钢花钵、瓶箱	栽培观赏	较差	居中	盆体质轻高强，耐腐蚀，各种造型都极为美观
石	石盆	栽培观赏	较差	居中	盆重不易搬移，适于大型花材的栽植观赏
泥炭	吉惠盆	育苗	良好	不好	易破损，质轻，使用简便，不能重复使用
纸	纸钵	育苗	不一致	良好	易破损，质轻但使用费时，不能重复使用
其他	水养盆、兰盆	栽培观赏			

花盆的形状多种多样，大小不一，样式也越来越丰富，柱状立体栽培容器就是其中一种，它不仅美观、节约空间，而且可以根据需要进行组合，可以向上延伸高度，4～6 个柱状栽培容器组成一组，最高可达 2 m，中心有透气层。保持水分时间也很长，从立柱的最高处浇水，水分可以平均分布到各层，一次浇透可保湿 20～30 d。这种柱状立体栽培容器的应用范围广，既可家庭养花，也适用于宾馆、饭店大堂的植物立体装饰，节省管理时间，但基质的要求较高。有些花盆盆底留排水孔，排水孔紧贴地面或花架，易堵塞，使用时，应先在地面铺一层粗沙或木屑、谷壳等或将花盆用砖头垫起，以免堵塞花盆的排水孔。塑料盆等盆壁透气性差的容器，可以通过选择空隙大的基质来弥补其缺陷。

(2)盆土的配制　盆内容积有限，花卉赖以生存的空间有限，因此要求盆土必须具有良好的物理性状，以保障植物正常生长发育的需要。盆土的物理特性比其所含营养成分更为重要，因为土壤营养状况是可以通过施肥调节的。良好的透气性应是盆土的重要物理性状之一，因为盆壁与盆底都是排水的障碍，气体交换也受影响，且盆底易积水，影响根系呼吸，所以盆栽培养土的透气性要好。培养土还应有较好的持水能力，这是由于盆栽土体积有限，可供利用的水少，盆壁表面蒸发量相当大，约占全部散失水的 50%，而叶面蒸腾仅占 30%，盆土表面蒸发占 20%。盆土通常由园土、沙、腐叶土、泥炭、松针土、谷糠及蛭石、珍珠岩、腐熟的木屑等材料按一定比例配制而成，培养土的酸碱度和含盐量要适合花卉的需求，同时培养土中不能含有害微生物和其他有毒物质。常见培养土的类型如下：

①田园土。园土是果园、菜园、花园等的表层活土，具有较高的肥力及团粒结构，但因其透气性差，干时板结，湿时泥状，故不能直接拿来装盆，必须配合其他透气性强的基质使用。

②厩肥土。马、牛、羊、猪等家畜厩肥发酵沤制，其主要成分是腐殖质，质轻、肥沃，呈酸性反应。

③沙和细沙土。沙通常指建筑用沙，粒径为 0.1～1 mm；用作扦插基质的沙，粒径应在 1～2 mm 较好，素沙指淘洗干净的粗沙。细沙土又称沙土、黄沙土、面土等，沙的颗粒较粗，排水性较好，但与腐叶土、泥炭土相比较透气、透水性能差，保水持肥能力低，质量重，不宜单独作为培养土。

④腐叶土。腐叶土由树木落叶堆积腐熟而成，土质疏松，有机质含量高，是配制培养土最重要的

基质之一。以落叶阔叶树最好，其中以山毛榉和各种栎树的落叶形成的腐叶土较好。腐叶土养分丰富，腐殖质含量高，土质疏松，透气透水性能好，一般呈酸性(pH 4.6～5.2)，是优良的传统盆栽用土。适合于多种盆栽花卉应用，尤其适用于秋海棠、仙客来、地生兰、蕨类植物、倒挂金钟、大岩桐等。腐叶土可以人工进行堆制，也可以在天然森林的低洼处或沟内采集。

⑤堆肥土。堆肥土是由植物的残枝落叶、旧盆土、垃圾废物等堆积，经发酵腐熟而成。堆肥土富含腐殖质和矿物质，一般呈中性或碱性(pH 6.5～7.4)。

⑥塘泥和山泥。塘泥是指沉积在池塘底的一层泥土，挖出晒干后，使用时破碎成直径 0.3～1.5 cm 的颗粒。遇水不易破碎，排水和透气性比较好，也比较肥沃，是华南多雨地区盆栽用土，历史悠久。一般使用 2～3 年后颗粒粉碎，土质变黏，不能透水，需要更换新土。山泥是江浙一带等山区出产的天然腐熟土，呈酸性，疏松、肥沃、蓄水，是栽培山茶、兰花、杜鹃、米兰等喜酸性花卉的良好基质。

⑦泥炭。泥炭土分为褐泥炭和黑泥炭。褐泥炭呈浅黄至褐色，富含有机质，呈酸性，pH 6.0～6.5，是酸性植物培养土的重要成分，也可以掺入 1/3 河沙作扦插用土，既有防腐作用，又能刺激插穗生根。黑泥炭炭化年代久远，呈黑色，矿物质较多，有机质较少，pH 6.5～7.4。

⑧松针土。山区松树林下松针腐熟而成，呈强酸性，是栽培山茶、杜鹃等强酸性花卉的主要基质。

⑨草皮土。取草地或牧场上的表土，厚度为 5～8 cm，连草及草根一起掘取，将草根向上堆积起来，经一年腐熟后的土。草皮土含较多的矿物质，腐殖质含量较少，堆积年数越多，质量越好，因土中的矿物质能得到较充分的风化。草皮土呈中性至酸性，pH 6.5～8.0。

⑩沼泽土。沼泽土主要由水中苔藓和水草等腐熟而成，取自沼泽边缘或干涸沼泽表层约 10 cm 的土壤。含较多腐殖质，呈黑色，强酸性 pH 3.5～4.0。我国北方的沼泽土多为水草腐熟而成，一般为中性或微酸性。

盆栽花卉除了以土壤为基础的培养土外，还可用人工配制的无土混合基质，如用珍珠岩、蛭石、砻糠灰、泥炭、木屑或树皮、椰糠、造纸废料、有机废物等一种或几种按一定比例混合使用。由于无土混合基质质地均匀、重量轻、消毒便利、通气透水等优点，在盆栽花卉生产中越来越受重视，尤其是一些规模化、现代化的盆花生产基地，盆栽基质大部分采用无土基质。而且，我国已经加入世界贸易组织，为促进和加快盆花贸易的发展，无土栽培基质无疑是未来盆栽基质的主流。但是就我国目前的花卉生产现状，培养土仍然是盆栽花卉最重要的栽培基质(表 5-7)。

表 5-7 常用培养土成分及配制比例

培养土成分	比例	适宜的花卉种类
园土、腐叶土、黄沙、骨粉	6∶8∶6∶1	通用
泥炭、黄沙、骨粉	12∶8∶1	通用
腐叶土、园土、砻糠灰	2∶3∶1	凤仙花、鸡冠花、一串红等
堆肥土、园土	1∶1	一般花木类
堆肥土、园土、草木灰、细沙	2∶2∶1∶1	一般宿根花卉
腐叶土、园土、黄沙	2∶1∶1	多浆植物
腐叶土加少量黄沙		山茶、杜鹃、秋海棠、地生兰、八仙花等
水苔、椰子纤维或木炭块		气生兰

(3)上盆与换盆

①上盆。将幼苗移植于花盆中的过程叫上盆。幼苗上盆根际周围应尽量带些土，以减少对根系的伤害。如使用旧盆，无论上盆或是换盆应先浸洗，除去泥土和苔藓，干后再用，如为新盆，应先行浸泡，以溶淋盐类。上盆时首先在盆底排水孔处垫置破盆瓦片或用窗纱以防盆土漏出并方便排水，再加少量盆土，将花卉根部向四周展开轻置土上，加土将根部完全埋没至根颈部，使盆土至盆缘保留 3～5 cm 的距离，以便日后灌水施肥(图 5-2)。

②换盆。多年生花卉长期生长于盆钵内有限

图 5-2 上盆

土壤中，常感营养不足，加以冗根盈盆，因此随植株长大，需逐渐更换大的花盆，扩大其营养面积，利于植株继续健壮生长，这就是换盆。换盆还有一种情况是原来盆中的土壤物理性质变劣，养分丧失或严重板结，必须进行换盆，这种换盆仅是为了修整根系和更换新的培养土，用盆大小可以不变，故也可称为翻盆(图 5-3)。

图 5-3 换盆

换盆的注意事项：应按照植株的大小逐渐换到较大的盆中，不可换入过大的盆内，因为盆过大给管理带来不便，浇水量不易掌握，常会造成缺水或积水现象，不利花卉的生长。根据花卉种类确定换盆的时间和次数，过早、过晚对花卉生长发育均不利。当发现有根自排水孔伸出或自边缘向上生长时，说明需要换盆了。多年生盆栽花卉换盆于休眠期进行，生长期最好不换盆，一般每年换一次。一二年生草花随时可进行，并依生长情况进行多次，每次花盆加大一号。换盆后应立即浇水，第一次必须浇透，以后浇水不宜过多，尤其是根部修剪较多时，吸水能力减弱，水分过多易使根系腐烂，待新根长出后再逐渐增加灌水量。为减少叶面蒸发，换盆后应放置阴凉处养护 2～3 d，并增加空气湿度，移回阳光下后，应注意保持盆土湿润。

换盆时一只手托住盆将盆倒置，另一只手以拇指通过排水孔下按，土球即可脱落。如花卉生长不良，还可检查原因。遇盆缚现象，用竹签将根散开，同时修剪根系，除去老残冗根，刺激其多发新根。

上盆与换盆的盆土应干湿适度，以捏之成团、触之即散为宜。上足盆土后，沿盆边按实，以防灌水后下漏。

(4)水肥管理　水肥管理是盆栽花卉十分重要的环节，盆花栽培中灌水与施肥经常结合进行，依据花卉不同生育阶段，适时调控水肥量的供给，在生长季节中，相隔 3～5 d，水中加少量肥料混合施用，效果亦佳。

①灌水。盆栽花卉测土湿的方法，是用食指按压盆土，如下陷 1 cm 说明盆土湿度是适宜的。搬动一下花盆如已变轻，或是用木棒轻敲盆边声音清脆等说明需要灌水了。根据盆栽花卉自身的生物学特性，对不同的花卉应采用不同的浇水方法。将灌溉水直接送入盆内，使根系最先接触和吸收水分，是盆花最常用的浇水方法。盆栽花卉常用的浇水方法为浸盆法、洒水法、喷雾法。

浸盆法：多用于播种育苗与移栽上盆期。先将盆坐入水中，让水沿盆底孔慢慢地由下而上渗入，直到盆土表面见湿时，再将盆由水中取出。这种方法既能使土壤吸收充足水分，又能防止盆土表层发生板结，也不会因直接浇水而将种子、幼苗冲出。此法可视天气或土壤情况每隔 2～3 d 进行一次。

喷水法：喷水法洒水均匀，容易控制水量，能够按照花卉的实际需要有计划给水。用喷壶洒水第一次要浇足，看到盆底孔有水渗出为止。喷水不仅可以降低温度，提高空气相对湿度，还可以清洗叶面上的尘埃，提高植株的光合效率。

喷雾法：是利用细孔喷壶使水滴变成雾状喷洒在叶面上的方法。这种方法有利于空气湿度的提高，又可清洗叶面上的粉尘，还能防暑降温，对一些扦插苗、新上盆的花卉或树桩都是行之有效的浇水方法。全光自动喷雾技术是大规模育苗给水的重要方式。

盆栽花卉还可以进行一些其他的水分管理方式，如找水、扣水、压清水、放水等。找水是补充浇水，即对个别缺水的花卉单独补浇，不受正常浇水时间和次数的限制。扣水即在花卉植株生育期某一阶段暂停浇水，进行干旱锻炼或适当减少浇水次数和浇水量，如苗期的"蹲苗"，在根系修剪伤口尚未愈合、花芽分化阶段及入温室前后常采用。压清水是在盆栽花卉植株施肥后的浇水，要求水量大且必须浇透，因为只有量大浇透才能使局部过浓的土壤溶液得到稀释，肥分才能够均匀地分布在土壤中，不致因局部肥料过浓而出现"烧根"现象。放水是指生长旺季结合追肥加大浇水量，以满足枝叶生长的需要。

根据花卉种类及不同生育阶段确定浇水次数、浇水时间和浇水量。草本花卉本身含水量大、蒸腾强度也大，所以盆土应经常保持湿润(但也应有干湿的区别)，而木本花卉则可掌握干透浇透的原则。蕨类、天南星科、秋海棠类等喜湿花卉要保持较高的空气湿度，多浆植物等旱生花卉要少浇。进入休眠期时，浇水量应依据花卉种类不同而减少或停止，解除休眠进入生长期，浇水量逐渐增加。生长旺盛时期要多浇，开花前和结实期少浇，盛花期适当多浇。有些花卉对水分特别敏感，若浇水不慎会影响生长和开花，甚至导致死亡。如大岩桐、蒲包花、秋海棠的叶片淋水后容易腐烂；仙客来球茎顶部叶芽、非洲菊的花芽等淋水会腐烂而枯萎；兰科花卉、牡丹等分株后，如遇大水也会腐烂。因此，对浇水有特殊要求的种类应和其他花卉分开摆放，以便浇水时区别对待。

不同栽培容器和培养土对水分的需求不同。素烧瓦盆通过蒸发丧失的水分比花卉消耗的多，因此浇水要多些。塑料盆保水力强，一般供给素烧瓦盆水量的1/3就足够了。疏松土壤多浇，黏重土壤少浇。一般腐叶土和沙土适当配合的培养土，保水和通气性能都好，有利于花卉生长。以泥炭土为主的培养土，因干燥后不易吸水，所以必须在干透前浇水。

灌水时期：夏季以清晨和傍晚浇水为宜，冬季以10时以后为宜，因为土壤温度直接影响根系的吸水。因此，浇水的温度应与空气的温度和土壤温度相适应，如果土温较高、水温过低，就会影响根系的吸水而使植株萎蔫。

灌水的原则：不干不浇，干是指盆土含水量达到再不浇水植株就濒临萎蔫的程度。浇水要浇透，如遇土壤过干应间隔10 min分次数灌水，或以浸盆法灌水。为了救活极端缺水的花卉，常将盆花移至阴凉处，先灌少量的水，后逐渐增加，待其恢复生机后再行大量灌水，有时为了抑制花卉的生长，当出现萎蔫时再灌水，这样反复处理数次，破坏其生长点，以促其形成枝矮花繁的观赏效果。

花卉浇水需要掌握气温高、风大多浇水，阴天、天气凉爽少浇水；生长期多浇水，开花期少浇水，防止花朵过早凋谢。此外冬季少浇水，避免把花冻死或浸死。

盆栽花卉对水质的要求：盆栽花卉的根系生长局限在一定的空间，因此对水质的要求比露地花卉高。灌水最好是天然降水，其次是江、河、湖水。以井水浇花应特别注意水质，如含盐量较高，尤其是给喜酸性花卉灌水时，应先将水软化处理。无论是井水或含氯的自来水，均应于贮水池经24 h之后再用，灌水之前，应该测定水分的pH和EC值，根据花卉的需求特性分别进行调整。

②施肥。盆栽花卉生活在有限的基质中，因此所需要的营养物质要不断补充。施肥分基肥和追肥，常用基肥主要有饼肥、牛粪、鸡粪等，基肥施入量不要超过盆土总量的20%，与培养土混合均匀施入，可放于盆底或盆土四周。追肥以薄肥勤施为原则，通常以沤制好的饼肥、油渣为主，也可以用化肥或微量元素追施或叶面喷施。叶面追肥时有机液肥的浓度不超过5%，化肥浓度一般不超0.3%，微量元素浓度不超0.05%。根外追肥不要在低温时进行，应在中午前后喷洒。叶子的气孔是背面多于正面，背面吸肥力强，所以喷肥应多在叶背面进行。

同时应注意液肥的浓度要控制在较低的范围内。温室或大棚栽培花卉时，还可增施二氧化碳气体。光合作用的效率(二氧化碳含量0.03%～0.3%)随浓度增加而提高。

一二年生花卉除豆科花卉可较少施用氮肥外，其他均需一定量的氮肥和磷、钾肥。宿根花卉和花木类，根据开花次数进行施肥，一年多次开花的如月季、香石竹等，花前花后应施重肥。喜肥的花卉如大岩桐，每次灌水应酌加少量肥料。生长缓慢的花卉施肥两周一次即可，生长更慢的花卉一个月一次即可。球根花卉如百合类、郁金香等喜肥，特别宜多施钾肥。观叶花卉在生长季中以施氮肥为主，每隔6～15 d追肥一次。

温暖的生长季节，施肥次数多些，天气寒冷而室温不高时可以少施。较高温度的温室，植株生长旺盛，施肥次数可多些。与露地花卉相同，盆栽花卉施肥同样需要了解不同种类花卉的养分含量、需肥特性以及需要的营养元素之间的比例。

盆栽施肥应根据不同种类、观赏目的、不同的生长发育时期灵活掌握。苗期主要是营养生长，需要氮肥较多；花芽分化和孕蕾阶段需要较多的磷肥和钾肥。观叶花卉不能缺氮，观茎花卉不能缺钾，观花和观果花卉不能缺磷。肥料应多种配合施用，避免发生缺素症。有机肥应充分腐熟，以免产生热和有害气体伤苗。肥料浓度不能太高，以少量多次为原则，基肥与培养土的比例不要超过1∶4。无机肥料的酸碱度和EC值要适合花卉的要求。

控释肥(controlled released fertilizer)是近年来发展起来的一种新型肥料，指通过各种机制措施预先设定肥料在作物生长季节的释放模式(释放期和释放量)，使养分释放规律与作物养分吸收同步，从而达到提高肥效目的的一类肥料。它是将多种化学肥料按一定配方混匀加工，制成小颗粒，在其表面包被一层特殊的由树脂、塑料等材料制成的包衣，能够在整个生长季节，甚至几个生长季节慢慢地释放植物养分的肥料。目前，控释肥已在全球广泛应用于园艺生产。其优点是有效成分均匀释放，肥效期长，并可通过包衣厚度控制肥料的释放量和有效释放期。控释肥克服了普通化肥溶解过快，持续时间短、易淋失等缺点。在施用时，将肥料与土壤或基质混合后，定期施入，可节省化肥用量40%～60%。

控释肥在花卉上的应用虽然能有效地解决氮、磷、钾淋失的问题，并且能在一定程度上促进花卉的生长、改善花卉的品质，但是具体在某些种或品种的应用上仍然存在一些问题。因此，还应针对花卉的营养特性，研究花卉专用的控释肥，达到肥效释放曲线与花卉的营养吸收曲线相一致。

(5)整形与修剪　花卉通过合理的整形与修剪，可以使植株造型优美整齐，层次分明，高低适中，枝叶稀密调配适当，从而提高花卉的观赏价值。不仅如此，通过及时剪去不必要的枝条，可以节省养分，调整树姿，改善通风透光条件，促使花卉提早开花和健壮生长。

①整形。

丛生形：生长期间多次进行摘心，促使萌发多数枝条，使植株成低矮丛生状。如矮牵牛、一串红、波斯菊、金鱼草、美女樱、半枝莲及百日草等。

单干形：保留主干，疏除侧枝，并摘除全部侧蕾，使养分向顶蕾集中。如独本菊等。

多干形：留主枝数个，能开出较多的花。如菊花留3、5、9枝，大丽花留2～4枝，其余侧枝去除。

②整枝。整枝的形式多种多样，可以分为两种。在确定整枝形式前，必须对花卉的特性有充分的了解，枝条纤细且柔韧性好，可整成镜面形、牌坊形、圆盘形或"S"形等，如常春藤、叶子花、藤本天竺葵、文竹、令箭荷花、结香等。枝条较硬的花卉，宜做成云片形或各种动物造型，如蜡梅、一品红等。整形的花卉应随时修剪，以保持其优美的形态。

自然式：着重保持花卉自然姿态，仅对交叉、重叠、丛生、徒长枝条加以控制，使其更加完美。

规则式：依人们的喜爱和情趣，利用花卉的生长习性，经修剪整形做成各种形态，达到寓于自然高于自然的艺术境界。

③摘心。是指将植株主枝和侧枝上的顶芽摘除。目的是抑制主枝生长，促使多发侧枝，并使植株矮化、粗壮、株形丰满，增加着花部位和数量，摘心还能推迟花期，或促使其再次开花。需要进行摘

心的花卉有：一串红、百日草、翠菊、金鱼草、矮牵牛、倒挂金钟、天竺葵等。

④抹芽。是指剥去过多的腋芽或挖掉脚芽。如菊花、牡丹等。目的是限制枝数的增加或过多花朵的发生，使营养相对集中，花朵充实。

⑤折枝捻梢。折枝是将新梢折曲而不断。捻梢是指将梢捻转。折枝和捻梢均可抑制新梢徒长，促进花芽分化。牵牛、茑萝等用此方法修剪。

⑥曲枝。为使枝条生长均衡，将生长势过旺的枝条向侧方压曲，将长势弱的枝条顺直。如大丽花、一品红等。

⑦剥蕾。剥去侧蕾和副蕾。目的是使营养集中主蕾开花，保证花朵质量。如芍药、牡丹、菊花等。

⑧摘叶。是指在植株生长过程中，适当剪除部分叶片。目的是为了促进新陈代谢，促进新芽萌发，减少水分蒸腾，使植株整齐美观。夏、秋之间，红枫、鸡爪槭、石榴等剪掉老叶，使其促发新叶更为清新艳丽，但须在摘叶前施以肥水。

⑨剪除残花。对不需要结种子的花卉，像杜鹃、月季、朱顶红等，花开过后及时摘掉残花，剪除花葶。目的是节省养分，促使花芽分化。

⑩剪根。露地落叶花木移栽前，将损伤根、衰老根和死根全部剪除。盆栽花卉换盆时也应将多余的和卷曲的根适当进行疏剪。目的是促使萌发更多的须根。

⑪修枝。剪除枯枝、病弱枝、交叉枝、过密枝、徒长枝等。分重剪和轻剪。重剪是将枝条由基部剪除或剪去枝条的2/3部分，轻剪是将枝条剪去1/3部分。目的是通过修枝，分散枝条营养，促使产生多量中短枝条，使其在入冬前充分木质化，形成充实饱满的腋芽和花芽。冬季休眠期时用重剪方法较多，生长期的修剪用轻剪方法较多。

⑫绑扎与支架。盆栽花卉中的茎枝纤细柔长，有的为攀缘植物，有的为了整齐美观，有的为了做成扎景，常设立支架或支柱，同时进行绑扎。花枝细长的小苍兰、百合、菊花、香石竹等常设立支柱或支撑网。攀缘性植物如香豌豆、球兰等常扎成屏风形或圆球形支架，使枝条盘曲其上，以利通风透光和便于观赏。我国传统名花菊花，盆栽中常设立支架或制成扎景，形式多样，引人入胜。支架常用的材料有竹类、芦苇及紫穗槐等。绑扎经常用棕丝或其他具有韧性又耐腐烂的材料。

花卉的修剪时间因品种和栽培目的不同而异，一般分为生长期修剪和休眠期修剪两种。生长期修剪多在花木生长季节或开花以后进行，通常以摘心、抹芽、摘叶的方式剪除徒长枝、病枝、枯枝、花梗等。休眠期修剪宜在早春树液刚开始流动，芽即将萌动时进行。修剪过早，伤口难以愈合，芽萌发后遇寒流新梢易遭冻害；修剪太迟，新梢已长出，浪费了大量营养。休眠期修剪常用于木本花卉或宿根花卉。

不同的花卉其习性各不相同，开花时间也不一样，修剪时间要根据其习性灵活掌握。如海棠、丁香、蜡梅等植物，它们的花芽着生在一年生枝条上，因而不宜在冬季修剪，只能等到开花之后再进行短截，促使其侧芽萌发成新梢，而对在当年生枝上开花的茉莉、夜来香、扶桑、一品红等花卉，可以在其生长期多次进行摘心，促进其多发新梢并多次开花。对不起作用的萌蘖枝、徒长枝等随时剪去。在当年生枝条上开花的月季、石榴、扶桑、茉莉、金橘等植物可以重剪，以利于养分充分供应到果枝上，促进多开花、多挂果。而早春开花的迎春、梅花、杜鹃等植物，其花芽是在头一年的枝条上形成的，早春发芽前不能修剪，以免影响开花挂果，应在开花后1～2周内进行修剪，促使萌发新梢，又可形成来年的新枝。

修剪时萌芽力强的植物应多剪、重剪；萌芽力差的应少剪、轻剪。对盆栽木本花卉，一般对强主枝重剪，弱主枝轻剪。修剪要本着“留外不留内，留直不留横”的原则，剪去病枯枝、细弱枝、徒长枝、交叉枝。对五针松、茶花、白兰等不易发枝的花木，不要随便剪枝。剪口处的芽向外侧生长，剪口不能离芽太近，否则芽易失水干枯。

(6)盆栽花卉环境条件的调控　花卉在生长发育过程中总会遇到一些不适宜的气象条件，如高温高湿、强烈日照、极度低温等，需要人为及时调控花卉的生长环境条件。盆栽花卉对逆境的耐受力低于露地花卉，尤其是温室盆花更需要精心管理。温度调控包括加温和降温，常用的加温措施有管道加温、利用采暖设备、太阳能加温等；降温措施有遮阳、通风、喷水等。光照强度可以通过加光和遮阳来调节。通风和喷水可以调节环境湿度。许多调节措施可以同时改变几个环境因素，如通风不仅可以降低温度，也可控制湿度，遮阳对温度和光照条件都有影响。这种相互影响有的对花卉有益，但有的则不利于花卉的生长发育。

①遮阳。许多盆花是喜阴或耐阴的花卉，不适宜夏季强烈的太阳辐射，为了避免强光和高温对花卉造成伤害，需要对盆花进行遮阳处理。遮阳不仅可以直接降低花卉接收的太阳辐射强度，也可以有效降低花卉表面和周围环境的温度。遮光材料应具有一定透光率、较高的反射率和较低的吸收率。常用的遮光物有白色涂层（如石灰水、钛白粉等）、草苫、苇帘、无纺布和遮阳网。涂白遮光率为14%～27%，一般夏季涂上，秋季洗去，管理省工，但是不能随意调节光照度，且早晚室内光照过弱。草苫遮光率一般为50%～90%，苇帘遮光率为24%～76%，因厚度和编织方法不同而异，草苫和苇帘不宜做得太大，操作不便，一般用于小型温室。白色无纺布遮光率为20%～30%。目前遮阳网最为常用，其遮光率的变化范围为5%～95%，与网的颜色、网孔大小和纤维线粗细有关。遮阳网的形式多种多样，目前普遍使用的一种黑塑料编织网，中间缀以尼龙丝，以提高强度。在欧美一些国家，遮阳网形式更多，其中一种遮阳网是双层，外层为银白色网，具有反光性，内层为黑塑料网，用以遮挡阳光和降温。还有一种遮阳网，不仅减弱光强，而且只透过日光中花卉所需要的光，而将不需要的光滤掉。所有遮光材料均可覆盖温室或大棚的骨架上，或直接将遮光材料置于玻璃或塑料薄膜上构成外遮阳，遮阳网还可以用于温室内构成内遮阳。

②通风。通风除具有降温作用外，还有降低设施内湿度、补充二氧化碳气体、排除室内有害气体等作用。通风包括自然通风和强制通风两种。最大的降温效果是使室内温度与室外温度相等。

自然通风：即开启设施门、窗进行通风换气，适于高温、高湿季节的全面通风及寒冷季节的微弱换气。操作极为方便，设备简单，运行管理费用较低，因此它是温室广泛采用的一种换气措施。智能化温室的通风换气可根据人为设定的温度指标，自动调节窗户的开闭和通风面积的大小。

强制通风：利用排风扇作为换气的主要动力，其特点是设备和运行费用较高，一般日光温室和塑料大棚不采用。对于盛夏季节需要蒸发降温，开窗受到限制、高温季节通风不良的温室，还有某些有特殊需要的温室才考虑强制通风。常用湿帘风机进行强制通风。

③蒸发降温。利用水分蒸发吸热使室内空气温度下降，实践中常结合强制通风来提高蒸发效率。此法降温效果与温室外空气湿度有关，湿度小效果好，湿度大效果差，在南方高湿地区不适用。常用的设施蒸发降温设备有湿垫风机降温系统和迷雾排风系统等。

现代温室盆栽花卉的环境调节和控制是一个综合管理系统，包括综合环境调控系统、紧急处理系统和数据收集处理系统三大部分。综合环境调控系统利用计算机控制通风、加温、加湿、灌溉、二氧化碳施肥、遮光、补光等设备，使各项指标维持在设定的数值水平上，保持花卉在最佳的环境中生长发育，并最大限度地节约能源消耗，获得高产。紧急处理系统在外界环境异常、控制装置发生故障、停电时向生产者发出警报。数据收集处理系统随时将温室内外各种小气候要素、设备运转状况等打印出来进行处理，供生产者参考。

(7)杂草防除　盆栽花卉杂草防除是除去栽培容器中的杂草，不使其与花卉争夺水分、养分和阳光，杂草往往还是病虫害的寄主，要及时彻底清除，以保证花卉的健壮生长。

除草工作应在杂草发生的早期及早进行，在杂草结实之前必须清除干净，不仅要清除花盆内的杂草，还有把四周的杂草除净，对多年生的宿根性杂草应把根系全部挖出，深埋或烧毁。小面积以人工除草为主，大面积可采用化学除草。近年来多施用化学除草剂，若使用得当，可省工、省时，但要注意安全，根据花卉的种类正确选用适合的除草剂，参照使用说明书，掌握正确的使用方法、用药浓度、用药时间和用药量。

5.2.3 花卉的塑料大棚栽培

塑料大棚在花卉栽培上广泛应用，但塑料大棚的保温性能是有限的，据多年的观测，晴朗的白天，棚内升温快，可高于棚外15～25 ℃；而深夜或清晨，棚内气温只高于棚外1～3 ℃；连绵的雨雪天气，棚内气温也只高于棚外2～4 ℃。因此，我们要根据不同类型的花卉，合理使用塑料大棚。

1)需要在冷室越冬的花卉

如盆栽的茶花、杜鹃、棕竹、栀子、含笑、朱顶红等在长江流域只要在低温时稍加保护即可在休眠状态下安全越冬，进棚后，要注意晴天通风降温，不可贪图高温，如果打破了休眠，进入生长状态，抗寒能力将大大降低，因而受冻。当然，如果以催花为目的，则另当别论。

2)需要在高温温室越冬的花卉

竹芋类、变叶木、仙人掌类、凤梨类、巴西铁、发财树、龙血树、热带兰等喜高温花卉，在长江流域靠单层塑料大棚越冬是不够的，还必须增加其他措施，才能安全越冬。首先，大棚外加保温材料覆盖，阻止夜间热量散失。晴天的夜间此法极为有效。其次，大棚内再套一个简易棚，即双层棚，两层塑料薄膜间距离最好在10 cm左右，中间的空气导热系数较小，保温的效果较好，棚内温度较稳定。最后，增温，用电热或锅炉加温，能量消耗较大，代价较高，可结合前两项措施，在特别低温时和雨雪天短时间应用。此类花卉在晴朗的白天，棚内温度达25 ℃以上也要通风，保持休眠越冬，如有增温条件，需要促成栽培者例外。

3)需要在温室生长，冬季或早春开花的花卉

如瓜叶菊、报春花、蒲包花、仙客来、马蹄莲等，白天气温保持在15～20 ℃，棚内气温过高应通风，夜间覆盖保温，气温过低还应增温，保持在5 ℃左右，不要低于0 ℃。

此外，大棚内空气湿度大，特别注意黑斑病、白粉病等真菌病害的防治工作。为了满足不同花卉的需求，便于管理，塑料大棚内最好是同一品种，如果没有条件也应按对温度的不同要求分类摆放。在一个大棚内，南面光线强，温度高，北面光照弱，温度相对低些，要注意合理安排或轮换。休眠越冬的花卉，要停止施肥，控制浇水，保持半干旱状态，以防烂根死苗，在棚内生长的花卉也要适度控制浇水，见干见湿，经常通风炼苗，保持苗壮生长。

5.2.4 花卉设施栽培实例

1)郁金香设施栽培

郁金香(*Tulipa gesneriana*)百合科，郁金香属(图5-4)。多年生草本，鳞茎扁圆锥形，具棕褐色皮膜。花单生茎顶，大型直立，有杯形、碗形、百合花形、重瓣等，花色丰富，有白、粉、红、紫、黄、橙、黑色、洒金、浅蓝等，有单色也有复色。自然花期3—5月。郁金香栽培历史悠久，品种繁多，达8000余个。由于品种非常多，至今国际上尚未制定出统一的分类系统。

图5-4 设施栽培郁金香

郁金香原产地中海沿岸及中亚细亚、伊朗、土耳其、苏联南部以及我国的西藏、新疆等地。喜冬季温暖湿润、夏季凉爽稍干燥、向阳或半阴的环境，耐寒性强，冬季可耐－35 ℃的低温，冬季最低温度为8 ℃时即可生长，故适应性较广。喜欢富含腐殖质、肥沃而排水良好的沙质壤土。

(1)生长发育过程　郁金香的球根秋末开始萌发，早春开花，初夏开始进入休眠。种植后根系先伸长，其生长适温为9～13 ℃，5 ℃以下伸长几乎停止。种植后出现第一次生长高峰，翌年年初为第二次高峰，但全部伸长量的60%～70%则在当年内进行。开花前3周为茎叶生长旺盛时期，最适宜温度15～18 ℃，至开花期茎叶停止生长。

休眠期进行花芽分化，分化适温以 20～23 ℃为宜。鳞茎寿命 1 年，即新老球每年演替一次，母球在当年开花并形成新球及子球，此后便干枯消失。通常一母球能生成 1～3 个新球及 4～6 个子球，新球个数因品种及栽培条件而不同，栽培条件优越时，子球数增多。

(2)繁殖方法　郁金香通常采用分球繁殖，华东地区常在 9—10 月栽植，华北地区宜 9 月下旬至 10 月下旬栽植，暖地可延至 10 月末至 11 月初栽完，过早常因入冬前抽叶而易受冻害，过迟常因秋冬根系生长不充分而降低抗寒力。

郁金香属于需要一定时间的低温处理，并在其茎得到充分生长后才能开花的鳞茎植物。我国大部分地区冬季有充足的低温时间，秋天定植的郁金香在自然气候下可获得足够的低温，在春天生长到一定的高度后就自然开花。露地或盆栽郁金香只要种球质量有保证一般都能栽培成功。要使郁金香在春节之前开花，必须给予鳞茎一定的人工低温处理，处理时间需要几个不同的温度阶段。先将挖出的鳞茎经过 34 ℃的高温处理 1 周，再置于 20 ℃下储藏，促使花芽分化发育完成，然后即可进入低温处理阶段并进行设施内促成栽培。

(3)国内促成栽培方法　我国北方一般于 10 月开始，将干藏的郁金香种球上盆，浇透水后将盆埋放于冷床或阴凉低温处，其上覆盖土壤或各种碎谷糠及草苫，厚度 15～20 cm，使环境温度稳定在 9 ℃或更低一些，但必须在冰点以上，同时防雨水浸入。经 8～10 周低温处理，根系充分生长，芽开始萌动。此时根据花期早晚，将花盆移进日光温室，温度保持在 17～21 ℃，起初温度可低些，约经 3 周以上便可开花。

(4)荷兰模式化促成栽培技术　荷兰是郁金香生产王国，其对郁金香研究和生产水平居世界领先地位，利用现代化的生产设施，能够保证郁金香鲜花周年上市。近年来，我国进口的荷兰郁金香种球数量不断增加，占领了我国大部分郁金香种球市场，我国进口的种球主要有三种类型，即春季开花的常规种球和促成栽培用的 5 ℃和 9 ℃ 种球。

①5 ℃郁金香促成栽培技术　这种方法是干鳞茎在种植前用 5 ℃或 2 ℃的低温充分处理，处理的时间各品种不同，一般需 10～12 周。随后直接在温室里种植培养，室温开始控制在 9 ℃左右，2 周后升高到 15～18 ℃，8 周左右可以开花。

②9 ℃郁金香促成栽培技术　有两种情况，一种是未经冷处理的鳞茎直接种在花盆里，然后接受 9 ℃ 冷处理；另一种是已经接受部分冷处理的鳞茎种植在花盆里，剩余的冷处理至少在 6 周以上。若种植后的一段时间内土温高于所需的温度，那么需要延长冷处理的周数。

(5)促成栽培的注意事项　郁金香品种间对温度的反应不同，生育期差异很大，生产上要分别对待。郁金香花的质量除与栽培技术有关外，主要与种球的质量和大小直接相关。一般商品种球有三种规格，其球茎的周长分别为 10～11 cm、11～12 cm 及 12 cm 以上，鳞茎越大，植株生长发育越健壮，花的质量也就越好。栽培期间的空气相对湿度很重要，一般 60%～80%为宜。土壤含水量不宜过大，以湿润为宜，相对湿度和土壤含水量过大易引起严重的病害。

花盆大小适宜，一般 12 cm 左右的盆栽 1 株，15～16 cm 盆栽 3 株，18～20 cm 盆栽 4～6 株。栽培基质疏松，栽植深度以鳞茎顶芽露出为宜，上面最好盖一层粗沙，以防发根时将鳞茎顶出。基肥一次施足后，促成栽培期间可不施肥。5 ℃处理种球种植时最好将鳞茎皮去掉，9 ℃处理不需去皮。郁金香花蕾着色后，需放置低温处(5～10 ℃)，以延长花期。选择盆栽品种和茎秆较矮的切花品种。郁金香的病害主要有叶斑病、腐烂病、菌核病等，一旦发现有上述病害，应及时拔除病株烧掉。虫害主要是根虱，可用 2 °Bé 的石硫合剂洗涤鳞茎或用二硫化碳熏两昼夜杀除。

2)月季设施栽培

月季(*Rosa chinensis*)为蔷薇科蔷薇属花卉，是切花中的主要种类。

(1)切花月季基本特征

①花形优美，高心卷边或高心翘角，特别是花朵开放 1/3～1/2 时，优美大方，含而不露，开放过程较慢。

②花瓣质地硬，花朵耐水插，外层花瓣整齐，不易出现碎瓣。花枝和花梗硬挺、直顺，支撑力强，且

花枝有足够的长度，株形直立。

③花色鲜艳、明快、纯正，而且最好带有绒光，在室内灯光下，不发灰，不发暗。

④叶片大小适中，叶面平整，要有光泽。

⑤做冬季促成栽培的品种，要有在较低温度下开花的能力，温室栽培有较强抗白粉病的能力，夏季切花要有适应炎热气候的能力。

⑥要有较高的产花量，具有旺盛的生长能力，发芽力强，耐修剪，产花率高。一般大花型(HT 系)年产量 80～100 枝/m^2，中花型(FL 系)年产量 150 枝/m^2。

(2)生产类型　根据设施情况，我国切花月季生产有以下三种主要类型：

①周年型。适合冬季有加温设备和夏季有降温设备的温室，可以周年产花，但耗能较大，成本较高。

②冬季切花型。适合冬季有加温设备的温室和南方广东一带的露地塑料大棚生产。此类生产以冬季为主，花期从 9 月到翌年 6 月，是目前切花生产的主要类型。

③夏季切花型。适合长江流域露地生产，北方地区大棚生产。产花期 4—11 月，生产设施简单，成本低，也是目前常见的栽培类型(图 5-5)。

图 5-5　设施栽培月季

(3)主要品种　花大、有长花茎的各色品种都适于作切花。其中最受欢迎的是红色系的品种，以后逐渐发展的粉红、橙色、黄色、白色及杂色等，常见的各色品种中适于作切花的有：

①红色系。'Carl Red''Samantha''Kardibal''Americana'等。

②粉红色系。'Eiffel Tower''First Love''Somia''Bridal Pink'等。

③黄色系。'Golden Scepter''Peace''Silva''Alsmeer Gold'等。

④白色系。'White Knight''White Swan''Core Blanche'等。

⑤其他色系橙色的'Mahina'、蓝月亮('Blue Moon')、杂色的'President'等。

(4)生长习性及对环境要求

①喜阳光充足、相对湿度 70%～75%、空气流通的环境。

②最适宜的生育温度白天为 20～27 ℃，夜间 15～22 ℃，在 5 ℃左右也能极缓慢地生长开花，能耐 35 ℃以上的高温，5 ℃的低温即进入休眠或半休眠状态。休眠时植株叶子脱落，不开花。

③喜排水良好、肥沃而湿润的疏松土壤，pH 6～7 为宜。

④大气污染、烟尘、酸雨、有害气体都会妨碍切花月季的生长发育。

(5)繁殖　切花月季繁殖的方法主要有扦插、嫁接与组织培养三种。目前我国保护地切花月季繁殖多以前两种为主。这里重点介绍月季的扦插繁殖方法。

①喷雾扦插法。设施用砖砌成宽 100～120 cm、长 4 m 或 8 m、深 30 cm 的畦状插床。床间设供水系统，每隔 150～200 cm 装 1 个喷头。用继电器、电磁阀、电子叶组成自动控制系统。先在床底铺垫 12～15 cm 的煤渣作渗水层，上面再铺 15～20 cm 的河沙等基质。时间以 7—8 月盛夏最好。插穗为生长季节植株尚未木质化的嫩茎。剪去部分枝叶，留上面两片叶，也可再剪去复叶的顶叶以减少水分蒸发，插穗一般长 5～8 cm，然后密集插于扦插床，进行壮苗培养。

②冬季扦插法。时间在 10 月下旬至 11 月上旬均可，可结合露地月季冬剪进行。将半木质化和成熟的枝条剪成 3～4 节一段，上端平剪，下端斜剪，去掉叶片，然后用 200 mg/L 生根粉溶液浸泡插条下端 30 min 至 1 h。保护地和加温设施可在苗床上铺

设电热线(间距 10 cm),电热线上铺 10 cm 黑土与河沙的混合基质,扦插后搭双层塑料薄膜拱棚。营养土配制好后用 1% $KMnO_4$ 拌匀消毒。扦插深度为插条长度的一半,株行距 3 cm×3 cm,然后盖单层膜。发芽前管理的关键是增加地温,控制气温,促进生根。白天中午温度高时通风降温,晚上低温时接通电热线加温。使地温在 20~25 ℃,气温保持在 7~10 ℃,根据土壤湿度,见干就需浇水。经 20~30 d 后,扦插条生根发芽,此时关键是稳定地温,防止嫩枝芽受冻。晚间盖双层膜保温,白天盖单层膜,地温维持在 20 ℃左右,气温 10 ℃以上。每 10 d 左右浇一次水,每浇两次水施一次液体肥料,2 月底移栽,也可在温室内进行嫩枝扦插育苗。

③温室栽培。由于月季栽植后,要生产 4~6 年或更长的时间,因此栽前应深翻土壤最少 30 cm,并施入充足的有机肥以改良土壤,调节土壤 pH 至 6~6.5。每 100 m^2 施入的基肥量为堆肥或猪粪 500 kg,牛粪 300 kg,鱼渣 20 kg,羊粪 300 kg,油渣 10 kg,骨粉 35 kg,过磷酸钙 20 kg,草木灰 25 kg。整好的土壤应用蒸汽或化学药品消毒,以杀死病菌、虫卵、杂草种子等。

(6)栽植

①定植时间。栽植的时间从冬季到初夏均可,但为了节约能源,多在春季种植。因采收切花 4 年以后需要更换新株,以便维持较高产量,温室若轮番依次换栽,每年应有 25%需去旧换新。注意更换品种应相同或对管理要求相似。有些品种可生产切花 6~8 年,可有计划地安排新花更替。

②定植方式。为了操作(如修剪、采花)方便,一般采用两行式。即每畦两行,行距 30 cm 或 35 cm,株距依品种差异采用 20 cm、25 cm 和 30 cm,直立型品种(如'玛丽娜')密度(含通道)10 株/m^2,扩张型品种密度 6~8 株/m^2。

(7)定植后的管理　新栽植株要修剪,留 15 cm 高,尤其是折断的、伤残的枝和根应剪掉。栽植芽接口离地面约 5 cm,上面应覆盖 8 cm 腐叶、木屑之类有机物,刚栽下一段时间,一天要喷雾几次,保持地上枝叶湿润,如已入初夏,要不断用低压喷雾,以助发芽;新植的苗室内温度不可太高,以保持 5 ℃为宜,有利于根系生长,过半个月后可升温至 10~15 ℃,一个月后升至 20 ℃以上,若与原来月季同在一个温室,则按原来月季要求进行温度管理。

①修剪。修剪采用逐渐更替法,即第一次采收后,全株留 60 cm 左右,一部分使它再开一次花,一部分短截,等短截的新枝开花后,原来开花的一部分再短截,这样轮流开花,植株不致升高太快,采花的工作也可全年进行。也可以采用一次性短截法,即冬季切花型的温室月季,夏季气温过高,往往让植株休眠,6—7 月采收一批切花后,主枝全部短截成一样高的灌木状。如是第一年新栽植株,留 45 cm,其他留 60 cm,以后进入炎热夏季,停产一段,到 9 月、10 月再生产新的产品。第二种修剪往往使植株生理失去平衡,造成根系萎缩、主枝枯死等现象,在温室管理中可采用折枝法来避免这种不良后果,此法已在国外温室生产中普遍应用。具体操作即把需要剪除的主枝向一个方向扭折,让上部枝条下垂。

②摘心。月季的摘心主要作用是促进侧枝生长,在栽培初期可为全株的树形打好基础,产花期可形成适量的花枝。开花后为了调剂市场上淡季或旺季的需要,可进行不同的摘心。轻度摘心(花茎 5~7 mm 时将顶端掐去)受影响的只是它附近的侧芽,形成的仅是一个枝条,对花期影响不大。重摘心(花茎直径达 10~13 mm 时,摘掉枝顶到第二复叶处)能生出两个侧枝,对花期的促进比前者早 3~7 d。

③温度的管理和控制。温度直接影响切花的产量和品质。如修剪后出芽的多少、花芽的分化、封顶条的多少、产花的天数、花枝的长度以及花瓣数、花形和花色等。一般品种要求夜温 15.5~16.5 ℃,而'Somia''玛丽娜''彭彩'等低温品种只要求 14~15 ℃,夜温过低是影响产量、延迟花期的一个重要原因,有些栽培者为了节省能源,把夜温调至 13 ℃,结果产量减少,采花期延迟了 1~3 周,大大影响了经济效益。一般阴天要求昼温比夜间高 5.5 ℃,晴天要高 8.3 ℃,如温室内人工增加二氧化碳的浓度,温度应适当提高到 27.5~29.5 ℃,才不致损伤花朵。如加钠灯照射的温室,温度应至少

在 18.5 ℃以上，以充分利用光照。在夏季高温季节，温度控制在 26～27 ℃最好。国外研究认为地温在 13 ℃、气温在 17.8 ℃时生长良好。近年来进一步研究证明，在昼温 20 ℃、夜温 16 ℃条件下，生长良好。当地温提高到 25 ℃ 时可增产 20%，但若只提高地温，而降低气温，则会生长不良。总之，为了满足月季对温度的要求，应重视设施在冬季的保温和加温，夏季进行必要的降温。

④光照的调节。月季是喜光植物，在充足的阳光下，才能得到良好的切花。在温室栽培中，强光伴随着高温，就必须进行遮阳。有些地方 3 月初就开始遮阳，但遮光度要低，避免植株短时间内在光强度上受到骤然变化，随着天气变暖可增强遮阳，若室内光强低于 54 klx，要清除覆盖物上的灰尘，9 月、10 月(根据各地气候情况而定)应去除遮阳。冬季随日照时间短，而且又有防寒保护，使室内光照减少，但一般月季可照常开花。如果用灯光增加光照，可提高月季的产量。

(8)切花的采收和处理　一般当花朵心瓣伸长，有 1～2 枚外瓣反转时(2°)采收，但冬天可适当晚些，在有 2～3 枚外瓣反转时采收。从品种上看，一般红色品种 2°时采收，黄色品种略迟些，白色品种再略晚些。采花应在心瓣伸长 3～4 枚(3°)，甚至 5～6 枚(4°)时采收，若装箱运输，则应在萼片反转、花瓣开始明显生长、但外瓣尚未翻转(1°)时采收。采收时注意原花枝剪后应保留 2～4 片叶，剪时在所留芽的上方 1 cm 处倾斜剪除，为下次花枝生长准备条件。采后的切花应立即送到分级室中在 5～6 ℃下冷藏、分级。不能立即出售的，应放在湿度为 98%的冷藏库里，保持 0.5～1.5 ℃ 的低温，可保存数日。

5.3　花卉的无土栽培

除土壤之外还有许多物质可以作为花卉根部生长的基质。凡是利用其他物质代替土壤为根系统环境来栽培花卉的方法，就是花卉的无土栽培(soilless culture)。无土栽培的历史虽然很古老，但真正的发展始于 1929 年，美国加利福尼亚大学教授 Gericke 首次无土栽培番茄获得成功。1950 年日本开始用无土栽培种植室内植物。1965 年英国 Coopen 发明了营养膜(NFT)技术，1969 年丹麦的 Grodan 公司开发的岩棉栽培技术，极大地推动了无土栽培在世界范围的发展。1971 年新加坡引进无土栽培技术生产花卉，产品远销到欧洲一些国家。沙砾最早被植物营养学家和植物生理学家用来栽培作物，通过浇灌营养液来研究作物的养分吸收、生理代谢以及植物必须营养元素和生理障碍等。因此，沙砾可以说是最早的栽培基质。近 30 年来，无土栽培技术发展极其迅速，目前在美国、英国、俄罗斯、法国、加拿大、荷兰等发达国家已广泛应用。美国是世界上最早应用无土栽培技术进行生产的国家，但无土栽培生产的面积并不大。20 世纪 80 年代初，日本的无土栽培发展势头很猛，不过很快就被荷兰等欧洲国家和以色列等农业生产发达的国家超过。我国无土栽培始于 1941 年，余诚如、陈怀圃合著书《无土种植浅说》，1977 年马太和在沙窝苗圃向技术人员介绍无土栽培。2022 年，中国设施园艺面积已达到 400 万 hm^2，但无土栽培温室面积仅 3 万 hm^2。随着土壤栽培年限的延长，土壤病虫害、盐渍化、酸化等障碍问题日益严重(重度障碍土壤)，加之土壤重金属污染等原因，居民对园艺等农产品安全和质量的要求越来越高，渴望消费到高品质、高档园艺产品。再者，由于国家注重粮食安全，强调园艺作物等不与粮抢地，国家大力支持发展利用非耕地采取无土栽培的方式进行园艺产品生产。由于大型企业斥巨资陆续投资设施园艺，不断兴建大型现代化温室，均采用无土栽培技术。预计今后我国无土栽培面积每年将以 1.5 万 hm^2 的速度增加，“快速发展阶段”即将到来。

5.3.1　花卉无土栽培的意义

1)无土栽培的优点

(1)无土栽培不仅可以使花卉得到足够的水分、无机营养和空气，这些条件也便于人工调控，有利于栽培技术的现代化。

(2)无土栽培扩大了花卉的种植范围，在沙漠、盐碱地、海岛、荒山、砾石地或荒漠地都可进行，规模可大可小。

(3)无土栽培能加速花卉生长，提高花卉产品产量和品质。如无土栽培的香石竹味浓、花朵大、花期长、产量高、病虫少，盛花期比土壤栽培的提早2个月。又如仙客来，在水培中生长的花丛直径可达 50 cm，高达 40 cm，一株仙客来平均可开 20 朵花，一年可达 130 朵花，同时还易度过夏季高温。无土栽培金盏菊的花序平均直径为 8.35 cm，而对照的花序直径只有 7.13 cm。

(4)无土栽培节省肥水。土壤栽培由于水分流失严重，其水分消耗量比无土栽培大 7 倍左右。无土栽培施肥的种类和数量都是根据花卉生长的需要来确定的，且其营养成分直接供给花卉根部，完全避免了土壤的吸收、固定和地下渗漏，可节省一半左右的肥料用量。

(5)无土栽培无杂草，无病虫，卫生清洁。

(6)无土栽培可节省劳动力，减轻劳动强度。

2)无土栽培的缺点

(1)无土栽培一次性投资较大，需要许多设备，如水培槽、营养液池、循环系统等。

(2)无土栽培风险性大，一旦一个环节出问题，可能导致整个栽培系统瘫痪。

(3)无土栽培对环境条件和营养液的配制都有严格的要求，因此对栽培和管理人员要求较高，要具备一定的专业知识。

5.3.2 花卉无土栽培的类型

1)水培

水培就是将花卉的根系悬浮在装有营养液的栽培容器中，营养液不断循环流动以改善供氧条件。水培方式有如下几种：

(1)营养液膜技术　营养液膜技术(NFT)仅有一薄层营养液流经栽培容器的底部，不断供给花卉所需营养、水分和氧气(图 5-6)。但因营养液层薄，栽培管理难度大，尤其在遇短期停电时，花卉则面临水分胁迫，甚至有枯死的危险。根据栽培需要，又可分为连续式供液和间歇式供液两种类型。间歇式供液可以节约能源，也可以控制植株的生长发育，其特点是在连续供液系统的基础上加一个定时器装置。间歇供液的程序是在槽底垫有无纺布的条件下，夏季每 1 h 内供液 15 min、停供 45 min，冬季每 2 h 内供液 15 min、停 105 min。这些参数要结合花卉具体长势及天气情况而调整。

(2)深液流技术　深液流技术(DFT)是将栽培容器中的水位提高，使营养液由薄薄的一层变为 5～8 cm 深，因容器中的营养液量大，湿度、养分变化不大，即使在短时间停电，也不必担心花卉枯萎死亡，根茎悬挂于营养液的水平面上，营养液循环流动(图 5-7)。通过营养液的流动可以增加溶存氧，消除根表有害代谢产物的局部累积，消除根表与根外营养液的养分浓度差，使养分及时送到根表，并能促进因沉淀而失效的营养液重新溶解，防止缺素症发生。目前的水培方式已多向这一方向发展。

(3)动态浮根法　动态浮根法(DRF)是指在栽培床内进行营养液灌溉时，花卉的根系随着营养液的液位变化而上下左右波动(图 5-8)。灌满 8 cm 的

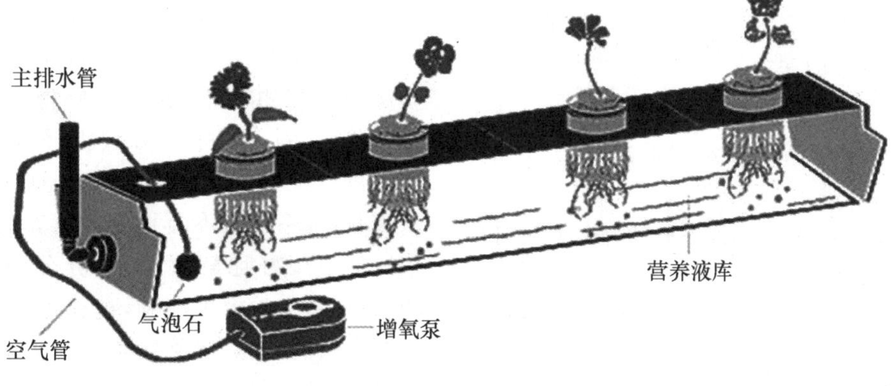

图 5-6　营养液膜技术

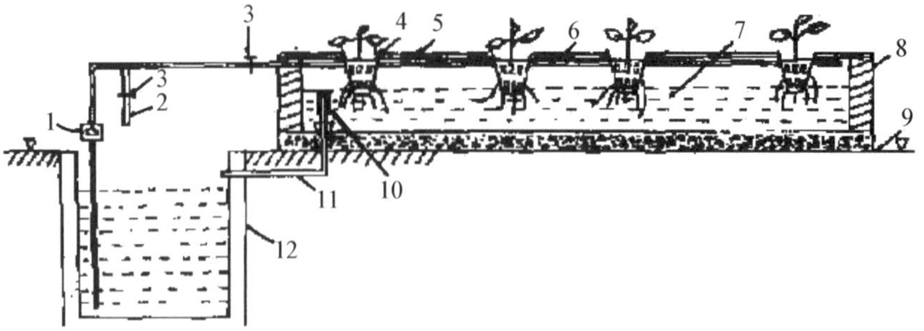

1.水泵 2.增氧及排水管 3.阀门 4.定植杯 5.定植板 6.供液管 7.营养液 8.种植槽 9.地面 10.液面调节装置 11.回流管 12.地下贮液池

图 5-7 深液流技术

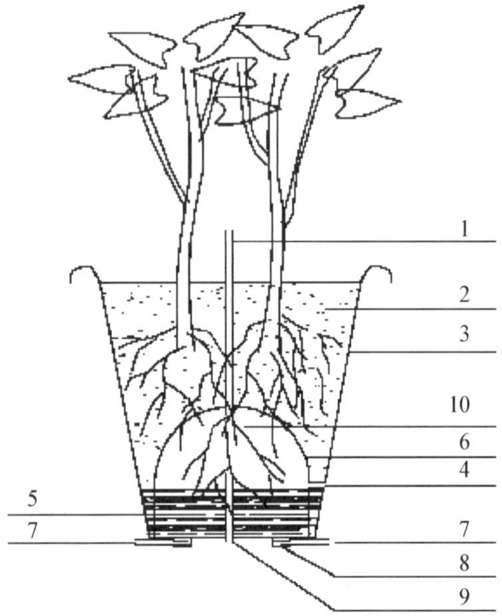

1.上通气管 2.基质 3.外桶 4.溢水口 5.营养液 6.网芯 7.连通管 8.支撑环 9.底通气管 10.空气层

图 5-8 动态浮根法

水层后，由栽培床内的自动排液器将营养液排出去，使水位降至 4 cm 的深度。此时上部根系暴露在空气中可以吸氧，下部根系浸在营养液中不断吸收水分和养料，不怕夏季高温使营养液温度上升、氧的溶解度降低，可以满足花卉的需要。

(4)浮板毛管水培法 浮板毛管水培法(FCH)是在深液流法的基础上增加一块厚 2 cm、宽 12 cm 的泡沫塑料板，根系可以在泡沫塑料浮板上生长，便于吸收营养液中的养分和空气中的氧气(图5-9)。根际环境条件稳定，液温变化小，供养充分，不怕因

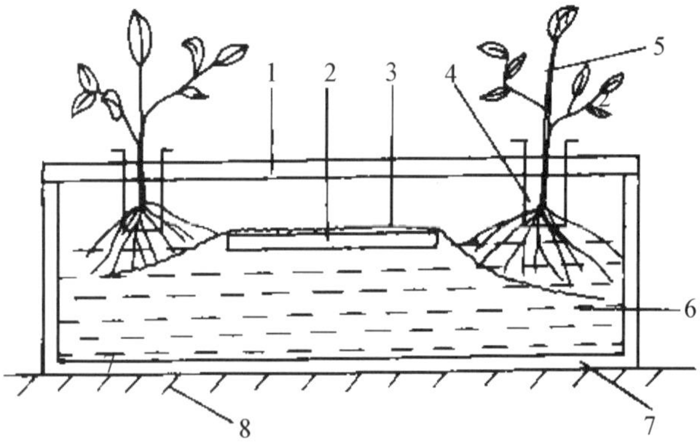

1.定植板 2.浮板 3.无纺布 4.定植杯 5.植株 6.营养液 7.定型聚苯乙烯种植槽 8.地面

图 5-9 浮板毛管水培法

临时停电影响营养液的供给。

(5)鲁 SC 系统 在栽培槽中填入 10 cm 厚的基质，然后又用营养液循环灌溉花卉，因此也称为基质水培法(图 5-10)。鲁 SC 系统因有 10 cm 厚的基质，可以比较稳定地供给水分和养分，故栽培效果良好，但一次性投资成本稍高。

(6)雾培 雾培(spray culture)是将植物的根系悬挂于密闭凹槽的空气中，槽内通入营养液管道，管道上隔一定距离有喷头，使营养液以喷雾形式提供给根系。雾气在根系表面凝结成水膜被根系吸收，根系连续不断地处于营养液滴饱和的环境中。雾培很好地解决了水、养分和氧气供应的问题，对根系生长极为有利，植株生长快，但是对喷雾的要求很高，雾点要细而均匀。雾培也是扦插育苗的最好办法(图 5-11)。

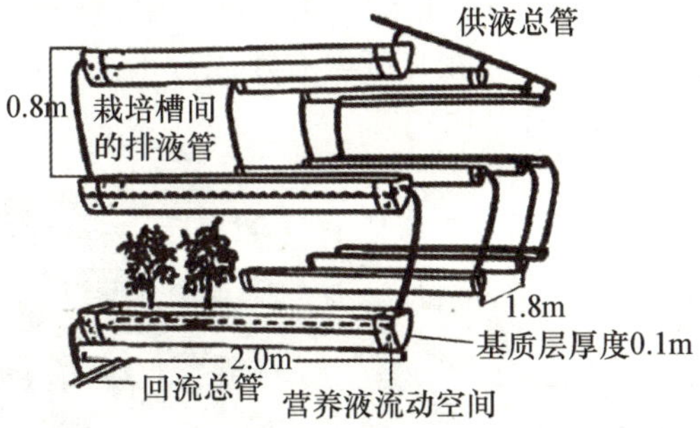

图 5-10　鲁 SC 系统

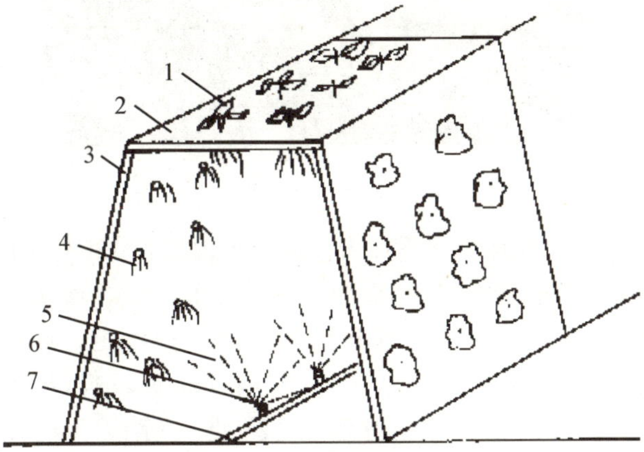

1.植株　2，3.泡沫塑料板　4.根系
5.雾状营养液　6.喷头　7.供液管

图 5-11　梯形雾培种植槽示意图

水培法使花卉的根系浸于营养液中，花卉处在水分、空气、营养供应的均衡环境之中，所以能发挥花卉的增产潜力。水培设施都是循环系统，其生产的一次性投资大，且操作及管理严格，一般不易掌握。水培方式由于设备投入较多，故应用受到一定限制。

2)基质栽培

基质栽培有两个系统，即基质-营养液循环系统和基质-固态肥系统。

(1)基质-营养液系统　是在一定容器中，以基质固定花卉的根系，根据花卉需要定期浇灌营养液，花卉从中获得营养、水分和氧气的栽培方法。

(2)基质-固态肥系统　又称有机生态型无土栽培技术，不用营养液而用固态肥，用清水直接灌溉。该项技术是我国科技人员针对北方地区缺水的具体情况而开发的一种新型无土栽培技术，所用的固态肥是经高温消毒或发酵的有机肥(如消毒鸡粪和发酵油渣)与无机肥按一定比例混合制成的颗粒肥，其施肥方法与土壤施肥相似，定期施肥，平常只浇灌清水。这种栽培方式的优点是一次性运转的成本较低，操作管理简便，排出液对环境无污染，是一种具有中国特色的无土栽培技术。

5.3.3　花卉无土栽培的基质

栽培基质有两大类，即无机基质和有机基质。无机基质如沙、蛭石、岩棉、珍珠岩、泡沫塑料颗粒、陶粒等；有机基质如泥炭、树皮、砻糠灰、锯末、木屑等。目前90%的无土栽培均为基质栽培。基质栽培的设施简单，成本较低，且栽培技术与传统的土壤栽培技术相似，易于掌握，所以我国大多采用此法。

1)基质选用的标准

(1)要有良好的物理性状，结构和通气性要好；

(2)有较强的吸水和保水能力；

(3)价格低廉，调制和配制简单；

(4)无杂质，无病、虫、菌，无异味和臭味；

(5)有良好的化学性状，具有较好的缓冲能力和适宜的 EC 值。

2)常用的无土栽培基质

(1)沙　沙为无土栽培最早应用的基质。其特点是来源丰富，价格低，但容重大，持水力差。沙粒大小应适当，以粒径 0.6～2.0 mm 为好(图 5-12)。使用前应过筛洗净，并测定其化学成分，供施肥参考。

图 5-12　沙子

(2)石砾　石砾是河边石子或石矿厂的岩石碎屑，来源不同化学组成差异很大。一般选用的石砾以非石灰性(花岗岩等发育形成)的为好，选用石灰质石砾应用磷酸钙溶液处理。石砾粒径在1.6～20 mm，本身不具有阳离子代换量，通气排水性能好，但持水力差。由于石砾的容重大，日常管理麻烦，在现代无土栽培中已经逐渐被一些轻型基质代替，但是石砾在早期的无土栽培中起过重要的作用，现在用于深液流水培上作为定植填充物还是合适的（图5-13）。

图 5-13 石砾

（3）蛭石 蛭石属于云母族次生矿物，含铝、镁、铁、硅等，呈片层状，经1093 ℃高温处理，体积平均膨大15倍而成。蛭石孔隙度大，质轻（容重为60～250 kg/m^3），通透性良好，持水力强，pH中性偏酸，含钙、钾较多，具有良好的保温、隔热、通气、保水、保肥作用。因此经过高温锻炼，无菌、无毒，化学稳定性好，为优良无土栽培基质之一（图5-14）。

图 5-14 蛭石

（4）岩棉 岩棉是60%辉绿岩、20%石灰石和20%焦炭经1600 ℃高温处理，然后喷成直径0.5 mm的纤维，再加压制成供栽培用的岩棉块或岩棉板。岩棉质轻，孔隙度大，通透性好，但持水略差，pH 7.0～8.0，花卉所需有效成分不高。西欧各国应用较多（图5-15）。

图 5-15 岩棉

（5）珍珠岩 珍珠岩由硅质火山岩在1200 ℃下燃烧膨胀而成，其容重为80～180 kg/m^3。珍珠岩易于排水、通气，物理和化学性质比较稳定。珍珠岩不适宜单独作为基质使用，因其容重较轻，根系固定效果较差，一般和泥炭、蛭石等混合使用（图5-16）。

图 5-16 珍珠岩

（6）泡沫塑料颗粒 泡沫塑料颗粒为人工合成物质，含脲甲醛、聚甲基丙烯酸酯、聚苯乙烯等。泡沫塑料颗粒质轻，孔隙度大，吸水力强。一般多与沙和泥炭等混合使用（图5-17）。

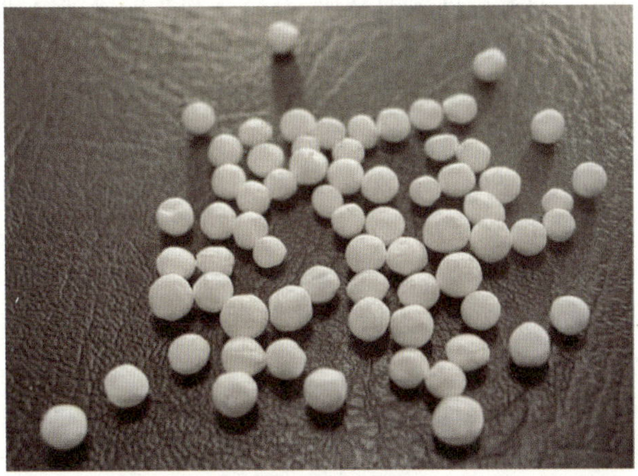

图 5-17　泡沫塑料颗粒

(7)砻糠灰　砻糠灰即碳化稻壳。质轻，孔隙度大，通透性好，持水力较强，含钾等多种营养成分，pH 高，使用过程中应注意调整(图 5-18)。

图 5-18　砻糠灰

(8)泥炭　泥炭习称草炭，由半分解的植被组成，因植被母质、分解程度、矿物质含量不同而有不同种类。泥炭容重较小，富含有机质，持水保水能力强，偏酸性，含植物所需要的营养成分。一般通透性差，很少单独使用，常与其他基质混合用于花卉栽培。泥炭是一种非常好的无土栽培基质，特别是在工厂化育苗中发挥着重要的作用(图 5-19)。

(9)树皮　树皮是木材加工过程中的下脚料，是一种很好的栽培基质，价格低廉，易于运输。树皮的化学组成因树种的不同差异很大。大多数树皮含有酚类物质且 C/N 较高，因此新鲜的树皮应堆沤一个月以上再使用。阔叶树树皮较针叶树树皮的 C/N 高。树皮有很多种大小颗粒可供利用，在盆栽中最常用直径为 1.5～6.0 mm 的颗粒。一般树皮的容重接近于泥炭，为 0.4～0.53 g/cm^3。树皮作为基质，在使用过程中会因物质分解而使容重增加，体积变小，结构受到破坏，造成通气不良、易积水，这种结构的劣变需要一年左右(图 5-20)。

图 5-19　泥炭

图 5-20　树皮

(10)锯末与木屑　锯末与木屑为木材加工副产品，在资源丰富的地方多用作基质栽培花卉。以黄杉、铁杉锯末为好，含有毒物质树种的锯末不宜采用。锯末质轻，吸水、保水力强并含一定营养物质，一般多与其他基质混合使用(图 5-21)。

图 5-21　锯末

此外，用作栽培基质的还有陶粒、煤渣、砖块、火山灰、椰子纤维、木炭、蔗渣、苔藓、蕨根等。

3)基质的作用与性质

(1)基质的作用　无土栽培基质的基本作用有三个：一是支持固定植物；二是保持水分；三是通气。无土栽培不要求基质一定具有缓冲作用。缓冲作用可以使根系生长的环境比较稳定，即当外来物质或根系本身新陈代谢过程中产生一些有害物质危害根系时，缓冲作用会将这些危害化解。具有物理吸收和化学吸收功能的基质都有缓冲功能，如蛭石、泥炭等，具有这种功能的基质通常称为活性基质。固体基质的作用是由其本身的物理性质与化学性质所决定的，要了解这些作用的大小、好坏，就必须对与有密切关系的物理性质和化学性质有一个比较具体的认识。

(2)基质的物理性质

①容重。容重是指单位体积基质的重量，用 g/L 或 g/cm^3 来表示。基质的容重反映基质的疏松、紧实程度。容重过大则基质过于紧实，透气透水都较差，对花卉生长不利；容重过小，则基质过于疏松，虽透气性好，利于根系的伸展，但不易固定植株，给管理上增加难度。一般基质容重为 0.1～0.8 g/cm^3，花卉生长效果较好。

②总孔隙度。总孔隙度是指基质中持水孔隙和通气孔隙的总和，以相当于基质体积的百分数(%)表示。总孔隙度大的基质，其空气和水的容纳空间就大，反之则小。总孔隙度大的基质较轻、疏松，利于植株的生长，但对根系的支撑和固定作用较差，易倒伏，如蛭石、岩棉等的总孔隙度为 90%～95%。总孔隙度小的基质较重，水和空气的总容重少，如沙的总孔隙度为 30%。为了克服单一基质总孔隙度过大或过小所产生的弊病，在实际应用中常将两三种不同颗粒大小的基质混合制成复合基质来使用。

③大小孔隙比。大孔隙指基质中空气所能够占据的空间，即通气孔隙。小孔隙是指基质中水分所能够占据的空间，即持水孔隙。通气孔隙与持水孔隙的比值称为大小孔隙比，大小孔隙比能够反映基质中水、气之间的状况。如果大小孔隙比大，则说明通气容积大而持水容积较小，反之则通气容积小而持水容积大。一般而言，大小孔隙比为 1∶(1.5～4)花卉都能良好生长。

④基质的颗粒大小。基质的颗粒大小直接影响容重、总孔隙度、大小孔隙比。同种基质越粗，容重越大，总孔隙度越小，大小孔隙比越大，颗粒越细则相反。因此，为了使基质既能满足根系吸水的要求，又能满足根系吸收氧气的要求，基质的颗粒不能太粗。颗粒太粗虽然通气性好，但持水性差，种植管理上要增加浇水次数；颗粒太细，虽然有较高的持水性，但通气不良，易使基质内水分过多而影响根系生长。几种常用基质的物理性状如表 5-8 所示。

(3)基质的化学性质　基质的化学性质是指基质发生化学变化的难易程度。花卉无土栽培中要求基质有很强的化学稳定性，这样可以减少营养液受干扰的机会，保持营养液的化学平衡而方便管理。基质的化学稳定性因化学组成不同而差别很大，由石英、长石、云母等矿物组成的无机基质的化学稳定性最强；由角闪石、辉石等组成的次之；而以石灰石、白云石等碳酸盐矿物组成的最不稳定。有机基质中含木质素、腐殖质较多的基质的化学稳定性最好，如泥炭、经过堆沤腐熟的木屑、树皮、甘蔗渣等。

表 5-8　常用基质的物理性质、化学性质

基质种类	容重/(g/cm³)	总孔隙度/%	大孔隙(通气容积)/%	小孔隙(持水容积)/%	大小孔隙比[大孔隙/小孔隙]
沙	1.49	30.5	29.5	1.0	29.50
煤渣	0.70	54.7	21.7	33.0	0.66
蛭石	0.13	95.0	30.0	65.0	0.46
珍珠岩	0.16	93.0	53.0	40.0	1.33
岩棉	0.11	96.0	2.0	94.0	0.02
泥炭	0.21	84.4	7.1	77.3	0.09
木屑	0.19	78.3	34.5	43.8	0.79
砻糠灰	0.15	82.5	57.5	25.0	2.30
蔗渣(堆沤 6 个月)	0.12	90.8	44.5	46.3	0.96

①基质的酸碱性。不同基质其酸碱性各不相同，过酸过碱都会影响营养液的平衡和稳定，使用前必须检测基质的 pH，进而采取相应的措施调节。

②阳离子代换量。基质中阳离子代换量会对基质营养液的组成产生很大影响。基质的阳离子代换量既有不利的一面，即影响营养液的平衡，也有有利的一面，即保存养分，减少损失，并对营养液的酸碱反应有缓冲作用。

③基质的缓冲能力。基质的缓冲能力是指基质在加入酸碱物质后，本身所具有的缓和酸碱性变换的能力。缓冲能力的大小，主要由阳离子代换量和存在于基质中的弱酸及其盐类的多少而定。一般阳离子代换量高的基质的缓冲能力也强。有机基质都有缓冲能力，而无机基质有些有很强的缓冲能力，如蛭石，但大多数无机基质的缓冲能力都很弱。

④基质的导电率。未加入营养液的基质本身原有的电导率，反映了基质含可溶性盐分的多少，将直接影响到营养液的平衡。受海水影响的沙，常含有较多的海盐成分，树皮、砻糠灰等含有较高的盐分。使用基质前应对其电导率了解清楚，以便做适当处理。

4)基质的消毒

任何一种基质使用前均应进行处理，如筛选除杂质、水洗除泥、粉碎浸泡等。有机基质经消毒后才宜应用。基质消毒的方法有三种：

(1)化学药剂消毒

①福尔马林。福尔马林是良好的消毒剂，一般将原液稀释 50 倍，用喷壶将基质均匀喷湿，覆盖塑料薄膜，经过 24～26 h 后揭膜，再风干 2 周后使用。

②溴甲烷。利用溴甲烷进行熏蒸是相当有效的消毒方法，但由于溴甲烷有剧毒，并且是强致癌物质，因而必须严格遵守操作规程，并且须向溴甲烷中加入 2%的氯化苦以检验是否对周围环境有泄漏。方法是将基质堆起，用塑料管将药剂引入基质中，每立方米基质用药 100～150 g，基质施药后，随即用塑料薄膜盖严，5～7 d 后去掉薄膜，晒 7～10 d 后即可使用。

(2)物理消毒

①蒸汽消毒。向基质中通入高温蒸汽，可以在密闭的房间或容器中，也可以在室外用塑料薄膜覆盖基质，蒸汽温度保持 60～120 ℃，温度太高，会杀死基质中的有益微生物，蒸汽消毒时间以 30～60 min 为宜。蒸汽消毒比较安全，但成本较高。药剂消毒成本较低。但安全性较差，并且会污染周围环境。

②太阳能消毒。是近年来在温室栽培中应用较普遍的一种廉价、安全、简单实用的基质消毒方法。具体方法是，夏季高温季节在温室或大棚中，把基质堆成 20～25 cm 高的堆(长、宽依据情况而定)，同时喷湿基质，使其含水量超过 80%，然后用塑料薄膜覆盖基质堆，密闭温室或大棚，暴晒 10～

15 d，消毒效果良好。

5）基质的混合及配制

各种基质既可单独使用，也可以按不同的配比混合使用，但就栽培效果而言，混合基质优于单一基质，有机与无机混合基质优于纯有机或纯无机混合基质。基质混合总的要求是降低基质的容重，增加孔隙度，增加水分和空气的含量。基质的混合使用，以2～3种混合为宜。比较好的基质应适用于各种作物。育苗和盆栽基质，在混合时应加入矿物质养分，以下是一些常用的育苗和盆栽基质配方：

（1）常用的混合基质

①泥炭：珍珠岩：沙（1：1：1）。

②泥炭：珍珠岩（1：1）。

③泥炭：沙（1：1）。

④泥炭：沙（1：3）。

⑤泥炭：蛭石（1：1）。

⑥泥炭：沙（3：1）。

⑦蛭石：珍珠岩（1：2）。

⑧泥炭：火山岩：沙（2：2：1）。

⑨泥炭：蛭石:珍珠岩（2：1：1）。

⑩泥炭：珠岩：树皮（1：1：1）。

⑪刨花：煤渣（1：1）。

⑫泥炭：珍珠岩（3：1）。

⑬泥炭：树皮：刨花（2：1：1）。

⑭泥炭：树皮（1：1）。

（2）美国加利福尼亚大学混合基质　0.5 m^3 细沙（粒径0.05～0.5 mm）、0.5 m^3 粉碎泥炭、145 g 硝酸钾、145 g 硫酸钾、4.5 kg 白云石、1.5 kg 钙石灰石、1.5 kg 过磷酸钙（20% P_2O_5）。

（3）美国康奈尔大学混合基质　0.5 m^3 粉碎泥炭、0.5 m^3 蛭石或珍珠岩、3.0 kg 石灰石（最好是白云石）、1.2 kg 过磷酸钙（20% P_2O_5）、3.0 kg 三元复合肥（5-10-5）。

（4）中国农业科学院蔬菜花卉研究所无土栽培盆栽基质　0.75 m^3 泥炭、0.13 m^3 蛭石、0.12 m^3 珍珠岩、3.0 kg 石灰石、1.0 kg 过磷酸钙（20% P_2O_5）、1.5 kg 三元复合肥（15-15-15）、10.0 kg 消毒干鸡粪。

（5）泥炭矿物质混合基质　0.5 m^3 泥炭、0.5 m^3 蛭石、700 g 硝酸铵、700 g 过磷酸钙（20% P_2O_5）、3.5 kg 磨碎的石灰石或白云石。

混合基质中含有泥炭，当植株从育苗钵（盘）中取出时，植株根部的基质就不易散开。当混合基质中泥炭含量小于50%时，植株根部的基质易于脱落，因而在移植时，务必小心，以防损伤根系。如果用其他基质代替泥炭，则混合基质中就不用添加石灰石，因为石灰石主要是用来降低基质的氢离子浓度（提高基质 pH）。

5.3.4　花卉无土栽培营养液的配制

1）常用的无机肥料

（1）硝酸钙　硝酸钙［$Ca(NO_3)_2 \cdot 4H_2O$］为白色结晶。易溶于水，吸湿性强，一般含氮13%～15%，含钙25%～27%，生理碱性肥。硝酸钙是配制营养液良好的氮源和钙源肥料。

（2）硝酸钾　硝酸钾（KNO_3）又称火硝，为白色结晶，易溶于水但不能吸湿，一般含硝态氮13%，含钾（K_2O）46%。硝酸钾为优良的氮钾肥，但在高温遇火情况下易引起爆炸。

（3）硝酸铵　硝酸铵（NH_4NO_3）为白色结晶，含氮34%～35%，吸湿性强，易潮解，溶解度大，应注意密闭保存，具助燃性与爆炸性。硝酸铵含铵态氮比重大，故不作配制营养液的主要氮源。

（4）硫酸铵　硫酸铵［$(NH_4)_2SO_4$］为标准氮素肥料，含氮20%～21%，为白色结晶，吸湿性小。硫酸铵为铵态氮肥，用量不宜大，可作补充氮肥施用。

（5）磷酸二氢铵　磷酸二氢铵（$NH_4H_2PO_4$）为白色结晶体，可由无水氨和磷酸作用而成，在空气中稳定，易溶于水。

（6）尿素　尿素［$CO(NH_2)_2$］为酰胺态有机化肥，为白色结晶，含氮46%，吸湿性不大，易溶于水。尿素是一种高效氮肥，作补充氮源有良好效果，还是根外追肥的优质肥源。

（7）过磷酸钙　过磷酸钙［$Ca(H_2PO_4)_2 \cdot H_2O + CaSO_4 \cdot 2H_2O$］为使用较广的水溶性磷肥，一般含磷7%～10.5%。含钙19%～22%，含硫10%～12%，为灰白色粉末，具吸湿性，吸湿后有效磷成分降低。

（8）磷酸二氢钾　磷酸二氢钾（KH_2PO_4）为白

色结晶，粉状，含磷（P_2O_5）22.8%，钾（K_2O）28.6%，吸湿性小，易溶于水，显微酸性。磷酸二氢钾的有效成分植物吸收利用率高，为无土栽培的优质磷、钾肥。

(9)硫酸钾　硫酸钾（K_2SO_4）为白色粉末状，含钾（K_2O）50%～52%，易溶于水，吸湿性小，生理酸性肥。硫酸钾是无土栽培中的良好钾源。

(10)氯化钾　氯化钾（KCl）为白色粉末状，含有效钾50%～60%，含氯47%，易溶于水，生理酸性肥。氯化钾是无土栽培中的良好钾源。

(11)硫酸镁　硫酸镁（$MgSO_4 \cdot 7H_2O$）为白色针状结晶，易溶于水，含镁9.86%，硫13.01%。硫酸镁为良好的镁源。

(12)硫酸亚铁　硫酸亚铁（$FeSO_4 \cdot 7H_2O$）又称黑矾，一般含铁19%～20%，含硫11.53%，为蓝绿色结晶，性质不稳，易变色。硫酸亚铁为良好的无土栽培铁源。

(13)硫酸锰　硫酸锰（$MnSO_4 \cdot 3H_2O$）为粉红色结晶，粉状，一般含锰23.5%。硫酸锰为无土栽培中的锰源。

(14)硫酸锌　硫酸锌（$ZnSO_4 \cdot 7H_2O$）为无色或白色结晶，粉末状，含锌23%。硫酸锌为重要锌源。

(15)硼酸　硼酸（H_3BO_3）为白色结晶，含硼17.5%，易溶于水。硼酸为重要的硼源，在酸性条件下可提高硼的有效性，营养液有效成分如果低于0.5 mg/L，发生缺硼症。

(16)磷酸　磷酸（H_3PO_4）在无土栽培中可以作为磷的来源，而且可以调节pH。

(17)硫酸铜　硫酸铜（$CuSO_4 \cdot 5H_2O$）为蓝色结晶，含铜24.45%，硫12.48%，易溶于水。硫酸铜为良好铜肥，营养液中含量低，为0.002～0.012 mg/L。

(18)钼酸铵　钼酸铵[$(NH_4)_6Mo_7O_{24} \cdot 4H_2O$]为白色或淡黄色结晶，含钼54.23%，易溶于水。钼酸铵为无土栽培中的钼源，需要量极微。

2)营养液的配制

(1)营养液配制的原则

①营养液应含有花卉所需要的大量元素即氮、钾、磷、镁、硫、钙、铁等和微量元素锰、硼、锌、铜、钼等。在适宜原则下元素齐全、配方组合，选用无机肥料用量宜低不宜高。

②肥料在水中有良好溶解性，并易为花卉吸收利用。

③水源清洁，不含杂质。

(2)营养液对水的要求

①水源。自来水、井水、河水、雨水是配制营养液的主要水源。自来水和井水使用前需对水质做化验，一般要求水质和饮用水相当。收集雨水要考虑当地空气污染程度，污染严重不可使用。一般降水量达到100 mm以上，方可作为水源。河水作水源需经处理，达到符合卫生标准的饮用水才可使用。

②水质。水质有软水和硬水之分。硬水是水中钙、镁的总离子浓度较高，超过了一定标准。该标准统一以每升水中氧化钙（CaO）的含量表示，1度＝10 mg/L。硬度划分为：0～4度为极软水，4～8度为软水，8～16度为中硬水，16～30度为硬水，30度以上为极硬水。用作营养液的水，硬度不能太高，一般以不超过10度为宜。

③其他。pH 6.5～8.5，氯化钠（NaCl）含量小于2 mmol/L，溶氧在使用前应接近饱和。在制备营养液的许多盐类中，以硝酸钙最易和其他化合物起化合作用，如硝酸钙和硫酸盐混合时易产生硫酸钙的沉淀，硝酸钙与磷酸盐混合易产生磷酸钙沉淀。

(3)营养液的配制　营养液内各种元素的种类、浓度因不同花卉种类、不同生长期、不同季节以及气候和环境条件而异。营养液配制的总原则是避免难溶性沉淀物质的产生。但任何一种营养液配方都必然潜伏着产生难溶性沉淀物质的可能性，配制时应运用难溶性电解质溶度积法则来配制，以免沉淀产生。生产上配制营养液一般分为浓缩贮备液（母液）和工作营养液（直接应用的栽培营养液）两种。一般将营养液的浓缩贮备液分成A、B两种母液。A母液以钙盐为中心，凡不与钙作用而产生沉淀的盐都可溶在一起；B母液以磷酸盐为中心，凡不与磷酸根形成沉淀的盐都可溶在一起。以日本的配方为例，A母液包括$Ca(NO_3)_2$和KNO_3，B母液包括$NH_4H_2PO_4$和$MgSO_4$、EDTA-Fe和各种微量元素（表5-9）。

表 5-9　花烛营养液配方　g/L

A 液		B 液	
化合物	含量	化合物	含量
$Ca(NO_3)_2$	27	KNO_3	11
NH_4NO_3	5.4	$NH_4H_2PO_4$	13.6
KNO_3	14	K_2SO_4	8.7
EDTA	558	$MgSO_4 \cdot 7H_2O$	24
$FeSO_4 \cdot 7H_2O$	417	H_3BO_3	122
		Na_2MoO_4	12
		$ZnSO_4 \cdot 7H_2O$	87
		$CuSO_4 \cdot 5H_2O$	12

注：A 液用适量 38%硝酸中和碳酸氢根离子，B 液用适量 59%磷酸中和碳酸氢根离子。使用时分别取 A、B 母液各 1 L，混合于 98 L 水中，注意不能将未稀释的 A、B 母液直接混合。调节 pH 至 5.6～6.0。

(4)营养液 pH 的调整　当营养液的 pH 偏高或是偏低，与栽培花卉要求不相符时，应进行调整校正。pH 偏高时加酸，偏低时加氢氧化钠。多数情况为 pH 偏高，加入的酸类为硫酸、磷酸、硝酸等，加酸时应徐徐加入，并及时检查，使溶液的 pH 达到要求。

在大面积生产时，除了 A、B 两个浓缩贮液罐外，为了调查营养液的 pH，还要有一个专门盛酸的酸液罐，酸液罐一般是稀释到 10%的浓度，在自动循环营养液栽培中，与营养液的 A、B 罐均用 pH 仪和 EC 仪自动控制。当栽培槽中的营养液浓度下降到标准浓度以下时，浓缩罐会自动将营养液注入营养液槽。此外，当营养液 pH 超过标准时，酸液罐也会自动向营养液槽中注入酸。在非循环系统中，也需要这三个罐，从中取出一定量的母液，按比例进行稀释后灌溉花卉。常见花卉无土栽培营养液的 pH 见表 5-10。

(5)几种主要花卉营养液的配方　由于肥源条件、花卉种类、栽培要求以及气候条件不同，花卉无土栽培的营养液配方也不一样。表 5-11 至表 5-18 的配方是指大量元素，微量元素则按常量添加。以上配方可供无土栽培花卉经测试后选用，有些需要另加微量元素，其用量为每千克混合肥料中加 1 g，少量时可以不加。

表 5-10　常见花卉营养液 pH

花卉种类	pH	花卉种类	pH
百合	5.5	唐菖蒲	6.5
鸢尾	6.0	郁金香	6.5
金盏菊	6.0	天竺葵	6.5
紫罗兰	6.0	蒲包花	6.5
水仙	6.0	紫苑	6.5
秋海棠	6.0	虞美人	6.5
月季	6.5	樱草	6.5
菊花	6.8	大丽花	6.5
倒挂金钟	6.0	香豌豆	6.8
仙客来	6.5	香石竹	6.8
耧斗菜	6.5	风信子	7.0

表 5-11　道格拉斯的孟加拉红营养液配方　g/L

成分	化学式	两种配方用量	
		1	2
硝酸钠	$NaNO_3$	0.52	1.74
硫酸铵	$(NH_4)_2SO_4$	0.16	0.12
过磷酸钙	$CaSO_4 \cdot 2H_2O+$ $Ca(H_2PO_4)_2 \cdot H_2O$	0.43	0.93
碳酸钾	K_2CO_3		0.16
硫酸钾	K_2SO_4	0.21	
硫酸镁	$MgSO_4$	0.25	0.53

表 5-12　波斯特的加利福尼亚营养液配方　g/L

成分	化学式	用量
硝酸钙	$Ca(NO_3)_2$	0.74
硝酸钾	KNO_3	0.48
磷酸二氢钾	KH_2PO_4	0.12
硫酸镁	$MgSO_4$	0.37

表 5-13　菊花营养液配方　g/L

成分	化学式	用量
硫酸铵	$(NH_4)_2SO_4$	0.28
硫酸镁	$MgSO_4$	0.78
硝酸钙	$Ca(NO_3)_2$	1.68
硫酸钾	K_2SO_4	0.62
磷酸二氢钾	KH_2PO_4	0.51

表 5-14 唐菖蒲营养液配方 g/L

成分	化学式	用量
硫酸铵	$(NH_4)_2SO_4$	0.16
硫酸镁	$MgSO_4$	0.55
磷酸氢钙	$CaHPO_4$	0.47
硝酸钙	$Ca(NO_3)_2$	0.62
硫酸钙	$CaSO_4$	0.25
氯化钾	KCl	0.62

表 5-15 非洲紫罗兰营养液配方 g/L

成分	化学式	用量
硫酸铵	$(NH_4)_2SO_4$	0.16
硫酸镁	$MgSO_4$	0.45
硝酸钾	KNO_3	0.70
过磷酸钙	$CaSO_4 \cdot 2H_2O+$ $Ca(H_2PO_4)_2 \cdot H_2O$	1.09
硫酸钙	$CaSO_4$	0.21

表 5-16 月季、山茶、君子兰等观花花卉营养液配方 g/L

成分	化学式	用量	成分	化学式	用量
硝酸钾	KNO_3	0.60	硫酸亚铁	$FeSO_4$	0.015
硝酸钙	$Ca(NO_3)_2$	0.10	硼酸	H_3BO_3	0.006
硫酸镁	$MgSO_4$	0.60	硫酸铜	$CuSO_4$	0.0002
硫酸钾	K_2SO_4	0.20	硫酸锰	$MnSO_4$	0.004
磷酸二氢铵	$NH_4H_2PO_4$	0.40	硫酸锌	$ZnSO_4$	0.001
磷酸二氢钾	KH_2PO_4	0.20	钼酸铵	$(NH_4)_6Mo_7O_{24}$	0.005
EDTA 二钠	Na_2EDTA	0.10			

表 5-17 观叶植物营养液配方 g/L

成分	化学式	用量	成分	化学式	用量
硝酸钾	KNO_3	0.505	硼酸	H_3BO_3	0.00124
硝酸铵	NH_4NO_3	0.08	硫酸锰	$MnSO_4$	0.00223
磷酸二氢钾	KH_2PO_4	0.136	硫酸锌	$ZnSO_4$	0.000864
硫酸镁	$MgSO_4$	0.246	硫酸铜	$CuSO_4$	0.000125
氯化钙	$CaCl_2$	0.333	钼酸	H_2MoO_4	0.00117
EDTA 二钠铁	$Na_2FeEDTA$	0.024			

表 5-18 金橘等观果类花卉营养液配方 g/L

成分	化学式	用量	成分	化学式	用量
硝酸钾	KNO_3	0.70	硫酸铵	$(NH_4)_2SO_4$	0.22
硝酸钙	$Ca(NO_3)_2$	0.70	硫酸铜	$CuSO_4$	0.0006
过磷酸钙	$CaSO_4 \cdot 2H_2O+$ $Ca(H_2PO_4)_2 \cdot H_2O$	0.80	硼酸	H_3BO_3	0.0006
			硫酸锰	$MnSO_4$	0.0006
硫酸亚铁	$FeSO_4$	0.12	硫酸锌	$ZnSO_4$	0.0006
硫酸镁	$MgSO_4$	0.28	钼酸铵	$(NH_4)_6Mo_7O_{24}$	0.0006

5.3.5 花卉无土栽培的管理

无土栽培可使植株生长迅速、健壮，开花多而早、大而香，且抗寒耐热，病虫害少。一般较易栽培的有龟背竹、米兰、君子兰、茉莉、金橘、万年青、紫罗兰、蝴蝶兰、倒挂金钟、五针松、裂叶喜林芋、橡胶榕、巴西铁、蕨类植物、棕榈科植物等室内外盆栽花卉。盆栽花卉由有土栽培转为无土栽培，可在任何季节进行。其具体操作步骤如下：

1)配制营养液

将市场上销售的无土栽培营养液用水按规定倍数稀释。也可以用下列配方自己配制营养液：

(1)大量元素　KNO_3 3 g，$Ca(NO_3)_2$ 5 g，$MgSO_4$ 3 g，$(NH_4)_3PO_4$ 2 g，K_2SO_4 1 g，KH_2PO_4 1 g。

(2)微量元素　Na_2 EDTA 100 mg，$FeSO_4$ 75 mg，H_3BO_3 30 mg，$MnSO_4$ 20 mg，$ZnSO_4$ 5 mg，$CuSO_4$ 1 mg，$(NH_4)_6Mo_7O_{24}$ 2 mg。

(3)自来水　5000 mL(即 5 kg)。将大量元素与微量元素分别配成溶液然后混合起来即为营养液。微量元素用量很少，不易称量，可扩大倍数配制，然后按同样倍数缩小抽取其量。例如，可将微量元素扩大 100 倍称重化成溶液，然后提取其中 1%溶液，即所需之量。营养液无毒、无臭，清洁卫生，可长期存放。

2)栽植过程

(1)脱盆　用手指从盆底孔把根系连土顶出。

(2)洗根　把带土的根系放在和环境温度接近的水中浸泡，将根际泥土洗净。

(3)浸液　将洗净的根放在配好的营养液中浸 10 min，让其充分吸收养分。

(4)装盆和灌液　将花盆洗净，盆底孔放置瓦片或填塞塑料纱，然后在盆里放入少许珍珠岩、蛭石，接着将植株置入盆中扶正，再在根系周围装满珍珠岩、蛭石等轻质矿石，轻摇花盆，使矿石与根系密接。随即浇灌配好的营养液，直到盆底孔有液流出为止。

(5)加固根系　用英石、斧劈石等碎块放在根系上面，加固根系，避免倒伏。同时叶面喷些清水。

3)日常管理

无土栽培的花卉对光照、温度等条件的要求与有土栽培无异。植株生长期每周浇一次营养液，用量根据植株大小而定，叶面生长慢的花卉用量酌减；冬天或休眠期 15～30 d 浇一次。室内观叶植物，可在弱光条件下生存，应减少营养液用量。营养液也可用于叶面喷施。平时要注意适时浇水。在整个生长发育期，进行病虫害的综合防治。

5.3.6　花卉无土栽培实例

1)蝴蝶兰无土栽培技术

蝴蝶兰又称蝶兰，属于兰科，蝴蝶兰属，是一种多年生附生植物。其花形如彩蝶飞舞，多年常绿草本，单轴分枝。茎短而肥厚，无假鳞茎。叶短而肥厚，多肉。根系发达，成扁平丛状，从节部长出。总状花序腋生，下垂，着花 10 朵左右。花色常见有白色，紫色、粉色等。色彩鲜艳，花期持久，素有“洋兰皇后”的美誉，是观赏价值和经济价值很高的著名盆栽植物(图 5-22)。

图 5-22　蝴蝶兰无土栽培

(1)栽培基质的选择　在蝴蝶兰生产中常见的基质有：水草、苔藓、树皮、陶粒。合理地选用栽培基质是无土栽培蝴蝶兰的重中之重。因为蝴蝶兰的根系是气生根，对排水、透气要求较高，所以生产中选择基质以水草、树皮为主。这些基质具有较强的保水性和透气性，且有不易腐烂等优点。基质在使用之前必须用水浸泡 12 h 以上，使其吸足水分。基质的 pH 以 5.5 为宜。

(2)浇水　蝴蝶兰原产于亚洲南部热带森林中，雾气较多，湿度较高(相对湿度为 70%～80%)。但在不同的生长时期和不同的生长季节需水量不同。一般春秋季节每 3 d 浇水 1 次；夏季每 2 d 浇水 1 次，冬季可 7 d 浇水 1 次。在浇水过程中，应注意刚出瓶的小苗一般用喷雾的方法补水，对于中苗和大苗用滴灌的方法。浇水一般选择在上午进行，以有少量的水从盆底流出为宜，若水过多则易引起烂根死亡和某些病害的发生。

(3)施肥　在兰科花卉中，蝴蝶兰在适宜的条件下生长迅速，需肥量较多，主要以液肥为主，通常施肥和浇水同时进行。保持每周喷施 1 次液肥。蝴蝶兰在不同的生长时期对 N、P、K 的需求量不同，幼苗期和生长盛期应施用含 N 量较高的肥料，而在花芽分化期至开花期应施用含 P、K 较高的肥料。每 7～8 d 施肥 1 次，施肥要严格按照施肥标准进行，若施肥过多会带来不利的影响，例如施 N 过多叶片细长，甚至引起倒伏；施 K 过多会使茎叶过于坚硬；施 P 过多会促进苗早期进入生殖生长阶段。

(4)温度　蝴蝶兰原产于亚洲南部的热带森林，处于一种高温、高湿、低海拔的环境条件下生长。不同大小的苗和不同生长时期对温度的要求不同。在幼苗时期，适宜的温度为 18～30 ℃，中苗时期为 25～28 ℃，大苗时期为 22～30 ℃。白天温度不能高于 32 ℃，夜间温度不能低于 13 ℃，若过高或过低都会迫使蝴蝶兰进入半休眠状态。但是适当地降低温度可延长观赏时间，开花时夜间的温度最好控制在 13～18 ℃，但不能低于 13 ℃。

(5)光照　尽管蝴蝶兰较喜阴，但在正常生长的过程中，仍然需要大量的散射光照。并且在不同的生长时期，蝴蝶兰适宜光照强度不同。一般小苗为 2～15 klx；中苗为 12～15 klx；大苗为 15～20 klx。光照对温度的控制也有影响，一般低温条件可忍受较强的光照，而高温则必须是低强度的光照。

(6)病虫害防治

①软腐病。症状为叶基部腐烂，球茎烂，有臭味。防治方法：在发病初期喷洒农用链霉素 4000～5000 倍液，每 7 d 喷 1 次，喷 2～3 次。

②灰霉病。症状为花梗和叶背有透明的黏液。防治方法：可用 5%百菌清粉剂 1000～1500 倍液喷雾防治。

③红蜘蛛。高温、干旱、不通风时，此虫害易流行，症状为叶面斑状失绿，用 20%三氯杀螨醇 800 倍液喷雾，5 d 喷 1 次，喷 2～3 次。

2)盆栽红掌的养护与管理

红掌又称花烛、安祖花等，是近年来我国引进花卉中比较成功的一种，在我国大部分地区均有栽植。红掌以它特有的绚丽多彩的心形佛焰苞片，配以艳丽的肉质花序组成的花，在浓绿的叶片衬托下，给人以热血、热情、热心的感觉(图 5-23)。

(1)红掌对栽培环境的要求　红掌喜湿热、排水通畅的环境。一般用人工合成的基质栽培，常用的栽培基质有泥炭土、甘蔗渣、木屑、核桃壳、火山土、稻壳、椰子壳、树皮、碎石、炭渣、珍珠岩等。这些基质一般不单独使用，应根据透气、保湿等具体要求进行调配。苗床栽培时要用黑网遮光，夏季遮光率应达 75%～80%，冬季遮光率应控制在 60%～65%。终年温度应保持在 18～20 ℃，但不宜超过 35 ℃。当温度高于 35 ℃，应及时向植株及周围喷水，一定程度上，高温情况下湿度也很高时，就不容易造成伤害。

图 5-23　红掌无土栽培

(2)栽植前准备　栽培基质的选择：红掌原为附生植物，不适合土壤栽培，所用基质要求有良好的通气性，孔隙度要在 30%以上，腐殖质含量要高。在规范化大面积生产过程中，使用的基质主要以泥炭土为主，加少量珍珠岩、粗河沙混合，并用少量插花泥铺垫盆底。家庭中少量栽培，建议购买配制好的土再加陶粒或干树皮混合(比例 2∶1)作基质。配置好的基质一定要进行消毒处理，生产上常用 40%甲醛(又称福尔马林)用水稀释成 2%～2.5%溶液将基质喷湿，混合均匀后用塑料薄膜覆盖 24 h

以上，使用前揭去薄膜让基质风干2周左右，以消除残留药物危害。

盆钵或栽植床选择：不同大小的种苗对盆的规格要求不同，一般红掌苗为6～8 cm或10～15 cm，可选择100 mm×120 mm或150 mm×150 mm的红色塑料盆种植；栽前要对花盆进行彻底消毒处理。上盆时一定使植株心部的生长点露出基质的水平面，同时应尽量避免植株叶面沾染基质。上盆时先在盆下部填充6～8 cm基质，将植株正放于盆中央，使根系充分展开，最后填充基质至盆面2～3 cm即可，但应露出植株中心的生长点及基部的小叶。

栽植床可采用低床或高于地面40 cm的高床，床宽60～100 cm、步道40 cm、深35 cm，床底铺10 cm厚的碎石，上面铺25 cm厚的栽培基质，定植前栽植床要严格消毒。

(3)管理

①温度。红掌生长对温度的要求主要取决于其他气候条件。温度与光照之间的关系非常重要。一般而言，阴天温度需18～20 ℃，湿度70%～80%。晴天温度需20～28 ℃，湿度在70%左右。总之，温度应保持在30 ℃以下，湿度要在50%以上。在高温季节，光照越强，室内气温越高，这时可通过喷淋系统或雾化系统来增加温室空气相对湿度，但须保证夜间植株不会太湿，减少病害发生；也可通过开启通风设备来降低室内湿度，以避免因高温而造成花芽败育或畸变。在寒冷的冬季，当室内气温低于15 ℃时，要进行加温，以防止冻害发生。

②肥料。红掌施肥的原则是“宁稀勿重，少量多次”，否则容易造成伤根，影响植株生长并直接造成死亡。基质栽培渗漏性高，施肥应以追肥为主，每2～3个月可追施饼肥1次。淋水最好是结合淋液肥一起进行，平时多向叶片及周围喷水，以增加栽培环境的湿度。根据荷兰栽培经验，对红掌进行根部施肥比叶面根外追肥效果要好得多。因为红掌的叶片表面有一层蜡质，不能对肥料很好地吸收。液肥施用要掌握定期定量的原则，秋季一般3～4 d为1个周期，如气温高，视盆内基质干湿可2～3 d浇肥水1次；夏季可2 d浇肥水1次，气温高时可多浇1次水；冬季一般5～7 d浇肥水1次。温度达到28 ℃以上时，必须使用喷淋系统或雾化系统来增加室内空气相对湿度，以营造红掌高温高湿的生长环境。但在冬季即使温室的气温较高也不宜过多降温保湿，因为夜间植株叶片过湿反而降低其御寒能力，使其容易冻伤，不利于安全越冬。现在市场上还有一种缓效肥，按其说明埋入土中，以后随浇水随溶解，供红掌吸收，一次施用1～3 g，其肥效可长达3个月。这些肥料有一个共同特点：是所需营养元素齐全，不同的生长发育时期，有不同的配方，而且肥效显著、干净卫生。家庭养护中还可以用麻酱渣沤制，如在其中再放些硫酸亚铁，即制成所谓的矾肥水效果会更好。在家庭施肥中应该掌握浓度，宜稀不宜浓，少量多次。

③浇水。天然雨水是红掌栽培中最好的水源。如工厂化生产用自来水时，水的pH控制在5.2～6.1最好。盆栽红掌在不同生长发育阶段对水分要求不同。幼苗期由于植株根系弱小，在基质中分布较浅，不耐干旱，一次性浇透水，经常保持基质湿润，促使其早发新根，并注意盆面基质的干湿度；中、大苗期植株生长快，需水量较多，水分供应必须充足；开花期应适当减少浇水，增施磷、钾肥，以促开花。在浇水过程中一定要干湿交替进行，切忌在植株发生缺水严重的情况下浇水，这样会影响其正常生长发育。

④湿度。红掌喜欢湿度较高的环境。这里所指湿度，是指空气中的相对湿度，而不是指栽植介质中的含水量。湿度又是个变量，因为当温度升高、干旱风大(特别是我国北方)时不补充水分，那么湿度就会降低。一般来说，红掌所需湿度应保持在70%～80%为好(气温20～28 ℃)，温度的高低能调节湿度，也就是说能调节红掌叶面的蒸腾作用。相对湿度过低，致使其干旱缺水，叶片及佛焰苞片的边缘出现干枯，佛焰苞片不平整。红掌浇水的水温，应保持在15 ℃左右(包括所浇营养液)，这一点在严寒、酷暑尤为重要。而介质中的水分不要过湿，因为红掌的根是半肉质的，本身储存着大量水分，介质中水分过多，造成介质缺氧，根系呼吸受阻，长期处于过湿状态，就会造成根系腐烂。家庭

养护红掌，很难达到温室的效果，这也是家庭选购红掌的阻碍。可以通过以下方法创造出适宜红掌生长所需的湿度环境。比如家庭还养有观赏鱼，可以把红掌架在鱼缸上，盆下放托盘，或放置在鱼缸旁。还可以用两个花盆托盘，下面放一个略大的托盘，并将其中注满水，上面用一个小号托盘，反扣在有水的托盘上，再将红掌的盆花架在其上，注意盆底不要接触水面。也可以用废弃的可乐瓶、矿泉水瓶接满自来水经晾置3～4 d后灌入喷壶中，喷红掌叶面。夏季在10～11时喷1次，15时以后喷1次，但喷水的pH要小，不能偏大。所浇的水也要经过如上晾置后再用，一方面自来水中的氯气可以挥发，另一方面经过晾置的水与室温能保持一致。晾置的水不要在阳光下晒，以避免绿藻的生成。如果用凉白开水，也是可行的。

⑤光照。红掌是按照叶—花—叶—花循环生长的。花序在每片叶的叶腋中形成。而花与叶产量的差别最重要的因素是光照。如果光照太少，在光合作用的影响下植株所产生的同化物也很少。当光照过强时，植株的部分叶片就会变暖，有可能造成叶片变色、灼伤或焦枯现象。因此，光照管理的成功与否，直接影响红掌产生同化物的多少和后期的产品质量。为防止花苞变色或灼伤，必须有遮阳保护。温室内红掌光照的获得可通过活动遮阳网来调控。在晴天时遮掉75%的光照，温室最理想光照是20 klx左右，最大光照强度不可长期超过30 klx，早晨、傍晚或阴雨天则不用遮光。然而，红掌在不同生长阶段对光照要求各有差异。如营养生长阶段(平时摘去花蕾)对光照要求较高，可适当增加光照，促使其生长。开花期间对光照要求低，可用活动遮光网调至10～15 klx，以防止花苞变色，影响观赏。因此，要灵活掌握红掌在不同生长阶段对光照的要求，以确保其正常健壮生长。

(4)病虫害防治　红掌对于杀虫剂和杀菌剂极为敏感，因此一般要求不在高温高光照时喷施，北方地区夏天高温时不要喷施，可在早上或者傍晚喷施；冬天最好是在上午喷施，下午由于温度降低较快，容易引起“温室雾”，反而加快病菌的传播。

①传染性病害。红掌对于细菌性病害没有特效药，主要是以预防为主。环境预防包括加强温室的温度控制(细菌理想的繁殖条件是30 ℃左右)、环境卫生和生产区人员、作业工具的流动等的管理。肥料预防包括在植株生长中尽量不用高NH_4^+态的氮肥，及时去除或隔离病株。药物预防是定期用药物喷施生产区，可以选用的药物有农用链霉素、新植霉素、土霉素、溃枯宁等。由于铜制剂对红掌有毒害作用，要慎用。对于红掌真菌性病害一般的杀菌药都可以解决，如红掌的斑叶病，病原是壳针孢属真菌，表现的主要症状是叶片上有棕色斑点，斑点中心组织死亡，外围是一环黄色的组织。可以用50%克菌丹、75%百菌清、50%扑海因、64%杀毒矾M8定期喷施，可以1周左右用药1次，连续4～5次。红掌的柱盘孢属是一种真菌病害，主要的表现症状是叶片逐渐变干，黄化萎蔫，植株基部变为棕色。防治方法可以用5%速克灵、50%甲基托布津等。

②生理性病害。症状为盲花、花畸形、形成莲状，病因：一是根压过大，二是与植物体本身的遗传性状有关，比如有的品种就是育种商特意选育的品种。处理办法是浇水适量，选择透水透气性好的栽培基质；有些生理性病害表现症状是佛焰苞不开，原因是温室的相对湿度过低，可能也与品种有关。处理的办法就是增加温室的湿度，浇水适度。

③虫害。红掌最多发生的虫害是红蜘蛛、线虫、菜青虫、白粉虱、蓟马、蜗牛、介壳虫，其中以红蜘蛛、线虫、菜青虫为主。红掌对杀虫剂敏感，使用时浓度一定要准确，其浓度也通常比其他花卉低。特别注意含铜的农药如乐果、甲胺磷、马拉硫磷、对硫磷等会对红掌产生毒害。

(5)注意事项　红掌经过一段时间的栽培管理，基质会产生生物降解和盐渍化现象，从而使其基质pH降低，EC值增大，进而影响植株根系对肥水的吸收能力。因此，基质的pH和EC值必须定期预测，并依测定数据来调整各营养元素的比例，以促进植株对肥水的吸收。

大多红掌会在根部自然萌发许多小吸芽，争夺母株营养，而使植株保持幼龄状态，影响株形。摘去吸芽可从早期开始，以减少对母株的伤害，摘去吸芽用手即可，不必用剪刀或小刀。

思考题

1. 简述设施栽培有哪几种类型，各有什么特点。
2. 建造日光温室需要考虑的因素有哪些？
3. 温室环境调控的技术有哪些？包括哪些设施设备？
4. 简述露地花卉栽培技术要点有哪些。
5. 简述设施花卉栽培技术要点有哪些。

第6章

花卉的花期调控

6.1 花期调控的意义

花卉的花期由其生物学特性和气候条件决定，一般与特定的季节变化相匹配。在花卉栽培中，采用人为的措施，来控制花卉开花时间的技术，称为花期调控。使植物的花期较自然花期提前的称为促成栽培，使花期比自然花期延后的方式称为抑制栽培。

花期调控的主要目的体现在以下几个方面：①打破自然花期的限制，根据市场需求提供花卉；②丰富不同季节花卉种类，实现鲜切花全年供应，推动花卉产业化和专业化生产；③使自然花期不在同一时间的亲本同时开花，便于培育新品种；④实现一年内2次开花结实，缩短栽培周期，加快花卉种子生产和杂交育种进程。

6.2 花期调控的原理

植物开花涉及花原基形成及花芽分化与发育。这是有花植物从营养生长转向生殖生长的重要过程，也标志着植物从幼年期过渡到成年期。这一过程主要由植物的遗传特性决定。不同类型的花卉其成花年龄差异显著，一二年生草本花卉的成花年龄较短，通常仅需几十天，而多年生花卉则可能需要数年时间。植物达到成花年龄后，外界环境因素才显著影响开花过程。

花期调控技术目前主要依靠两方面的研究：一是了解开花机制，通过调整外部环境因子来控制开花时间；二是研究植物的休眠机制及其影响因素，从而调节花期。目前已知影响开花和休眠的主要因素包括温度、光照以及植物生长调节剂。

6.2.1 温度对开花的影响

温度对开花的影响主要体现在质和量两个方面。质的作用是指温度使植物的发育产生质的变化，只有在一定的温度条件下，植物才能从一个发育阶段到另一个阶段，如诱导和打破休眠、春化作用。量的作用是指温度作用于植物生长和开花的速度，从而使植物提前或延迟开花。在花期调控中，温度的质和量作用是相辅相成的，它们共同决定了植物开花的时机和节奏。

1)打破休眠

有些花卉在花芽分化完成后，花芽即进入休眠状态，对其要进行高温或低温处理才能打破休眠。秋植球根类花卉如百合、郁金香等自然花期后进入休眠，需高温处理种球才能打破休眠，而春植球根类如唐菖蒲、小苍兰等需低温打破休眠。落叶宿根花卉类如芍药、菊花等需低温打破休眠。

2)春化作用

春化作用是指植物必须经历一段时间的持续低温才能由营养生长阶段转入生殖阶段进行开花结实的现象。需要春化作用才能开花的植物主要原产于温带和寒带的冬性一二年生和多年生花卉。

在不同的发育阶段，春化作用的感受器官各不相同：在种子萌发阶段，感受低温的部位是胚；在营养体阶段则主要是茎尖。

通常春化作用的有效温度范围在 1～15 ℃，其中最为有效的温度为 3～8 ℃。不同种类的花卉对低温的需求时长也不同，一般在 2～8 周。若春化处理不足，如在高温或干燥条件下，则春化效果可能会减弱或完全丧失，这种现象称为脱春化。值得注意的是，一旦植物经历了充分的春化处理，后续的脱春化就变得相对困难。

3)花芽分化

花芽分化和发育的过程受温度影响，其具体要求因植物种类而异。部分花卉在高温环境中进行花芽分化，如一年生花卉万寿菊和百日草，以及当年开花的木本花卉紫薇与木芙蓉等。秋植球根花卉如百合和郁金香也是在夏季高温期间分化花芽，但需经历低温期才能开花。此外，如樱花和牡丹这样的春季开花木本花卉需要在夏季高温下分化花芽，并在随后的低温中打破休眠以开花。

低温环境下进行花芽分化的植物则包括二年生及多年生宿根花卉如金鱼草和玉簪，这些植物需要 0～5 ℃的低温来诱导花芽分化；木本花卉如绣线菊、绣球花和一品红等则在晚间温度降至 15 ℃以下时分化花芽。

4)花芽发育

在花芽发育方面，大部分花卉经过适宜的温度诱导后能顺利发育并开花。然而，像芍药和花菖蒲这样的植物，在夏秋季花芽分化后，还需要一段时间的低温才能完成花芽的最终发育。此外，许多花卉如瓜叶菊的花芽发育与夜间温度密切相关，当夜间温度保持在 12～15 ℃时，花朵开放更为整齐。

6.2.2 光照对开花的影响

1)光周期对开花的影响

光周期对开花影响至关重要，它涉及昼夜循环中光照与黑暗的交替周期。植物开花需要经历特定的光周期条件，这与它们原产地的自然光照时长密切相关，并反映了植物对生态环境的适应。

长日照植物是指日照时长超过一定临界值(一般在 12 h 以上)，或者说暗期必须短于某一时数，才能形成花芽开花的植物，这类植物多见于高纬度地区。如二年生草本花卉和春末夏初开花的多年生花卉等，例如紫罗兰和鸢尾。光照越长，这些植物开花越早。而光照长度小于此临界日长时推迟开花或不能开花。

短日照植物是指只有当日照长度短于其临界日长(一般在 12 h 以内)时才能开花的植物。在一定范围内，暗期越长，开花越早，如果在长日照下则只进行营养生长而不能开花。此类植物多分布于热带、亚热带及温带地区，如菊花和一品红。

日中性植物的开花不依赖光照长度，只要条件适宜，如温度合适、营养充足，即可在任何光照条件下开花，例如香石竹、马蹄莲和天竺葵。

长日照植物和短日照植物都有质性和量性之分，大部分花卉由于驯化和栽培都是量性长日照或短日照植物。

临界夜长是指在光暗周期中短日照植物能开花的最小暗期长度或长日照植物开花的最大暗期长度。对短日照植物来说，暗期长于临界夜长可以开花，而对于长日照植物，暗期短于临界夜长可以开花。通过对光期和暗期在植物开花上的试验表明了暗期长度在开花上的决定作用，光照主要是通过光合作用提供给植物营养，同时光照能增加开花数量。

花芽分化与开花的光周期反应可能因温度波动而改变。例如，一品红在夜间温度为 17～18℃时表现为短日植物，而在 12 ℃时则转变为长日植物的特性。

2)光周期诱导

光周期诱导指植物在经过一段符合其需求的光周期后，即便后续光周期条件不再适宜，依然能继续开花。这一过程中，植物的成熟叶片是感受光周期变化并产生开花信号的主要部位。此信号随后传递至茎尖分生组织，促使花芽分化。不同光质的实验表明，红光可以促进长日照植物的开花而抑制短日照植物，反之远红光则可以逆转这一效应。

6.2.3　植物生长调节剂对开花的影响

植物生长调节剂是重要的化学物质，用于调控植物的生长发育。这些调节剂分为两大类：一类是植物体内自然合成的微量有机物质，即内源植物激素，主要包括赤霉素和细胞分裂素，这些激素在调节植物的花期中起着关键作用；另一类是人工合成的外源植物生长调节剂，如萘乙酸、乙烯利、矮壮素、6-BA、琥珀酰胺酸、多效唑、缩节胺等，这些也对花期有显著的调控作用。

1）促进或诱导开花

赤霉素能够促进长日照植物在短日照条件下开花，例如紫罗兰和矮牵牛等。这些植物通常需要长日照才能从莲座生长形态过渡到抽茎开花，而赤霉素的使用可以促使它们在短日照条件下也能够开花。此外，细胞分裂素的应用同样有助于促进植物的开花。

2）代替低温，打破休眠

赤霉素对于打破某些植物的低温休眠也有明显效果。例如，对桔梗、蛇鞭菊和芍药进行赤霉素处理可以打破它们的休眠状态。同样，对郁金香等球根花卉施用赤霉素可以替代低温需求，促使它们提前进入开花阶段。此外，乙烯也被用来打破特定球根植物如小苍兰和荷兰鸢尾的休眠，从而促进开花。

3）延迟开花

使用如B9、萘乙酸和2,4-D等生长调节剂也可以延迟植物的开花时间。例如，向杜鹃花蕾喷施B9可以有效推迟其开花期。类似地，通过对菊花施用萘乙酸或2,4-D可以延长它们的花期。

6.2.4　花期调控技术依据

花期调控是一种利用各种技术手段控制花卉开花时间的方法。在实施花期调控之前，必须综合考虑花卉的生长特性、生长环境、温室调控条件以及市场需求，以确保花期调控能够满足市场需求。实施花期调控时应考虑以下几个关键因素：

1）选择适宜的花卉种类和品种

根据市场需求选择自然开花时间接近目标花期的种类和品种，这可以简化技术操作、节省时间并降低成本。例如，选择早花品种来促进开花，或选择晚花品种来抑制开花。例如，唐菖蒲不同品种从种植到开花需要60～120 d，可以根据需要选择早花品种以提前开花。

2）了解花卉的生长发育特性

深入理解花卉的营养生长、花芽分化、花芽发育和可以影响这些进程的环境条件是非常重要的。考虑花卉是否需要特定的光照或温度条件，以及休眠和怎样打破休眠。这可以包括调整光照适用于对日长有严格要求的植物，或使用温度调节以促进某些植物的花芽分化。

3）选择成熟的植株

应选用已度过童期、花芽分化完毕且生长健壮的植株或球根，这有助于保证开花的质量。例如，芍药在进行花期调控之前，应选择3～5年生植株，鳞芽应饱满且数量至少有4～6个。

4）考虑环境因子和栽培技术

在温度和光照调节过程中，了解这些因素对植物的影响范围和最适条件是至关重要的。这包括不同植物对温度处理的需求差异，以及植物生长调节剂与低温或光照间的替代关系。良好的栽培技术对于提高花卉的质量和商业价值、延长观赏期也至关重要。

5）制定目标和生产计划

在制定花期调控措施时，应进行成本核算，确保生产计划的经济可行性。尽量利用自然环境条件，如利用自然低温来满足需要低温打破休眠的木本花卉，或利用高海拔地区的自然气候来延迟花期。这不仅节约能源和设施成本，而且利于环境保护。

6.3　花期调控技术

在花卉生产中，根据不同的气候、温度、湿度，并结合花卉自身的特性，人们发展了许多有效的花期控制策略。关键在于先了解每种花卉的生物特性，并保证其健康生长以确保花质优良。虽然不同类型的花卉在花期调控上遵循相同的原理，但具体技术措施因花种不同而有所差异，并受时间、温度、湿度、地理环境、设备等多种因素的影响。以下是花期控制的一些主要措施。

6.3.1 园艺措施

1)调节播种期、扦插期及栽植期

(1)调节播种期　一二年生的草本花卉大部分都以播种繁殖为主。一年生草本花卉一般在春季播种，根据播种地区所处的气候条件，可以从3月中旬到7月上旬陆续在露地播种，其营养生长和开花均在适宜的气候条件下完成。如果想延迟或促进花期，可以根据不同花卉的生长发育规律，计算其在不同气候条件下，自播种到开花所需要的时间，分批分期播种。一般一年生花卉从播种到开花需要45～90 d。如万寿菊和百日草从播种到开花时间分别为100 d和80 d左右，如果希望万寿菊和百日草9月下旬至10月上旬开花，那么分别在6月中旬和7月上旬播种万寿菊和百日草种子即可。

(2)调节扦插期　多年生花卉繁殖主要依靠扦插，如菊花、香石竹等。可根据不同花卉自扦插至开花所需时间长短及需花日期来确定扦插日期。如香石竹从扦插到开花大约需要150 d，欲使香石竹在国庆节开花，可以在5月上旬左右扦插，给予适宜其生长的环境条件使其按需要的时间开花。

(3)调节栽植期　球根花卉的种球一般低温储藏打破其休眠或完成花芽分化后，大部分都是在冷库内储存。可以根据种球从栽植到开花所需要的时间长短和需花日期来确定其栽植日期。如低温处理完成花芽分化的郁金香种球从栽植到开花需要120 d左右，如果想让其春节开花，可以提前4个月栽植种球，并给予其生长发育和开花所需要的环境条件使其按时开花。

2)修剪和摘心

对一年可以进行多次花芽分化的花卉种类如月季、天竺葵、茉莉、菊花等，都可以在开花后进行修剪，使其重新抽出新枝和开花。摘心一般适用于易分枝的草本花卉，摘心处理可以使植物多发侧枝，增加营养生长，延迟开花，如菊花一般要在开花前摘心3～4次，不仅可以控制花期，还可以使植株健壮和花朵繁多。

3)抹芽和去蕾

抹掉侧芽可以使养分集中、顶芽更健壮，不仅能促进开花，而且使单花健壮，如向日葵生产中一般采用抹芽处理。反之如抹掉顶芽，就能延迟开花。去除侧蕾可以使养分集中，促进主蕾开花；反之如果去除主蕾，则可推迟开花。大丽花常用去蕾的方法控制花期。

4)调节水肥

水、肥在花卉植物的整个生命周期中是必不可少的重要条件。花卉植物只有在适宜的水、肥环境中才能茁壮成长。控水控肥主要是调控营养生长和生殖生长的比例，从而促进和延迟开花。有些木本花卉在干旱条件下为了本身延续后代的需要，它们会在很短的时间内完成开花、结果整个繁殖后代的过程。如叶子花在完成营养生长后，停止往花盆里浇水，直到梢顶部的小叶转成红色后再浇水，很快就会开花。开花后少浇水(3～4 d浇一次，土表湿润即可)，才能保持延续不断开花。如梅花和榆叶梅等落叶木本花卉，在夏季休眠期进行花芽分化时控水措施可以促进其花芽分化，促进开花。

在球根花卉的种球采取低温处理时，一定要控制湿度，湿度过大易感病、提前抽芽；湿度低有利于种球的储存。种球含水量越少花芽分化越早，如郁金香、风信子、百合等种球。

在花期控制阶段，适当施用磷、钾肥，尽量少施或不施氮肥，有利于生殖生长，氮肥过多，影响花芽分化，只是抽梢长叶而不开花。

6.3.2 温度调节

温度调节是在日照条件得到满足的基础上，控制花卉开花时间的一种重要手段。通过人为地控制满足花卉花芽分化、成熟以及花蕾发育的温度需求，可以创造最适宜的开花条件，并达到调控花期的目的。每种花卉植物都有适合其生长的特定温度范围，这包括营养生长和生殖生长的不同温度需求，以及花芽分化与发育的适宜温度。此外，不同品种的花卉对温度的反应也各不相同。选择处理温度时应考虑花卉品种的原产地或在当地培育的气候条件。一般而言，20 ℃以上视为高温环境，15～20 ℃为中温环境，而10 ℃以下则属于低温环境。温度处理还需要根据栽培地的气候、花卉的采收时期、市场需求以及植株的成熟度来进行调整。在有条件的情况下，还可以利用高海拔山区夏季的冷凉气候和昼夜温差较大的特点进行自然温度调控。

1)降温处理

在春季自然气温未回暖前，对处于休眠的植株给予1～4 ℃的人为低温，可延长休眠期，延迟开花。根据需要开花的日期、植物的种类与当时的气候条件，推算出低温后培养至开花所需的天数，从而来决定停止低温处理的日期。这种方法管理方便，开花质量好，延迟花期时间长，适用范围广，大多数越冬休眠的宿根花卉、木本花卉及球根花卉都可以采用低温处理来完成花芽分化或打破休眠。

二年生花卉和宿根花卉，在生长发育中需要一个低温春化过程才能抽茎开花，如毛地黄、菊花、芍药等。许多越夏休眠的秋植球根花卉的种球，在完成营养生长和形成球根发育过程中，花芽分化阶段已经能够完成，但如果这时把球根从土壤里取出晾干不经低温处理再栽种，种球不开花或开花质量会非常差。大多数此种类型的球根在花芽发育阶段必须经过低温处理，才能保证开花的质量。这种低温处理种球的方法，常称为冷藏处理。在进行低温处理时，必须根据各种类的球根花卉与其处理目的，选择最适低温。杜鹃、紫藤可延迟花期7个月以上，而质量不低于春天开的花。某些木本花卉需要经过0 ℃的人为低温，强迫其通过休眠阶段后，才能开花，如桃花等。很多原产于夏季凉爽地区的花卉，在夏季炎热的地区生长不好，也不能开花。对这些花卉要降低温度，使在28 ℃以下，这样植株处于继续活跃的生长状态中，就会继续开花，如仙客来、天竺葵等。为延长开花的观赏期，在花蕾形成、绽蕾或初开时，给予较低温度，可获得延迟开花和延长开花期的效果。

利用低温使花卉植株产生休眠的特性，一般2～4 ℃的低温条件下，大多数的球根花卉的种球可以较为长期储藏，推迟花期，在需要开花前取出进行促成栽培，即可达到目的。在低温的环境条件下，花卉植物生长变缓慢，延长发育期与花芽成熟过程，也就延迟了花期。

2)利用热带高海拔山区调温

除了球根类花卉的种球要用冷库进行冷藏处理外，在南方的高温地区，可以建立高海拔(800～1200 m或以上高度)的花卉生产基地。利用暖地高海拔地区冷凉气候进行花期调控是一种低成本、易操作，能进行大规模批量生产花卉调控花期的最佳方法。高海拔山地气候不仅能提供植物最适的生长发育温度，而且由于其昼夜温差大，从而使花卉的生长速度加快，有利于花芽的分化及花芽成熟，也抑制了病虫害的发生。这种花期调控方式同冷库相比减少了大量的电能消耗，加强了花卉商品的竞争力。

3)增温处理

冬季温度低，植物生长缓慢不开花，这时如果增加温度可使植株加速生长，提前开花。这种方法适用范围广，包括露地经过春化的宿根花卉，如石竹、桂竹香、三色堇、雏菊、瓜叶菊等；春季开花的低温温室花卉，如天竺葵、仙客来；南方的喜温花卉，如非洲菊以及经过低温休眠的露地木本花卉，如牡丹、杜鹃、桃花等。开始加温日期以植物生长发育至开花所需要的天数而推断。增加的温度是逐渐升高的，一般用15 ℃的夜温，25～28 ℃的日温。

(1)利用南方冬季温度高的气候优势进行提前开花处理　牡丹花在经过北方寒冷冬季的自然低温处理后，运输到南方，利用南方的自然高温，打破牡丹花植株的休眠，经过1个多月的精心管理，牡丹花盛开，这就是典型的利用地区性自然温差促使提前开花的处理方法。

(2)利用温室保温、加温　在秋末、冬天和初春时期，天气较冷，温室内的温度往往较室外高，如果在室内多加一层薄膜，保温的效果会更好。如果温度太低，只能通过电热加温(包括电热器、电热风扇、电炉、红外线加热管、高温灯泡等)对温室进行加热，以达到提高温室温度的目的。

(3)采用发电厂热水加温　有条件的地方，可以利用火力发电厂的水冷却循环系统通过温室内，再循环回电厂，这样可以大大减少能源消耗，降低加温成本，提高花卉产品的竞争力，是一种廉价高值的加温手段。

(4)利用地热加温　有地热条件的地方，可以用管道将热水接到温室里，提高温室的温度，既可以增加温室里的湿度，又可以降低成本，提高经济效益。

6.3.3 光照调节

光照调节是控制花卉花期的重要环节，因为不同花卉对光照强度和时长的需求差异较大，甚至同一植物在不同生长阶段的光照需求也会不同。主要通过控制光周期进行花期调控，以下是几种常见的光照处理方式：

1)短日照处理

在夏季长日照时节，通过遮光使短日照花卉(如菊花)提前开花。这通常是通过在日落前将花卉覆盖以黑布或黑色塑料膜，直至次日日出后一段时间，以达到所需的短日照条件。

重要的是要确保植株生长健壮，在遮光处理前减少施用氮肥，增加磷钾肥的使用。

2)长日照处理

在冬季短日时节，通过人工补光来促使长日照花如石竹提前开花。常见方法包括明期延长、暗期中断和终夜照明，其中明期延长是在日落前或日出前开始补光，持续 5～6 h；暗期中断则是半夜补光 2 h；终夜照明则整夜进行，光照强度需超过 100 lx。

如菊花是对光照时数非常敏感的短日照花卉，在 9 月上旬开始用电灯给予光照，在 11 月上、中旬停止人工辅助光照，在春节前菊花即可开放。

3)颠倒昼夜处理

对于夜间开花的花卉，如昙花，可以采用昼夜颠倒的方法来调整其开花时间至白天。具体是指将花蕾已长至一定大小的植株白天置于暗处，晚上使用 100 W 的强光照射。

4)遮光处理

部分花卉植物不能适应强烈的太阳光照，特别是在含苞待放之时，用遮阳网进行适当的遮光，或者把植株移到光强较弱的地方，均可延长开花时间。如把盛开的比利时杜鹃放到烈日下暴晒几个小时，就会萎蔫；但放在半阴的环境下，每一朵花和整棵植株的开花时间均大大延长。牡丹、月季、香石竹等适应较强光照的花卉，开花期适当遮光，也可使每朵花的观赏寿命延长 1～3 d。

5)光照与温度组合处理

在花卉的促成和抑制栽培中，有时温度和光照中某一个因子对打破休眠、生长、花芽分化及发育和开花都有明显的主导作用。但是有些植物对这两个因子进行合理的组合才可以促进或延迟开花，如秋菊光照处理时，必须给予 15 ℃以上的温度，才能完成花芽分化，从而感受光照处理。

6)长日照处理的光源与强度

照明光源的选择应根据花卉种类的具体需求，常用的光源包括白炽灯、荧光灯、高压汞灯、金属卤化物灯和高压钠灯等。例如，短日照花卉如菊花常使用白炽灯，因为其发出的远红外光较多；而长日照植物如锥花和丝石竹则常使用荧光灯。不同植物种类照明的有效临界光度也有所不同，如紫苑需在 10 lx 以上，菊花需 50 lx 以上，一品红需 100 lx 以上才有抑制成花的长日效应。50～100 lx 通常是长日照植物诱导成花的光照强度。

6.3.4 应用植物生长调节剂

植物生长调节剂是通过人工合成或从生物体中提取的化学物质，对植物生长和开花有显著的调控作用。这些调节剂包括生长素、赤霉素、细胞分裂素、脱落酸、乙烯以及植物生长延缓剂和抑制剂等。

1)植物生长调节剂的应用特点

(1)相同药剂对不同植物种类、施用时期不同而有差异，如赤霉素对花叶万年青有促进成花作用，而抑制菊花的开花；如吲哚乙酸对藜在花芽分化之前使用可以抑制开花，而在花芽分化后使用可以促进开花。

(2)不同植物生长调节剂施用方法不同，易被植物叶片吸收的如 GA_3 等可以叶面喷施，易被根系吸收的如多效唑，可以土壤浇灌；打破种子和球根休眠可以用浸泡方法。

(3)不同的环境条件明显影响植物生长调节剂施用的效果。有的药剂在低温或高温下有效果，有的在长日照或短日照条件下才能有作用。土壤湿度和空气湿度也影响药剂的效果。

2)赤霉素在花期调控上的应用

(1)打破休眠　用于多种球根和宿根花卉如蛇鞭菊和桔梗，通过处理球茎或根部以打破休眠，促成开花。例如，蛇鞭菊块茎在夏末初休眠期用 GA_3 处理后可储藏，并分批种植以分期开花。宿根花卉如芍药等和木本花卉杜鹃等一般秋季进入休眠，GA_3 的应用能减少低温处理时间来解除休眠从而促进开花。

(2)代替低温促进开花　夏季休眠的球根花卉如百合和郁金香等，花芽形成后需要低温使花茎伸长才能开花。将冷藏过的种球种植后待株高达 7～10 cm 时赤霉素处理叶丛，可以代替低温促使花茎伸长。小苍兰球茎需要经过低温后才能伸长开花。未经低温处理的小苍兰球茎用 GA_3 浸泡处理，然后冷藏 35 d 后种植，GA_3 处理过的比未处理过的种球能提早 3 周开花。

(3)促进花芽分化　对一些需要低温才能完成春化作用的二年生或宿根花卉可以用赤霉素处理来促进花芽分化。如 9 月下旬起用 GA_3 处理紫罗兰、秋菊 2～3 次，则可以代替低温作用来促进花芽分化。

(4)促进茎秆伸长　鲜切花栽培中促使花茎达到一定的商品高度时可以在营养生长期喷施 GA_3 来促进茎秆伸长，如月季、金鱼草、菊花等。标准菊切花生产中可在栽种后 1～3 周内喷施赤霉素，重复三次，隔周进行，从而使花茎达到足够高度。对于多花型的切花小菊，可以在短日照诱导开始后用赤霉素喷施花梗部位从而促进小花朵有较长的花梗。

赤霉素的有效使用浓度通常在 0.005%～0.01%。为了确保最佳效果，应在花卉的适当生长发育阶段进行处理，并可以通过喷施、涂抹或点滴等方法施用。药效持续时间通常为 2～3 周。

3)生长素在花期调控上的应用

生长素类中常用于开花调控的植物生长调节剂主要有 2,4-D、吲哚乙酸(IAA)、吲哚丁酸(IBA)及萘乙酸(NAA)。常用于增加花茎高度和延长花期。例如，郁金香在低温后用 IAA 或 NAA 喷施可增高花茎；落地生根用 IBA 喷施不仅助于生根也能延长花期；在花芽分化之前使用 NAA 可以推迟秋菊的开花。

4)细胞分裂素在花期调控上的应用

细胞分裂素类中常用于花期调控的有 6-BA。用于提前宿根花卉的开花，尤其在经历高温导致生长活力下降后。例如，胎菊在夏末高温后，移至 15℃长日照条件下，同时喷施 6-BA 溶液，可预防莲座化并恢复生长活力，促进提早开花。

5)乙烯在花期调控上的应用

用于打破球根花卉休眠期的花芽分化。荷兰鸢尾及多花水仙的鳞茎采用乙烯熏气法，可以打破其休眠促进花芽分化。水仙鳞茎用乙烯气体处理，可以提高开花率。能释放乙烯气体的植物生长调节剂如乙烯利、乙炔、β-羟乙基肼(BOH)还对凤梨科的植物有促进成花的作用。

6)植物生长延缓剂和抑制剂在花期调控上的应用

常用于花期调控的植物生长延缓剂和抑制剂主要有矮壮素(CCC)和丁酰肼(B9)，用于控制植物生长速率并促进花芽分化。CCC 叶面喷施可以促进秋海棠、杜鹃和三角梅等植物的花芽分化。CCC 处理还可以使天竺葵开花提前 2 周。在夏季桃树叶面上喷施 B9 可以抑制新梢生长，增加花芽分化数量。用 B9 喷施一年生草花如矮牵牛、波斯菊等可以使其花期提前。

6.4 花期调控实例

6.4.1 一串红的花期调控

一串红是多年生亚灌木作一年生栽培，主要是播种和扦插繁殖。从播种到开花约 150 d；一串红在适宜的环境条件下，扦插约 3 周便可生根，1 个月后即可上盆，再经过约 2 个月的培养即可开花。一串红的花期调控主要通过分期播种、分期扦插和摘心来完成。

1)分期播种

若使一串红在“五一”开花，根据所选品种的生育期，计算最适宜的播种时期，播种后控制适宜的室温温度，“五一”既可将植株栽于花坛，也可以摆盆造型。欲使其在“十一”开花，将一串红于3—4月在温室内播种，9月过后移至室外养护，进行几次摘心，到“十一”即可开花。

2)分期扦插

扦插可缩短苗期，促使提早开花。根据需要开花的时间适时扦插，即可如期开花。如秋季扦插苗，冬季在室内养护，可于翌年早春开花；夏季6—7月扦插苗，加强水肥管理，当年即可开花。利用扦插繁殖调节花期时，夏季扦插要注意遮阳，冬季扦插室温需保持在20～25 ℃，并注意经常保持基质湿润。

3)摘蕾

一串红生长期除摘心外，还可用摘蕾整形的方法，人为地控制花期。一串红的花序生于枝的顶端，在气温20～25 ℃的条件下，摘蕾后25 d左右又能孕育新蕾而开花。据此特性，可调控一串红的花期。若需“五一”开花，可在4月5日摘蕾；要求在“七一”开花，可在6月5日摘蕾；若需“十一”开花，可在9月5日摘蕾。此外，一串红花后及时剪去残花，不使其结籽，可以减少养分消耗，防止过早衰老，合理浇水、施肥，给予充足的光照和适宜的生育温度，便可四季花开不断。

6.4.2 报春花的花期调控

报春花属于二年生草本花卉，主要是秋季播种繁殖，次年早春开花。报春花在温度低于10 ℃时，无论长日照或短日照下均可花芽分化，若同时进行短日照处理，便可促进花芽分化，花芽分化后保持15 ℃左右的温度并进行长日照处理，则可以促进花芽发育，提早开花。在温度16～21 ℃时，进行短日照处理，可以促进花芽分化，促使提前开花。当温度升至30 ℃，不管日照长短，均不花芽分化。

6.4.3 菊花的花期调控

1)菊花花芽分化的特点

菊花展叶10片左右，株高25 cm以上，顶部约有7片尚未展开的叶时，花芽才开始分化。开花时，株高一般60 cm以上，植株有15～17片叶片。花芽完全分化需要10～15 d，花芽分化后到开花这一段时间的长短因温度和品种而异，一般为45～60 d。不同菊花的花芽分化对温度反应不同。夏菊在夜温10 ℃左右可以快速形成花芽；夏秋菊的花芽分化适温一般在15 ℃以上；秋菊和寒菊最低夜温在15 ℃左右才能进行花芽分化。

2)菊花花期调控技术

(1)栽培措施　菊花品种众多，自然花期不同，可在4月下旬到12月下旬自然开花。可以在不同地区选择适宜栽培的品种，适时种植。如秋菊的自然花期在9—11月中旬，季节性栽培可以采用不同时期的扦插苗栽植。5月中旬定植，9月开花；6月中旬定植，10月开花；6月下旬至7月上旬定植，11月开花。

(2)光照调控措施　秋菊和寒菊为典型的短日照花卉。在每天日照时数低于12 h条件下，开花良好；高于这个日照时数则不能开花。秋菊和寒菊的花芽分化对光周期非常敏感，花芽分化需连续短日照处理21～28 d；而多花型菊花则需要连续短日照处理42 d，才能促进花芽分化。

①长日照延迟开花。用100 W的白炽灯，每10 m^2设1盏，吊在植株茎顶1.5 m处。一般在摘心后的第2周开始处理秋菊约50 d。每天23时到次日2时补光2～3 h，可有效延迟开花。

②短日照提前开花。遮光处理主要针对光反应敏感的秋菊和寒菊。正确安排扦插日期，扦插苗生根后即可以栽植。遮光处理的时间从预期开花前50 d开始，直到花蕾开始变色止。一天中从下午6～7时开始用黑布遮光，到第2天上午8～9时解除遮光，光照时间控制在9～10 h。菊花感受短日照的部位是顶端成熟的叶片，顶部一定要完全黑暗，基部不必要求过严。

(3)菊花定时开花法

①春节开花。8月份剪取嫩枝扦插，9月中旬温室中定植，摘心后2周开始人工补光，12月初停止补光，菊花在自然短日照条件下进行花芽分化，次年2月初即可开花。

②“五一”开花。10月下旬至11月上旬，在温室中培育栽植扦插苗，摘心后的第二周进行人工补

光一直到次年 1 月中旬停止，然后菊花在自然短日照条件下完成花芽分化形成花蕾，于次年 4 月中下旬开花。

③“七一”开花。1 月中旬到 2 月上旬扦插定植菊花苗，于 4 月下旬至 5 月初进行遮光处理，保证每天光照不超过 10 h，诱导菊花花芽分化，6 月中下旬即可开花。

④“十一”开花。5 月下旬至 6 月上旬定植菊花苗，于 7 月底进行遮光处理，保证每天光照不超过 10 h，诱导花芽分化，9 月中下旬即可开花。

6.4.4　芍药的花期调控

芍药早花品种在 8 月底开始花芽分化，晚花品种则在 9 月中下旬开始花芽分化。大多数品种从 11 月中旬起形成花瓣原基，并停止发育，进入休眠，并以此状态越冬。第二年春天萌芽生长，花芽继续发育，4—5 月中下旬开花。芍药的花期调控主要依靠温度来调节花芽分化。

1)芍药促成栽培

促成栽培中，于 9—10 月将 3～4 年生的健壮植株进行冷藏处理。冷藏室内一般选用埋土冷藏法，即芽子微露在土壤表面即可。人工冷藏植株开始必须在 8 月下旬或 9 月下旬花芽分化开始后，只有已开始形态分化的花芽才能有效地接受低温诱导，在人工低温条件下完成花芽分化。冷藏室温度保持在 2 ℃左右。可以根据开花上市时间确定选用芍药品种和冷藏时间。早花品种需冷藏 25～30 d，中晚花品种需冷藏 40～50 d。早花品种于 9 月上旬选择健壮植株进行冷藏后栽植，在温室中培育，可于 60～70 d 后开花；晚花品种于 10 月上旬进行冷藏处理后栽植，可于次年 1—2 月开花。

2)芍药抑制栽培

抑制栽培中，于早春芍药萌动前将植株挖出，储藏在湿润的 0 ℃冷藏库中以抑制其萌芽。如 5 月中下旬定植，30～50 d 后即可以开花。

6.4.5　百合的花期调控

露地条件百合鳞茎通常是 9—11 月定植，自然花期 4—6 月，属于秋植球根。百合开花后鳞茎进入休眠期，经过夏季高温即可打破休眠，再经过低温春化诱导形成花芽。打破休眠及低温春化的温度和时间因品种而不同。打破休眠一般需要 20～30 ℃的温度 3～4 周，低温春化通常需要 0～8 ℃的温度 4～6 周。百合花期调控主要是温度控制，打破其休眠和诱导其花芽分化。打破休眠后，花芽分化完成的种球若提供适宜的温度和光照，开花种球栽植后 60～80 d 即可开花。

1)百合的促成栽培

百合的促成栽培指使百合在 10 月至次年 4 月开花。选择周径 12～14 cm 的鳞茎，在 13～15 ℃处理 2 周，在 3 ℃下再处理 4～5 周，即可打破休眠，完成花芽分化。冷藏时用潮湿的泥炭或木屑等保水的基质包埋种球放置于塑料箱内，并用薄膜包裹保湿。若欲使百合在国庆节左右开花，7 月栽植种球，同时根据其生产地气候调控温室温度，这样可以在 10 月开花。若欲使百合 11 月至元旦前后左右开花，取冷藏种球于 8 月下旬定植，12 月后保温或加温，并提供人工光照。若欲使百合春节前后至次年 4 月左右开花，10—11 月下旬定植冷藏种球，温室内加温补光。

2)百合的抑制栽培

百合抑制栽培是指使百合在 7—9 月开花。将 3 月萌芽前的百合种球继续在冷库中低温冷藏，4 月上旬至 5 月上旬定植，可使其在 7—9 月开花。

6.4.6　唐菖蒲的花期调控

唐菖蒲种球春季栽植，4～5 ℃开始萌芽，二叶期开始花芽分化，新球茎形成；三叶期花芽分化完成(40～50 d)，六叶期花茎伸出，子球形成，老球开始萎缩，夏季开花，秋季新球增大，子球数量增多，开花后一个月，新球与子球同时进入休眠。

唐菖蒲属于春植球根类花卉。生育最适温度为昼温 20～25 ℃，夜温 12～18 ℃。唐菖蒲为典型的长日照植物，需要 14 h 以上的光照进行花芽分化。唐菖蒲的花期调控主要由营养生长期需要长日照光照诱导花芽分化，人工低温打破其休眠来完成。

1)唐菖蒲的促成栽培

唐菖蒲的促成栽培指使其在1—6月开花。将唐菖蒲的种球放置于0～4 ℃的冷库中冷藏30～50 d即可打破休眠；或者采用人工高低温变温处理，即将收获后的种球晾干后，先在35 ℃的高温下经过15～20 d处理，再转入2～3 ℃的冷库中处理20 d左右打破其休眠。打破休眠后的种球，定植后100 d左右后就可以开花。可以根据需要开花的时间，来选择适宜的种球定植时期。12月定植打破休眠的开花大种球，温室内温度保持在15 ℃以上，二叶期保证14 h以上的光照诱导花芽分化，可以使其在“五一”左右开花。

2)唐菖蒲的抑制栽培

唐菖蒲的抑制栽培是指使唐菖蒲在9—12月开花。将打破休眠的种球继续储藏在2～4 ℃冷库中，延迟种植期可以使其晚开花。若5—6月露地栽植，可使其在8—9月开花；9月温室种植，营养生长期需人工补光，可使其12月左右开花。

6.4.7 牡丹的花期调控

牡丹属于落叶木本花卉，植株前三年主要是营养生长，第四年后开始开花，自然花期在4月中下旬左右，花芽分化一般在5月上中旬开始，9月初花芽分化完成，10月中旬后进入落叶期，进入休眠。花期调控的主要措施是依靠人工低温或外源激素等措施打破休眠，从而使其早或晚于自然花期开花。

选用花期调控的牡丹要求4～7年的株龄，2～3年枝龄，总枝条数在5条以上，15 cm以上的枝长，并且具备饱满的花芽。将整株牡丹放置于0～5 ℃的冷库中14～50 d即可解除休眠，温度越低，所需要解除休眠的时间越短，0 ℃处理14 d即可解除休眠。不同的品种需要解除休眠的时间和温度也不同。

在牡丹的花期调控中，因赤霉素可以打破其休眠，所以在牡丹催花实践中广泛应用，用500～1000 mg/L GA_3处理牡丹植株3～4次，即可打破其休眠，从而促进开花。促成栽培适宜选择易开花，着花率高的早花或中早花品种，如‘胡红’‘朱砂垒’‘赵粉’等。抑制栽培适宜选择具有活动休眠花芽、半重瓣的晚花或中晚花品种如‘脂红’‘紫绣球’‘紫重楼’等。

冬季温室内牡丹催花，从萌动生长至开花主要包括3个不同的生理时期：早期从萌动至显蕾期约有15 d的发育时间，为茎、叶、花蕾的形态建成期，此期白天应保持7～15 ℃，夜间5～7 ℃；中期从显蕾至圆蕾期约20 d，为植株全面生长期，温度白天控制在15～20 ℃，夜间10～15 ℃；后期从圆蕾至开花过程约有20 d，白天应为18～23 ℃，夜间15～20 ℃。牡丹冬季温室催花期间，温度必须逐渐升高，切忌骤然升温或降温。

6.4.8 月季的花期调控

月季属于落叶灌木或藤本，其花芽在一年生枝条上形成，适宜条件下可以多次开花。月季花调控主要通过整形修剪、生长温度的调控和肥水管理来改善。

1)整形修剪

修剪可以对月季产花日期、单枝的出花数量和出花等级产生重大影响。一般全年应控制在18～25枝/株的产花数量。

月季从发育到开花时间是相对稳定的，但通过修剪，在一定程度上可调整花期。月季从修剪到开花的时间，夏季40～50 d，冬季50～55 d。修剪的时间主要根据品种的有效积温和特性，并参照设施栽培的保温能力来推算。8月整枝修剪后，9—10月开花；10月中旬修剪，元旦左右开花。1—2月整枝修剪后，3月中下旬开始开花。

2)温度控制

为使开花提前，可于10月下旬将植株移入0 ℃左右的低温室内30～40 d，再移入温室。逐步提高室温，当温度达到12～14 ℃时，保持恒温。每株月季留4～7个芽，除去多余的芽。显蕾时，便将室温增高至18～19 ℃。待花蕾显色后，便移至气温为12～15 ℃的露地环境，在3—4月就可开花。如在盛夏将植株移入20～25 ℃的冷室，植株便能正常成花与不断开花。

3)肥水管理

在上述各种情况修剪中，要结合植株长势，进行科学肥水管理。当植株修剪后，新一代芽不萌发时，用0.2%尿素每5～6 d叶面喷肥一次，可促进新芽萌发；如植株生长快，新枝迅速生长，超出计划范围时，控制供水可延缓生长。如新枝现蕾比计划晚，此时用0.2%磷酸二氢钾每5～6 d叶面喷肥一次，花蕾迅速生长，可以使开花提前。

思考题

1. 花期调控的目的是什么？
2. 影响花期调控的外界因素有哪些。
3. 花期调控的园艺措施有哪些。
4. 以一串红为代表，简述一年生花卉的花期调控措施。
5. 以报春花为代表，简述二年生花卉的花期调控措施。
6. 简述菊花的花期调控措施有哪些。
7. 简述芍药的促成栽培措施有哪些。
8. 以秋植球根百合为代表，简述秋植球根花卉的花期调控措施。
9. 以唐菖蒲为代表，简述春植球根花卉的花期调控措施。

第 2 部分　各论

第7章 一二年生花卉

7.1 概述

7.1.1 一二年生花卉的定义

在当地栽培条件下，一般春季播种，夏秋开花结实，入冬前死亡，当年能完成整个生长发育过程的草本观赏植物称一年生花卉；一般秋天播种，次年春季开花，次年完成整个生长发育过程的草本观赏植物称二年生花卉。由于各地气候及栽培条件不同，二者常无明显的界限，园艺上常将二者通称为一二年生花卉或简称草花。一些常作一二年生花卉栽培的多年生花卉也归为其中。

7.1.2 一二年生花卉的园林应用特点

一年生花卉一般不耐寒，多为短日性花卉。二年生花卉多数原产于温带或寒冷地区，耐寒性较强，但不耐高温。苗期要求短日照，在0～10 ℃低温下通过春化阶段，成长过程则要求长日照，为长日照花卉。

一二年生花卉的生长周期短，繁殖容易，多采用种子繁殖，可以大面积使用，见效快，而且一二年生花卉从播种到开花所需时间短，花期集中。但也存在管理繁琐，以及用工时间比较多的特点。

一二年生花卉具有色彩艳丽、生长迅速、栽培简易、应用广泛、成本低且销量大、适应性强、组合方便等优点，部分花卉花期长，是布置花坛、花境、园林装饰的良好材料，常栽植于花坛、花境等处，也可与建筑物配合种植于围墙、栏杆四周。部分种类还可用作切花、盆栽观赏，是美化生活不可缺少的花材。

7.2 常见一年生花卉

7.2.1 百日菊

【科属】菊科，百日菊属

【学名】*Zinnia elegans*

【别称】步步登高、节节高、鱼尾菊、火毡花、百日草

【识别特点】一年生草本。茎直立，高30～100 cm，被糙毛或长硬毛。叶宽卵圆形或长圆状椭圆形，基部稍心形抱茎，两面粗糙，下面被密的短糙毛，基出三脉。头状花序径5～6.5 cm，单生枝端，第一朵花开在顶端，侧枝开花比第一朵开得更高，所以又得名“步步高”。舌状花深红色、玫瑰色、紫堇色或白色，舌片倒卵圆形，先端2～3齿裂或全缘，上面被短毛，下面被长柔毛。管状花黄色或橙色，先端裂片卵状披针形，上面被黄褐色密茸毛。花期6—9月，果期7—10月(图7-1)。

【繁殖栽培】可种子繁殖、扦插繁殖。播种在4月上旬至6月下旬均可，播种选择上一年饱满种子，以提高种子发芽率。可根据开花时间确定播种日期，从播种到开花须75～90 d。种子可点播或撒播，

图 7-1　百日菊

图 7-2　波斯菊

覆薄土，播后浇水，播种 5～10 d 后发芽。除幼苗需遮光避雨外，均需充足阳光。扦插育苗不如播种苗整齐，可选择长 10 cm 侧芽进行扦插，一般 5～7 d 生根，30～45 d 后即可出圃。适当的摘心可以促进植株矮化、花朵增加。百日菊喜温暖向阳、不耐酷暑高温和严寒。若日照不足则植株容易徒长，抵抗力也较弱，此外开花也会受影响。

【园林应用】百日菊花大色艳，花期长，株形美观，可按高矮分别用于花坛、花境、花带，可用于盆栽，也是庭院美化常用种类。国内也有蔬果采摘与百日菊花海套种的成功实践，为休闲农业园区的景观提升提供了思路。

7.2.2　波斯菊

【科属】菊科，秋英属

【学名】*Cosmos bipinnatus*

【别称】格桑花、扫地梅、大波斯菊

【识别特点】波斯菊是一年生或多年生草本植物，高 1～2 m。根纺锤状，多须根，或近茎基部有不定根。茎无毛或稍被柔毛。叶二回羽状深裂，裂片线形或丝状线形。头状花序单生，径 3～6 cm；花序梗长 6～18 cm。总苞片外层披针形或线状披针形，近革质，淡绿色，具深紫色条纹，上端长狭尖，较内层与内层等长，长 10～15 mm，内层椭圆状卵形，膜质。花期 6—8 月(图 7-2)。

【繁殖栽培】波斯菊常用种子繁殖。中国北方一般 4—6 月播种，6—8 月陆续开花，8—9 月气候炎热，多阴雨，开花较少。秋凉后又继续开花直到霜降。波斯菊的种子有自播能力，一经栽种，以后就会生出大量自播苗；若稍加保护，便可照常开花。波斯菊喜光，耐贫瘠，土壤不能过分肥沃，忌炎热，忌积水，对夏季高温不适应，不耐寒。

【园林应用】波斯菊叶形雅致，花色丰富，有粉、白、深红等色，适于在草地边缘，树丛周围及路旁成片栽植美化绿化，颇有野趣，适合用作花境背景材料，也可植于篱边、山石、崖坡、树坛或宅旁。重瓣品种可作切花材料。研究发现，波斯菊对铅、镉、铜、锌等重金属污染土壤有修复作用，可用于尾矿地的生态修复及美化，因其具有水土保持功能，也可用于边坡固定及美化。

7.2.3　鸡冠花

【科属】苋科，青葙属

【学名】*Celosia cristata*

【别称】鸡髻花、老来红、芦花鸡冠、笔鸡冠、小头鸡冠、凤尾鸡冠、鸡角根、红鸡冠

【识别特点】一年生直立草本，高 30～80 cm。全株无毛，粗壮。分枝少，近上部扁平，绿色或带红色，有棱纹凸起。单叶互生，具柄，叶片卵形、卵状披针形或披针形，全缘。花多数，极密生，成扁平肉质鸡冠状、卷冠状或羽毛状的穗状花序，一个大花序下面有数个较小的分枝，圆锥状矩圆形，表面羽毛状；花被片红色、紫色、黄色、橙色或红色黄色相间。种子肾形，黑色，光泽。花果期 7—9 月(图 7-3)。

图 7-3 鸡冠花

【繁殖栽培】鸡冠花一般用种子繁殖，一般气温15～20 ℃时，10～15 d可出苗。鸡冠花喜温暖干燥气候，怕干旱，喜阳光，不耐涝，但对土壤要求不严，以排水良好的夹砂土栽培较好。

【园林应用】鸡冠花因其花序红色、扁平状，形似鸡冠而得名，享有"花中之禽"的美誉，因与"官"同音，在国画中，鸡冠花还常常作为画鸡的配景，其寓意"官上加官"、步步高升。鸡冠花对二氧化硫、氯化氢具良好的抗性，可起到绿化、美化和净化环境的多重作用，适宜作厂、矿绿化用，是良好的抗污花卉。高茎种可用于花境、点缀树丛外缘，作切花、干花等。鸡冠花也是传统的庭院花卉。

7.2.4 金鱼草

【科属】玄参科，金鱼草属

【学名】*Antirrhinum majus*

【别称】龙头花、狮子花、龙口花、洋彩雀

【识别特点】多年生直立草本，常作一二年生花卉栽培。茎基部有时木质化，高可达80 cm。茎基部无毛，中上部被腺毛，基部有时分枝。叶下部的对生，上部的常互生，具短柄；叶片无毛，披针形至矩圆状披针形，全缘。总状花序顶生，密被腺毛；花萼与花梗近等长，5深裂，裂片卵形，钝或急尖；花冠颜色多，红色、紫色至白色，基部在前面下延成兜状，上唇直立，宽大，2半裂，下唇3浅裂，在中部向上唇隆起，封闭喉部，使花冠呈假面状。蒴果卵形。花期6—7月，9—10月(图7-4)。

图 7-4 金鱼草

【繁殖栽培】金鱼草常用播种和扦插繁殖，一般南方温暖地区秋播，北方寒冷地区春播；春秋两季皆可进行扦插繁殖。喜阳光，也能耐半阴。性较耐寒，不耐酷暑。适生于疏松肥沃、排水良好的土壤，在石灰质土壤中也能正常生长。

【园林应用】金鱼草花形独特，色彩艳丽，花期长、着花多、花香浓郁，有丛生、单茎两种类型，是优秀的景观、切花花卉，广泛用于盆栽、花坛、种植槽和室内美化。高性品种可用作背景种植，也可用作切花，矮性品种可布置于窗台花池。金鱼草夏秋开花，在中国广泛栽种，适合群植，与百日菊、矮牵牛、万寿菊、一串红等配置效果尤佳。

7.2.5 夏堇

【科属】玄参科，蝴蝶草属

【学名】*Torenia fournieri*

【别称】蓝猪耳、兰猪耳

【识别特点】直立草本，高15～50 cm。茎几无毛，具4窄棱，简单或自中、上部分枝。叶具柄，叶片长卵形或卵形，几无毛，先端略尖或短渐尖，基部楔形，边缘具带短尖的粗锯齿。花通常在枝的顶端排列成总状花序；萼椭圆形，绿色或顶部与边缘略带紫红色，具5枚下延的翅；花冠筒淡青紫色，背黄色；上唇直立，浅蓝色，宽倒卵形，顶端微凹；下唇裂片矩圆形或近圆形，彼此相等，紫蓝色，中裂片的中下部有一黄色斑块。蒴果长椭圆形。花果期6—12月(图7-5)。

图 7-5　夏堇

【繁殖栽培】夏堇的播种繁殖一般是在春季，有些地方也可以进行秋播。夏堇的种子细小，因此在播种时可以掺入一些细沙。夏堇播种后不需要盖土，可以盖上塑料薄膜用来保湿。为了使夏堇播种提高出苗率，获得更多幼苗，可以进行箱播或畦播。播种后，均匀地轻压土壤，用浸水法浇水。夏堇扦插繁殖一般是在夏季，5—8 月进行。扦插时选择长势旺盛，粗壮健康的枝条作插蕙，可以适当修剪，将大部分的叶子除去，插入准备好的土壤中，土壤要求是透气的沙质土。夏堇是喜光性植物，在它的生长过程中光照需充足。将夏堇栽培于阳光充足的地方，开花会比较艳丽。但是在夏季阳光强烈的时候，也要注意遮阳，才能保持叶色翠绿。但不能过于荫蔽，会出现徒长的情况。夏堇喜欢高温环境，能耐高温，但不耐寒。在冬季，气温低于 12 ℃时便要放入室内养护，越冬温度最好保持在 15 ℃以上，避免霜冻，以免造成夏堇植株死亡。

【园林应用】夏堇经常被用作公共空间里的花坛美化用花，能够给单调的马路，平淡的绿化带增添不一样的颜色，用于道路隔离带，蓝紫色的小花能够舒缓情绪，在炎炎夏日带来一丝清凉。夏堇的株形小巧，常常片植于花坛、花带，也适合在阳台、窗台养殖，美化室内环境，也可以用作吊篮花卉。

7.2.6　毛地黄

【科属】玄参科，毛地黄属

【学名】*Digitalis purpurea*

【别称】德国金钟、自由钟、洋地黄、山白菜

【识别特点】一年生或多年生草本，除花冠外，全体被灰白色短柔毛和腺毛，有时茎上几无毛，高 60～120 cm。茎单生或数条成丛。基生叶多数成莲座状，叶柄具狭翅；叶片卵形或长椭圆形，先端尖或钝，基部渐狭，边缘具带短尖的圆齿，少有锯齿；茎生叶下部的与基生叶同形，向上渐小，叶柄短直至无柄而成为苞片。萼钟状，5 深裂；花冠紫红色，内面具斑点，裂片很短，先端被白色柔毛。蒴果卵形。花期 5—6 月（图 7-6）。

图 7-6　毛地黄

【繁殖栽培】常用播种繁殖，可育苗移栽或直播，育苗可在 3 月份播种，直播可在秋季播种。植株强健，较耐寒、较耐干旱、忌炎热、耐瘠薄土壤。喜阳且耐荫，适宜在湿润而排水良好的土壤上生长。

【园林应用】毛地黄适于盆栽，若在温室中促成栽培，可在早春开花。因其高大、花序花形方面的特点，可在花境、花坛、岩石园中应用，也可成片种植形成花海。常用作自然式花卉布置。

7.2.7　千日红

【科属】苋科，千日红属

【学名】*Gomphrena globosa*

【别称】火球花、百日红

【识别特点】一年生直立草本，高 20～60 cm；茎粗壮，有分枝，枝略成四棱形，有灰色糙毛，幼时更密，节部稍膨大。叶片纸质，长椭圆形或矩圆状倒卵形，顶端急尖或圆钝，凸尖，基部渐狭，边缘波状，

两面有小斑点、白色长柔毛及缘毛。花多数，密生，成顶生球形或矩圆形头状花序，单一或 2～3 个，常紫红色，有时淡紫色或白色；总苞为 2 绿色对生叶状苞片而成，卵形或心形，两面有灰色长柔毛；苞片卵形，白色，顶端紫红色；小苞片三角状披针形，紫红色，内面凹陷，顶端渐尖，背棱有细锯齿缘；花被片披针形，不展开，顶端渐尖，外面密生白色绵毛。胞果近球形，种子肾形，棕色，光亮。花果期 6—9 月(图 7-7)。

图 7-7　千日红

【繁殖栽培】千日红以播种法繁殖，9—10 月采种，4—5 月播种，6 月定植。因种子满布毛茸，因此出苗迟缓，为促使其快出苗，播种前要进行催芽处理。千日红对环境要求不严，性喜阳光，耐干热、耐旱、不耐寒、怕积水，喜疏松肥沃土壤，生长适温为 20～25 ℃，在 35～40 ℃生长也良好，冬季温度低于 10 ℃以下植株生长不良或受冻害。性强健，耐修剪，花后修剪可再萌发新枝，继续开花。

【园林应用】千日红植株低矮、花色鲜艳，是布置花坛和花境的良好材料，花开后颜色持久，可用作插花，又因花干后不凋，颜色持久，是良好的自然干花材料。另外，千日红对氟化氢敏感，可作为氟化氢的监测植物使用。

7.2.8 蜀葵

【科属】锦葵科，蜀葵属

【学名】*Alcea rosea*

【别称】饽饽团子、斗蓬花、栽秧花、棋盘花、麻杆花、一丈红

【识别特点】二年生直立草本，高达 2 m，茎枝密被刺毛。叶近圆心形，掌状 5～7 浅裂或波状棱角，上面疏被星状柔毛，粗糙，下面被星状长硬毛或茸毛；托叶卵形，先端具 3 尖。花腋生，单生或近簇生，排列成总状花序式，具叶状苞片；萼钟状，5 齿裂，裂片卵状三角形；花大，直径 6～10 cm，花冠漏斗形，有红、紫、白、粉红、黄和黑紫等色，单瓣或重瓣，花瓣倒卵状三角形，先端凹缺，基部狭，爪被长髯毛；花柱分枝多数，微被细毛。蒴果盘状。花期 2—8 月(图 7-8)。

图 7-8　蜀葵

【繁殖栽培】蜀葵通常采用播种法繁殖，也可进行分株和扦插法繁殖。分株繁殖在春季进行，扦插法仅用于繁殖某些优良品种。生产中多以播种繁殖为主，在华北地区以春播为主。蜀葵喜阳光充足，耐半阴，但忌涝。耐盐碱能力强，在含盐 0.6% 的土壤中仍能生长。耐寒冷，在华北地区可以安全露地越冬。在疏松肥沃，排水良好，富含有机质的沙质土壤中生长良好。

【园林应用】蜀葵适合种植在建筑物旁、假山旁或点缀花坛、草坪，成列或成丛种植，还可用作绿篱、花墙。园艺品种较多，有千叶、五心、重台、剪绒、锯口等名贵品种，国外也培育出不少优良品种。矮生品种可作盆花栽培，陈列于门前或庭院，也可剪取作切花，供瓶插或作花篮、花束等用。

7.2.9　四季秋海棠

【科属】秋海棠科，秋海棠属

【学名】*Begonia cucullata*

【别称】四季海棠、玻璃翠

【识别特点】肉质草本，高 15～30 cm；根纤维状；茎直立，肉质，无毛，基部多分枝，多叶。叶卵形或宽卵形，基部略偏斜，边缘有锯齿和睫毛，两面光亮，绿色，但主脉通常微红。花淡红或带白色，数朵聚生于腋生的总花梗上，雄花较大，有花被片 4，雌花稍小，有花被片 5，蒴果绿色，有带红色的翅。花期特长，几乎全年能开花，但以秋末、冬、春较盛(图 7-9)。

图 7-9　四季秋海棠

【繁殖栽培】四季海棠商品苗均采用播种繁殖。播种春、秋两季均可进行。四季海棠性喜阳光，稍耐阴，怕寒冷，喜温暖、稍阴湿的环境和湿润的土壤，但怕热及水涝，夏天注意遮阴，通风排水。四季海棠对阳光十分敏感，夏季要调整光照时间，创造适合其生长的环境，要对其进行遮阳处理。室内培养的植株，应放在有散射光且空气流通的地方，晚间需打开窗户，通风换气。

【园林应用】四季秋海棠在园林上应用十分广泛，与其他草本植物搭配是花坛的主要材料；也可以种植在各种造型种植钵中，可单一品种种植，或 2～3 个品种在造型上、色彩上搭配种植；与其他种类如孔雀草、鸡冠花等搭配构成平面图案，制作垂直花墙；大面积单一颜色或多种颜色的混搭片植，引起视觉冲击，打造景观效果；或装饰树池。

7.2.10　苏丹凤仙花

【科属】凤仙花科，凤仙花属

【学名】*Impatiens walleriana*

【别称】非洲凤仙花、非洲凤仙、矮凤仙

【识别特点】多年生肉质草本，常作一年生花卉栽培，株高 30～70 cm。茎直立，绿色或淡红色，不分枝或分枝，无毛或稀，枝端被柔毛。叶互生或上部螺旋状排列，具柄，叶片宽椭圆形或卵形至长圆状椭圆形，顶端尖或渐尖，或突尖，基部楔形或圆形，沿叶柄具腺体，边缘具圆齿状小齿，齿端具小尖，两面无毛。总花梗生于茎、枝上部叶腋；花大小及颜色多变化，鲜红色，深红，粉红色，紫红色，淡紫色，蓝紫色或有时白色。花瓣 5，旗瓣宽倒心形或倒卵形，顶端微凹，背面中肋具窄鸡冠状突起，顶端具短尖；翼瓣无柄，2 裂，基部裂片与上部裂片同形，且近等大，基部裂片倒卵形或倒卵状匙形，上部裂片较大，全缘或微凹；唇瓣浅舟状，基部急收缩成内弯的细距。蒴果纺锤形，无毛。花期 6—10 月(图 7-10)。

图 7-10　苏丹凤仙花

【繁殖栽培】苏丹凤仙花常以播种方式繁殖，7～10 d 出苗；也可以扦插繁殖，要求插穗必须保留三个节，插后 10～14 d 生根。苏丹凤仙花对气候的适应性很强，喜温暖、湿润气候，不耐霜冻，喜阳光，生活力强，能自播繁殖。对土壤要求不严，在肥沃、疏松、湿润、排水良好的沙质土壤中生长良好。

【园林应用】苏丹凤仙花花色丰富、形态娇美，置于案头墙角，可用于室内盆栽装饰。因其花色丰富，株形优美，是园林摆花的好材料，也是作花坛、花境的优良素材。

7.2.11 万寿菊

【科属】菊科，万寿菊属

【学名】*Tagetes erecta*

【别称】孔雀菊、红黄草、臭芙蓉、蜂窝菊、臭菊花、蝎子菊

【识别特点】一年生草本，高 50～150 cm。茎直立，粗壮，具纵细条棱，分枝向上平展。叶羽状分裂，裂片长椭圆形或披针形，边缘具锐锯齿，上部叶裂片的齿端有长细芒；沿叶缘有少数腺体。头状花序单生，花序梗顶端棍棒状膨大；舌状花黄色或暗橙色；舌片倒卵形，基部收缩成长爪，顶端微弯缺；管状花花冠黄色，顶端具 5 齿裂。瘦果线形，基部缩小，黑色或褐色，被短微毛。花期 7—9 月(图 7-11)。

图 7-11 万寿菊

【繁殖栽培】常用播种繁殖，分春播和秋播，由于种子嫌光，播后需覆土，播后一周可出苗。万寿菊也可以在夏季进行扦插，容易发根，成苗快。万寿菊喜温暖，忌严寒，忌炎热。为喜光性植物，充足阳光对万寿菊生长十分有利，植株矮壮，花色艳丽。阳光不足，茎叶柔软细长，开花少而小。万寿菊对土壤要求不严，以肥沃、排水良好的沙质壤土为好。

【园林应用】万寿菊是一种常见的园林绿化花卉，其花大、花期长，常用来点缀花坛、广场、布置花丛、花境和培植花篱。中、矮生品种适宜作花坛、花径、花丛材料，也可作盆栽；植株较高的品种可作为背景材料或切花。

7.2.12 香彩雀

【科属】玄参科，香彩雀属

【学名】*Angelonia angustifolia*

【别称】天使花、天使草、夏季金鱼草

【识别特点】多年生草本作一年生栽培，高 30～70 cm。全体被腺毛。茎直立，圆柱形。叶对生；叶片条状披针形，先端渐尖基部渐狭；近无柄，叶脉明显。花单生于茎上部叶腋，形似总状花序，花梗细长，花萼深裂至基部，裂片呈披针形，渐尖；花冠蓝紫色，花冠筒短，喉部有 1 对囊，檐部辐状，上唇宽大，2 深裂，下唇 3 裂。有红紫、粉、白色及双色等花色，下方裂片基部常有一白斑。花期 6—9 月(图 7-12)。

图 7-12 香彩雀

【繁殖栽培】繁殖的方式用播种或扦插，成活率极高，由春至秋季皆可。在温室内，香彩雀四季均可播种，一般 4～6 d 萌芽，当幼苗长出 4～6 片真叶时，植株即可移栽。扦插繁殖一年四季均可进行，一般扦插后 7 d 左右即可生根。香彩雀性喜温暖的气候，在高温湿润环境条件下生长良好，喜强光，适应性强。

【园林应用】香彩雀花朵虽小，但花形小巧，花色淡雅，花量大，观赏期长，且对炎热高温的气候有极强的适应性，是非常优秀的夏季草花品种之一，既可地栽、盆栽，又可容器组合栽植或湿地种植。

7.2.13 福禄考

【科属】花荵科，福禄考属

【学名】*Phlox drummondii*

【别称】金山海棠、雁来红、小天蓝绣球

【识别特点】一年生草本，茎直立，高 15～45 cm，单一或分枝，被腺毛。下部叶对生，上部叶互生，宽卵形、长圆形和披针形，顶端锐尖，基部渐狭或半抱茎，全缘，叶面有柔毛；无叶柄。圆锥状聚伞花序顶生，有短柔毛，花梗很短；花萼筒状，萼裂片披针状钻形；花冠高脚碟状，直径 1～2 cm，淡红、深红、紫、白、淡黄等色，裂片圆形，比花冠管稍短。蒴果椭圆形，花萼宿存。种子长圆形，褐色。花期 5—10 月（图 7-13）。

图 7-13 福禄考

【繁殖栽培】常用播种、分株繁殖。北方播种常在 2—3 月于温室育苗，7～10 d 出苗，小苗不耐移栽，长江中下游及以南地区，由于夏季炎热，常采用秋播，小苗越冬在 0 ℃以上，这样可以在春季开花。福禄考喜阳光充足、凉爽环境，栽培过程中必须保持良好的株行距，防止拥挤而影响株形及产生病虫害。植株矮生，枝叶被毛，因此浇水、施肥应避免沾污叶面，以防枝叶腐烂。

【园林应用】福禄考植株矮小，花色丰富，可作花坛、花境及岩石园的种植材料，也可作盆栽供室内装饰。植株较高的品种可作切花。

7.2.14 雁来红

【科属】苋科，苋属

【学名】*Amaranthus tricolor* ‘Splendens’

【别称】三色苋、老来少、老少年

【识别特点】一年生草本，高 80～150 cm；茎粗壮，绿色或红色，常分枝，幼时有毛或无毛。叶片卵形、菱状卵形或披针形，绿色或常成红色，紫色或黄色，或部分绿色加杂其他颜色，顶端圆钝或尖凹，具凸尖，基部楔形，全缘或波状缘，无毛；叶柄长 2～6 cm，绿色或红色。花簇腋生，直到下部叶，或同时具顶生花簇，成下垂的穗状花序。花期 5—8 月（图 7-14）。

图 7-14 雁来红

【繁殖栽培】常用播种繁殖，播种可在春季 5 月进行。通常采用露地苗床直播，播种时要遮光，温度保持在 15～20 ℃，播后约 7 d 可以出苗。在热带低纬度地区，常冬播，于翌年的 5—6 月出苗，梢叶可变色，且观赏期也比较长。也可以延迟播种，如在 7 月中旬播种，9 月底叶片变红，可供国庆节装饰之用。雁来红耐干旱，不耐寒，喜湿润向阳及通风良好的环境。喜肥沃而排水良好土壤，忌水涝和湿热。对土壤要求不严，适生于排水良好的肥沃土壤中，有一定的耐碱性，能自播繁衍。

【园林应用】雁来红是优良的观叶植物，可作花坛背景、篱垣或在路边丛植，也可大片种植于草坪之中，与各色花草组成绚丽的图案，也可盆栽、切花之用。

7.2.15 一串红

【科属】唇形科，鼠尾草属

【学名】*Salvia splendens*

【别称】爆仗红、炮仔花、象牙海棠、墙下红、西洋红、象牙红

【识别特点】亚灌木状草本，常作一二年生花卉栽培，株高可达 90 cm。茎钝四棱形，具浅槽，无毛。叶卵圆形或三角状卵圆形，先端渐尖，基部截形或圆形，稀钝，边缘具锯齿，上面绿色，下面较淡，两面无毛，下面具腺点。轮伞花序 2～6 花，组成顶生总状花序，花序长达 20 cm 或以上；苞片卵圆形，红色，大，在花开前包裹着花蕾，先端尾状渐尖；花梗密被染红的具腺柔毛，花序轴被微柔毛。花萼钟形，与花冠同色，花后增大宿存。花冠红色、蓝色、白色等，外被微柔毛，内面无毛，冠筒筒状，直伸，在喉部略增大，冠檐二唇形，上唇直伸，略内弯，长圆形，先端微缺，下唇比上唇短，3 裂，中裂片半圆形，侧裂片长卵圆形，比中裂片长。小坚果椭圆形，暗褐色，顶端具不规则极少数的皱褶突起，边缘或棱具狭翅，光滑。花期 3—10 月(图 7-15)。

图 7-15　一串红

【繁殖栽培】一串红常用播种和扦插繁殖。通常播种时间为 3 月，气温较低的地区可在室内播种，10 d 左右可发芽。扦插繁殖选择健壮的植株，扦插温度 20 ℃左右，3～5 d 枝条可生根发芽，发芽后转移到阳光下。一串红喜阳，也耐半阴，要求疏松、肥沃和排水良好的沙质壤土，耐寒性差，生长适温 20～25 ℃。

【园林应用】一串红是常用红花品种，秋高气爽之际，花朵繁密，色彩艳丽，常用作花丛花坛的主体材料，也可植于带状花坛或自然式纯植于林缘。常与浅黄色美人蕉、矮万寿菊、浅蓝或水粉色水牡丹、翠菊、矮霍香蓟等配合布置。

7.2.16 醉蝶花

【科属】白花菜科，醉蝶花属

【学名】*Tarenaya hassleriana*

【别称】蝴蝶梅、醉蝴蝶、紫龙须

【识别特点】一年生强壮草本，高 1～1.5 m，全株被黏质腺毛，有特殊臭味，有托叶刺，尖利，外弯。叶为具 5～7 小叶的掌状复叶，小叶草质，椭圆状披针形或倒披针形，中央小叶最大，最外侧的最小，两面被毛，背面中脉有时也在侧脉上常有刺；叶柄常有淡黄色皮刺。总状花序顶生，密被黏质腺毛；花瓣粉红色，少见白色，在芽中时覆瓦状排列，无毛，爪长 5～12 mm，瓣片倒卵状匙形，开放式反卷；雄蕊 6，花丝长 3.5～4 cm；雌蕊柄长 4 cm，果时有增长；几无花柱，柱头头状。蒴果圆柱形。花期 6—9 月(图 7-16)。

图 7-16　醉蝶花

【繁殖栽培】可播种也可扦插繁殖。醉蝶花适应性强，性喜高温，较耐暑热，忌寒冷。喜阳光充足地，半遮阴地也能生长良好。对土壤要求不苛刻，水肥充足的肥沃地，植株高大；一般肥力中等的土壤，也能生长良好；沙壤土或带黏重的土壤或碱性土生长不良。喜湿润土壤，亦较能耐干旱，忌积水。

【园林应用】醉蝶花的花瓣轻盈飘逸，盛开时似蝴蝶飞舞，颇为有趣，可在夏秋季节布置花坛、花境，也可进行矮化栽培，将其作为盆栽观赏。可根据其能耐半阴的特性，种在林下或建筑阴面观赏。因对二氧化硫、氯气的抗性强，是非常优良的抗污花卉，可用于污染较重的工厂矿山环境美化。

7.3　常见二年生花卉

7.3.1　矮牵牛

【科属】茄科，矮牵牛属

【学名】*Petunia×atkinsiana*

【别称】碧冬茄、毽子花、灵芝牡丹

【识别特点】多年生草本，常作一二年生栽培；株高 15～80 cm，也有丛生和匍匐类型；叶全缘，互生，叶椭圆或卵圆形；播种后当年可开花，花期长达数月，花单生，花冠喇叭状，漏斗状或高脚蝶状；花形有单瓣、重瓣、瓣缘皱褶或呈不规则锯齿等；花色有红、白、粉、紫及各种带斑点、网纹、条纹等；蒴果，种子极小，近球形或卵形，表面布网纹状凹穴（图7-17）。

图 7-17　矮牵牛

【繁殖栽培】采用播种繁殖，重瓣花品种和大花品种可采用扦插繁殖。

播种繁殖：春播于 4 月下旬，夏季可开花；用育苗盘播种，在表面覆上一层薄细沙，育苗时间约为 60 d。秋季播种在 10—11 月为好，温度以 20 ℃左右比较利于发芽，约 10 d 后可见幼苗。冬季需移入室内以确保顺利过冬。

扦插繁殖：选健壮无病虫害的重瓣花品种和大花品种枝条，从节基下剪取，长度约为 10 cm，插穗保留 2～3 片叶子，扦插深度约 1.5 cm，以 20～25 ℃的温度为宜，5—6 月和 8—9 月扦插成活率较高。在扦插时注意盆土消毒，以防插穗感染和腐烂。放置在微光处即可，注意喷水保持湿润，约两周生根，30 d 后可进行移植。

盆栽矮牵牛宜用疏松肥沃和排水良好的沙壤土。夏季生长旺期，需充足水分，特别在夏季高温季节，应在早、晚浇水，保持盆土湿润。但梅雨季节，雨水多，对矮牵牛生长十分不利。长日照植物，生长期要求阳光充足，在正常的光照条件下，从播种至开花约需 100 d。冬季大棚内栽培矮牵牛时，在低温短日照条件下，茎叶生长很茂盛，但着花很难，当春季进入长日照下，很快就从茎叶顶端分化花蕾。

【园林应用】矮牵牛花大而色彩丰富，适于花坛及自然式布置；大花及重瓣品种常供盆栽观赏或作切花；温室栽培，四季开花。

7.3.2　雏菊

【科属】菊科，雏菊属

【学名】*Bellis perennis*

【别称】春菊、延命菊

【识别特点】多年生草本，作一二年生栽培。株高 10～20 cm，叶基生，匙形，顶端圆钝，基部渐狭成柄，上半部边缘有疏钝齿或波状齿。花葶自叶丛中抽出，头状花序单生，花径 3～5 cm。舌状花白色带粉红色，开展，全缘或有 2～3 齿，管状花多数，黄色。

花期暖地2—3月，寒地4—5月(图7-18)。

图7-18 雏菊

【繁殖栽培】播种繁殖，发芽适温15～20℃，5～10 d出苗。南方多在8—9月播种，北方多在春季播种，也可秋播，但冬季需移入温室越冬。夏凉冬暖地区，可通过调节播种期达到周年供花。对实生苗变异大的优良品种，可进行扦插或分株繁殖。

雏菊较耐移植，2～3片真叶时可移栽一次，5片真叶时定植，株距15～20 cm。生长期要肥水、光照充足。夏季炎热天气会生长不良，甚至枯死。种子应及时采收。

【园林应用】雏菊植株密集矮小，花色丰富，娇小玲珑，为春季花坛常用材料，也可用于花境、草地边缘、岩石园，以及盆栽观赏。

7.3.3 金盏菊

【科属】菊科，金盏菊属

【学名】*Calendula officinalis*

【别称】金盏花、长生菊、黄金盏

【识别特点】多年生草本，作一二年生草本。株高30～60 cm，全株被软腺毛。叶互生，基生叶长圆状倒卵形或匙形，全缘或具疏细齿，具柄，茎生叶长圆状披针形或长圆状倒卵形，无柄，基部多少抱茎。头状花序单生茎枝端，花径4～5 cm，舌状花平展，黄色或橙黄色，管状花淡黄色或淡褐色。花期2—6月，果期5—7月(图7-19)。

图7-19 金盏菊

【繁殖栽培】播种繁殖。秋季或早春温室播种，发芽适温20～22℃，7～10 d发芽。常用穴盘育苗或苗床育苗。

苗具5～6片真叶时定植。定植后7～10 d摘心促进分枝，或喷施1～2次0.4% B9控制植株高度。生长期每半月施肥1次。园林应用时，栽植株距20～30 cm。生长适温15～24℃，16～18周开花。留种时应对不同品种进行隔离，选择花大色艳、品种纯正的植株，种子应及时采收。

【园林应用】金盏菊栽培得当可周年开花，是优良的花坛、花境、草坪镶边材料，也可作切花和盆花观赏。

7.3.4 美女樱

【科属】马鞭草科，美女樱属

【学名】*Glandularia*×*hybrida*

【别称】草五色梅、铺地马鞭草、铺地锦

【识别特点】为多年生草本植物，常作1～2年生栽培。茎四棱、横展、匍匐状，低矮粗壮，丛生而铺覆地面，全株具灰色柔毛，长30～50 cm。叶对生有短柄，长圆形、卵圆形或披针状三角形，边缘具缺刻状粗齿或整齐的圆钝锯齿，叶基部常有裂刻，穗状花序顶生，多数小花密集排列呈伞房状。花萼细长筒状，花冠漏斗状，花色多，有白、粉红、深红、紫、蓝等不同颜色，略具芬芳。花期长，4月至霜降前开花陆续不断。蒴果，果熟期9—10月，种子寿命2年(图7-20)。

【繁殖栽培】喜阳光、较耐寒、不耐阴、不耐旱，北方多作一年生草花栽培，在炎热夏季能正常开

图 7-20　美女樱

花。对土壤要求不严，但在疏松肥沃、较湿润的中性土壤生长健壮，开花繁茂。

繁殖主要用扦插、压条，也可分株或播种。扦插可在气温 15 ℃左右的季节进行，剪取稍硬化的新梢，切成 6 cm 左右的插条，插于温室沙床或露地苗床，15 d 左右发出新根。可用匍枝进行压条，待生根后将节与节连接处切开，分栽成苗。播种繁殖生产上较少使用，发芽率低，发芽不整齐。

栽培美女樱应选择疏松、肥沃及排水良好的土壤。定植的苗株不要过大，以免横生侧枝脱叶，株距一般 40 cm 左右。早摘心促二次枝。花后剪掉花头，因其根系较浅，夏季应注意浇水，以防干旱。每半月需施薄肥 1 次，使发育良好。养护期间水分不可过多过少，如水分过多，茎枝细弱徒长，开花甚少；若缺少肥水，植株生长发育不良，有提早结籽现象。生长健壮的植株，抗病虫能力较强，很少有病虫害发生。采种采取一次收割株丛晒干脱粒。

【园林应用】美女樱为良好的地被材料，可用于城市道路绿化带，花坛等，混色种植或单色种植，多色混种，显得五彩缤纷，单色种植可形成色块，视觉效果甚佳。还可种于花盆中，于开会或节假日摆设，方式随意，可横排一种颜色，也可间排几种颜色，还可组成不同形状，增加喜庆气氛；可用于吊盆、花台垂悬，增强立体美感；美女樱花色鲜艳，可与其他花卉或绿篱等配置，作为陪衬或点缀，于假山、水池、草坪边作镶边材料，也可作背景花卉，还可以带状、环状、不规则状植于墙角，具有装饰效果，又有掩蔽作用。

7.3.5　三色堇

【科属】堇菜科，堇菜属

【学名】*Viola tricolor*

【别称】蝴蝶花、猫脸花、鬼脸花

【识别特点】多年生草本，作一二年生栽培。株高 10～30 cm，茎直立或稍倾斜，有棱，多分枝。基生叶卵圆形，具长柄；茎生叶长卵圆形或长圆状披针形，叶缘有整齐钝锯齿；托叶叶状，羽状深裂。花单生叶腋，下垂，花瓣 5，花冠蝴蝶状；花径 3.5～6 cm，近代培育的品种花色丰富，有单色和复色。花期 3—8 月(图 7-21)。

【繁殖栽培】喜凉爽湿润气候，较耐寒而不耐酷暑。南方温暖地区可露地越冬。喜光照充足，略耐半阴。要求疏松肥沃的土壤。

播种繁殖。秋季播种，发芽适温 15～20 ℃，10～15 d 发芽。播种到开花需 14～15 周。高温季节，在湿润条件下 5～8 ℃低温处理 1 周有利于种子萌发。

性强健，栽培管理简单。秋冬季需光照充足，生长温度 5～25 ℃，在昼温 15～25 ℃、夜温 3～5 ℃条件下生长发育良好。生长期保持土壤湿润，宜见干见湿。园林栽植时，应施足基肥，定植株距 15～20 cm。种子应及时采收。

【园林应用】三色堇是早春优良的园林花卉，适用于花坛、花境、花池等，也可作地被，还可盆栽观赏。

7.3.6　石竹

【科属】石竹科，石竹属

图 7-21 三色堇

图 7-22 石竹

【学名】*Dianthus chinensis*

【别称】丝叶石竹、蒙古石竹、北石竹

【识别特点】多年生草本。株高达 50 cm，茎疏丛生。叶线状披针形，长 3～5 cm，宽 2～4 cm，先端渐尖，基部稍窄，全缘或具微齿。花单生或成聚伞花序；花梗长 1～3 cm；苞片 4，卵形，长渐尖，长达花萼 1/2 以上；花萼筒形，长 1.5～2.5 cm，径 4～5mm，具纵纹，萼齿披针形，长约 5 mm，先端尖；花瓣长 1.6～1.8 cm，瓣片倒卵状三角形，长 1.3～1.5 cm，紫红、粉红、鲜红或白色，先端不整齐齿裂，喉部具斑纹，疏生髯毛；雄蕊筒形，包于宿萼内，顶端 4 裂。花期 5—6 月，果期 7—9 月(图 7-22)。

【繁殖栽培】石竹喜阳光充足、干燥、通风及凉爽环境。耐寒，耐干旱，不耐酷暑，忌水涝。

石竹的繁殖方式为播种、扦插、分株。种子发芽最适温度为 21～22 ℃。播种繁殖一般在 9 月进行。播种于露地苗床，播后保持盆土湿润，播后 5 d 即可出芽，10 d 左右即出苗，苗期生长适温 10～20 ℃；当苗长出 4～5 片叶时可移植，翌春开花。也可于 9 月露地直播或 11—12 月冷室盆播，翌年 4 月定植于露地。扦插繁殖在 10 月至翌年 2 月下旬到 3 月进行，枝叶茂盛期剪取嫩枝 5～6 cm 长作插条；插后 15～20 d 主根。分株繁殖多在花后利用老株分株，可在秋季或早春进行。例如可于 4 月分株，夏季注意排水，9 月份以后加强肥水管理，于 10 月初再次开花。

盆栽石竹要求施足基肥，每盆种 2～3 株。苗长至 15 cm 高摘除顶芽，促其分枝，以后注意适当摘除腋芽，不然分枝多，会使养分分散而开花小，适当摘除腋芽使养分集中，可促使花大而色艳；生长期间宜放置在向阳、通风良好处养护，保持盆土湿润，每隔 10 d 左右施 1 次腐熟的稀薄液肥；夏季雨水过多，注意排水、松土。石竹易杂交，留种者需隔离栽植。开花前应及时去掉一些叶腋花蕾，主要是保证顶花蕾开花。冬季宜少浇水，如温度保持在5～8 ℃条件下，则冬、春不断开花。

【园林应用】园林中可用于花坛、花境、花台或盆栽，也可用于岩石园和草坪边缘点缀。大面积成片栽植时可作景观地被材料，另外，石竹有吸收二氧化硫和氯气的本领，凡有毒气的地方可以多种。切花观赏亦佳。

7.3.7　四季报春

【科属】报春花科，报春花属

【学名】*Primula obconica*

【别称】四季樱草、鄂报春、球头樱草、仙鹤莲

【识别特点】多年生草本，常作一二年生栽培。株高20～30 cm，全株被柔毛。叶基生，有长叶柄，椭圆或长圆形，叶缘具浅波状缺刻。伞形花序顶生，花冠5深裂，漏斗状，有红、粉红、黄、橙、蓝、紫、白等色。花萼管钟状。花期2—4月(图7-23)。

图7-23　四季报春

【繁殖栽培】四季报春性喜凉爽、湿润气候，喜排水良好、富含腐殖质的微酸性土壤，不耐寒，不耐高温，忌强光直射，需通风良好的环境。日照中性，温度适宜可四季开花。

以播种繁殖为主，也可分株繁殖。四季报春种子寿命短，宜随采随播。从播种到开花约需6个月，可根据需花期确定播种时间。发芽适温15～21 ℃，10～28 d发芽。分株宜秋季进行。

播种苗具3片真叶时进行移栽，具6片真叶时定植。种植或盆栽基质需选用排水良好的栽培基质，生长期水分宜充足。生长适温昼温16～21 ℃，夜温10～13 ℃，后期稍低的温度有利于形成紧凑的株形，增加花量。

【园林应用】四季报春植株低矮紧凑，花色丰富，花期长，是园林中春季重要的花坛花卉，也可用于花境、花带、地被等，也可盆栽观赏。

7.3.8　花烟草

【科属】茄科，烟草属

【学名】*Nicotiana alata*

【别称】美花烟草、烟仔草、烟草花

【识别特点】多年生草本，高0.6～1.5 m，全体被黏毛。叶在茎下部铲形或矩圆形，基部稍抱茎或具翅状柄，向上成卵形或卵状矩圆形，近无柄或基部具耳，接近花序即成披针形。花序为假总状式，疏散生几朵花；花萼杯状或钟状，裂片钻状针形，不等长；花冠淡绿色，裂片卵形，短尖，2枚较其余3枚为长；雄蕊不等长，其中1枚较短。蒴果卵球状。种子灰褐色(图7-24)。

【繁殖栽培】喜温暖、向阳环境，不耐寒，较耐热。喜肥沃、深厚、排水良好的土壤。花期4—10月。

用播种或分株繁殖。春、秋季为播种期，以早春播种为佳。育苗基质应选保湿效果好、透气性好的进口泥炭为宜，pH为5.5～5.8，播种前要求基质湿度饱和。播种可直接播于露地苗床，也可用穴盘播种。目前大部分花卉生产者采用穴盘育苗，成活率高、苗壮。此外，花烟草也可采用分株繁殖，将1年生的母株挖起，把地下茎分切成若干株，每株都带新根和新芽，然后盆栽，栽植不宜过深，根芽需露出土面，不带根的新芽难以成活。分株时间春季以3—4月，秋季以9月为宜。

花烟草在小苗期长势缓慢，宜于在1—2月播种，早春定植于花盆或园地中。开春后多施几次有机肥，不但长势好，也促进开花。及时中耕培土，改善土壤通风透光条件，促进植株根系早发快长，提高其抗逆能力；根据土壤肥力水平，每亩用硝酸钾3～5 kg溶解在水中追施，并叶面喷施0.1%硫酸锌和0.01%尿素混合液。

【园林应用】花烟草花色丰富，有浅绿色、深红

图 7-24　花烟草

色、紫色、白色等。植株紧凑、连续开花、花量大，在公园、绿地、路边、居住区、庭院及林带边缘绿化工程中应用较多，或单一颜色片植，或多花色组合片植，或与其他花灌木、观赏草、宿根花卉、绿植构建花坛、花境，其群体与个体表现都较好。矮花品种还能在公园、景区、居住区的开阔绿地内与绿篱、色块进行衔接，实现植物景观自然过渡。高品种是营造花境背景的观花植物。矮的品种可作为盆栽花卉用于美化居室，既可用于装饰庭院局部小空间，或进行平面造景，也可用于立体绿化材料。

7.3.9　虞美人

【科属】罂粟科，罂粟属

【学名】*Papaver rhoeas*

【别称】丽春花、赛牡丹

【识别特点】一二年生草本，全株被刚毛，稀无毛，株高 25～90 cm。茎直立，具分枝。叶互生，羽状深裂或全裂，裂片披针形，缘具不规则锯齿。下部叶具柄，上部叶无柄。花单生茎顶，花蕾长椭圆形，下垂，花开后直立；萼片 2，宽椭圆形，绿色；花瓣 4，紫红色，基部通常具深紫色斑点，有白、粉红、红及复色品种。花果期 3—8 月(图 7-25)。

图 7-25　虞美人

【繁殖栽培】喜凉爽气候，耐寒，怕暑热。喜阳光充足的环境，喜排水良好、肥沃的沙质壤土。不耐移栽，忌连作与积水。

播种繁殖，移植成活率低，宜直播。秋播一般在 9—10 月，也可春播。种子细小，宜拌细沙条播或撒播，播后不覆土，可覆盖地膜或草保湿。发芽适温 15～20 ℃，7 d 发芽。具自播特性。

播种前深翻土壤，施足基肥。园林中应用常直播，或在营养钵中育苗，连同容器一并定植。出苗后及时进行间苗，株距 30 cm 左右。一般水肥管理，施肥不宜过多，否则植株过高宜倒伏。种子应及时采收。

【园林应用】虞美人花姿轻盈，花色绚丽，是早春花坛、花境良好材料。

7.3.10　羽扇豆

【科属】豆科，羽扇豆属

【学名】*Lupinus micranthus*

【别称】鲁冰花

【识别特点】一年生草本，株高 20～70 cm，全株被棕或锈色硬毛。掌状复叶具小叶 5～8，叶柄远长于小叶。总状花序顶生，花序轴纤细，小花多而密，排成塔形，花梗甚短。花色丰富，有白、黄、橙、桃红、红、紫、蓝以及复色品种。花期 3—5 月，果期 4—7 月(图 7-26)。

图 7-26　羽扇豆

【繁殖栽培】喜凉爽气候，较耐寒(−5 ℃以上)，耐旱，忌炎热。喜阳光充足，稍耐阴。喜疏松肥沃、排水良好的微酸性沙质土壤。主根发达，须根少，不耐移植。

播种繁殖。一般秋季播种，也可春播，播种前需温水浸种 24 h。育苗土宜疏松均匀、透气保水。发芽适温 25 ℃左右，5～12 d 发芽。

待真叶完全展开后移栽。羽扇豆根系发达，移苗时保留原土，以利于缓苗。在定植之前视长势情况应进行 1～2 次换盆。定植株距 40 cm，生长期每半月施肥 1 次，花前增施磷钾肥。华北需保护地越冬。

【园林应用】羽扇豆叶形优美，花序挺拔、丰硕，花色丰富、艳丽，适于作自然式花坛、花境、花带、花丛等，也可作切花和盆栽观赏。

7.3.11　紫罗兰

【科属】十字花科，紫罗兰属

【学名】*Matthiola incana*

【别称】草桂花、草紫罗兰

【识别特点】多年生草本，作一二年生栽培。株高 30～60 cm，茎直立，基部稍木质化。全株被灰色星状柔毛。叶互生，长圆形至倒披针形，全缘或微波状。总状花序顶生，花梗粗壮，花瓣 4 枚，紫红、淡红或白色，具芳香。花果期 4—7 月(图 7-27)。

图 7-27　紫罗兰

【繁殖栽培】喜冷凉，忌燥热。喜通风良好的环境，冬季喜温和气候，但也能耐短暂的 −5 ℃的低温。对土壤要求不严，但在排水良好、中性偏碱的土壤中生长较好，忌酸性土壤。喜光照，不耐阴。

以播种繁殖为主，也可扦插。秋播，发芽适温 15～22 ℃，7～10 d 发芽。也可 1—2 月在温室内播种。重瓣品种不能结实，利用扦插繁殖。

紫罗兰为直根性，不耐移植，移植时要多带宿土，少伤根系。在 6～7 片真叶时定植，定植株距 15～30 cm。栽植前施足基肥，定植后浇透水。作花坛布置，应控制水分，使植株低矮紧密；作切花栽培应水分充足，并及时张网防倒伏。

【园林应用】紫罗兰花朵繁茂，色艳香浓，花期长，是春季花坛的重要花卉，也可作花境、花带。其名称神秘而优雅，也是重要的切花和盆花材料。

思考题

1. 一二年生花卉的定义是什么？
2. 一二年生花卉的特点有哪些？
3. 简述醉蝶花的繁殖栽培要点。
4. 二年生花卉的园林应用形式有哪些？
5. 简述矮牵牛的繁殖栽培要点。

第8章 宿根花卉

8.1 概述

8.1.1 宿根花卉的定义

宿根花卉(perennial flower)是指地下部器官形态未发生肥大变态的多年生草本花卉。

8.1.2 宿根花卉的类型

宿根花卉依耐寒力及休眠习性不同,分为落叶宿根花卉和常绿宿根花卉两大类。

1)落叶宿根花卉

主要原产于温带的寒冷地区,性耐寒或半耐寒,可露地越冬。此类在冬季地上部茎叶全部枯死,地下部进入休眠,到春季气候转暖时,地下部着生的芽或根蘖再萌发生长、开花。如菊花、芍药、鸢尾等。

2)常绿宿根花卉

主要原产于热带、亚热带及温带的温暖地区,耐寒力弱,在北方寒冷地区不能露地越冬。此类在冬季温度过低或夏季温度过高时停止生长,保持常绿,呈半休眠状态。如君子兰、红掌、鹤望兰等。

8.1.3 宿根花卉的园林应用特点

1)种植一次观赏多年

宿根花卉具有可存活多年的地下部,一次种植后可多年观赏,从而降低了种植成本,这是宿根花卉在园林中广泛应用的主要优点。

2)管理相对粗放

宿根花卉大多数种类对环境要求不苛刻,具有耐寒、耐旱、耐阴、耐贫瘠、耐盐碱、耐水湿等能力,管理养护简单,适于多种环境应用。

3)种类繁多

宿根花卉种类繁多,花色丰富,形态多变,适用于花坛、花境、花丛、花带、地被、垂直绿化及专类园等多种应用方式。

8.2 常见落叶宿根花卉

8.2.1 菊花

【科属】菊科,菊属

【学名】*Chrysanthemum*×*morifolium*

【别称】黄花、黄华、菊华、九华、节华、鞠

【识别特点】株高 30～150 cm。茎基部半木质化,茎青绿色至紫褐色,被灰色柔毛。叶互生,卵形至广披针形,长 5～15 cm,羽状浅裂或半裂,叶下面被白色短柔毛,有短柄,托叶有或无。头状花序单生或数朵聚生枝顶,直径 2～30 cm,由舌状花和管状花组成。花序边缘为舌状花,雌性,花色有红、粉、紫、黄、绿、白、复色、间色等色系;中心为管状花,两性,多为黄绿色。花期夏秋至寒冬。瘦果褐色,细小,寿命 3～5 年(图 8-1)。

【繁殖栽培】菊花以营养繁殖为主,也进行播种

图 8-1　菊花

繁殖，近年来也用组培繁殖进行名贵品种的快繁和保存。生产中以扦插繁殖为主，在春夏季进行；分株繁殖在清明前后进行；培植大立菊、塔菊等造型艺菊时用嫁接繁殖，以青蒿（*Artemisia carvifolia*）、黄蒿（*A. annua*）、白蒿（*A. sieversiana*）为砧木；播种繁殖于 2—4 月播种，1～2 周即可萌芽；组培繁殖常用茎尖、叶片、茎段、花蕾等部位为外植体。

菊花栽培管理依栽培方式不同而有别。盆栽菊和造型艺菊应及时摘心，以促进分枝，使植株丰满。切花菊生产应严格根据产花期、品种、开花特性、整形方式、栽培季节等因素确定定植期，以多品种组合自然花期为基础，或是以单一品种在人工控制光照长度下，结合设施栽培进行周年生产。

【园林应用】菊花是中国的传统名花，栽培历史悠久，花文化内涵丰富，因其傲霜怒放、不畏寒霜的气节，受到人们的喜爱。适用于园林中花坛、花境、盆花等应用，也是世界重要的切花材料。

8.2.2　耧斗菜

【科属】毛茛科，耧斗菜属

【学名】*Aquilegia viridiflora*

【别称】猫爪花

【识别特点】植株松散直立，2～3 回 3 出复叶。花顶生，辐射对称。萼片 5，花瓣状，紫色、堇色、黄绿色或白色。花瓣 5，与萼片同色或异色，瓣片宽倒卵形，基部常向下延长成距；雄蕊多数，雌蕊 5。花期 5—6 月（图 8-2）。

图 8-2　耧斗菜

【繁殖栽培】播种或分株繁殖。播种繁殖于春秋季均可进行。2—3 月在温室内播种，或 4 月露地阴处直播，21～24 ℃条件下，1～2 周内发芽。实生苗翌年开花。优良杂交品种宜采用分株繁殖，分株在早春发芽前或秋季落叶后进行。

栽植前应深翻土壤、施足基肥，定植株距 10～20 cm，栽后浇透水。花前追肥，夏季注意遮阳、排水防涝。苗高 40 cm 时可摘心，以控制株高，防倒伏。

【园林应用】可用于花坛、花境、林下地被，亦可片植于草坪边缘。

8.2.3　山桃草

【科属】柳叶菜科，月见草属

【学名】*Oenothera lindheimeri*

【别称】千鸟花、白桃花、白蝶花

【识别特点】多年生草本，株高 60～100 cm。茎直立，多丛生，入秋变红色，被长柔毛。叶无柄，椭圆状披针形或倒披针形，边缘有细齿或呈波状。花序长穗状，顶生，不分枝或有少数分枝，直立，长 20～60 cm；花蕾白色略带粉红，初花白色，谢花时浅粉红。有紫叶和花叶品种。花期 5—8 月(图 8-3)。

图 8-3　山桃草

【繁殖栽培】以播种繁殖为主，也可分株繁殖。秋季播种，发芽适温 15～20 ℃，12～20 d 发芽。山桃草不耐移植，宜直播。

栽植地点需光照充足，土壤疏松肥沃，排水良好。株距 15 cm。春季株高 15 cm 左右时可摘心，促进分枝使株形紧凑，防倒伏。

【园林应用】山桃草花多而繁茂，植株婀娜轻盈，可用于花坛、花境，或作地被植物群栽，与柳树配植或用于点缀草坪效果甚好。

8.2.4　芍药

【科属】芍药科，芍药属

【学名】*Paeonia lactiflora*

【别称】殿春、没骨花、绰约

【识别特点】株高 60～120 cm。肉质根粗大，茎簇生于根颈。2 回 3 出羽状复叶，小叶狭卵形、椭圆形至披针形，顶端渐尖，全缘微波。花 1～3 朵生于茎顶或茎上部叶腋，花径 13～18 cm，单瓣或重瓣；萼片 5 枚，宿存；花色有白、绿、黄、粉、紫及混合色；雄蕊多数，金黄色。花期 4—5 月(图 8-4)。

图 8-4　芍药

【繁殖栽培】以分株繁殖为主，也可播种和扦插繁殖。分株繁殖常于 9 月初至 10 月下旬进行，此时地温比气温高，有利于伤口的愈合及新根萌生。每株丛带 2～5 个芽，顺其自然纹理切开，稍阴干后栽植。谚语云：“春分分芍药，到老不开花”，春季分株严重损伤根系，对开花极为不利。

播种繁殖仅用于培育新品种、药用栽培及繁殖砧木。应随采随播，芍药种子有上胚轴休眠现象，播种后当年秋天生根，翌年春暖后芽出土。实生苗 3～4 年才能开花。

扦插繁殖可用根插或茎插。根插在秋季进行，将根切成 5～10 cm，埋插在深 10～15 cm 的土中。

茎插于春季开花前两周进行，取茎中部充实部分剪插穗，每插穗带2芽，插于沙床中，遮阳、保湿，30～45 d生根。

栽植前深翻耕，施足基肥。株行距视配置要求及保留年限而定，一般50～80 cm。栽植时根据根系长短、大小挖坑，根部要舒展，覆土以盖上顶芽4～5 cm为宜。栽后适当镇压，浇透水，壅土越冬。花前生长旺盛，水肥宜充足；花后为保证翌年新芽的发育，亦应养分充足。夏季应注意排水防涝。

【园林应用】芍药是中国传统名花，在中国古典园林中与山石相配，相得益彰。常与牡丹结合建立专类园，也是配置花坛、花境的良好材料，也可在林缘、草坪边缘作自然式丛植，也可作切花。

8.2.5 天蓝绣球

【科属】花荵科，福禄考属

【学名】*Phlox paniculata*

【别称】宿根福禄考

【识别特点】株高60～120 cm，茎粗壮直立，通常不分枝或少分枝，基部半木质化。叶交互对生，长圆形或卵状披针形。伞房状圆锥花序顶生，花冠高脚碟状，先端5裂，有淡红、红、白、紫等色，花径2.5～3 cm。花期6—9月(图8-5)。

图8-5 天蓝绣球

【繁殖栽培】以分株、扦插繁殖为主，也可播种繁殖。分株于4—5月进行，将母株根部萌蘖掰下，每3～5个芽栽在一起，露地栽植的一般3～5年分株一次。扦插繁殖于春季进行，取3～6 cm新梢作插穗，扦插基质为泥炭土：河沙：珍珠岩=1：1：1，22～24 ℃下20 d可生根。播种繁殖多用于培育新品种，种子宜秋播，或经沙藏后早春播。

4—5月定植，株距25 cm，栽前应深翻土壤，施足基肥。生长期保持土壤湿润，夏季多雨地区应注意排水。苗高15 cm左右，进行1～2次摘心可促进分枝。花后尽早剪除花序，适当修剪，加强肥水管理，促进二次开花。

【园林应用】适用于花坛、花境、花丛、点缀草坪，匍匐类可用于岩石园和作毛毡花坛，阳光充足处可丛植作地被。也可作切花栽培。

8.2.6 铁线莲

【科属】毛茛科，铁线莲属

【学名】*Clematis florida*

【识别特点】多年生木质或草质藤本，稀直立灌木或多年生草本。茎常具纵沟。叶对生，单叶或羽状复叶。花序聚伞状，1至多花，有时花单生或簇生。无花瓣，萼片4(6～8)，花瓣状。雌雄蕊明显(图8-6)。

图8-6 铁线莲

【繁殖栽培】播种、扦插、压条、嫁接、分株繁殖均可，生产中常用扦插繁殖。播种繁殖宜秋播，种子成熟后及时采收，随即播种；若春播，种子需沙藏。扦插在 5—8 月进行，取当年生枝条作插穗，一般 3～4 周生根。压条在春季进行，3 个月后可分栽。分株繁殖秋季进行。

早春或晚秋进行栽植，种植前应深翻土壤、施足基肥，定植株距 60～80 cm。及时设置支架，修剪整形。花前追肥可促进开花。夏季注意排水防涝。

【园林应用】铁线莲花朵色泽艳丽，花形变化多样，栽培品种丰富，因而有“攀缘植物皇后”的美誉，是优良的园林攀缘植物。适于种植在墙边、窗前，或依附于乔、灌木之旁，配植于假山、岩石之间，攀附于花柱、花门、篱笆之上，也可盆栽观赏，少数种类适宜作地被植物。

8.2.7　萱草

【科属】百合科，萱草属

【学名】*Hemerocallis fulva*

【别称】母亲花、忘忧草、黄花菜

【识别特点】根近肉质，中下部有纺锤状膨大，根状茎粗短。叶基生，带状，排成二列。花茎高 90～110 cm，高于叶丛，圆锥花序着花 6～12 朵。花冠漏斗形，花径约 11 cm，边缘稍微波状，盛开时裂片反卷，橘红至橘黄色。有重瓣变种。花期 5—7 月。有朝开夕凋的昼开型，夕开昼凋的夜开型以及夕开次日午后凋的夜昼开型(图 8-7)。

图 8-7　萱草

【繁殖栽培】以分株繁殖为主，也可播种繁殖。分株每 2～4 年进行一次，多在秋季花后进行。将根掘出，用快刀切割，每丛留有 3～5 个芽。播种一般秋季采种后即播，翌春出苗。也可沙藏或温水浸种处理后，春季播种。播种苗 2～3 年开花。

萱草春秋两季均可栽植，栽前施足基肥，株距 50～60 cm。园林应用时，一般定植 3～5 年内不需特殊管理，以后分栽更新。秋后除去地上茎叶，在根际培土培肥，可保证翌年生长开花更好。

【园林应用】萱草绿叶成丛、花色艳丽，适应性强，管理粗放，园林中多用于花坛、花境、路旁栽植，也可作疏林地被。

8.2.8　玉簪

【科属】百合科，玉簪属

【学名】*Hosta plantaginea*

【别称】玉春棒、白玉簪

【识别特点】株高 50～80 cm。根状茎粗大。叶基生，成簇，卵形至心状卵形，具长柄，弧状平行脉。总状花序高出叶丛，花被筒状，下部细小，形似簪，白色，具芳香。花期 7—8 月。有重瓣、花叶品种(图 8-8)。

图 8-8　玉簪

【繁殖栽培】多采用分株繁殖，也可播种繁殖。近年一些名优品种亦采用组培繁殖。分株一般在春季发芽前或秋季枯黄前进行，将根掘出，晾晒 1～2 d 后切分，每丛 2～3 个芽。一般 3～5 年分株一次。播种繁殖 2～3 年开花。

玉簪宜栽植于荫蔽处，定植株距 40～50 cm。栽植前施足基肥，发芽前或花前可追施氮、磷肥，生长季保持湿润。

【园林应用】玉簪喜阴，园林中适于作林下地被，或栽植于建筑物周围荫蔽处。

8.3 常见常绿宿根花卉

8.3.1 蓝花草

【科属】爵床科，芦莉草属

【学名】*Ruellia simplex*

【别称】翠芦莉、兰花草、狭叶芦莉草

【识别特点】多年生草本，株高 20～60 cm，高性品种可达 1 m。茎略呈方形，红褐色。叶对生，线状披针形，全缘或疏锯齿。花腋生，花径 3～5 cm。花冠漏斗状，5 裂，具放射状条纹，多蓝紫色，少数粉色或白色。花期 3—10 月(图 8-9)。

图 8-9 蓝花草

【繁殖栽培】可用播种、扦插或分株等方法繁殖，春、夏、秋三季均可进行。种子宜随采随播，也可常温贮藏。宜用通透性好、富含养分的土壤作为播种基质，发芽适温 20～25 ℃，5～8 d 发芽。扦插选取生长健壮的嫩梢为插穗，20～30 ℃的条件下 15～20 d 可生根移栽。分株在春季新芽未萌发前进行。

宜选择阴天或傍晚进行栽植，移栽后浇透水。生长期间适量浇水，土壤保持湿润即可。为保持株形美观，需定期修剪或摘心，以控制株高。植株老化时需强剪，促使新枝萌发，株形丰满。

【园林应用】兰花草具有适应性强、花色优雅、花姿美丽、养护简单的特点，尤其是耐高温能力强，适用于花坛、花境，矮生品种也可作地被。因其抗旱、抗贫瘠和抗盐碱能力强，可与岩石、墙垣或砾石相配，形成独具特色的岩石园景观。

8.3.2 非洲菊

【科属】菊科，非洲菊属

【学名】*Gerbera jamesonii*

【别称】扶郎花、灯盏花

【识别特点】非洲菊为多年生常绿宿根草本。叶基生，具长柄，叶片长椭圆状披针形，羽状浅裂或深裂。全株具茸毛，老叶背面尤为明显。花茎高 20～60 cm，头状花序顶生，花序直径 8～10 cm。舌状花 2 轮或多轮，条状披针形，顶端 3 齿裂，管状花二唇形。有白、黄、橙、粉红、玫红等色，可四季开花，以春、秋为盛(图 8-10)。

图 8-10 非洲菊

【繁殖栽培】非洲菊采用播种、组培和分株繁殖。非洲菊种子寿命短，播种繁殖应于采种后即行播种。发芽适温 20～25 ℃，10～14 d 发芽。分株繁殖一般在 4—5 月或 9—10 月花后进行，每丛带 2～4 片叶，每 3 年分株一次。非洲菊切花生产多用组培繁殖。

定植前施足基肥，株距 30～40 cm，栽植时不宜过深，以根颈部略露出土面为宜。苗成活后可适当控水蹲苗，促进根系生长。非洲菊喜肥，生长期应及时追肥。叶片生长过旺时，可适当剥叶，既可抑制营养生长，又可增加通风透光，减少病害发生。当心花雄蕊第一轮开始散粉时，进行切花的采收。

【园林应用】非洲菊是重要的切花种类，矮生种也可盆栽观赏，在华南地区可用于花坛、花境、花丛或装饰草坪边缘。

8.3.3　鹤望兰

【科属】旅人蕉科，鹤望兰属

【学名】*Strelitzia reginae*

【别称】极乐鸟花、天堂鸟

【识别特点】多年生常绿草本。株高 1～2 m，茎极短而不明显。叶两侧排列，革质，长圆状披针形，长 25～45 cm，宽约 10 cm。叶柄长为叶长的 2～3 倍。花数朵生于一约与叶柄等长或略短的总花梗上，下托一佛焰苞；佛焰苞舟状，绿色，边紫红，萼片披针形，橙黄色，箭头状花瓣基部具耳状裂片，和萼片近等长，暗蓝色。花期 4—9 月。小花由下向上依次开放，好似仙鹤翘首远望，故名鹤望兰(图 8-11)。

图 8-11　鹤望兰

【繁殖栽培】以分株繁殖为主，也可播种繁殖。分株宜在 4—5 月进行，用利刀从根颈处将株丛切开，每株保留 2～3 个蘖芽，切口涂草木灰，阴凉处放半日后栽种。鹤望兰是鸟媒植物，需人工辅助授粉才能结实。种子宜随采随播，发芽适温 25～30 ℃，20～30 d 生根，40～50 d 发芽，3～5 年后开花。

鹤望兰在广东、广西、海南等暖热地区可露地栽培，长江以南的温暖地区可在双层膜覆盖下越冬，北方则需要温室栽培。鹤望兰为直根系，盆栽需用高盆。盆土用疏松肥沃的园土、泥炭土、河沙混合而成的配成土。生长旺盛期水肥供应要充足，夏季应适当遮阳。

【园林应用】鹤望兰花形奇特、叶大姿美，观赏价值极高，又名天堂鸟，名称优美。是大型高端盆栽花卉，也是高档切花材料。华南地区可用于庭院种植或花境。

8.3.4　金鸡菊

【科属】菊科，金鸡菊属

【学名】*Coreopsis basalis*

【识别特点】茎直立。叶对生或上部叶互生，全缘或一次羽状分裂。头状花序较大，单生或作疏松的伞房状圆锥花序，有长花序梗，舌状花 1 层，黄、棕或粉色，管状花黄色至褐色(图 8-12)。

图 8-12　金鸡菊

【繁殖栽培】播种及分株繁殖，可自播繁衍。播种春、秋均可进行。分株于 4—5 月进行。

栽培管理简单。早春定植，株距 20 cm。夏季多雨时注意排水，防止倒伏。入冬前剪去地上部。每 3～4 年分株更新。

【园林应用】适宜布置花坛、花境、花丛，也可作地被、切花。

8.3.5 蓝目菊

【科属】菊科，异果菊属

【学名】*Dimorphotheca ecklonis*

【别称】南非万寿菊、非洲雏菊

【识别特点】多年生宿根草本，株高 20～60 cm。基生叶丛生，茎生叶互生，羽裂。顶生头状花序，总苞有茸毛，舌状花单轮，有白色、紫色、淡色、橘色等，管状花蓝紫色，花径 5～6 cm。花期夏、秋（图 8-13）。

图 8-13 蓝目菊

【繁殖栽培】播种或扦插繁殖。春、秋均可播种，发芽适温 18～21 ℃，7～10 d 发芽，播后 3～4 个月开花。扦插繁殖南方地区一般在春、秋均可，北方在春季进行，约 15 d 生根。

盆栽基质宜选用通透性好、富含有机质的培养土。移栽后摘心，可促进分枝。盆土应保持见干见湿。苗期多施氮肥，生长后期多施磷钾肥。露地种植应选择光照充足的地方，夏季应注意排水防涝。

【园林应用】适于作花坛、花境，也可盆栽观赏。

8.3.6 柳叶马鞭草

【科属】马鞭草科，马鞭草属

【学名】*Verbena bonariensis*

【别称】南美马鞭草、长茎马鞭草

【识别特点】多年生草本，株高 100～150 cm。茎四方形，全株有纤毛。叶十字对生，初期叶为椭圆形，花茎抽高后叶转为细长形如柳叶状。聚伞花序，小筒状花着生于花茎顶部，花冠 5 裂，紫红色或淡紫色。花期 5—9 月（图 8-14）。

图 8-14 柳叶马鞭草

【繁殖栽培】可用播种、扦插及分株繁殖。生产中以播种繁殖为主，春季播种，发芽适温 20～25 ℃，播后 10～15 d 发芽，从播种到开花需要 3～4 个月。扦插一般在春、夏两季进行，以顶芽为插穗，扦插后约 4 周即可成苗。分株繁殖是在春季对母本根系进行切割分株。

定植前要确保土壤条件良好，翻耕除草、施足基肥。定植株距 40～60 cm，定植后浇透水，保证土面下 20 cm 的土层保持湿润状态。柳叶马鞭草非常耐旱，养护过程中要“间干间湿”，不可过湿。在最低温度 0 ℃以上的地区可安全越冬，长江以北地区一般用作一年生栽培。

【园林应用】柳叶马鞭草在园林布置中应用很广，由于其片植效果极其壮观，常常被用于疏林下、植物园和别墅区的景观布置，开花季节犹如一片粉紫色的云霞，令人震撼。

8.3.7 鼠尾草

【科属】唇形科，鼠尾草属

【学名】*Salvia japonica*

【别称】消炎草、秋丹参、水青、乌草、山陵翘、日本紫花鼠尾草

【识别特点】草本，亚灌木或灌木。单叶或羽状复叶。轮伞花序 2 至多花，组成总状、圆锥状或穗状花序，稀单花腋生。花萼管形或钟形，二唇形，上唇全缘，2～3 齿，下唇 2 齿；花冠二唇形，上唇褶叠、直伸或镰状，全缘或微缺，下唇开展，3 裂，中裂片宽大，全缘、微缺，或流苏状，或裂成 2 小裂片，侧裂片长圆形或圆形，开展或反折(图 8-15)。

图 8-15 蓝花鼠尾草

【繁殖栽培】以播种繁殖为主。结合温室条件，可根据需要随时播种。20～22 ℃条件下，10～14 d 发芽。扦插繁殖在春、秋季均可进行，宜选择枝顶端不太嫩的茎梢作插穗。

定植后，苗高 10～15 cm 可摘心一次，促进分枝。浇水要见干才浇，浇则浇透。花谢后将残花剪除并补给肥料，能促使花芽产生，持续开花。高温时期忌长期淋雨潮湿，尤其梅雨季节应注意。

【园林应用】鼠尾草可以作为盆栽、花坛、花境和园林景点的布置材料。鼠尾草能够点缀岩石旁、林缘空隙地，显得幽静；摆放自然建筑物前和小庭院，群植效果甚佳，适宜公园、风景区林缘坡地、草坪一隅、河湖岸边布置。

8.3.8 香茶菜

【科属】唇形科，香茶菜属

【学名】*Isodon amethystoides*

【别称】痱子草、山薄荷、蛇总管、铁生姜、石哈巴、铁称锤、铁钉头

【识别特点】多年生草本，株高 75 cm。叶对生，被茸毛，叶缘有锯齿，深绿有光泽，叶背浓紫色。轮伞花序聚合成穗状花序，顶生或腋生。花淡紫色，花冠筒细长，先端二唇形，带有紫色斑纹。花期四季(图 8-16)。

图 8-16 ‘特丽莎’香茶菜

【繁殖栽培】可播种、扦插、分株繁殖。生产中多用扦插繁殖，春、秋两季均可进行。

生长期应保持盆土湿润。该植物喜肥，生长期应肥力充足，每次花谢后，可每隔 2 周施一次复合液肥。秋后短截可促进分枝使株形丰满紧密。可以耐 0 ℃的低温，长江以南地区可露地种植。

【园林应用】适用于花坛、花境，也可盆栽观赏。

8.3.9 天竺葵

【科属】牻牛儿苗科，天竺葵属

【学名】*Pelargonium hortorum*

【别称】洋绣球、石蜡红

【识别特点】多年生草本，株高 30～60 cm。茎直立，基部木质化，通体密被柔毛，具鱼腥味。叶互生，圆形或肾形，边缘波状浅裂，叶面通常有暗红色马蹄形环纹。伞形花序腋生，花瓣 5 枚，下面 3 枚常

较大，花红、橙红、粉红或白色，有半重瓣、重瓣和四倍体品种。花期 5—7 月(图 8-17)。

图 8-17 天竺葵

【繁殖栽培】可采用扦插和播种繁殖。扦插于春、秋进行，选一年生健壮嫩枝剪取插穗，切口经晾干后再行扦插。土温 10～12 ℃，1～2 周生根。播种繁殖春、秋均可进行，发芽适温 20～25 ℃，7～10 d 发芽。

盆栽时，选用腐叶土、河沙和园土混合的培养土。适宜生长温度 16～24 ℃，冬季白天温度保持在 15 ℃，夜间不低于 5 ℃，保持光照充足，可开花不绝。生长期要加强肥水管理，浇水应掌握不干不浇、浇则浇透的原则。

南方用于园林地栽时，应选择排水良好、不易积水的地段，土壤应是富含腐殖质、排水透气性良好的沙质壤土。栽前深翻土壤、施足基肥。可通过整形修剪，使植株冠形丰满紧凑。花后或秋后适当进行短截疏枝，有利于翌年生长开花。

【园林应用】天竺葵是重要的盆栽花卉，园林中常用作春夏花坛材料。冬暖夏凉地区可露地栽植，作花坛、花境等。

8.3.10 薰衣草

【科属】唇形科，薰衣草属

【学名】*Lavandula angustifolia*

【别称】狭叶薰衣草

【识别特点】多年生草本或小矮灌木。丛生，多分枝，被星状茸毛，株高 30～90 cm。叶互生，线形或披针状线形，叶缘反卷。轮伞花序具 6～10 花，多数组成顶生穗状花序，长 15～25 cm；苞片菱状卵圆形，萼的下唇 4 齿短而明显。花冠下部筒状，上部唇形，上唇裂片直立或稍重叠。花有蓝色、深紫色、粉红色、白色等，花期 6—8 月。全株有香味(图 8-18)。

图 8-18 薰衣草

【繁殖栽培】可播种、扦插、分株繁殖，生产上多采用扦插。播种一般春季进行，播前进行浸种处理有助于发芽，发芽适温 18～24 ℃，14～21 d 发芽。扦插在春、秋季进行，取一年生半木质化枝条为插穗，20～24 ℃条件下，40 d左右生根。分株繁殖春、秋季均可进行。

露地栽培时要注意土壤的排水，可将土堆高成畦后再种植。栽植前深翻土壤，施足基肥。定植时间以秋季为好，株距20～30 cm。花后进行修剪，可使株形紧凑。

【园林应用】薰衣草是建立专类芳香植物园的理想选择，可以观赏，还能起到医疗保健的作用。薰衣草可以用于花园广场、私家园林、模纹花坛，以及布置路边的花境、花带、花丛等。

8.3.11 鸢尾

【科属】鸢尾科，鸢尾属

【学名】*Iris tectorum*

【别称】老鸹蒜、蛤蟆七、扁竹花、紫蝴蝶、蓝蝴蝶、屋顶鸢尾

【识别特点】地下部分为匍匐根茎、肉质块状根茎或鳞茎。叶多基生，相互套叠，排成2列，剑形或线形，长20～50 cm，宽2.5～3.0 cm。花茎自叶丛中抽出，顶端分枝或不分枝，每枝着花1朵或数朵。花较大，蓝紫色、紫色、红紫色、黄色、白色。花被管喇叭形、丝状或甚短而不明显，花被裂片6，外轮3枚大而外弯或下垂，称垂瓣；内轮3枚直立或向外倾斜，称旗瓣。雄蕊3，贴生于外轮花被片基部；雌蕊的花柱单一，上部3裂、瓣化，与花被同色。蒴果椭圆形、卵圆形或圆球形，顶端有喙或无，成熟时室背开裂；种子梨形、扁平半圆形或为不规则的多面体，深褐色。花期春、夏(图8-19)。

【繁殖栽培】根茎类鸢尾以分株繁殖为主，也可用种子繁殖。分株于初冬或早春休眠期进行。切割根茎，每段带2～3个芽，待切口晾干后栽种。种子繁殖于秋季采种后立即播种，春季萌芽，2～3年开花。种子冷藏后播种，可打破休眠，10 d发芽。

图8-19 鸢尾

鸢尾类一年中不同季节均可栽种，以早春或晚秋种植为好。应深翻土壤，施足基肥，尤其磷钾肥，株行距30 cm×50 cm。花前追肥，花后剪除残花，生长季保持土壤水分，每3～4年对母株进行分株复壮。湿生鸢尾可栽植于浅水或池畔，生长季不能缺水。有些种如玉蝉花、燕子花也用于切花栽培，利用设施条件调控温度和光照长度，进行促成和抑制栽培。

【园林应用】鸢尾属植物种类众多，色彩丰富，适应性广，是优良的园林花卉。适用于花坛、花境、花丛、地被及水边绿化，有些种类也可作切花。

思考题

1. 宿根花卉的定义是什么？
2. 宿根花卉的园林应用特点有哪些？
3. 简述菊花的繁殖栽培要点。
4. 薰衣草和鼠尾草的区别特点有哪些？
5. 简述鸢尾的识别特点。

第9章 球根花卉

9.1 概述

9.1.1 球根花卉的定义

球根花卉(flowering bulbs)是植株地下部分的根或茎变态膨大成球状或块状的多年生草本花卉。

9.1.2 球根花卉的园林应用特点

球根花卉具备以下特性:首先,它们是多年生的草本植物,从种植到开花通常需要数年时间,大多数球根花卉的寿命在2～10年。在此期间,地上部分主要进行营养生长,而地下球根则逐年增大。当球根直径达到一定规模时,植物便开始开花和结实。其次,地下球根具有多年生特性,例如长期存活的鳞茎(如百合、水仙等),并且每年都会有新旧球根的更替(如郁金香、唐菖蒲等)。此外,球根花卉具有明显的休眠特性,能够通过地下球根在夏季或冬季度过休眠期,休眠可通过低温或高温打破。最后,它们的主要繁殖方式包括分球、鳞片扦插和播种。

9.1.3 球根花卉的类型

全世界栽培的球根花卉有数百种,其中属单子叶植物的约10个科;属双子叶植物的约8个科。按地下部分的器官形态,可分为下列种类:鳞茎类、球茎类、块茎类、根茎类和块根类。按照栽植时间,分为春植球根和秋植球根花卉。

1)按照地下茎分类

(1)鳞茎类　鳞茎是一种由地下茎缩短形成的圆盘状结构,顶部长有变态叶即鳞片,通常呈球形。这些鳞片大多源自叶基或叶鞘基部的肥大部分,质地肉质,上面可形成腋芽。鳞茎的顶端是生长点,幼年鳞茎的顶端长有营养芽,而成熟鳞茎的顶芽能够分化出花芽。根据鳞片的排列方式,鳞茎可分为有皮鳞茎和无皮鳞茎两类。有皮鳞茎的鳞片外层包裹着褐色的膜质外皮,并呈同心圆层状紧密排列,常见于郁金香、风信子、水仙、朱顶红、石蒜、文殊兰等多种鳞茎花卉。而无皮鳞茎则没有膜质外皮,其鳞片以覆瓦状疏松地叠合生长,典型代表为百合。

(2)球茎类　球茎是由地下茎短缩并形成实心的球状或扁球形结构,其表面长有环状的节,每个节上都有生长点。球茎的顶端有一个顶芽,顶芽外被一层干燥膜片所覆盖,这些膜片是由已死亡的叶鞘和老叶形成的。球茎植物的代表种类包括唐菖蒲、小苍兰、荷兰鸢尾、番红花和香雪兰等。

(3)块茎类　块茎通常呈不规则的块状或条状,主要功能是贮存养料和帮助植物越冬。这种变态茎根据膨大的部位不同,分为2种类型:有些块茎是由地下根状茎膨大形成的,这种块茎上面长有螺旋状的芽眼,可以生成新的块茎用于繁殖,典型的代表是花叶芋;另一些块茎则是由下胚轴和主根的基部膨大而成,芽生长在块茎的顶部,而须根则生长在中下部，这种块茎可以连续多年生长并逐渐膨大，但不会分生出小块茎，如仙客来、球根秋海棠和大岩桐等。

(4)根茎类　地下茎呈根状且肥大，表面具有明显的节。每个节处长有小型且退化的鳞片状叶片，叶腋中生有腋芽。这种地下茎通常以水平方向生长，使植株能够通过这些芽向周围扩展。代表植物如美人蕉、姜花、荷花和睡莲等。

(5)块根类　块根是根的变态，主要由侧根和不定根膨大形成。块根的特点是没有节点和芽眼，仅具有须根，主要功能是储存养分和水分。在根颈部位，块根能够产生不定芽，这些芽在越冬过后的春天长出芽眼，从而通过分株的方式进行繁殖。常见的具有块根的植物包括大丽花、花毛茛和蛇鞭菊等。

2)按照栽植时间分类

(1)春植球根花卉　这类花卉原产于热带、亚热带地区及墨西哥高原，地区特点为气候温暖，夏季降水充沛。这些植物爱温暖的环境并对寒冷非常敏感。通常在春天栽种，夏秋季节开花，并在冬季进入休眠期。在生长旺盛的夏季，花芽会经历分化阶段。休眠期间，新器官的分化和生长大多停滞，但在经过一定低温条件后，植物会抽茎生长。常见的春植球根花卉包括唐菖蒲、美人蕉、石蒜、观赏葱、大丽花、晚香玉、马蹄莲、球根秋海棠和银莲花等。

(2)秋植球根花卉　这类植物多见于地中海沿岸和北美西南部，这些地区特点是冬季温和多雨，夏季炎热干旱。秋植球根花卉较为耐寒，但不适应夏季高温。一般在秋季栽种，冬春季节开花，并在夏季进入休眠。其休眠期间(主要在夏季)，花芽分化，而高温干旱时，叶片会停止生长并枯萎，球根则进入休眠状态。当气温转凉，球根又重新开始生长。由于这些植物的真正休眠期较短，它们在进入休眠后不久便开始花芽分化。此类花卉包括百合、郁金香、小苍兰、风信子、水仙、仙客来和番红花等。

9.2　常见球根花卉

9.2.1　百合

【科属】百合科，百合属

【学名】*Lilium brownii* var. *viridulum*

【别称】山百合、香水百合、天香百合

【识别特点】秋植球根花卉，地下茎为无皮鳞茎。株高 40～150 cm，地下鳞茎扁球形或阔卵状球形，外无皮膜，由多数肥厚肉质鳞片重叠抱合而成；根分为基生根和茎生根。地上茎直立，圆柱形，不分枝或少数种类有分枝。叶螺旋状散生，少有轮生，叶线形、披针形至椭圆形。花单生、簇生或成总状花序排成伞房状；花朵大形，直立、平伸或下垂；花被片 6 枚，基部具蜜腺，离生，排成 2 轮，常组合成漏斗形、喇叭形、钟形、碗形和杯形等各种花形。有些种类的花被片向外反卷，有的在花被片中下部散生紫红色斑点。雄蕊 6 枚，花药呈"丁"字形着生，不同品种花药颜色不同。雌蕊位于花中央，花柱较长，柱头膨大，3 裂。蒴果，种子扁平、多数(图 9-1)。

图 9-1　东方百合

【繁殖栽培】以分球和扦插繁殖为主，也可播种及组培繁殖。花后休眠期，将鳞茎挖出，剥离鳞茎周围的小球，另行栽植。分栽的大鳞茎秋植，第二年即可开花，较小的鳞茎需经 2～3 年才能开花。扦插繁殖(埋片繁殖)，通常将健康百合种球上的鳞片掰下，消毒，与潮湿的泥炭混合后装入打孔的塑料袋中，在黑暗、温暖条件下培养，注意定时翻动和调节塑料袋口，控制袋内湿度，经过 6～8 周鳞片即可长出小鳞茎，小鳞茎定植露地，需要 3～5 年才能开花。也可露地直接播种鳞片，开花要比扦插晚一些。播种繁殖不常见，只是在杂交育种中用得较多。为了获得百合的无毒苗，常采用组培脱毒。

百合性喜凉爽、湿润的半阴环境，较耐寒。喜干旱，怕水涝，忌连作。生长于肥沃、深厚的沙质土壤，一般要求 pH 5.5～6.5。生长适温为 20～25 ℃，夜温 15～17 ℃最为理想，低于 10 ℃或高于 30 ℃均生长不良。露地栽培一般秋后植球。定植前施足基肥，做高床(高畦)，根据气候、土质和种球大小等实际情况，一般选择株行距为 10 cm×15 cm 或 12 cm×20 cm 为佳，种植深度为种球的 2～3 倍，通常每亩栽 1.5 万株左右。

【园林应用】百合是全球花卉市场上著名的五大鲜切花之一，一些矮生品种还用于盆栽及作为地被植物。除了观赏用途，百合还具有药用和食用价值。兰州百合、卷丹和百合不仅是流行的保健蔬菜，同时卷丹和山丹也是中医药中常用的药材。

9.2.2 风信子

【科属】百合科，风信子属

【学名】*Hyacinthus orientalis*

【别称】洋水仙、五色水仙

【识别特点】秋植球根花卉；地下茎为有皮鳞茎，呈球形或扁球形。株高 20～30 cm。叶基生，4～6 枚，带状披针形，质感肥厚，有光泽。总状花序顶生，小花密生于花茎，着花 6～12 朵或 10～20 朵；花钟状，斜伸或下垂，花被片 6，裂片端部向外反卷，整个花序看起来充实而丰盈；常见栽培红、粉、白、蓝、紫、黄、橘黄等各色品种，多数园艺品种具香气；花期 3—4 月。蒴果黄褐色，果期 5 月(图 9-2)。

图 9-2 风信子

【繁殖栽培】风信子母球栽植 1 年后分生 1～2 个子球，可用于分球繁殖。为提高繁殖系数，采取人工诱发子球的方式，即将花芽分化后的鳞茎进行切割，扇形挖切是用匙形刀从鳞茎基郁切成凹形的一片基盘，再向鳞茎中心作十字形切入，切割时直接从鳞茎基部向顶芽切成十字形。为培育新品种，也可以秋季播种繁殖，翌年 2 月才发芽，培养 4～5 年后能开花。

喜冬季温暖、空气湿润、夏季凉爽稍干燥的环境。较耐寒，在冬季较温暖地区秋季生根早春新芽出土，6 月上旬地上部分枯萎而进入休眠。在休眠期进行花芽分化，分化适温 25 ℃左右，分化时间 1 个月左右。花芽分化后至伸长生长之前要有 2 个月左右的低温阶段，气温不能超过 13 ℃。喜肥，宜在排水良好、肥沃的沙壤土中生长，在黏重地生长极差。

栽培时，要施足基肥，冬季及开花前后，还要各施追肥 1 次。采收后不宜立即分球，种植时再分，以免分离后留下的伤口于夏季储藏时腐烂，干燥保存；鳞茎的储藏温度为 20～28 ℃，最适为 25 ℃，对花芽分化最为理想。风信子在生长过程中鳞茎在 2～6 ℃低温时根系生长最好，芽萌动适温为 5～10 ℃，叶片生长适温为 5～12 ℃，现蕾开花期 15～18 ℃ 最有利；可耐受短时霜冻。

【园林应用】可用作花坛、花境、盆栽、水养、切花。风信子植株低矮而整齐，花期早，花色艳丽，是春季布置花境、花坛的优良材料；也可以在草地边缘种植成丛成片的风信子，增加色彩；还可以盆栽欣赏或像水仙一样用水养，将其球茎置于小口的锥形玻璃瓶上，让它的根刚好触及水面，既可以欣赏开花后的丰姿，还可以观察根的动态。高型品种可作切花用。

9.2.3 郁金香

【科属】百合科，郁金香属

【学名】*Tulipa*×*gesneriana*

【别称】洋荷花、草麝香

【识别特点】秋植球根花卉，地下鳞茎为有皮鳞茎，呈扁圆锥形，皮呈褐色。株高 20～90 cm。叶 3～5 枚，光滑被白粉，条状披针形至卵状披针形，全缘并呈波状，常有毛。花单朵顶生，大型而艳丽；花被片 6，离生，长 5～7 cm，宽 2～4 cm；花色有白、粉、红、紫、褐、黄、橙等各单色或复色，并有条纹及重瓣品种；花期 3—5 月，花白天开放，傍晚或阴雨天闭合。蒴果，种子扁平(图 9-3)。

图 9-3 郁金香

【繁殖栽培】以球根繁殖为主。鳞茎寿命 1 年，新老鳞茎每年演替一次，母球在当年开花并分生新球及子球后，便干枯死亡，同时形成多个子球，不同品种郁金香的子球数量差异大；适宜切花栽培的郁金香种球一般围径在 12 cm 以上，且发育丰满健壮；其根系再生力弱，断折后难以继续生长。

耐寒性强，冬季鳞茎可耐－35 ℃低温，不耐夏季炎热气候；喜光照充足；喜排水好的肥沃土壤，pH 6～7.8 均可正常生长，但在中性或微碱性土壤中生长最好。种植后根系先伸长，生长温度 5～22 ℃，最适温度 15～18 ℃。茎叶必须经过低温春化，花芽分化适温 20 ℃，花茎伸长适温 9 ℃。高温季节以后茎叶变黄枯萎，开始进入休眠状态。

秋季栽植前要深耕整地，施足基肥，栽植前一个月进行土壤消毒；开沟 20 cm 深筑成高畦。种球栽植前去除皮膜，注意勿伤根盘，然后用 3%高锰酸钾溶液或 500 倍的多菌灵液浸泡 20～30 min；覆土厚度为球高的 2 倍，过深易烂球。一般株距 5～8 cm，行距 15～20 cm。栽后需适当灌水，促使生根。

【园林应用】郁金香不仅象征胜利和美好，也是春季最重要的开花球根花卉之一。它的花形优雅而独特，颜色丰富多样，开花整齐，非常迷人。郁金香的种植场所非常灵活，无论是花坛、花境、草坪、林缘、灌木丛旁、小溪边还是岩石旁，都可以呈现出绝美的景观。郁金香同样适宜作为盆栽花卉，不仅美化环境，还是优质的切花材料和早春时期重要的盆栽花卉。

9.2.4 六出花

【科属】六出花科，六出花属

【学名】*Alstroemeria* ‘*Hybrida*’

【别称】智利百合、秘鲁百合

【识别特点】秋植球根花卉，地下茎为根茎，肉质肥厚，横卧。株高 45～60 cm，茎直立，不分枝。叶互生，披针形，呈螺旋状排列。伞形花序，花多，3～8 束，每束着花 2～3 朵；小花具梗，花被片倒卵形，6 枚，无筒；内轮花瓣具深色条纹或斑点；花期夏季(图 9-4)。

【繁殖栽培】可分株繁殖，六出花有横卧地下的根茎，其上着生许多隐芽，将根茎分段切开栽培，可萌发为新株。也常播种繁殖。还可以组培繁殖。

分株繁殖于花后 10 月进行，如作切花栽培，株行距一般为 40 cm×50 cm。秋冬季播种，经过 1 个月 0～5 ℃的低温，种子逐渐萌动；发芽后温度维持在 10～20 ℃，生长迅速；当幼苗长至 4～5 cm 时，及时移植。

六出花喜温暖，较耐寒；生长适温为 15～25 ℃，最佳花芽分化温度为 20～22 ℃。喜光，耐半阴；属长日照植物，生长期日照在 60%～70%最佳，可适当遮阳。土壤以疏松、肥沃、排水良好、pH 6.5 左右的沙质壤土为宜。

图 9-4　六出花

在生长旺盛季节应有充足的水分供应和较高的空气湿度，相对湿度控制在 80%～85% 较为适宜；冬季温度较低时应注意控制水分。花期适宜半阴环境。休眠期保持干燥。

【园林应用】六出花以其丰富的花色和奇特美丽的花形而著称，其花朵形似蝴蝶，新颖而引人注目。是极佳的盆栽和切花材料，非常适合用来装饰室外窗台或客厅。六出花也常用于接待大厅、酒店、机场大堂等公共场所，作为展示用的新颖切花尤为出色。近年来，六出花还开始被用于盆栽，同样适宜用于布置花坛和花境，增添环境美感。

9.2.5　水仙

【科属】石蒜科，水仙属

【学名】*Narcissus tazetta* subsp. *chinensis*

【别称】中国水仙、凌波仙子、金盏银台、玉玲珑、天蒜、雅蒜

【识别特点】秋植球根花卉，鳞茎卵球形，多汁液。叶宽线形，扁平，长 20～40 cm，宽 8～15 mm，钝头，全缘，粉绿色。花茎与叶近等长；伞形花序着花 4～8 朵；佛焰苞状总苞片膜质；花梗长短不一；花被管细，灰绿色，近三棱形，长约 2 cm；花被裂片 6，卵圆形至阔椭圆形，顶端具短尖头，白色；副冠浅杯状，淡黄色，长不及花被的一半。花芳香，花期春季。蒴果开裂(图 9-5)。

【繁殖栽培】以分球繁殖为主，水仙鳞茎自然分

图 9-5　水仙

生力强。秋季分球繁殖，将母球上自然分生的小鳞茎(俗称脚芽)掰下来作种球，另行栽植。覆土为球高的 2 倍，覆土过浅，小球发生多，影响球根花芽质量。

水仙喜光、喜水、喜肥，适于温暖、湿润及阳光充足的地方，耐微阴；多数种类耐寒，在中国华北地区不需保护即可露地越冬。但尤以冬无严寒、夏无酷暑、春、秋季多雨的环境最为适宜。如栽植于背风向阳处，生长开花更好。对土壤要求不严格，但以土层深厚肥沃、湿润而排水良好的黏质壤土为最好，以中性和微酸性土壤为宜，pH 5～7.5 均宜生长。

水仙喜肥，除要求有充足的基肥外，生育期还应多施追肥。水仙可水养，旱地栽培宜多浇水。盆栽水仙时，白天要将花盆放置在阳光充足处，才可以使水仙花叶片宽厚、挺拔，叶色鲜绿，花香扑鼻；否则叶片高瘦、叶色枯黄，甚至不开花。

【园林应用】水仙是一种优质的切花材料。作为著名的球根花卉，非常适合用于花坛和花境的布置和装饰。同时，水仙花也适合丛生在草坪中，镶嵌在假山的缝隙中，或者种植在疏林中和花坛边缘。

9.2.6　花毛茛

【科属】毛茛科，毛茛属

【学名】*Ranunculus asiaticus*

【别称】芹菜花、波斯毛茛、陆莲花

【识别特点】秋植球根花卉，地下具纺锤形小块根，株高20～40 cm，顶端簇生叶片。茎自叶丛中抽生，中空，具毛，单生或稀分枝。基生叶阔卵形至椭圆形，叶缘有齿，具长柄；茎生叶2～3回羽状深裂，无柄。花单生枝顶或数朵着生长梗上。花径2.5～4 cm，花瓣具光泽，花色丰富，有白、黄、橙、桃红、大红、雪青、紫及复色。花期4—6月(图9-6)。

图9-6 花毛茛

【繁殖栽培】分球或播种繁殖。分球繁殖春秋均可，通常秋季进行。每个块根都需带有根茎，否则不能发芽。秋季播种，适温10 ℃左右约3周出苗，第二年即可开花。

喜凉爽气候，忌炎热，稍耐寒，喜阳光充足，耐半阴。喜湿润，不耐旱，忌积水。夏季休眠。要求富含腐殖质，排水良好的沙质或略黏质壤土，pH以中性或微碱性为宜。

秋季温度在20 ℃以下后定植，冷凉地区在9月下旬，温暖地区10月中旬。定植前施足基肥，株距15～25 cm，定植后浇透水。追肥以磷肥为主，若花量大需增补钾肥。氮肥过剩会导致花茎中空而弯曲或折断。冬季保持昼温15～20 ℃，夜温5～8 ℃。土壤要保持湿润。

【园林应用】花毛茛花形优美，花色绚丽，是十分优良的切花和盆花材料，也可用于花坛、花境或林缘、草坪四周。

9.2.7 仙客来

【科属】报春花科，仙客来属

【学名】*Cyclamen persicum*

【别称】兔耳花、兔子花、萝卜海棠

【识别特点】秋植球根花卉，块茎扁球形，表皮木栓化，棕褐色。株高20～30 cm。叶和花葶同时自块茎顶部抽出，叶片心状卵圆形，边缘有细圆齿，质地稍厚，上面深绿色，常有浅色的斑纹。花单生，下垂，花梗细长。花冠5深裂，基部连成短筒，花冠裂片向上翻卷、扭曲，形如兔耳，有白、玫红、绯红、紫红、大红等色。花期冬春(图9-7)。

图9-7 仙客来

【繁殖栽培】以播种繁殖为主。需人工辅助授粉以获得种子。辅助授粉于开花2～3 d内完成，受精成功，花梗仍继续伸长并向下弯曲，经2～3个月后种子成熟。种子随采随播，一般在9—10月播种，播种前用清水浸种24 h或温水浸种2～3 h，后置于25 ℃条件下2 d，待种子萌动后播种，40 d左右可发芽。从播种到开花一般需要14个月。也可采用分割块茎和组织培养法繁殖。

喜凉爽、湿润及阳光充足的环境，不耐寒，也不耐高温。生长和花芽分化的适温为15～25 ℃，湿度70%～75%。冬季花期温度不得低于10 ℃，否则花色暗淡，且易凋落。夏季温度若达到28～30 ℃，则植株休眠，若达到35 ℃以上，则块茎易于腐烂。幼苗较老株耐热性稍强。要求疏松、肥沃、富含腐殖质，排水良好的微酸性沙质壤土。

播种苗长出一片真叶时进行移苗，翌年 1—2 月小苗长至 3～5 片叶时上盆。定植时块茎顶端应稍露出土面，盆土不必压实。仙客来需避雨栽培，浇水最好采用滴灌，以防烂球。生长期加强肥水管理，4 月底开始中午遮阳。夏季高温期停肥，注意通风、遮阳，可移至室外荫棚，也可移至海拔 600 m 以上的高山上越夏。10 月下旬再移入室内养护，现蕾期需阳光充足，温度保持在 10 ℃以上。

在人工控制环境条件的温室中，可周年播种、周年开花。苗期和花芽形成期适当降低温度可延缓生长，延迟开花。花芽分化后提高温度至 20 ℃，开花前 45 d 降低温度到 13～16 ℃，可促进开花。

【园林应用】仙客来花形别致，似兔子耳朵，娇艳夺目，烂漫多姿，花期适逢圣诞节、元旦、春节等传统节日，为冬季重要的盆栽花卉。

9.2.8 马蹄莲

【科属】天南星科，马蹄莲属

【学名】*Zantedeschia aethiopica*

【别称】水芋、观音莲

【识别特点】秋植球根花卉，地下块茎肥厚肉质，株高 60～70 cm。叶基生，叶片较厚，绿色，心状箭形或箭形，全缘。佛焰苞长 10～25 cm，开张呈马蹄形，管部短，黄色；檐部略后仰，锐尖或渐尖，亮白色，有时带绿色。肉穗花序圆柱形、黄色，雄花着生在上部，雌花着生在下部。花有香气，花期 10 月至翌年 5 月，盛花期 4—5 月(图 9-8)。

图 9-8　马蹄莲

【繁殖栽培】以分球繁殖为主，也可播种及组培繁殖。花后或夏季休眠期，将块茎挖掘出，剥离块茎周围的小球，另行栽植。分栽的大块茎经 1 年培育即可成为开花球，较小的块茎需经 2～3 年才能开花。播种繁殖，宜随采随播，播前用 70 ℃左右热水浸种催芽，可提高发芽率。彩色马蹄莲多采用组培繁殖。

性强健，喜温暖、湿润气候，不耐寒，不耐干旱，较耐水湿。生长适温为 20 ℃左右，越冬应在 5 ℃以上。冬季需充足的日照，光照不足着花少，稍耐阴。夏季阳光过于强烈灼热时适当进行遮阳。喜疏松肥沃、腐殖质丰富的黏壤土。其休眠期随地区不同而异。在中国长江流域及北方栽培，冬季宜移入温室，冬春开花，夏季因高温干旱而休眠；而在冬季不冷、夏季不干热的亚热带地区全年不休眠。

春、秋下球均可，一般秋后植球。定植前施足基肥，覆土约 5 cm。生长期需肥水充足，肥水不得浇入叶柄，否则易造成块茎腐烂。秋、冬、春三季需阳光充足，夏季高温期需遮阴。以 15°～25°最为适宜，冬季若要开花需保持夜温 10 ℃以上。自定植后第 2 年开始摘芽，每株带 10 个球左右，其余摘除，以保证营养生长和生殖生长间的平衡以及株间通风。植株过密时可摘除部分老叶，以促进花梗抽生。

【园林应用】马蹄莲花形独特，以其洁白如马蹄的花苞和翠绿带白斑的叶片而闻名，其秀雅造型和优美的叶花搭配，展现了独特的魅力。这种花朵常被视为纯净、真诚和朴素的象征。常作盆栽观赏，也是重要的切花材料。

9.2.9 唐菖蒲

【科属】鸢尾科，唐菖蒲属

【学名】*Gladiolus gandavensis*

【别称】十样锦、剑兰、菖兰、十三太保

【识别特点】春植球根花卉，地下茎为球茎，扁球形，外被棕黄色膜质鳞片。株高 70～100 cm，叶基生或在花茎基部互生，剑形，嵌叠为 2 列。穗状花序顶生，着花 8～20 朵。花无梗，漏斗状，色彩丰富，有黄、红、白或粉红色，径 7～18 cm。花期 7—9 月(图 9-9)。

图 9-9 唐菖蒲

【繁殖栽培】一般采用分球法繁殖。秋季植株枯萎后，挖掘出球茎，将子球分离，储存在 5～11 ℃ 通风干燥的室内。翌年春天，选择冷凉地或海拔 500 m 以上的山地播种子球，进行田间培养。子球经栽种 1～2 年后可长成开花种球。还可采用分切球茎法繁殖。将能开花的球茎纵切成 2～3 块，每块带有一个以上的芽眼和部分根盘。也可采用组培繁殖。

唐菖蒲为喜光性长日照植物，对光照强度、光周期要求高。生育最适温度昼温 20～25 ℃，夜温 12～18 ℃。不耐热，夏季喜凉爽气候，也不耐寒。以土层深厚、疏松肥沃、富含有机质、排水良好的微酸性沙质壤土最为适宜。生长期要求水分充足，忌旱、忌涝。

露地栽培北方需待晚霜过后，南方可周年种植。通常用高畦或垄栽，种植深度 5～10 cm，深栽不易倒伏。唐菖蒲喜肥，栽前应施足有机肥，并于二叶期或三叶期、孕穗期各追肥一次。生育期要求水分充足，风大的地区需拉网防倒伏。就地销售的切花在基部 2～3 朵小花半开时剪采，远途运输或储藏的在基部 1～2 朵小花花蕾显色时剪采。

【园林应用】唐菖蒲花序挺直，花色丰富，花期长，为世界著名的四大鲜切花之一，也可用于花坛、花境。

9.2.10 朱顶红

【科属】石蒜科，朱顶红属

【学名】*Hippeastrum striatum*

【别称】百枝莲、华胄兰

【识别特点】春植球根花卉，鳞茎近球形，株高 30～60 cm。叶 4～8 枚，二列状着生，鲜绿色，带形，长约 30 cm。花茎自叶丛外侧抽出，粗壮而中空，扁圆柱形，高约 40 cm，宽约 2 cm，具白粉；伞形花序，花 3～6 朵，花梗纤细；花大型，漏斗状，红色；佛焰苞状总苞片披针形，长约 3.5 cm；花被管绿色，圆筒状，长约 2 cm；花被裂片长圆形，顶端尖。花期夏季（图 9-10）。

图 9-10 朱顶红

【繁殖栽培】可进行分球繁殖，春季 3—4 月将大球周围着生的小鳞茎剥下另行栽种；也可进行种子繁殖。球根分栽时要注意浅栽，将小鳞茎的顶部露出地面为宜；勿伤小鳞茎的根。种子繁殖，需采后即播；种子采收后，不可干燥，应立即播种；约 1 周后发芽，出芽率高。

喜温暖、湿润、阳光不过于强烈的环境，稍耐寒。生长适温 18～25 ℃；冬季休眠期要求冷凉干燥，气温 10～13 ℃，越冬温度不可低于 5 ℃。要求富含腐殖质、疏松肥沃而排水良好的沙质壤土。初栽浇水量宜少，以后逐渐加量；生长期需给予充分的水肥；随叶片伸长，逐渐追肥；花后也需要追肥，促进鳞茎生长。

【园林应用】朱顶红花色鲜艳，花朵硕大，可用于花境、丛植和切花。也适于盆栽装点居室、客厅、过道和走廊。

9.2.11 大丽花

【科属】菊科，大丽花属

【学名】*Dahlia pinnata*

【别称】大理花、天竺牡丹、地瓜花、大丽菊

【识别特点】春植球根花卉，地下具粗大纺锤状肉质块根，株高 40～150 cm。茎中空，直立或横卧，多分枝。叶对生，1 至 3 回羽状全裂，上部叶有时不裂，边缘具粗钝锯齿。头状花序顶生，径 5～35 cm，具总长梗。总苞片 2 轮，外层叶质，内层膜质。舌状花颜色丰富，一般中性或雌性，管状花黄色，两性，有时栽培种无管状花。瘦果黑色、扁、长椭圆形。花期夏秋(图 9-11)。

图 9-11 大丽花

【繁殖栽培】以分根和扦插繁殖为主，也可用播种、嫁接和组培繁殖。

分根繁殖：大丽花的块根是由根颈部发生的不定根膨大而成，仅于根颈部发生新芽，因此在分割块根时必须带有根颈部 1～2 个芽眼，否则不能萌发新株。为了便于识别，常采用预先埋根法进行催芽，待根颈上的不定芽萌发后再分割栽植。分根法通常春季进行，操作简便，成活率高，苗壮，但繁殖系数低。

扦插繁殖：四季均可进行，但以早春最好。插穗取自根颈部发生的脚芽，春插苗经夏秋充分生长，当年即可开花。秋季取植株顶梢或侧稍为插穗。

播种繁殖：花坛或盆栽用的矮生系列品种以及育种时用播种繁殖。春季播种，20 ℃左右，5～10 d 发芽，当年开花。大丽花为异花授粉植物，重瓣品种不易获得种子，须进行人工授粉。

喜凉爽怕炎热，喜阳光怕荫蔽，喜湿润又怕涝。生育适温 10～25 ℃，秋季经轻霜即枯萎。以富含腐殖质、排水良好的中性或微酸性沙质壤土为宜。开花对光周期无严格要求，但短日照条件(日长 10～12 h)能促进花芽分化。

露地定植宜在 4 月初进行，种植深度以根颈的芽眼低于土面 6～10 cm 为宜。定植后充分灌水，地温保持在 10 ℃以上。对分枝性差的品种，一般在 3～4 节处摘心，促进分枝。切花栽培需搭架拉网。大丽花喜肥，孕蕾前、初花期、盛花期需追肥。土壤需保持湿润，雨季注意排水防涝。

【园林应用】大丽花花形丰富，品种繁多，花大色艳，是作花坛、花境的良好材料，也是重要的盆栽花卉，还可用作切花。

9.2.12 水鬼蕉

【科属】石蒜科，水鬼蕉属

【学名】*Hymenocallis littoralis*

【别称】美洲水鬼蕉、蜘蛛兰、蜘蛛百合

【识别特点】春植球根花卉，地下具鳞茎。叶基生，剑形，深绿色，多脉，无柄。花茎扁平，高 30～80 cm，顶生伞形花序，着花 3～8 朵。花白色，花被管纤细，长短不等，长者可达 10 cm 以上，花被裂片线形，通常短于花被管。花期夏秋(图 9-12)。

图 9-12 水鬼蕉

【繁殖栽培】以分球繁殖为主，也可播种繁殖。

喜光照充足、温暖湿润环境，不耐寒，畏烈日。夏秋季开花，秋季叶黄进入休眠期，翌年春季重新

萌发。花芽在休眠期分化，秋季高温、干燥有利于花芽形成。

选择光照充足、富含腐殖质的沙质壤土处进行栽植。栽前深翻土壤，施足基肥。定植前将鳞茎放于温室内光照充足的温暖处，促使根部活动。于 4—5 月下球，覆土 2～3 cm，株距 15～20 cm。秋末采收鳞茎，晾干后放 8 ℃左右储藏。南方地区可不必挖起，稍加覆盖即可越冬。

【园林应用】水鬼蕉花形奇特，花叶共赏，适宜布置花坛、花境，或用于林缘、草地周围，也可盆栽观赏。

9.2.13　葱莲

【科属】石蒜科，葱莲属

【学名】*Zephyranthes candida*

【别称】葱兰、玉帘、菖蒲莲

【识别特点】春植球根花卉，地下茎为鳞茎，狭卵形，具明显的颈部。株高 10～20 cm。叶基生，狭线形，肥厚，亮绿色，长 20～30 cm，宽 2～4 mm。花茎中空；花单生于花茎顶端，下有红褐色膜质苞片，苞片顶端 2 裂；花梗长约 1 cm；花白色，几无花被管，花被片 6，长 3～5 cm；花期 7—10 月。蒴果近球形，3 瓣开裂，种子黑色，扁平（图 9-13）。

图 9-13　葱莲

【繁殖栽培】常分球繁殖，多春植。葱莲鳞茎分生能力强，成熟的鳞茎可以从基盘上分生 10 多个小鳞茎。也可播种繁殖。

喜光照充足、温暖、湿润环境；抗性强，半阴处也生长良好。有一定耐寒性。生长强健，耐旱，耐高温，生长适温 22～30 ℃。要求排水良好、富含腐殖质的稍黏质壤土。

一般在秋季老叶枯萎后或春季新叶萌发前掘起老株，将小鳞茎连同须根分开栽种，每穴种 3～5 个，栽种深度以鳞茎顶稍露土为度；一次分球后可隔 2～3 年再行分球。发芽前控制水分，在生长旺期应视苗势酌情追肥、浇水。葱莲性强健，养护管理粗放。

【园林应用】葱莲植株低矮，叶丛碧绿，开花后密集的花朵覆盖整个株丛，色彩或浓艳或淡雅，观赏价值高。最适合作花坛、花径、草地镶边栽植，也可作半阴处地被花卉。配以可爱的粉红色花卉，散植于素雅的葱莲绿茵之中，是引人注目的夏季缀花草坪。也可盆栽观赏。

9.2.14　紫娇花

【科属】石蒜科，紫娇花属

【学名】*Tulbaghia violacea*

【别称】野蒜、非洲小百合、洋韭菜

【识别特点】春植球根花卉。鳞茎肥厚，呈球形，具白色膜质叶鞘。叶光滑，多为半圆柱形，中央稍空。花茎直立，高 30～60 cm，伞形花序球形，具多数花，径2～5 cm，花被粉红色。植株丛生，茎叶均含有韭味。花期 5—7 月（图 9-14）。

图 9-14　紫娇花

【繁殖栽培】可用播种、分株或鳞茎繁殖。

喜光照充足,喜高温,生育适温 24～30 ℃。耐贫瘠,忌涝。

宜选择阳光充足、富含腐殖质、排水良好的沙质壤土地段栽植。栽种深度一般为鳞茎直径的 2～3 倍。对肥料要求不是很高,通常在春季生长开始及开花初期酌施肥料。土壤保持湿润,忌涝。

【园林应用】紫娇花花形清新秀雅,俏丽可爱,且四季常绿,适合作花坛、花境,或用于林缘、草地周围,也可作切花和盆栽观赏。

9.2.15 雄黄兰

【科属】鸢尾科,雄黄兰属

【学名】*Crocosmia*×*crocosmiiflora*

【别称】火星花、标杆花、倒挂金钩、黄大蒜

【识别特点】春植球根花卉,地下球茎扁球形,外有纤维质膜包被。叶多基生,剑形,中脉明显。花茎高 50～100 cm,有 2～4 分枝;多花组成疏散穗状花序。花橙黄色,径 3.5～4 cm,花被筒稍弯曲,花被裂片 6,披针形或倒卵形。花期 7—8 月(图 9-15)。

图 9-15 雄黄兰

【繁殖栽培】主要采用分球繁殖。分球繁殖应在春季新芽萌发之前进行,对于地栽植株,建议行距保持在20 cm×20 cm;若采用盆栽方式,建议使用直径约 15 cm 的花盆,每盆可种植 3～5 个球茎。球茎的种植深度应为球茎高度的两倍。较大的球茎种植后当年可开花,而较小的球茎则需至第二年才能开花,一般建议每 3 年进行一次分株,以保持生长的活力。

喜阳光充足,耐寒。在长江中下游地区球茎能露地越冬。适宜生长于排水良好、疏松肥沃的沙壤土,生育期要求土壤有充足水分。于春季新芽萌发前挖起球茎,分球栽植,株距 10～20 cm,深度约球茎直径的 3 倍。栽种前土壤充分翻耕,并施入腐熟基肥,整成高畦。生育期要注意灌水,保持土壤湿润。萌发后、孕蕾期和花凋后各施追肥 1 次。一般球茎在当年 6—8 月开花,小的球茎翌年才能开花。

【园林应用】雄黄兰有红、橙、黄 3 种花色,耐酷暑,仲夏季节花开不绝,是布置花境、花坛和作切花的好材料。

9.2.16 美人蕉

【科属】美人蕉科,美人蕉属

【学名】*Canna indica*

【别称】红艳蕉、小花美人蕉、小芭蕉

【识别特点】春植球根花卉,地下具根状茎,株高可达 100～150 cm。根茎粗壮肉质,上有节及鳞片状的皮膜。地上茎直立,不分枝,茎叶具白粉。叶互生,宽大,长椭圆形。单歧聚伞花序排列成总状或穗状,具宽大叶状总苞。萼片 3 枚呈苞状,花瓣 3 枚呈萼片状,雄蕊 5 枚瓣化成花瓣。花色有乳白、鲜黄、橙黄、橘红、粉红、大红、紫红、复色斑点等。花期 6 月至霜降,8—10 月盛花(图 9-16)。

图 9-16 美人蕉

【繁殖栽培】播种或分株繁殖。3—4月播种，其种皮坚硬，播前应将种皮刻伤或温水浸泡。发芽适温25 ℃，经2～3周发芽。分株繁殖是切割根茎，一般春季进行，每丛带2～3个芽眼。

对土壤要求不严，在疏松肥沃、排水良好的沙壤土中生长最佳。喜温暖、炎热气候，喜阳光充足，不耐寒，可耐短期水涝。生育适温25～30 ℃，为闭花授粉植物。

一般春季栽植，株距50 cm。应栽植在阳光充足的地方，栽前施足基肥。美人蕉适应性强，栽培管理简单。寒冷地区冬季需将根茎挖出，沙藏于室内越冬。暖地冬季不必采收，但经2～3年后需挖出，进行分株复壮。

【园林应用】美人蕉性强健，栽培管理简单，花期长，花大色艳，适合作花坛、花境或大片的自然栽植。低矮品种可盆栽观赏。

思考题

1. 什么是球根花卉？
2. 球根花卉的特点有哪些？
3. 按照地下茎或栽植时间分类，球根花卉可分为哪些类型？
4. 哪些球根花卉可以作为鲜切花？
5. 哪些球根花卉可以用于盆栽？
6. 春季开花的球根花卉有哪些？
7. 夏季开花的球根花卉有哪些？

第10章 水生花卉

10.1 概述

10.1.1 水生花卉的定义

水生花卉(flowering marsh plants)是指生长在水体中、沼泽地、湿地及岸边的具有一定观赏价值的花卉。

10.1.2 水生花卉的类型

挺水花卉:根生长在泥土中,茎叶挺出水面。

浮水花卉:根生长在泥土中,叶片漂浮在水面上。

漂浮花卉:根生长在水中,植物体漂浮在水面上。

沉水花卉:根生长在泥土中,整个植物体沉在水面下。

10.1.3 水生花卉的园林应用特点

1)较高的生态价值

水生花卉具有净化水质的能力,能够吸收水中的有害物质,有助于维持和改善水体生态环境。

2)观赏性强

水生花卉种类繁多,花色丰富,能够极大地丰富园林水体景观的层次感,提高园林的观赏性。如睡莲和荷花等,以其色彩鲜艳和独特形态成为水景的焦点,增强了园林的美感和观赏价值。

3)水质净化功能

水生花卉对水质的净化有着显著的效果。它们通过吸收水中的营养物质,尤其是氮、磷等元素,可以减少水体中的污染物,提高水质。这使得水生花卉在水污染治理和湿地生态修复方面有着重要作用。

4)生长习性和繁殖方法多样

水生花卉有一年生和多年生之分,包括挺水型、浮水型、漂浮型与沉水型等不同的生长习性,适应不同的水深和环境条件。水生花卉可以通过分株、扦插和播种等多种方式进行繁殖,增加了园林植物配置的灵活性。

5)环境适应性强

水生花卉适应性强,具有耐水性强、有浮力、适应不同光照条件等特点。它们能够适应不同的水环境和光照条件,因此在各种水景设计中都能得到应用。

10.2 常见水生花卉

10.2.1 莲

【科属】睡莲科,莲属

【学名】*Nelumbo nucifera*

【别称】荷花、菡萏、芙蓉、芙蕖、莲花、碗莲、缸莲

【识别特点】多年生水生草本。根状茎(藕)横生,肥厚,节间膨大,内有多数纵行通气孔道,节部

缢缩，下生须状不定根。叶圆形，盾状，直径 25～90 cm，全缘稍呈波状；叶柄粗壮，圆柱形，长 1～2 m，中空，外面散生小刺。花梗和叶柄等长或稍长，也散生小刺；花直径 10～20 cm，美丽，芳香；花瓣红色、粉红色或白色，矩圆状椭圆形至倒卵形，花托（莲蓬）直径 5～10 cm。坚果椭圆形或卵形，种子（莲子）卵形或椭圆形。花期 6—8 月，果期 8—10 月（图 10-1）。

图 10-1　莲

【繁殖栽培】播种繁殖：适温为 17～24 ℃，莲壳紧密坚硬，必须经过破头处理，然后清水浸泡 3 d，每日换水，然后撒播在水深 10～15 cm 的池塘湖泥中。1 周后可萌发新根嫩叶，1 个月后浮叶出水。

分藕繁殖：若植于池塘，一般采用整枝主藕作种藕。缸、盆栽时，可用子藕。清明前后，气温上升至 15 ℃以上时，是分藕繁殖的佳期。在池塘栽植时，先将池水放干，池泥翻整耙平，施足底肥，然后栽藕，栽时应将顶芽朝上。盆、缸栽荷，其操作方法基本同塘栽。

荷花喜湿怕干，喜相对稳定的静水，不爱涨落悬殊的流水。最适温为 20～30 ℃，冬季气温降至 0 ℃以下，盆栽种藕易受冻。适宜的 pH 为 6.5。

移栽初期，水不宜多，浅水可提高土温，对莲苗早期生长有利，以后逐渐提高水位，但池塘最深处的水位不得超过 1.5 m。秋末冬初进入休眠期，盆缸内只需保持浅水即可，在北方，则应移入室内过冬。

荷花对土壤要求不严，以富含有机质的肥沃黏土为宜。湖塘植莲，若塘泥肥沃，一般不施追肥，盆栽者也不必追肥，尤其是碗莲，肥多易腐。如必须施肥，则应掌握薄肥轻施的原则。

【园林应用】荷花出淤泥而不染之品格恒为世人称颂，是中国十大名花之一，是印度和越南的国花。荷花造景可作专类园，如武汉东湖磨山的武汉植物园，园中开辟一处以观赏、研究荷花为主的大型水生花卉区；南京莫愁湖、杭州新“曲院风荷”是以荷花欣赏为主的大型公园；再就是以野趣为主，旅游结合生产的荷花民俗旅游资源景区，如广东三水的荷花世界，湖南岳阳的团湖风景区。也可在山水园林中作为主题水景植物，如江南一带名园，多设有欣赏荷花风景的建筑，扬州的瘦西湖在堤上建有“荷花桥”，岳阳金鹗公园的荷香坊临水而建，与曲栏遥相贯通，香蒲熏风，雨中赏荷，深受群众喜爱。除此以外，还可盆栽欣赏或作插花。

10.2.2　睡莲

【科属】睡莲科，睡莲属

【学名】*Nymphaea tetragona*

【别称】子午莲、矮睡莲、侏儒睡莲

【识别特点】多年生水生草本，根状茎肥厚。叶柄圆柱形，细长。叶椭圆形，浮生于水面，全缘，叶基心形，叶表面浓绿，背面暗紫。叶二型，浮水叶圆形或卵形，基部具弯缺，心形或箭形；沉水叶薄膜质，脆弱。花单生，大形、美丽，白天开花夜间闭合，浮于或挺出水面；花萼 4 枚，绿色；花瓣通常 8 片，白色、蓝色、黄色或粉红色，成多轮，有时内轮渐变成雄蕊。果实倒卵形（图 10-2）。

【繁殖栽培】睡莲主要采取分株繁殖。耐寒种通常在早春发芽前 3—4 月进行分株，不耐寒种对气温和水温的要求高，因此要到 5 月中旬前后才能进行分株。栽好后，稍晒太阳，方可注入浅水，以利于保持水温，灌水不宜过深，否则会影响发芽。也可采用播种繁殖，种子采收后，仍须在水中储存，如干藏将失去发芽能力。3—4 月进行播种，盆土用肥沃的黏质壤土，播入种子后覆土 1 cm，压紧浸入水中，水面高出盆土 3～4 cm，盆土上加盖玻璃，放在向阳

图 10-2　睡莲

温暖处，播种温度在 25～30 ℃为宜，经半个月左右发芽，第二年开花。

睡莲喜阳光，通风良好，所以白天开花的热带和耐寒睡莲在晚上花朵会闭合，到早上又会张开。在岸边有树荫的池塘，虽能开花，但生长较弱。3—4 月萌发长叶，5—8 月陆续开花，每朵花开 2～5 d。花后结实。10—11 月茎叶枯萎，进入休眠期。翌年春季又重新萌发。

睡莲对土质要求不严，pH 6～8 均可正常生长，最适水深 25～30 cm，不超过 80 cm。喜富含有机质的壤土。睡莲池塘栽培，选择土壤肥沃的池塘，池底至少有 30 cm 深泥土，繁殖体可直接栽入泥土中，水位开始要浅，控制在 2～3 cm，便于升温，随着生长逐渐增高水位。根据地区不同入冬前池内加深水位，使根茎在冰层以下即可越冬。追肥时间一般在盛花期前 15 d，以后每隔 15 d 追肥 1 次，以保障开花量，但追肥不宜过多，过多容易加大营养生长。可用有韧性、吸水性好的纸将肥料包好，并在包上扎几个小孔，以便肥分释放，施入距中心 15～20 cm 的位置，深度在 10 cm 以下。也可缸栽或盆栽沉水。

【园林应用】睡莲通常和荷花一起种植，是布置园林水景的重要花卉。在公园、风景区常用来点缀湖塘水面，起到小型净水水面的美化和空间分隔作用。在城市水体中，睡莲不仅美化环境，还可以吸收水体里的有毒物质，如汞、铅等，起到净化水质的作用。如在圆明园内大大小小的池溏里，随处可见漂浮着的形状各异的睡莲岛，红的、粉红的、白的、黄的睡莲花竞相盛开，在初夏的一池碧水中，宛如冰肌玉骨的女子，显得清丽脱俗，素洁高雅；在颐和园耕织图景区水操学堂院内，展出荷花、睡莲及碗莲 50 多个品种 300 余盆，谐趣园内荷花、睡莲，随曲岸分布，恰如其分，可赏荷趣、鱼趣、禽趣；北京的莲花池公园、景山公园和北京植物园等地都有较好的睡莲欣赏地。

10.2.3　王莲

【科属】睡莲科，王莲属

【学名】*Victoria amazonica*

【别称】亚马孙王莲

【识别特点】王莲是水生有花植物中叶片最大的植物，到 11 片叶后叶缘上翘呈盘状，叶缘直立，叶片圆形，像圆盘浮在水面，直径可达 2 m 以上，叶面光滑，绿色略带微红，有皱褶，背面紫红色，叶柄绿色，长 2～4 m，叶子背面和叶柄有许多坚硬的刺，叶脉为放射网状。花单生，硕大，每朵直径达 25～35 cm，花瓣多数，雄蕊多枚。花开 3 d，第一天傍晚时分初开为白色；第二天中午关闭，晚上第二次开放，转为粉红或紫红色；第三天深红色的花朵在中午前凋谢并沉入水中。花期为夏或秋季，芳香，花期 3 d。9 月结果，浆果呈球形，种子黑色，种子数量多的可达 700 颗(图 10-3)。

图 10-3　王莲

【繁殖栽培】王莲主要靠分株和分球繁殖。分株最好是在早春(2、3 月份)进行，把分割下来的小株在百菌清 1500 倍液中浸泡 5 min 后取出晾干，即可上盆。也可在上盆后马上用百菌清灌根。分株装盆后灌根或浇一次透水。在分株后的 3～4 周内要节制浇水，以免烂根，每天需要给叶面喷雾 1～3 次(温度高多喷，温度低少喷或不喷)。这段时间也不要浇肥。分株后，还要注意太阳光过强，要放在遮阳棚内养护。

王莲为典型的热带植物，喜高温高湿，耐寒力极差，气温下降到 20 ℃时，生长停滞。气温下降到 14 ℃左右时有冷害，气温下降到 8 ℃左右，受寒死亡。在西双版纳的正常年份，可在露地越冬并能结出种子，所结种子可以繁殖后代，但特寒年份有冻害。

王莲喜肥沃深厚的污泥，但不喜过深的水，栽培水池内的污泥，需深 50 cm 以上，水深以不超出 1 m 较为适宜。种植时施足厩肥或饼肥，发叶开花期，施追肥 1～2 次，入秋后即应停止施肥。王莲喜光，栽培水面应有充足阳光。人工栽培的关键技术是越冬防寒。在池内应经常清除缠绕王莲叶花的水中植物，如青苔、水绵、浮萍等。随时剪去植株上衰烂的老叶，保持池水清洁，并空出水面让新叶生长。

【园林应用】王莲叶片巨大肥厚，花形奇特，花大、香，色美，漂浮在水面，十分壮观，具很高的观赏价值，又能美化水体，惹人喜爱，被世界各大植物园、公园的温室引种栽培。种子含丰富淀粉，可供食用。该属植物均是热带著名水生庭园观赏植物，家庭中的小型水池同样可以配植观赏。

10.2.4　水竹芋

【科属】竹芋科，水竹芋属

【学名】*Thalia dealbata*

【别称】再力花、水莲蕉、塔利亚

【识别特点】多年生挺水草本植物。植株高 100～250 cm，叶基生，4～6 片，卵状披针形，浅灰蓝色，长 50 cm，宽 25 cm，平行叶脉。叶柄较长，40～80 cm，下部鞘状，基部略膨大。复总状花序，花小，紫堇色。全株附有白粉。细长的花茎可高达 1.5 m，茎端开出紫色花朵，像系在钓竿上的鱼饵，形状非常特殊(图 10-4)。

图 10-4　水竹芋

【繁殖栽培】水竹芋主要通过分株和播种繁殖。将生长过密的株丛挖出，掰开根部，选择健壮株丛分别栽植；或者以根茎分株繁殖。初春从母株上割下带 1～2 个芽的根茎，栽入盆内，施足底肥，放进水池养护，待长出新株，移植于池中生长。水竹芋种子成熟后即采即播，一般以春播为主，播后保持湿润，发芽温度 16～21 ℃，约 15 d 后发芽。

水竹芋从水深 0.6 m 浅水水域直到岸边均生长良好。水竹芋喜温暖水湿、阳光充足环境，不耐寒冷和干旱，耐半阴，在微碱性的土壤中生长良好。水竹芋繁殖系数大、生长速度快，水肥吸收能力强，植株相对高大等特性，对其他水生植物有强烈郁闭和侵扰作用，极易形成水竹芋单一优势群落。

水竹芋生长季节吸收和消耗营养物质多，所以，除了栽植地施足基肥外，追肥是很重要的一项工作，以三元复合肥为主，也可追施有机肥，施肥原则是“薄肥勤施”，灌水要掌握“浅-深-浅”的原则，即春季浅，夏季深，秋季浅，以利于植物生长。水竹芋植株被蜡质，抗性较强，一般病虫害很少发生。

【园林应用】水竹芋叶、花有很高的观赏价值，植株一年有 2/3 以上的时间翠绿而充满生机，花期长，花和花茎形态优雅飘逸，是水景绿化中的上品花卉。除供观赏外，水竹芋还有净化水质的作用，常成片种植于水池或湿地，也可盆栽观赏或种植于庭院水体景观中。

10.2.5 千屈菜

【科属】千屈菜科，千屈菜属

【学名】*Lythrum salicaria*

【别称】水柳、中型千屈菜、光千屈菜

【识别特点】多年生草本，根茎横卧于地下，粗壮；茎直立，多分枝，全株青绿色，略被粗毛或密被茸毛，枝通常具4棱。叶对生或三叶轮生，披针形或阔披针形，顶端钝形或短尖，基部圆形或心形，有时略抱茎，全缘，无柄。花组成小聚伞花序，簇生，花枝似一大型穗状花序(图10-5)。

图10-5 千屈菜

【繁殖栽培】千屈菜以分株繁殖为主，也可播种或扦插繁殖。种子繁殖：春播于3—4月，播前将种子与细土拌匀，然后撒播于苗床上，覆土，最后盖草浇水。播后10～15 d出苗，立即揭草，苗高25 cm时移栽。扦插繁殖：于春季选健壮枝条，截成30 cm左右长，去掉叶片，斜插入土中深度为插穗1/2，压紧，浇水保湿，待生根长叶后移栽。分株繁殖：春季4—5月将根丛挖起，切分数芽为一丛，栽于施足基肥的湿地。

生于河岸、湖畔、溪沟边和潮湿草地。喜强光，耐寒性强，喜水湿，对土壤要求不严，在深厚、富含腐殖质的土壤上生长更好。

栽培以肥沃土壤为佳。可一次栽培，多年观赏。定植后至封行前，每年中耕除草3～4次。春、夏季各施1次氮肥或复合肥，秋后追施1次堆肥或厩肥，经常保持土壤潮湿，是种好千屈菜最关键的措施。

【园林应用】本种常栽培于水边或作盆栽，供观赏。株丛整齐，耸立而清秀，花朵繁茂，花序长，花期长，是水景中优良的竖线条材料。最宜在浅水岸边丛植或池中栽植。也可作花境材料及切花。

10.2.6 梭鱼草

【科属】雨久花科，梭鱼草属

【学名】*Pontederia cordata*

【别称】北美梭鱼草、海寿花

【识别特点】多年生挺水或湿生草本植物，株高80～150 cm，地茎叶丛生，圆筒形叶柄呈绿色，叶片较大，深绿色，表面光滑，叶形多变，但多为倒卵状披针形。花葶直立，通常高出叶面，穗状花序顶生，长5～20 cm，每条穗上密密地簇拥着几十至上百朵蓝紫色圆形小花，单花约1 cm大小，上方两花瓣各有两个黄绿色斑点，质地半透明，在阳光的照耀下，晶莹剔透，宛若精灵。花期5—10月(图10-6)。

图10-6 梭鱼草

【繁殖栽培】采用分株法和种子繁殖，分株可在春夏两季进行，自植株基部切开即可。种子繁殖一般在春季进行，种子发芽温度需保持在25 ℃左右。

喜温、喜阳、喜肥、喜湿、怕风不耐寒，静水及水流缓慢的水域中均可生长，适宜在20 cm以下的浅水中生长，适温15～30 ℃，越冬温度不宜低于5 ℃，梭鱼草生长迅速，繁殖能力强，条件适宜的前提下，可在短时间内覆盖大片水域。

梭鱼草可直接栽植于浅水中，或先植于花缸内，再放入水池，栽培基质以肥沃为好，对水质没有特别的要求，但尽量没有污染，可在春秋两季各施一次腐熟的有机肥。肥料需埋土中，以免扩散到水域从而影响肥效。

【园林应用】梭鱼草叶色翠绿，花色迷人，花期较长，串串紫花在翠绿叶片的映衬下，别有一番情趣。梭鱼草可用于家庭盆栽、池栽，也可广泛用于园林美化，栽植于河道两侧、池塘四周、人工湿地，与千屈菜、花叶芦竹、水葱、水竹芋等相间种植，造景效果良好。

10.2.7　香蒲

【科属】香蒲科，香蒲属

【学名】*Typha orientalis*

【别称】菖蒲、长苞香蒲、水烛

【识别特点】多年生水生或沼生草本。根状茎乳白色。地上茎粗壮，向上渐细，高 1.3～2 m。叶片条形，长 40～70 cm，宽 0.4～0.9 cm，光滑无毛，上部扁平，下部腹面微凹，背面逐渐隆起呈凸形，横切面呈半圆形，细胞间隙大，海绵状；叶鞘抱茎。穗状花序蜡烛状，雌雄花序紧密连接，雄花序在上，雌花序在下，中间有间隔，露出花序轴。小坚果椭圆形至长椭圆形；果皮具长形褐色斑点。种子褐色，微弯。花果期 5—8 月(图 10-7)。

图 10-7　香蒲

【繁殖栽培】香蒲生长健壮，繁殖方法简单，生产中多采用分株法或播种法。分株繁殖于 4—6 月进行。将香蒲地下的根状茎挖出，用利刀截成每丛带有 6～7 个芽的新株，分别定植即可。播种繁殖多于春季进行。播后不覆土，注意保持苗床湿润，夏季小苗成形后再分栽。

香蒲喜高温多湿气候，生长适温为 15～30 ℃，其最适水深 20～60 cm，也能耐 70～80 cm 的深水。长江流域 6—7 月抽薹开花。

宜选择土壤淤泥层深厚的沼泽或河湖沿边滩地种植。水深过深或易于干旱，水下土壤过沙、过黏，均不宜选用。春季气温回升至 15～20 ℃，选苗栽植。香蒲要求水层深浅适中，前期保持 15～20 cm 浅水，以提高土温，但要严防干旱，以免抑制营养生长，引起大量抽序开花；以后随着植株长高，水深逐渐加深到 60～80 cm，最深不宜超过 120 cm。一般栽植后 1 个月左右，追施 1 次腐熟的粪肥或厩肥，以后每年春季视植株生长情况追肥 1～2 次。

【园林应用】香蒲常用于点缀园林水池、湖畔，构筑水景，宜作花境、水景背景材料，也可盆栽布置庭院，因为香蒲一般成丛、成片生长在潮湿多水环境，所以，通常以植物配景材料运用在水体景观设计中。香蒲与其他水生植物按照它们的观赏功能和生态功能进行合理搭配设计，能充分创造出一个优美的水生自然群落景观。另外，香蒲与其他一些野生水生植物还可用在模拟大自然的溪涧、喷泉、跌水、瀑布等园林水景造景中，使景观野趣横生，别有风味。

10.2.8　黄菖蒲

【科属】鸢尾科，鸢尾属

【学名】*Iris pseudacorus*

【别称】黄花鸢尾、水生鸢尾、黄鸢尾

【识别特点】多年生宿根挺水型水生花卉，几乎均为无髯鸢尾。根状茎粗壮，叶基生或茎生，线形，花 1～2 朵，旗瓣(内瓣)3 枚，垂瓣(外瓣)3 枚，雌蕊瓣化。花蓝紫色、红色、白色、粉色等，颜色丰富。蒴果卵状圆柱形、长圆形或六棱形。花期 4—7 月，果熟期 6—9 月(图 10-8)。

【繁殖栽培】可以通过播种、分株、茎段育苗、组织培养等多种方式育苗。播种育苗：种子没有自然

图 10-8　黄菖蒲

休眠期，可以随收随播，9—10 月秋播有利当年成苗。分株繁殖：秋季会发生许多萌蘖，分株可以在 10 月或春季 2—3 月进行。茎段育苗：根茎每节都有芽，当顶端优势受阻，中下部芽都会萌发。茎段育苗可在 10 月或早春，将根茎切断，每段保留 3～6 节，排于苗床。组培育苗：是常规繁殖的补充，主要用于急需扩繁的一些品种与自主杂交新种。

喜光照充足的环境，能常年生长在 20 cm 水位以上的浅水中，3 月中旬前后，露地栽培植株，具 4～5 基生叶的单株，顶芽完成花芽分化。4 月拔节、抽出花序。5 月上、中旬开花。入秋发生分蘖，花茎基部侧芽发育成数条肥大的根状茎。根茎顶端发育良好的芽第二年孕花。夏季高温期间停止生长，略显黄绿色，在 35 ℃以上进入半休眠状态，抗高温能力较弱。入冬生长停滞，叶片保持鲜绿。

水生鸢尾栽植期以春、秋两季为主。秋季 10—11 月种植，有利第二年春天开花。栽植后水深一般控制在 20～40 cm。夏季水栽有利抗软腐病，冬季放水有利抗寒。河滩种植，生泥地应深挖栽植穴，施基肥。生长期要保持一定水位或土壤湿度，夏季干旱会迫使休眠。秋冬缺水，叶片早枯，植株转黄。春、秋各进行一次追肥，尽量利用低水位时补肥。

【园林应用】常绿水生鸢尾可作为高档的水景材料应用于别墅、写字楼的水景，或在水景工程的节点处使用，也可植于池塘的浅水区域作不等边"S"形片植或点缀于石旁。可与其他层次的水景材料配植，如在水深处栽植睡莲、萍蓬草等浮叶植物，水陆交界处栽植常绿水生鸢尾，上游处种芦竹或水葱等，再适当点缀几大丛蒲苇等，这样就组成了高低错落、相互交融的水上花境。在湿地中，常绿水生鸢尾可与耐水湿的金边阔叶麦冬、萱草、玉带草和较为高大的姜花、醉鱼草等构成湿地花境系列。也可利用不同品种的花期不同进行综合配植，使湿地景观的花期从 4 月延续到 6 月中旬前后。

10.2.9　狐尾藻

【科属】小二仙草科，狐尾藻属

【学名】*Myriophyllum verticillatum*

【别称】轮叶狐尾藻、布拉狐尾、粉绿狐尾藻、凤凰草、绿羽毛、水松等

【识别特点】多年生粗壮沉水草本。根状茎发达，在水底泥中蔓延，节部生根。茎圆柱形，多分枝。水上叶互生，披针形，较强壮，鲜绿色，裂片较宽。秋季于叶腋中生出棍棒状冬芽而越冬。苞片羽状篦齿状分裂。花单性，雌雄同株或杂性、单生于水上叶腋内，花无柄，比叶片短。雌花生于水上茎下部叶腋中，淡黄色，花丝丝状，开花后伸出花冠外。果实广卵形，具 4 条浅槽，顶端具残存的萼片及花柱（图 10-9）。

图 10-9　狐尾藻

【繁殖栽培】扦插是该种的主要繁殖方式，多在每年 4—8 月进行。在操作时最好选择长度 7～9 cm 的茎尖作为插穗，也可采用分株法进行育苗。

狐尾藻对扦插用的基质要求不高，除最常见的园土外，其他基质也都可选用，如泥炭土、珍珠岩、沙等常用的固态基质，另外生产上还有用水插，而且扦插效果也较为理想。其种子具休眠期，干燥条件下可保存数年，翌春休眠解除。种子萌发最适温度为20～25 ℃，黑暗及长光照中均能发芽，发芽幼苗能飘浮水面，可随水传播。

狐尾藻在微碱性的土壤中生长良好。好温暖水湿、阳光充足的气候环境，不耐寒，入冬后地上部分逐渐枯死。以根茎在泥中越冬。狐尾藻根状茎生于泥中，节部生多数须根，秋季于叶腋生出冬芽越冬。可在硬度适中的淡水中进行栽培，所用水的盐度不宜过高，水体的 pH 最好控制在 7.0～8.0。种植水体最好有一定的流动性。

【园林应用】狐尾藻作为室内观赏水族养殖过程中的布景材料应用比较多见。在浅水中挺水生长，形态可爱，适合一些小型的水塘、溪流，欣赏群体景观。狐尾藻对某些重金属和有机物可脱毒后储存于其体内或在其体内被降解，也可对水体的富营养化进行净化，所以是湖泊等生态修复工程中作为净水工具种和植被恢复先锋物种。

10.2.10　慈姑

【科属】泽泻科，慈姑属

【学名】*Sagittaria trifolia* subsp. *leucopetala*

【别称】茨菰、燕尾草、白地栗、乌芋、驴耳朵草、华夏慈姑

【识别特点】植株高约 1 m。叶戟形，长 25～40 cm，宽 10～20 cm，为根出叶，具长柄。短缩茎，秋季从各叶腋间向地下四面斜下方抽生匍匐茎，长40～60 cm，粗 1 cm，每株 10 多枝。顶端着生膨大的球茎，呈球形或卵形，具 2～3 环节，可食用。顶芽尖嘴状。成长植株从叶腋抽生花梗 1～2 枝。瘦果。花果期 5—11 月(图 10-10)。

【繁殖栽培】以分株繁殖为主，多在每年 3—5 月进行。也可采用播种进行育苗。地栽宜选用腐质的塘泥，也可将其种植在腐质的黏质壤土中。将其种植在水位稳定的岸边，水深不宜超过 10 cm。矮慈姑对肥料的需求量中等，生长旺盛阶段可根据情况以每 2～3 周的间隔进行追肥。

图 10-10　慈姑

有很强的适应性，在陆地上各种水面的浅水区均能生长，但要求光照充足，气候温和、较背风的环境下生长，要求土壤肥沃但土层不太深的黏土上生长。风、雨易造成叶茎折断，球茎生长受阻。

栽种慈姑宜选低洼地，要充分耙耘，施足有机肥作基肥。立秋后，球茎开始形成，可追施磷、钾肥。栽植规格，应考虑品种特点和定植期。一般以每亩栽 4000 多株为宜。慈姑幼苗需除去老根老叶，留几条新根和 3～4 片嫩叶，定植后易发根成活。慈姑对水分要求较高，各生长期水层深浅的调节：一般在定植后浅水（3 cm），旺盛生长期水层 8～10 cm，球茎形成期水层 3 cm。慈姑叶面积系数以1.5 为宜。发生匍匐茎和球茎形成期间，对叶片生长要促、控结合，除去老叶、黄叶，保留 5～8 片绿叶，注意通风透光，提高光合作用效能，减少植株养分消耗及病虫害发生。

【园林应用】可地栽于湖畔溪边，用于浅水水体造景；也可进行盆栽，作为庭院装饰植物。水浅时也可作挺水植物状，群体景观效果好，特别白花盛开时尤胜。植株矮小，叶色宜人，无论是地栽还是盆栽，均能够给环境增添野趣，带来绿意。

10.2.11　白鹭莞

【科属】莎草科，刺子莞属

【学名】*Rhynchospora colorata*

【别称】星光莎草、白鹭草、希望之光、希望之星

【识别特点】多年生挺水或湿生草本植物，高15～30 cm。叶丛生，线形。花序顶生。苞片5～8枚，包裹花序。苞片基部及花序白色。瘦果。花期6—10月，果期8—11月。名称多变，因为其花苞片会向外扩展下垂，远看颇像天上的星芒，故有“星光草”之称；也有人认为其扩展的雪白苞片仿佛白鹭展翅而称它“白鹭莞”，充满浪漫遐想。星光草植株形态非常纤细，瘦长的茎高度20～30 cm，狭披针形的白色叶片，轮生在茎顶上，米黄色花序聚集在中间，整体看起来就像仙女棒的火花，是新兴水生植物最受欢迎的一种(图10-11)。

图10-11 白鹭莞

【繁殖栽培】生长在沼泽或潮湿的地方。

宜用播种或分株法，春至秋季为适期。分株，将密生成丛的植株，从茎基部分掰开取出，再另行种植在湿泥中即可。

栽培土质以潮湿的壤土为佳。光照要充足。盆栽需长期浸水保湿，水池栽培以植株基部浸水为宜，也可直接把植株种在湿地。生长期间少量施肥。性喜温暖，耐高温，生长适温为20～28 ℃。

【园林应用】叶状苞片基部白色，极鲜艳，远望如天上繁星，观赏价值高。适宜盆栽、丛植或片植，可用于庭园及园林水景营造。

10.2.12 灯芯草

【科属】灯芯草科，灯芯草属

【学名】*Juncus effusus*

【别称】秧草、水灯芯、野席草

【识别特点】多年生草本，高25～65 cm；根状茎短而横走，具黄褐色稍粗的须根。茎丛生，直立，圆柱形，有较深而明显的纵沟，直径1～1.5 mm，茎内充满白色髓心。叶全部为低出叶，呈鞘状或鳞片状，包围在茎的基部，长1～9.5 cm，基部红褐色至棕褐色；叶片退化为刺芒状。聚伞花序假侧生；花多朵排列紧密或疏散；花小，淡绿色；蒴果通常卵形，比花被片长，顶端钝，成熟时黄褐色至棕褐色。种子斜倒卵形，棕褐色。花期5—7月，果期6—9月(图10-12)。

图10-12 灯芯草

【繁殖栽培】繁殖以分株为主。

喜温湿。在肥沃壤土及黏质壤土中生长良好，常栽于肥沃浅水田中。

选择容易排灌的水田，先把田犁翻、耙沤、耙平，施足底肥。一般是春种。挖取根茎分成8～10根一丛，像栽水稻一样，按行株距各30～45 cm栽在田里。第一次在3—4月，这时已发新苗，用脚把所栽的根茎踩到泥里，第二次除草在6月。追肥和除草同时进行，每年2次，肥料以畜粪水为主，也可适当施一些化肥，苗期要常保持浅水，以利生长，这样可连续收获3～4年。

【园林应用】在园林中可作沼泽园布置，与山石配植，别有一番野趣。可用于水体与陆地接壤处的绿化，也可用于盆栽观赏。

10.2.13 水葱

【科属】莎草科，水葱属

【学名】*Schoenoplectus tabernaemontani*

【别称】葱蒲、莞草、蒲苹、水丈葱、冲天草

【识别特点】匍匐根状茎粗壮，具许多须根。秆高大，圆柱状，最上面一个叶鞘具叶片。叶片线形。苞片 1 枚，为秆的延长，直立，钻状，常短于花序，极少数稍长于花序；长侧枝聚伞花序简单或复出，假侧生；小穗单生或 2～3 个簇生于辐射枝顶端，卵形或长圆形，顶端急尖或钝圆，具多数花；鳞片椭圆形或宽卵形，顶端稍凹，具短尖，膜质；雄蕊 3，花药线形，药隔突出；花柱中等长，柱头 2，罕 3，长于花柱。小坚果倒卵形或椭圆形，双凸状，少有三棱形，长约 2 mm。花果期 6—9 月(图 10-13)。

图 10-13 水葱

【繁殖栽培】播种繁殖：常于 3—4 月在室内播种。将培养土上盆整平压实，其上撒播种子，筛上一层细土覆盖种子，使盆土经常保持湿透。室温控制在 20～25 ℃，20 d 左右即可发芽生根。分株繁殖：早春天气渐暖时，把越冬苗从地下挖起，抖掉部分泥土，用枝剪或铁锹将地下茎分成若干丛，每丛带 5～8 个茎秆，栽到无泄水孔的花盆内，并保持盆土一定的湿度或浅水，10～20 d 即可发芽。如作露地栽培，挖穴丛植，每丛保持 8～12 个芽为宜。

喜凉爽，耐寒，喜光而耐阴。需通风良好，喜生于浅水或湿地。对土壤要求不严，但以在肥沃土壤中生长茂盛。生长适温为 15～25 ℃，10 ℃以下停止生长。能耐低温，北方大部分地区可露地越冬。

4—5 月可移苗定植，为便于管理，最好分级栽植。定植时用尖圆柱形木棒插孔，栽植深度以露心为宜。水葱对肥水要求较多，要求遵循“淡肥勤施、量少次多、营养齐全”和“间干间湿，干要干透，不干不浇，浇就浇透”的两个施肥(水)原则，并且在施肥过后，晚上要保持叶片和花朵干燥。

【园林应用】水葱株丛挺立，色泽淡雅，培植池边清新可爱，形成垂直线条的群丛，很有田园气息。

10.2.14 凤眼莲

【科属】雨久花科，凤眼莲属

【学名】*Pontederia crassipes*

【别称】水葫芦、水浮莲、凤眼蓝

【识别特点】浮水草本。须根发达，棕黑色。茎极短，匍匐枝淡绿色。叶在基部丛生，莲座状排列；叶片圆形，表面深绿色；叶柄长短不等，内有许多多边形柱状细胞组成的气室，维管束散布其间，黄绿色至绿色；叶柄基部有鞘状黄绿色苞片；花葶多棱；穗状花序通常具 9～12 朵花；花瓣紫蓝色，花冠略两侧对称，四周淡紫红色，中间蓝色，在蓝色的中央有 1 黄色圆斑。蒴果卵形。花期 7—10 月，果期 8—11 月(图 10-14)。

图 10-14 凤眼莲

【繁殖栽培】种子繁殖：2 月下旬至 3 月初将饱满且呈黄褐色的种子放在 25～30 ℃水中浸种 10 d，然后播在水面上，并保持 30 ℃左右和湿度状态，1～2 周萌发。待幼苗长出 5～6 片叶时，幼苗分枝后即可移植。立夏以后，平均气温升至 20 ℃左右，可移至内塘的水面养殖。

分生繁殖：凤眼莲腋芽较多，能发育成为新的植株，匍匐枝较长，嫩脆易断，断离后也成为独立的新株，具有很强的无性繁殖能力。

喜欢温暖湿润、阳光充足的环境，适应性很强。适宜水温 18～23 ℃，超过 35 ℃也可生长，气温低于 10 ℃停止生长；具有一定耐寒性。喜欢生于浅水中，在流速不大的水体中也能够生长，随水漂流。

在中国北方地区凤眼莲不能自然越冬，需采取措施越冬保种。凤眼莲从清明至立夏、小满期间植株生长缓慢，植株对杂草的抵抗力弱。立夏、小满至秋分、寒露时，植株生长旺盛，分株迅速，是形成鲜草产量的主要时期，要求水位以 60～100 cm 为宜。秋分、寒露以后，植株停止生长。春季可施用部分基肥，生长旺盛期以追肥为主，追肥可以用腐熟的堆厩肥，分数次应用。施肥后，杂草生长旺盛，而凤眼莲初期生长较慢，易受杂草为害，要及时去除水中杂草。

【园林应用】凤眼莲是浮水草本植物，须根发达，茎极短，花为浅蓝色，呈多棱喇叭状，上方的花瓣较大；花瓣中心生有一明显的鲜黄色斑点，形如凤眼，也像孔雀羽翎尾端的花点，非常养眼、靓丽，常作为园林水景中的造景材料。植于小池一隅，以竹框之，野趣幽然。因为凤眼莲具有较好的水质净化作用，故此可以植于水质较差的河流及水池中作净化材料。也可作水族箱或室内水池的装饰材料。

但是由于凤眼莲繁殖迅速，又几乎没有竞争对手和天敌，在我国南方江河湖泊中发展迅速，成为我国淡水水体中主要的外来入侵物种之一。

思考题

1. 什么是水生花卉？
2. 列举 10 种常见的水生花卉，并简述其识别特点。
3. 荷花与睡莲如何进行繁殖？
4. 如何理解水生花卉的生态功能？
5. 水生花卉的生产功能有哪些？

第11章 木本花卉

11.1 概述

11.1.1 木本花卉的定义

木本花卉(woody flower)是指具有木质茎的花卉,可观花、叶、果或树形。

11.1.2 木本花卉的类型

木本花卉按形态不同,可分为乔木、灌木和藤本。乔木类花卉是指地上部分具有明显主干的木本花卉,一般植株高大。如桂花、紫薇、白玉兰等。灌木类花卉是指地上部分无明显主干,由植株基部产生若干分枝的木本花卉。如栀子、月季花、紫荆等。藤本花卉是指枝条一般生长细弱,不能直立,需要借助他物才能直立生长的木本花卉。如凌霄、紫藤、炮仗花等。

木本花卉按照秋冬是否落叶,可分为常绿木本花卉和落叶木本花卉。常绿木本花卉多产于热带、亚热带及温带的温暖地区,其叶片在一年四季均保持常绿,如九里香、米兰、荷花玉兰等。落叶木本花卉多产于温带的寒冷地区,其叶片于秋天凋落,第二年枝芽重新萌发,如樱花、牡丹、贴梗海棠等。

11.1.3 木本花卉的园林应用特点

木本花卉种类繁多,形态多样,在园林绿化中的应用十分广泛,乔木类可用作骨架花卉,实现对园林空间的构建,可列植道路两旁、对植建筑物、孤植在空旷的庭院等,与建筑、道路搭配形成景观或独立成景,灌木类可作为花篱或花境的背景使用,藤本类常用作廊架、墙面等垂直绿化。部分木本花卉还可盆栽用作室内装饰或制作盆景。

11.2 常见木本花卉

11.2.1 绣球

【科属】绣球科,绣球属

【学名】*Hydrangea macrophylla*

【别称】八仙花、紫阳花

【识别特点】灌木,高 1～4 m;茎常于基部发出多数放射枝而形成一圆形灌丛;枝圆柱形,粗壮。叶纸质或近革质,倒卵形或阔椭圆形,先端骤尖,具短尖头,基部钝圆或阔楔形,边缘于基部以上具粗齿,两面无毛或仅下面中脉两侧被稀疏卷曲短柔毛,脉腋间常具少许髯毛;叶脉明显;叶柄粗壮无毛。伞房状聚伞花序近球形,直径 8～20 cm,花密集,多数不育;不育花萼片 4,粉红色、淡蓝色或白色,为主要观赏部分;孕性花极少数。花期 6—8 月(图 11-1)。

【繁殖栽培】主要繁殖方式有分株、压条和扦插繁殖,也可采用组培育苗。绣球喜水肥,但忌水涝。盆栽植株在春季萌芽后注意充分浇水,保证叶片不凋萎。花期肥水应充足。盛夏光照过强时,适当遮

图 11-1 绣球

阴，可延长观花期。花后摘除花茎，促使产生新枝。花色受土壤酸碱度影响，酸性土花呈蓝色，碱性土花为红色。每年春季换盆一次。适当修剪，保持株形优美。绣球喜半阴环境，不耐寒，适宜在肥沃、排水良好的酸性土壤中生长。土壤的酸碱度对绣球的花色影响非常明显，土壤为酸性时，花呈蓝色；土壤呈碱性时，花呈红色。绣球以栽培于酸性（pH 4～4.5）土壤中为好。绣球管理相对比较粗放，病虫害少，是比较容易管理和栽培的理想盆栽花卉。

【园林应用】绣球花大色美，是长江流域著名观赏植物。园林中可配置于稀疏的树荫下及林荫道旁，片植于阴向山坡。因喜半阴环境，也适宜栽植于阳光较差的小型庭院。可在主要或次要入口处对植、沿建筑物列植、丛植于庭院一角布置。作花篱、花境效果更佳。单株花球也是插花新宠，直接瓶插或作花束用，俏皮可爱。

11.2.2 长隔木

【科属】茜草科，长隔木属

【学名】*Hamelia patens*

【别称】希美莉、醉娇花、红茉莉、希美利、希茉莉

【识别特点】红色灌木，高 2～4 m，嫩部均被灰色短柔毛。叶通常 3 枚轮生，椭圆状卵形至长圆形，顶端短尖或渐尖。聚伞花序；花无梗，沿着花序分枝的一侧着生；萼裂片短，三角形；花冠橙红色，冠管狭圆筒状。浆果卵圆状，暗红色或紫色。花期 5—10 月（图 11-2）。

图 11-2 长隔木

【繁殖栽培】长隔木以扦插繁殖为主，在中国南方全年均可进行。插后一月可生根，生根移栽上盆后，经过几次摘心可形成丰满的树形。长隔木喜高温、高湿、阳光充足的环境，不耐寒，耐炎热，耐修剪。对土壤要求不严，以排水性好、保水性好的微酸性沙壤土为佳。

【园林应用】长隔木枝叶茂密，四季常绿，花期长，花色艳丽，叶、花、果均可观赏，可作墙边、路边背景材料，也作为花坛主材料，用于花境或盆栽观赏。

11.2.3 倒挂金钟

【科属】柳叶菜科，倒挂金钟属

【学名】*Fuchsia hybrida*

【别称】吊钟海棠

【识别特点】半灌木，茎直立，高 50～200 cm，多分枝，幼枝带红色。叶对生，卵形或狭卵形，边缘具远离的浅齿或齿突，脉常带红色；叶柄常带红色，被短柔毛与腺毛。花两性，下垂；花梗纤细，淡绿色或带红色；花管红色，筒状，上部较大；萼片 4，红色，开放时反折；花瓣色多变，紫红色，红色、粉红、白色，排成覆瓦状，宽倒卵形；雄蕊 8，外轮的较长，花丝红色，可伸出花管外，花药紫红色。果紫红色，倒卵状长圆形（图 11-3）。花期 4—12 月。

【繁殖栽培】繁殖方式以扦插、压条繁殖为主。除炎热夏季外，全年均可进行，以春插生根最快。

图 11-3 倒挂金钟

图 11-4 杜鹃

倒挂金钟喜光耐阴，夏秋需适度遮阴，但光照不充足影响开花。因生长快，开花次数多，故在生长期要薄肥勤施。

【园林应用】倒挂金钟花梗细长，花朵下垂，花萼筒状似钟，花形奇特，常作室内盆栽观赏，可作年宵花卉。

11.2.4 杜鹃

【科属】杜鹃花科，杜鹃花属

【学名】*Rhododendron simsii*

【别称】映山红、山踯躅

【识别特点】灌木或乔木，有时矮小成垫状；植株无毛或被各式毛或被鳞片。叶互生，全缘，稀有不明显的小齿。花芽常有芽鳞包被。花常排列成伞形总状或短总状花序，稀单花，常顶生；花萼宿存；花冠漏斗状、钟状、管状或高脚碟状，5(～6～8)裂；花柱宿存。蒴果。种子多数，细小，具膜质薄翅或两端有鳍状翅或附属物(图 11-4)。

【繁殖栽培】可以用扦插、嫁接、压条、分株、播种五种方法，其中以采用扦插法最为普遍，繁殖量最大；压条成苗最快，嫁接繁殖最复杂，只有扦插不易成活的品种才用嫁接，播种主要用培育品种。杜鹃花喜酸性肥沃土壤，喜凉爽、湿润、通风的半阴环境，既怕酷热又怕严寒，生长适温为 12～25 ℃。

【园林应用】杜鹃是中国三大自然野生名花之一，十大传统名花之一，也是世界四大高山花卉之一。杜鹃花寓意人们对生活热烈美好的感情，也象征着国家的繁荣富强和人民的幸福生活。杜鹃枝繁叶茂，绮丽多姿，耐修剪，根桩奇特，是优良的盆景材料。杜鹃花色丰富，可在林缘、溪边、池畔及岩石旁成丛成片栽植，也可在疏林下散植，也是优良的花篱材料，因种类繁多可布置专类园。

11.2.5 九里香

【科属】芸香科，九里香属

【学名】*Murraya exotica*

【别称】十里香、月橘、青木香

【识别特点】常绿灌木，有时可长成小乔木，高可达 8 m。枝白灰或淡黄灰色，当年生枝绿色。奇数羽状复叶互生，小叶 3～7 片，小叶倒卵形或倒卵状椭圆形，两侧常不对称，顶端圆或钝，有时微凹，基部短尖，一侧略偏斜，全缘；小叶柄甚短。花序通常顶生，或顶生兼腋生，花多朵聚成伞状，为短缩的圆锥状聚伞花序；花较小，白色，芳香；萼片卵形；花瓣 5 片，长椭圆形，盛花时反折；柱头黄色，粗大。浆果橙黄至朱红色，阔卵形或椭圆形，顶部短尖，略歪斜，有时圆球形。花期 4—8 月，也有的秋后开花，果期 9—12 月(图 11-5)。

【繁殖栽培】九里香常采用播种、嫁接、压条繁殖。九里香喜微酸性土壤，耐旱忌涝，浇水要见干见湿，盆内不能积水，如浇水过多，易造成烂根。对过密枝、徒长枝进行修剪，应在春季结合栽种或翻

图 11-5　九里香

图 11-6　龙船花

盆进行，重剪应在秋末冬初进行。九里香喜温暖，不耐寒，喜光稍耐半阴，阳光不充足会造成枝条细弱、影响开花数量和花香，夏季避免曝晒，冬季需在温室越冬。如放室内，放置处应经常喷水，保持空气湿度。

【园林应用】九里香花期长，树姿秀雅，花香浓郁，红果诱人，是良好的观花观果树种和盆景材料。四季常绿，一年四季均可观赏。南方地区常孤植、丛植或群植于庭园观赏，或作围篱材料。

11.2.6　龙船花

【科属】茜草科，龙船花属

【学名】*Ixora chinensis*

【别称】卖子木，山丹

【识别特点】灌木。叶对生，有时由于节间距离极短几成 4 枚轮生，披针形、长圆状披针形至长圆状倒披针形，顶端钝或圆形，基部短尖或圆形；中脉在上面扁平成略凹入，在下面凸起；叶柄极短而粗或无；托叶基部合生成鞘形，顶端长渐尖。聚伞花序顶生，多花，具短总花梗；萼管短，萼檐 4 裂，裂片极短；花冠红色或红黄色，顶部 4 裂，裂片倒卵形或近圆形，扩展或外反，顶端钝或圆形；花柱短伸出冠管外，柱头 2。核果近球形，成熟时红黑色。花期 5—7 月(图 11-6)。

【繁殖栽培】龙船花繁殖常采用播种、压条、扦插，多用扦插法。播种时冬季采种，春季播种。龙船花较适合高温及日照充足的环境，喜湿润炎热的气候，不耐低温。

【园林应用】龙船花植株低矮，株形美观，花叶秀美，花色丰富，开花密集，是重要的盆栽木本花卉，是缅甸的国花。龙船花的园林用途很多，少量品种可用于切花；很多品种适合盆栽，应用于室内摆花、会场布景、窗台、阳台等装饰；热带地区龙船花特别适宜露地栽植，应用在庭院、路旁及建筑物旁。大面积片植成带状，在道路旁或车道中间的隔离带，形成色块；可修剪成条状，作为花篱，设置在阶梯两旁、墙边、沿路、草地边缘等，既有美化环境的功能，又有导向功能和隔离功能，防止人跨越，践踏草皮；部分品种花朵硕大，美艳无比，可单植、丛植或群植自成一景。

11.2.7　米仔兰

【科属】楝科，米仔兰属

【学名】*Aglaia odorata*

【别称】米兰、碎米兰、兰花米、鱼子兰、树兰、暹罗花、山胡椒、小叶米仔兰

【识别特点】灌木或小乔木。叶轴和叶柄具狭翅，有小叶 3～5 片；小叶对生，厚纸质，先端钝，基部楔形，叶脉两面微凸起。圆锥花序腋生，稍疏散无毛；花芳香，花萼 5 裂，花瓣 5，黄色，花很小，只有米粒大，被称为米仔兰(图 11-7)。果为浆果，卵形或近球形；种子有肉质假种皮。花期 5—12 月。

【繁殖栽培】常采用扦插、压条法进行繁殖。扦插时间宜选在春末夏初进行，插后 40～50 d 生根。压条采取高压在 4—8 月进行，约两个月可生根。米仔兰幼苗时较耐荫蔽，长大后偏阳性；喜温暖、湿润

图 11-7　米仔兰

图 11-8　茉莉花

的气候，怕寒冷；适合生于肥沃、疏松、富含腐殖质的微酸性沙质土中。米仔兰对低温十分敏感，很短时间的零下低温就能造成整株死亡。喜富含腐殖质、肥沃和微酸性的沙质土壤。米仔兰喜肥，肥力不足不仅开花量会明显下降，花期缩短，而且花色花香会明显变淡，应及时追肥，但忌施浓肥。

【园林应用】米仔兰可被用作盆栽，既可观叶又可赏花。开花时，花香诱人，是良好的芳香植物，可用于布置会场、门厅、庭院及家庭装饰，又可作为常绿植物陈列于门厅外侧及建筑物前。

11.2.8　茉莉花

【科属】木樨科，素馨属

【学名】*Jasminum sambac*

【别称】茉莉

【识别特点】直立或攀缘灌木。小枝有时中空，疏被柔毛。叶对生，单叶，叶片纸质，圆形至椭圆形，两端圆或钝，基部有时微心形，侧脉在上面稍凹入或凸起，下面凸起，细脉在两面常明显，微凸起；叶柄被短柔毛，具关节。聚伞花序顶生，通常有花3～5朵，有时单花；苞片微小，锥形；花极芳香；花萼无毛或疏被短柔毛，裂片线形；花冠白色，有花冠管，裂片长圆形至近圆形，先端圆或钝（图 11-8）。浆果球形，紫黑色。花期 5—8 月。

【繁殖栽培】主要采用扦插、压条法进行繁殖。扦插于 4—10 月进行，保持较高空气湿度，40～60 d 可生根。压条选用较长的枝条，在节下部轻轻刻伤，埋入盛沙泥的小盆，经常保湿，20～30 d 开始生根，2 个月后可与母株割离成苗，另行栽植。茉莉花喜温暖湿润，在通风良好、半阴的环境生长最好，不耐旱，怕积水，喜透气，因此要合理适时浇水，土壤以含有大量腐殖质的微酸性沙质土壤为最适合。茉莉花喜肥，特别是花期需肥较多，坚持薄肥勤施的原则，开花期勤施含磷较多的液肥，最好每 2～3 d 施一次。盆栽茉莉花一般每年应换盆换土一次。9 月上旬停止施肥，以提高枝条成熟度，有利越冬。茉莉花畏寒，在气温下降到 6～7 ℃时，应搬入室内，同时注意开窗通风。

【园林应用】茉莉花为常绿小灌木，叶色翠绿，花色洁白，香味浓厚，是常见庭园及盆栽观赏芳香花卉。多用盆栽，点缀室内，也可加工成花环等装饰品。

11.2.9　牡丹

【科属】芍药科，芍药属

【学名】*Paeonia × suffruticosa*

【别称】鼠姑、鹿韭、白茸、木芍药、百雨金、洛阳花

【识别特点】落叶灌木。茎高达 2 m；分枝短而粗。叶通常为二回三出复叶，偶尔近枝顶的叶为 3 小叶；顶生小叶宽卵形，裂片不裂或 2～3 浅裂，表面绿色，背面淡绿色，有时具白粉，沿叶脉疏生短柔毛或近无毛；侧生小叶狭卵形或长圆状卵形。花单生枝顶，花径大；花瓣 5，单瓣或重瓣，玫瑰色、红紫色、粉红色至白色，通常变异很大，倒卵形。蓇葖果长圆形，聚合，密生黄褐色硬毛。花期 5 月；果期 6 月

（图 11-9）。

图 11-9　牡丹

【繁殖栽培】牡丹繁殖方法主要有分株、嫁接、播种、组织培养等，但以分株及嫁接居多，播种方法多用于培育新品种。牡丹喜温暖、凉爽，温度在 25 ℃以上则会使植株呈休眠状态。喜阳光，也耐半阴，怕烈日直射。适宜在疏松、深厚、肥沃、地势高燥、排水良好的中性沙壤土中生长。酸性或黏重土壤中生长不良。

【园林应用】牡丹花大色艳，色、姿、香、韵俱佳，富丽堂皇，素有“花中之王”的美誉。中国洛阳、菏泽均以牡丹为市花，种植历史悠久，建有主题公园、专类园等，是传统的观赏圣地。可以集中种植在规则的几何式花池、花台中，如北京景山公园、洛阳王城公园等，也可结合地形和其他花卉、山石等配置，进一步烘托牡丹的雍容华贵，形成自然式景观，是良好的花境材料。此外，牡丹的形象还被广泛用于传统艺术，如刺绣、绘画、印花、雕刻中。

11.2.10　迷迭香

【科属】唇形科，迷迭香属

【学名】*Rosmarinus officinalis*

【别称】迷蝶香、油安草

【识别特点】灌木。茎及老枝圆柱形，皮层暗灰色，不规则的纵裂，块状剥落，幼枝四棱形，密被白色星状细茸毛。叶常常在枝上丛生，具极短的柄或无柄，叶片线形，先端钝，基部渐狭，全缘，向背面卷曲，革质，上面稍具光泽，近无毛，下面密被白色的星状茸毛。花近无梗，对生，少数聚集在短枝的顶端组成总状花序。花冠小，蓝紫色，唇形。花期 11 月（图 11-10）。

图 11-10　迷迭香

【繁殖栽培】主要繁殖方式有播种、扦插和压条繁殖。播种一般于早春在温室中进行，用种子繁殖的植株一般香气更浓。扦插多在冬季至早春进行，一般选取新鲜健康尚未完全木质化的茎作为插穗，插后 3～4 周生根，7 周后可定植。利用迷迭香茎上能产生不定根的特性，把植株接近地面的枝条压弯覆土，留顶部于空气中，待长出新根，从母体剪下，形成新的个体，定植到露地。迷迭香生长缓慢，性喜温暖气候，较耐旱，耐瘠薄。

【园林应用】迷迭香是一种名贵的天然香料植物，浓郁的芳香气味能使人神清气爽，具有提神醒脑、增强记忆力、调节人体情绪的作用，园林上可作为芳香植物使用。常盆栽作为室内装饰，因植株低矮也可作地被使用。

11.2.11　山茶

【科属】山茶科，山茶属

【学名】*Camellia japonica*

【别称】茶花、山茶花

【识别特点】灌木或乔木。叶多为革质，羽状脉，有锯齿，具柄，少数抱茎叶近无柄。花两性，顶生或腋生，单花或 2～3 朵并生，有短柄；花冠白色或红色，有时黄色，基部多少连合；花瓣 5～12 片，栽培种常为重瓣，覆瓦状排列(图 11-11)。果为蒴果，种子圆球形或半圆形，种皮角质，胚乳丰富。

图 11-11 山茶

【繁殖栽培】中国栽培山茶花的历史悠久。自南朝开始已有山茶花的栽培。唐代山茶花作为珍贵花木栽培。到了宋代，栽培山茶花已十分盛行。山茶可以用播种、扦插、嫁接、组织培养等方法进行繁殖。播种一般于 10 月上、中旬，将采收的果实放置室内通风处阴干，待蒴果开裂取出种子后立即播种。若秋季不能马上播种，需行沙藏至翌年 2 月间播种，一般秋播比春播发芽率高。扦插多在夏秋进行，剪取一段枝条作为插穗，插入土中即可。嫁接主要用油茶作为砧木，半木质化的枝条作接穗，插入砧木切口中绑好，等待伤口愈合。压条需要在顶端 20 cm 处环剥，之后用土壤包裹，生根后进行栽种。山茶花性喜温暖湿润的气候环境，忌烈日，喜半阴的散射光照，喜肥沃、疏松的微酸性土壤，以 pH 5.5～6.5 为佳。

【园林应用】山茶花为中国的传统园林花木，枝叶繁茂，四季常青，开花于冬末春初万花凋谢之时，尤为难得。古往今来，很多诗人写下了赞美山茶花的诗句。郭沫若先生曾用“茶花一树早桃红，百朵彤云啸傲中”的诗句赞美山茶花盛开的景况。山茶花耐阴，适宜配置在疏林边缘，也可在假山旁植构成山石小景，或者亭台附近散点三、五株，格外雅致；也可丛植或散植在庭院院墙一角。山茶花适于盆栽观赏，放置在家庭的阳台、窗前，春意盎然。

11.2.12 叶子花

【科属】紫茉莉科，叶子花属

【学名】*Bougainvillea spectabilis*

【别称】宝巾、簕杜鹃、三角梅、三角花、九重葛

【识别特点】藤状灌木。枝、叶密生柔毛；刺腋生、下弯。叶片椭圆形或卵形，基部圆形，有柄。花序腋生或顶生；苞片椭圆状卵形，基部圆形至心形，暗红色或淡紫红色；花被管狭筒形，绿色，密被柔毛，顶端 5～6 裂，裂片开展，黄色。瘦果具 5 棱，密生毛。花期 11 月至翌年 6 月(图 11-12)。

图 11-12 叶子花

【繁殖栽培】多采用扦插、压条繁殖，也可用播种和嫁接繁殖。扦插时选取当年生半木质化的强壮枝条，注意保温保湿，插后一个月左右可以移栽。压条适宜的时间为每年 5 月初至 6 月中旬，30～35 d 可移栽。叶子花喜温暖、湿润的气候和阳光充足的环境。要求充足的光照，长江流域及以北地区均盆栽养护。对土壤要求不严，但在肥沃、疏松、排水好的沙质壤土能旺盛生长。叶子花喜肥，生长期每周须施氮肥一次，花期增施磷肥 2～3 次。夏季供水不足或冬季浇水过量，易造成植株落叶，所以浇水一定要做到适时、适量。花后浇水要减少。叶子

花生长势强，因此每年需要整形修剪，每 5 年进行一次重剪更新。

【园林应用】叶子花具有一定的抗二氧化硫功能，是良好的环保绿化植物，适合用于工厂、道路绿化。叶子花的观赏部位是苞片，其苞片似叶，花于苞片中间，故称之"叶子花"。叶子花树势强健，花形奇特，色彩艳丽，缤纷多彩，花开时节格外鲜艳夺目。特别是冬季室内当嫣红姹紫的苞片开放时，大放异彩，热烈奔放。深受人们喜爱。中国南方常用于庭院绿化，作花篱、棚架植物，花坛、花带的配置，均有其独特的风姿。切花造型也具有独特的魅力。

11.2.13　一品红

【科属】大戟科，大戟属

【学名】*Euphorbia pulcherrima*

【别称】圣诞花、老来娇、猩猩木

【识别特点】灌木。叶互生，卵状椭圆形、长椭圆形或披针形，先端渐尖或急尖，基部楔形或渐狭，绿色，边缘全缘或浅裂，叶面被短柔毛或无毛，叶背被柔毛；无托叶；苞叶 5～7 枚，狭椭圆形，通常全缘，极少边缘浅波状分裂，朱红色，极具观赏价值。花序数个聚伞排列于枝顶；总苞坛状，淡绿色（图 11-13）。蒴果。种子卵状。花果期 10 月至翌年 4 月。

图 11-13　一品红

【繁殖栽培】一品红的繁殖以扦插为主，也可以进行压条繁殖。一品红的扦插繁殖主要有半硬枝扦插和嫩枝扦插两种方式，还有老根扦插这种方式，以嫩枝扦插生根较快而且成活率高。半硬枝扦插多在春季 3—5 月进行，20 d 左右可生根；嫩枝扦插是在每年的 3—9 月进行，采用当年生枝条，修整后需立即投入清水中，以阻止乳汁外流，多数品种 14～18 d 可生根；老根扦插是指经多年栽培的一品红在 3、4 月进行翻盆换土时，利用修剪下的老根进行繁殖，约一个月可繁殖出新植株来。一品红的压条一般在 4—7 月，约两个月可长出根系，生根后将其剪取下种于盆中，即可形成新的植株。一品红耐修剪，定植后需经过多次摘心才能形成丰满的株形。一品红是短日照植物，喜温暖湿润的气候，不耐寒，更怕霜冻，不耐旱、涝。喜光，要求光照充足；对土壤要求不严，但以排水良好、通透性强的轻松、肥沃沙质壤土为好。

【园林应用】一品红花色鲜艳，花期长，正值圣诞、元旦、春节开花，盆栽布置室内环境可增加喜庆气氛；也适宜布置会议等公共场所。南方暖地可露地栽培，美化庭园，也可作切花。

11.2.14　月季花

【科属】蔷薇科，蔷薇属

【学名】*Rosa chinensis*

【别称】月月花、月月红、玫瑰、月季、长春花

【识别特点】直立灌木；小枝粗壮，有短粗的钩状皮刺或无刺。小叶 3～5，稀 7，小叶片宽卵形至卵状长圆形，先端长渐尖或渐尖，基部近圆形或宽楔形，边缘有锐锯齿，两面近无毛，上面暗绿色，常带光泽，下面颜色较浅，顶生小叶片有柄，侧生小叶片近无柄，总叶柄较长，有散生皮刺和腺毛；托叶大部贴生于叶柄，仅顶端分离部分成耳状，边缘常有腺毛。花几朵集生，稀单生；萼片卵形，先端尾状渐尖，有时呈叶状，边缘常有羽状裂片，稀全缘，外面无毛，内面密被长柔毛；花瓣重瓣至半重瓣，红色、粉红色至白色，倒卵形，先端有凹缺，基部楔形。瘦果木质，多数稀少数，着生在肉质萼筒内形成蔷薇果，果卵球形或梨形，红色，萼片脱落。花期 4—9 月，果期 6—11 月。月季花，以一年四季不分春、夏、秋、冬皆能见花而得名，又以其每月近乎开花一次而得名"月月红""长春花"（图 11-14）。

【繁殖栽培】月季花可利用播种、扦插、嫁接等

图 11-14 月季花

方法进行栽培繁殖。嫁接常用野蔷薇作砧木，分芽接和枝接两种，芽接成活率较高，一般于 8—9 月进行。播种一般在春季进行。分株繁殖多在早春或晚秋进行。扦插一般在早春或晚秋休眠时，剪取成熟的带 3～4 个芽的枝条进行扦插，一般 30 d 左右可生根。月季花适应性强，耐寒、耐旱，对气候、土壤要求虽不严格，但以疏松、肥沃、富含有机质、微酸性、排水良好的沙壤土较为适宜。喜温暖、日照充足、空气流通的环境，温暖湿润的气候。

【园林应用】月季花在园林绿化中，有着不可或缺的价值，月季在南北园林中，使用最为广泛的一种花卉。月季花是春季主要的观赏花卉，其花期长，观赏价值高，价格低廉，受到各地园林的喜爱。可用于园林布置花坛、花境、庭院花材，可制作月季盆景，作切花、花篮、花束等。月季因其攀缘生长的特性，主要用于垂直绿化，如能构成赏心悦目的廊道和花柱，月季经过适当的修剪整形，可装饰建筑物，成为联系建筑物与园林的巧妙“纽带”。

11.2.15 栀子

【科属】茜草科，栀子属

【学名】*Gardenia jasminoides*

【别称】水横枝、黄果子，黄叶下、山黄枝、黄栀子、山栀

【识别特点】灌木。叶对生，革质，稀为纸质，少为 3 枚轮生，叶形多样，通常为长圆状披针形、倒卵状长圆形、倒卵形或椭圆形，顶端渐尖、骤然长渐尖或短尖而钝，基部楔形或短尖，上面亮绿，下面色较暗；托叶膜质。花芳香，通常单朵生于枝顶；萼管倒圆锥形或卵形，有纵棱，花萼结果时增长，宿存；花冠白色或乳黄色，高脚碟状，冠管狭圆筒形，顶部 5～8 裂，通常 6 裂，裂片广展，倒卵形或倒卵状长圆形（图 11-15）。浆果卵形、近球形、椭圆形或长圆形，黄色或橙红色，有翅状纵棱 5～9 条。花期 3—7 月。

图 11-15 栀子

【繁殖栽培】栀子主要采用种子繁殖、扦插和压条繁殖，播种以春播为宜，扦插时间最好是在秋季，可使用沙插或水插，水插法成活率更高。栀子喜温暖湿润气候，较耐旱，忌积水。栀子是酸性土壤的指示植物，喜微酸性土壤，土壤 pH 控制在 4.0～6.5 为宜，适宜生长在疏松、肥沃、排水良好、轻黏性酸性土壤中。栀子喜光，除幼年期需要遮阴外，正常情况需要阳光充足。

【园林应用】栀子四季常绿，花期长，花开素洁芬芳，南方地区多于庭园栽培，可作花篱、花带，或在庭园、水畔、假山等处种植，或用作室内瓶插装饰，也可用于街道和厂矿绿化。华北等地常作盆栽观赏。

11.2.16 朱槿

【科属】锦葵科，木槿属

【学名】*Hibiscus rosa-sinensis*

【别称】扶桑、佛桑、大红花、桑槿、状元红

【识别特点】常绿灌木；小枝疏被星状柔毛。叶阔卵形或狭卵形，先端渐尖，基部圆形或楔形，边缘具粗齿或缺刻；叶柄被长柔毛；托叶线形，被毛。花单生于上部叶腋间，常下垂；小苞片 6～7，线形，基部合生；萼钟形，5 裂，卵形至披针形；花冠漏斗形，玫瑰红色或淡红、淡黄等色，花瓣倒卵形，先端圆，外面疏被柔毛；雄蕊多数，连合成一管称雄蕊柱；花柱 5 裂。蒴果卵形。花期全年(图 11-16)。

图 11-16　朱槿

【繁殖栽培】朱槿可采用扦插、嫁接和高空压条等方式进行繁殖。朱槿喜阳，每天日照不能少于 8 h，光照不足，易造成花蕾脱落，花朵缩小。越冬温度不低于 5 ℃，以免遭受冻害，不高于 15 ℃，以免影响休眠。此外，朱槿对水肥需求较大。

【园林应用】朱槿为优良观赏花木，花大色艳，花色丰富有红色、粉红、橙黄、黄、粉边红心及白色等，花期长，适合用于在温暖地区布置花篱，或群植、丛植、列植于庭前屋畔、道路旁、墙边等。盆栽朱槿也是布置节日公园、花坛、宾馆、会场及家庭养花的最好花木之一，丰富的色彩可烘托热烈的气氛。

11.2.17　朱砂根

【科属】报春花科，紫金牛属

【学名】*Ardisia crenata*

【别称】天青地红、铁凉伞、大罗伞、红铜盘、红凉伞等

【识别特点】灌木；茎粗壮，除侧生特殊花枝外，无分枝。叶片革质或坚纸质，椭圆形、椭圆状披针形至倒披针形，顶端急尖或渐尖，基部楔形，边缘具皱波状或波状齿，具明显的边缘腺点，两面无毛，有时背面具极小的鳞片。伞形花序或聚伞花序，着生于侧生特殊花枝顶端；花枝近顶端常具 2～3 片叶或更多，或无叶；花瓣白色，稀略带粉红色，盛开时反卷，卵形，顶端急尖，具腺点，外面无毛，里面有时近基部具乳头状突起。浆果球形，鲜红色，具腺点。花期 5—6 月，果期 10—12 月，有时 2—4 月(图 11-17)。

图 11-17　朱砂根

【繁殖栽培】常采用播种、扦插、压条、组培等繁殖方法。朱砂根的果实呈鲜红色且坚硬时，表明已经成熟。可将成熟的果实采收下来，与细沙混合搓揉，在水中漂浮去果肉、果皮和不成熟的种子，捞起干净的种子阴晾滤掉浮水后进行点播，20 d 后即可发芽出土生长。也可秋季采收后沙藏，待第二年春季播种。朱砂根的扦插主要切取 1～3 年生健壮的主茎枝作插穗，用生根剂浸泡插穗后插入沙土中，扦插时间在春秋两季均宜，以春夏间扦插成活率高。朱砂根还可采取高空压条繁殖，4～6 周即可生根。朱砂根喜肥沃的沙质壤土，不宜在黏土上栽培，且喜大肥大水，夏季气温高，早晚两头各浇 1 次水，使盆土保持湿润。朱砂根适合在室内盆栽，耐

阴性强，可长期在室内摆放。

【园林应用】朱砂根四季常青，株形优美，春夏淡红花朵飘香，秋末红果成串，绿叶红果，艳丽夺目，保持时间长，适于盆栽观果。也可在荫蔽林下、露地、山石园中点缀种植或成带种植，是一种新型园林绿化树种。

11.2.18　紫叶槿

【科属】锦葵科，木槿属

【学名】*Hibiscus acetosella*

【别称】丽葵、红叶槿

【识别特点】枝条直立，但伸长后常弯曲或倒伏下垂，全株暗红色。叶互生，掌状 3～5 裂或深裂，裂片边缘有波状疏齿。花单生于枝条上部叶腋，花冠绯红色，有深色脉纹，中心暗紫色。蒴果。花期春末到夏、秋(图 11-18)。

图 11-18　紫叶槿

【繁殖栽培】可用播种、扦插或分株法繁殖，春、夏、秋均可播种育苗。春夏为扦插最佳时期，插穗剪自成熟而未老化的健壮枝条，扦插于河沙或珍珠岩、蛭石，保持适润，经 2～3 周能发根成苗。分株全年均可施行，以春至秋季效果最好，分株时应剪短上部枝条再栽植。栽培土质要求不严，在肥沃的壤土或沙质壤土最好。每年冬季或早春应强剪整枝 1 次，离地 15～20 cm 处修剪，并施用有机肥。紫叶槿喜高温多湿环境，冬季要温暖避风越冬，减少灌水。为避免倒伏，植株长高时可设立支柱扶持。

【园林应用】适合庭园丛植美化或用大型盆栽作室内外装饰。

11.2.19　醉鱼草

【科属】玄参科，醉鱼草属

【学名】*Buddleja lindleyana*

【别称】闭鱼花，痒见消，鱼尾草，毒鱼草等

【识别特点】灌木。小枝具四棱，棱上略有窄翅；幼枝、叶片下面、叶柄、花序、苞片及小苞片均密被星状短茸毛和腺毛。叶对生，萌芽枝条上的叶为互生或近轮生，叶片膜质，卵形、椭圆形至长圆状披针形，顶端渐尖，基部宽楔形至圆形，边缘全缘或具有波状齿，上面深绿色，幼时被星状短柔毛，后变无毛，下面灰黄绿色。穗状聚伞花序顶生；花紫色，芳香；花萼钟状；花冠长筒形，花冠裂片阔卵形或近圆形。蒴果长圆状或椭圆状，花萼常宿存；种子淡褐色，小。花期 4—10 月，果期 8 月至翌年 4 月(图 11-19)。

图 11-19　醉鱼草

【繁殖栽培】醉鱼草可播种、扦插和分株繁殖。醉鱼草适应性强，生长健壮，病虫害少，栽培养护容易，可粗放管理。醉鱼草喜阳，喜干旱，忌涝。醉鱼草萌蘖力强，花后可将枝干从基部剪除，在气温适宜的时候，从基部可萌发大量新枝，完成植株更新。醉鱼草的枝叶对鱼有毒，不宜将此类植物种植在养鱼的池塘边。

【园林应用】醉鱼草开花芳香而美丽，是公园常见优良观赏植物。花序较短的类型经修剪整形后可盆栽观赏，自由摆放在庭园、广场、阳台和屋顶。

不少品种可作为切花，用作插花材料。耐修剪，群体观赏效果好，而且滞尘能力强，很适合道路绿化。于庭院、公园、居住区绿地之中宜采取自然式配置，可孤植、丛植或群植于路边、草坪、墙角或山石旁边，也可布置成花坛、花境。萌芽力强，耐修剪，枝叶密集，生长迅速，可用作自然式或规则式绿篱。因抗旱、耐贫瘠，可用于屋顶绿化。因花色丰富、花香宜人，而且一年四季均有开花的类型，可将不同的种类和品搭配种植，形成四季均有花可赏的专类香花园。

思考题

1. 简述木本花卉的无性繁殖方式。
2. 列举 15 种常用木本花卉，说明它们主要的生态习性和应用特点。
3. 简述木本花卉常见的园林应用形式。
4. 简述朱槿扦插繁殖的方法。
5. 简述绣球的栽培繁殖要点。

第12章 室内观叶花卉

12.1 概述

室内观叶花卉以阴生植物(shade foliage plants)为主,包括观叶、观花、观果或观茎的植物,不仅具有美化家居的观赏功能,还能吸收二氧化碳、甲醛等有害气体,净化室内空气。室内观叶花卉可以周年观赏,在家庭、宾馆、办公室等各类空间均可应用。室内观叶花卉种类丰富,观赏特性各异,对室内的环境条件要求也有不同。室内放置植物,必须根据具体环境选择适合的种类,满足植物正常生长发育的条件,使其特性得到充分展示,方能达到最佳观赏效果。

12.2 室内观叶花卉的定义

在室内条件下,经过精心养护,能长时间或较长时间正常生长发育,具有较高观赏价值,适宜在室内环境中长期摆放的花卉植物,称为室内观叶花卉(indoor foliage plants)。包括蕨类植物、草本和木本植物。

12.3 室内观叶花卉的类型

根据对光照、温度、湿度等的要求分为3大类。

12.3.1 按光照要求分

1)极耐阴室内观叶花卉

是室内观叶花卉中最耐阴的种类,如蜘蛛抱蛋、蕨类、白网纹草、虎皮兰、八角金盘、虎耳草等。在室内极弱的光线下也能供较长时间观赏,适宜放置在离窗台较远的区域摆放,一般可在室内摆放2～3个月。

2)耐半阴室内观叶花卉

是室内观叶花卉中耐阴性较强的种类,如千年木、竹芋类、喜林芋、绿萝、凤梨类、巴西木、常春藤、发财树、橡皮树、苏铁、朱蕉、吊兰、文竹、花叶万年青、粗肋草、冷水花、白鹤芋、豆瓣绿、龟背竹、合果芋等。适宜放置在北向窗台或离有直射光的窗户较远的区域摆放。

3)中性室内观叶花卉

要求室内光线明亮,每天有部分直射光线,是较喜光的种类,如彩叶草、花叶芋、蒲葵、龙舌兰、鱼尾葵、散尾葵、鹅掌柴、榕树、棕竹、长寿花、叶子花、一品红 、天门冬、仙人掌类、鸭跖草类等。适宜放置在有光照射的区域摆放。

4)阳性室内观叶花卉

要求室内光线充足,如变叶木、月季、菊花、短穗鱼尾葵、沙漠玫瑰、虎刺梅、蒲包花、大丽花等。在室内短期摆放。

12.3.2 按温度要求分

1)耐寒室内观叶花卉

能耐冬季夜间室内3～10 ℃的室内观叶植物,如八仙花、芦荟、八角金盘、报春花、海桐、酒瓶兰、沿阶草、仙客来、加拿利海枣、朱砂根、吊兰、薜荔、常春藤、波士顿蕨、罗汉松、虎尾兰、虎耳草等。

2)半耐寒室内观叶花卉

能耐冬季夜间室内10～16 ℃的室内观叶植物:蟹爪兰、君子兰、水仙、倒挂金钟、杜鹃、天竺葵、棕竹、蜘蛛抱蛋、冷水花、龙舌兰、南洋杉、文竹、鱼尾葵、鹅掌柴、喜林芋、白粉藤、朱蕉、旱伞草、莲花掌、风信子、球根秋海棠。

3)不耐寒室内观叶花卉

室内16～20 ℃才能正常生长的室内观叶植物,如蝴蝶兰、富贵竹、变叶木、一品红、扶桑、叶子花、凤梨类、合果芋、豆瓣绿、竹芋类、火鹤花、彩叶草、袖珍椰子、铁线蕨、观叶海棠、吊金钱、小叶金鱼藤、千年木、万年青、白网纹草、金脉爵床、白鹤芋等。

12.3.3 按湿度要求分

1)耐旱室内观叶花卉

叶片或茎干肉质肥厚,叶面有较厚的蜡质层或角质层,能够抵抗干旱环境,如金琥、龙舌兰、芦荟、景天、莲花掌、生石花等。北方干旱、多风或冬季取暖的季节,室内空气湿度较低时栽植效果较好。

2)半耐旱室内观叶花卉

肉质根或叶片呈革质或蜡质状,叶片呈针状,蒸腾作用较小,短时间的干旱不会导致叶片萎蔫,如人参榕、苏铁、五针松、吊兰、文竹、天门冬等。

3)中性室内观叶花卉

生长季节需充足的水分,干旱会造成叶片萎蔫,严重时叶片凋萎、脱落,土壤含水量60%左右。如巴西铁、蒲葵、棕竹、散尾葵等。

4)耐湿室内观叶植物

根系耐湿性强,稍缺水植物就会枯死,需要高空气湿度,如花叶万年青、粗肋草、花叶芋、虎耳草等。

需要高空气湿度的室内观叶植物,如兰花、白网纹草、竹芋类、鸟巢蕨、铁线蕨、白鹤芋、薜荔需要通过喷雾、组合群植来增加空气湿度。

适合水培的观叶植物,如绿巨人、富贵竹、绿萝、常春藤、万年青、一叶兰、南洋杉、鹅掌柴、白柄粗肋草、袖珍椰子、合果芋、喜林芋、旱伞草、龟背竹等。

12.4 常见观叶植物

12.4.1 凤梨科

凤梨科(Bromeliaceae)属单子叶植物纲姜亚纲,该科植物多为短茎附生草本,有44～46属,2000余种。本科植物种类繁多,有生长在海拔4200 m以上区域的,有生长在热带雨林中的,也有生长在沙漠地区的。而且叶和花的颜色鲜艳各异。凤梨(*Ananas comosus*)果可食,是本科主要的经济植物。有些属种花和叶颜色鲜艳,供室内栽培观赏,如光萼荷属(*Aechmea*)、水塔花属(*Billbergia*)、姬凤梨属(*Cryptanthus*)、雀舌兰属(*Dyckia*)、猬凤梨属(*Hechtia*)、长序凤梨属(*Neoglaziovia*)、彩叶凤梨属(*Neoregelia*)、鸟巢凤梨属(*Nidularium*)、龙舌凤梨属(*Puya*)、铁兰属(*Tillandsia*)、丽穗凤梨属(*Vriesea*)等。

1)铁兰

【科属】凤梨科,铁兰属

【学名】*Tillandsia cyanea*

【别称】紫花凤梨、紫花铁兰、球拍铁兰、长苞凤梨、紫花木柄凤梨

【识别特点】为多年生草本植物,株高约30 cm。莲座状叶丛,中部下凹,先斜出后横生,弓状。淡绿色至绿色,基部酱褐色,叶背绿褐色。叶窄线形,长20～30 cm,宽1～1.5 cm。花序梗自叶丛中抽生,长约20 cm,顶端12～15 cm处扁平,总苞呈扇形,花径约3 cm,粉红色,自下而上开紫红色花;青紫色小花由苞片内开出,约20朵,花瓣卵形,3片;冠径约3 cm,形似蝴蝶。苞片观赏期可达4个月(图12-1)。

图12-1 铁兰

【繁殖栽培】常以分株繁殖。春季花后进行分株，切下母株长出带根的子株，可直接盆栽，放半阴处养护。一般2～3年分株1次。也可用播种繁殖，5—6月播种，播种后15～20 d发芽，播种苗3年开花。栽培基质可用泥炭、蛭石、珍珠岩、河沙，或用树蕨根、泥炭土、河沙等材料配制。根系不发达，无主根，故用小盆、浅盆栽植。冬季可以全日照，春秋早晚应有光照，夏季不要阳光直射。越冬温度以不低于10 ℃为宜，高于20 ℃以上，不利于植株休眠，会影响来年生长和开花。从春末至秋季的生长期，可适当增加浇水量。在5—9月，每周施氮肥一次，花前适当增施磷、钾肥，以促花大色艳。开花时，不要浇水，存放在避光处，能延长花期。花后进入休眠期，须将花梗剪除，以减少养分的消耗。

【园林应用】铁兰株形小巧玲珑，整个花序如红色的麦穗，十分美丽亮艳，而且花期从秋至春长开不败，观赏期达数月之久，是凤梨科中著名的观花种类。紫花铁兰为景天酸代谢(CAM)植物，适宜点缀卧室、书房等处，可使室内夜间保持空气清新。

2)红铁兰

【科属】凤梨科，铁兰属

【学名】*Tillandsia aeranthos*

【别称】空气花、空气草、木柄凤梨、空气铁兰

【识别特点】多年生气生或附生草本植物，植株呈莲座状、筒状、线状或辐射状，叶片有披针形、线形，直立、弯曲或先端卷曲。叶色除绿色外，还有灰白、蓝灰等色，有些品种的叶片在阳光充足的条件下，叶色还会呈美丽的红色。叶片表面密布白色鳞片，但植株中央没有“蓄水水槽”。穗状或复穗状花序从叶丛中央抽出，花穗有生长密集而且色彩艳丽的花苞片或绿色至银白色，小花生于苞片之内，有绿、紫、红、白、黄、蓝等颜色，花瓣3片，花期主要集中在8月至翌年的4月。蒴果成熟后自动裂开，散出带羽状冠毛的种子，随风飘荡，四处传播(图12-2)。

图12-2 红铁兰

【繁殖栽培】通常用分株和扦插繁殖，分株通常在4月结合翻盆时进行。将子株从基部剥下，分别上小盆，放阴湿处养护一段时间。6—9月气温较高时，取茎的上部一段插于沙或珍珠岩中，2周就能生根。可黏附于枯木、岩石上，或放置于贝壳或盆器内，不需土壤，但根部不可积水。红铁兰以叶子吸收水分，可使用液态肥料混水喷叶面，数月一次。光线要充足，当天气很热时，需遮阳及通风。室内栽培以靠近窗户或有人工照明较强的位置最佳，室外以树荫下环境最好。红铁兰每周浇水一次，以叶子勿太干而呈卷曲皱皮即可。如忘记浇水而太干的植株，将之放入水中浸泡0.5 h，以根部不积水为准。

【园林应用】红铁兰品种繁多，形态各异，可赏叶、观花，具有装饰效果好、适应性强等特点，可黏在古树桩、假山石、墙壁上，或放在竹篮里、贝壳上。也可以将其吊挂起来，点缀室内环境，时尚清新，富有自然野趣。

3)姬凤梨

【科属】凤梨科，姬凤梨属

【学名】*Cryptanthus acaulis*

【别称】紫锦凤梨、海星花、绒叶小凤梨

【识别特点】多年生常绿草本植物。地下部分具有块状根茎，地上部分几乎无茎。叶从根茎上密集丛生，每簇有数片叶子，水平伸展呈莲座状，叶片坚硬，边缘呈波状，且具有软刺，叶片呈条带形，先端渐尖，叶背有白色鳞状物，叶肉肥厚、革质，表面绿褐色。花两性，白色，雌雄同株，花葶自叶丛中抽出，呈短柱状，花序莲座状，4 枚总苞片三角形，白色，革质（图 12-3）。

图 12-3　姬凤梨

【繁殖栽培】繁殖方法有播种法、扦插法和分株法。播种法：人工授粉获得的种子可室内盆播，用水苔覆盖保湿，25 ℃下 1～2 周发芽，3 年后成株。扦插法：将母株旁生的叶轴自基部剪下，保留先端 3 枚小叶插入沙床中，遮阳养护，保持较高的湿度，30 ℃左右，3 周左右即可生根。分株法：植株开花后，从基部发出子株，待子株生长大小与母株接近时，掰下直接栽入沙中，在 25 ℃左右，12～14 d 可生根。

盆栽土以排水良好的腐叶土或泥炭土加少量河沙配制，也可用苔藓、蕨根等材料盆栽。用较小的浅盆栽植或作瓶景种植在瓶中，也可栽植在假山或多孔的花盆中。避免强光直射，生长期间应保持盆土湿润，同时要向叶片上喷水，增加空气湿度，否则叶片则卷曲枯萎；浇水过多，导致烂根死亡。最适生长温度 20～25 ℃。冬季温度低，叶色会变黯，最低温度不应低于 15 ℃。生长期每半月施一次氮肥，冬季移入室内，放阳光充足处，并停止施肥，浇水。姬凤梨叶簇寿命较短，一般生长 2～3 年后开始枯萎，但根茎寿命较长，可不断抽生新叶，因此 3 年生的植株应剪掉老叶簇，促使其重新萌发新叶簇，保持其优美的叶姿。

【园林应用】姬凤梨株形规则，色彩绚丽，适宜作桌面、窗台等处的装饰，是优良的室内观叶植物。也可作为旱生盆景、瓶栽植物的一部分。也可在室内作吊挂植物栽培或栽植于室外廊架上、假山石上等，是较好的绿化美化材料。

4）星花凤梨

【科属】凤梨科，星花凤梨属

【学名】*Guzmania lingulata*

【别称】果子蔓、西洋凤梨、红杯凤梨

【识别特点】多年生草本，株高 30 cm 左右，冠幅 80 cm。其植株莲座状或漏斗状，中央有一蓄水的水槽；叶宽带状，绿色或红色，边缘无齿而光滑；穗状花序从叶筒中央抽出，花梗全部被绿色或红色的苞片包裹，在顶端形成一个由多片红色、黄色或白色的花苞片组成产生的星形或锥形的花穗，小花黄色、白色或紫色，生于花苞片之内，开放时才伸出其外；春季开花，保持时间甚长，观赏期可达 2 个月左右。果为蒴果，内有粒状种子（图 12-4）。

图 12-4　星花凤梨

【繁殖栽培】星花凤梨常用分株、播种和组培繁殖。分株繁殖常在春季进行，早春当基部或叶片之间抽出的蘖芽长达 8～10 cm 时割下栽植；播种繁殖应在采种后立即播种。商用生产常用组培繁殖。

盆栽常采用 12～15 cm 盆，用泥炭、苔藓、蕨根和树皮块的混合基质作盆栽。生长期间每半个月施淡液肥一次，由于星花凤梨的叶槽内叶片的基部生有能吸收水分和养分的微小组织（吸收鳞片），所以还可施于叶梢内或喷在叶面上。对水分的要求较高，除盆土保持湿润外，同时莲座叶丛中不可缺水，生长期需经常喷水和换水，冬季应减少浇水。要求阳光充足，但忌夏季强光直射。为了促进开花，诱导花芽分化，星花凤梨可用 0.03%～0.08% 乙烯利，每株灌心 20～30 mL 或喷洒心叶，可使花期一致。

【园林应用】星花凤梨叶片翠绿，光亮，深红色管状苞片，色彩艳丽持久，是目前世界花卉市场十分流行的盆栽花卉之一。星花凤梨为花叶兼用之室内盆栽，还可作切花用。既可观叶又可观花，适用于窗台、阳台和客厅点缀，还可装饰小庭院和入口处，星花凤梨常用于大型插花和花展的装饰材料。

5）大咪头果子蔓

【科属】凤梨科，星花凤梨属

【学名】*Guzmania conifera*

【别称】火炬凤梨、彩苞凤梨、大鹦哥凤梨

【识别特点】多年生常绿草本，中型种，叶丛紧密抱成漏斗状，株高 20～30 cm，叶宽 3～4 cm，较薄，亮绿色，具光泽，叶缘光滑无刺。花茎从叶丛中心抽出，复穗状花序，具多个分枝，花茎长约 30 cm，苞叶鲜红色，小花黄色。大咪头果子蔓叶片宽线形，亮绿色，叶丛中央抽出直立的花茎，整个花序似熊熊燃烧的火炬，深红色的花茎和亮绿色的叶丛相映生辉，异常珍奇漂亮，花期可达 3 个月（图 12-5）。

图 12-5　大咪头果子蔓

【繁殖栽培】用分株法繁殖。母株开花凋萎后，会从基部萌生小的植株，长至 5～8 cm 时用利刀割下扦插于苔藓或河沙中，在 20～28 ℃高湿条件下，经 1 个月可生根分栽。成年的大咪头果子蔓根部会不断发出小芽来，等小芽长出 5～6 片叶时，可以切下小芽用扦插的方法繁殖。

盆土选用疏松的泥炭土、腐殖土。冬季全天日照，春秋两季早晚时间有光照即可；夏季天气炎热，则需适当遮阳。但如果长时间地置放于没有直射光的阴处，叶片没有色泽。做到薄肥多施，以防根系腐烂而引起病变。要注意保持盆土的湿润，并向叶面喷水。冬季，要求盆土稍干些，以助顺利越冬。叶座中央杯状部位可注满清水。开花时水槽内不要再灌水，这样可以起到延长花期的作用。花落后，大咪头果子蔓就进入休眠期，此时可以剪去花梗，以减少养分消耗。

【园林应用】大咪头果子蔓苞片鲜红，开黄色小花，盆栽适合家庭、宾馆和办公楼装饰布置。大咪头果子蔓为观苞片的观赏植物，特别是亭亭玉立的花穗十分艳丽，花很小，在苞片中间，是布置客厅、书房等的植物材料。

12.4.2　蕨类植物

蕨类植物门（Pteridophyta）是植物中主要的一类，是高等植物中比较低级的一门，也是最原始的维管植物。大多为草本，少数为木本。蕨类植物孢子体发达，有根、茎、叶之分，不具花，孢子繁殖，世代交替明显，无性世代占优势。通常可分为水韭、松叶蕨、石松、木贼和真蕨五纲，大多分布于长江以南各省区。

1）巢蕨

【科属】铁角蕨科，铁角蕨属

【学名】*Asplenium nidus*

【别称】鸟巢蕨、山苏花、王冠蕨

【识别特点】植株高 100～120 cm。根状茎短，顶部密生鳞片，鳞片条形，顶部纤维状分枝并卷曲。叶辐射状丛生于根状茎顶部，中空如鸟巢，叶柄近圆棒形，淡禾秆色，两侧无翅，基部有鳞片，向上光滑；叶片阔披针形，革质，长 95～115 cm，两面滑润，锐尖头或渐尖头，向基部渐狭而长下延，全缘，有软骨质的边，干后略反卷。孢子囊群狭条形，叶片下部不育；囊群盖条形，厚膜质，全缘，向上开（图 12-6）。

图 12-6 巢蕨

【繁殖栽培】巢蕨可用分株或孢子繁殖，春夏均可进行。家庭栽培一般用分株繁殖。植株生长较大时，往往会出现小的分枝，可用利刀将其切成半圆茎另植于盆上。

巢蕨栽培一般用蕨根、树皮块、苔藓、碎砖块拌碎木屑、椰子糠等作培养土。春夏季生长盛期应经常向叶面喷水。生长期每月浇施腐熟液肥一次，施肥时也可向心部浇施稀薄腐熟液肥。巢蕨喜高温、湿润，冬季严寒时叶片会变黑并出现焦状，严重时可导致死亡。在夏季高温季节要注意遮阳，并经常向植株及其周围喷水，同时保持良好的通风条件，以降温保湿，创造良好的生长环境。

【园林应用】巢蕨株形丰满匀称，叶色青翠光亮，潇洒大方，野味浓郁，盆栽的小型植株用于布置明亮的客厅及书房、卧室，显得小巧玲珑。

2）肾蕨

【科属】肾蕨科，肾蕨属

【学名】*Nephrolepis cordifolia*

【别称】石黄皮、蜈蚣草、山鸡蛋、羊齿

【识别特点】根附生或地生。根状茎直立，被蓬松的淡棕色鳞片，下部有粗铁丝状的匍匐茎向四方横展，匍匐茎棕褐色。叶簇生，暗褐色，略有光泽，叶片线状披针形或狭披针形，一回羽状，羽状多数，互生，常密集而呈覆瓦状排列。叶脉明显。孢子囊群成 1 行位于主脉两侧，肾形，生于每组侧脉的上侧小脉顶端；囊群盖肾形，褐棕色（图 12-7）。

图 12-7 肾蕨

【繁殖栽培】肾蕨可用分株与孢子、块茎、匍匐茎繁殖。分株繁殖最为常用，每年春季 4—5 月结合换盆，将根状茎纵切为数份，2～3 节为一丛，带上根、叶，分别栽植即可。块茎繁殖即切取带有一部分匍匐茎的块茎，移栽于疏松透水的土壤中，或直接播种块茎，不久均能长出新植株。匍匐茎繁殖则可用铁丝将匍匐茎固定在土表，待长出新株后切离母株即可。人工播种孢子，以泥炭和砖屑配制成的混合基质作为播种基质。剪取有成熟孢子的叶片，将孢子集中于白纸上，并用喷粉囊袋将孢子均匀喷布于浅盆中，不覆土，盖上玻璃，定时从盆底浸水，保持盆内湿润，室温维持 20～25 ℃，约 1 个月发芽。培养 2～3 个月后，由原叶体长出真叶，即孢子体。

盆土一般用腐叶土或泥炭土加少量园土混合，也可加入细沙和蛭石以增加透水性。作吊盆栽培时可用腐叶土和蛭石等量混合作培养土，重量较轻，适宜悬垂。家庭盆栽时，为了保持土壤的湿润，可向培养土中混入一些水苔、泥炭藓等。肾蕨不耐严寒，保持温度在 5 ℃以上；气温 30～35 ℃时还能够正常生长。肾蕨比较耐阴，但需要一定散射光。施肥以氮肥为主，在春、秋季生长旺盛期，每半月至 1 个月施 1 次稀薄饼肥水，或以氮为主的有机液肥或无机复合液肥，肥料一定要稀薄，否则极易造成肥害。

【园林应用】肾蕨是良好的地被植物，株形美观且适应性强、可用于林下地被，风景林下层、背面山坡树林的理想地被植物，也可配置于高架桥下、建筑物背阴处和庭院水池边等；肾蕨以其幽雅的形态，可用于茶几、案头的盆栽摆设。可用于园林绿化中的花坛、花台、花境、行车道隔离带、绿地植物配置，或可植于树干、岩石、墙垣等处，用于点缀山石、岩壁、建筑物，使之刚柔相济，为景增添色泽。也是优良的插花材料，常作为衬叶，可与多种观花花材搭配，制作成各种花束、花篮、胸花等插花艺术品。也可将肾蕨加工成干叶，用于各种花艺制作。

3)鹿角蕨

【科属】水龙骨科，鹿角蕨属

【学名】*Platycerium wallichii*

【别称】重裂鹿角蕨、长叶鹿角蕨、鹿角槲、麋角蕨

【识别特点】附生植物。根状茎肉质，密被鳞片。叶2列，基生不育叶（腐殖叶）宿存，厚革质，无柄，贴生于树干上，主脉两面隆起，叶脉不明显。正常能育叶常成对生长，下垂，灰绿色，分裂成不等大的3枚主裂片，近无柄，内侧裂片最大，多次分叉成狭裂片，中裂片较小，两者都能育，外侧裂片最小，不育，裂片全缘，通体被灰白色星状毛，叶脉粗而突出。孢子囊散生于主裂片第一次分叉的凹缺处以下，初时绿色，后变黄色；隔丝灰白色，星状毛。孢子绿色(图12-8)。

图12-8　鹿角蕨

【繁殖栽培】主要繁殖方法有分株繁殖、孢子繁殖。生长成熟的鹿角蕨在基部会长出许多小的萌蘖，待其长至6～10 cm时，可将之从母株剥离，培养成单独的植株。成熟的可育叶会散出孢子，可在孢子成熟后未散发前剪下孢子叶，用毛刷刷下茸毛，获得孢子。播种于3∶1细泥炭与珍珠岩混合基质的育苗盘中，盖上干净的玻璃板，置于荫蔽处，18～30 ℃的环境下，60～70 d长出绿色的原叶体。

盆栽基质可用泥炭与珍珠岩以3∶1的比例混合作为基质，基质表面盖上苔藓，喷水保湿，放在温暖、半阴并且通风的地方。浇水要充足，尤其在夏季生长旺期，要经常用湿雾喷洒叶面。每月1～2次喷施稀释饼肥水或氮钾混合化肥。在冬季休眠期，放室内养护，控制浇水量，保持盆土湿润即可。鹿角蕨在稍干燥状态下更能安全越冬。生长适温为20～25 ℃，冬季最好不低于5 ℃。要避免强光照射和干热风吹袭，以免叶片黄化、灼伤，影响鹿角蕨的观赏价值。

【园林应用】鹿角蕨株形奇特，叶片苍绿下垂，是著名的观赏蕨类。若将鹿角蕨贴于古老枯树或吊盆，点缀书房、客厅和窗台，别具热带风情，是室内立体绿化的好材料。在欧美的公园、植物园、商店、居室、窗台等地方的装饰和布置十分流行。

4)铁线蕨

【科属】凤尾蕨科，铁线蕨属

【学名】*Adiantum capillus-veneris*

【别称】银杏蕨、条裂铁线蕨、铁丝草、铁线草

【识别特点】植株高15～40 cm。根状茎横走，有淡棕色披针形鳞片。叶近生，薄草质，无毛；叶柄栗黑色，仅基部有鳞片；叶片卵状三角形，长10～25 cm，宽8～16 cm，中部以下二回羽状，小羽片斜扇形或斜方形，外缘浅裂至深裂，裂片狭，不育裂片顶端钝圆并有细锯齿。叶脉扇状分叉。孢子囊群生于由变态裂片顶部反折的囊群盖下面；囊群盖圆肾形至矩圆形，全缘(图12-9)。

【繁殖栽培】以分株繁殖为主，也可孢子繁殖。结合换盆时进行分株，将横生的地下茎分段切割，每段须带有一定数量的叶丛，最少也要保留一个芽点，栽于小盆内。孢子繁殖可取成熟的孢子播于经过消毒的富含腐殖质的较松土壤中，20 ℃以上即可

图 12-9　铁线蕨

长出孢子体的真叶。在温室内栽培时，孢子成熟后落在花架下的潮湿土壤上，能自发繁衍育成新株，可掘出上盆培养。

栽培用土以泥炭土与园土混合，并施少量过磷酸钙化肥与少量蛋壳屑。铁线蕨喜湿润的环境，生长旺季要充分浇水，除保持盆土湿润外，还要注意有较高的空气湿度，空气干燥时向植株周围洒水。特别是夏季，每天要浇 1～2 次水，如果缺水，就会引起叶片萎缩。浇水忌盆土时干时湿，易使叶片变黄。每月施 2～3 次稀薄液肥，施肥时不要沾污叶面，以免引起烂叶，出于铁线蕨的喜钙习性，盆土宜加适量石灰和碎蛋壳，经常施钙质肥料效果则会更好。冬季要减少浇水，停止施肥。

【园林应用】铁线蕨淡绿色薄质叶片搭配着乌黑光亮的叶柄，显得格外优雅飘逸。适合室内常年盆栽观赏。作为小型盆栽喜阴观叶植物，在许多方面优于文竹。小盆栽可置于案头、茶几上；较大盆栽可用以布置背阴房间的窗台、过道或客厅，能够较长期供人欣赏。铁线蕨叶片还是良好的切叶材料及干花材料。

5）欧洲凤尾蕨

【科属】凤尾蕨科，凤尾蕨属

【学名】*Pteris cretica*

【别称】井栏草、井口边草、小叶凤尾草

【识别特点】植株高 50～70 cm。根状茎短而直立或斜升，粗约 1 cm，先端被黑褐色鳞片。叶边仅有矮小锯齿，顶生三叉羽片的基部常下延于叶轴，其下一对也多少下延。叶干后纸质，绿色或灰绿色，无毛；叶轴禾秆色，表面平滑（图 12-10）。

图 12-10　欧洲凤尾蕨

【繁殖栽培】孢子繁殖和分株繁殖。孢子繁殖应在孢子成熟后，用信封收集起来，然后撒在由腐叶土和碎砖混合的基质上，放阴湿处，不久即可萌发，待苗长至一定程度时分栽上盆。分株繁殖简单易行，但是繁殖成活率低，一般在繁殖量不大时采用，不适于大规模生产。通常在 4—5 月分株，分株时，用利器把植株分为 3～4 丛，再分栽在小盆中。

栽培时宜用排水、保水性好的基质，可用园土、泥炭和碎砖各 1 份配制。生长期要保持盆土湿润，并经常喷水使其周围环境有较高的湿度，保持青翠外观。新换盆的，半年内可以不必施肥，以后每月施 2 次有机液肥。养殖环境以不见阳光的背阴湿润处为好，多受直射光照容易干燥枯瘪，叶尖易出现枯黄。

【园林应用】欧洲凤尾蕨株形优美，格调清新，极富观赏性，是线条美的典范，景观湿地林下可以配置，盆栽可点缀书桌、茶几、窗台和阳台，也适用于客厅、书房、卧室作悬挂式或镶挂式布置。在园林中也作阴性地被植物或布置在墙角、假山和水池边。也是插花不可少的衬托叶。

12.4.3　食虫植物

能用植株的某个部位主动或被动地捕捉昆虫或小动物，并通过分泌消化液将虫体消化吸收获得营养的植物，称为食虫植物。其生长于土壤贫瘠，特别是缺少氮素的地区，例如酸性的沼泽和石漠化地区。食虫植物有630余种，分布于10个科约21个属。食虫植物根系不发达，吸收能力差，是一类能够通过光合自养和异养两种方式生活的绿色开花植物。具有5种基本的捕虫机制：具有含消化酶或细菌消化液的笼状或瓶状捕虫器；周身布满黏稠液滴的黏液捕虫器；快速关闭的夹状捕虫器；能产生真空而吸入猎物的囊状捕虫器；具有向内延伸的毛须而将猎物逼入消化器官的龙虾笼状捕虫器。

1)猪笼草

【科属】猪笼草科，猪笼草属

【学名】*Nepenthes mirabilis*

【别称】猴水瓶、猴子埕、猪仔笼

【识别特点】藤本植物，黑色须根，质脆易折断；叶一般为长椭圆形，末端有笼蔓；笼蔓的末端会形成一个瓶状或漏斗状的捕虫笼，并带有笼盖；总状花序，开绿色或紫色小花；果为蒴果，成熟时开裂散出种子；花期4—11月；果期8—12月。猪笼草因为其形状像猪笼而得名(图12-11)。

图12-11　猪笼草

【繁殖栽培】猪笼草的繁殖方式包括扦插繁殖、压条繁殖和播种繁殖。常用扦插繁殖，剪切的插条上最好带有2～3个芽点，并且将所留的叶子剪去一半，也就是把下垂的部分剪除，将插条底部与茎干垂直修平；修剪好的插条入盆培育，芽点要透露在土壤的表面；用袋子将插条罩起来，以提高插条生长环境中的湿度，利于植株快速生长。

土壤以疏松、肥沃和透气的腐叶土或泥炭土为好。盆栽上常用泥炭土、水苔、木炭和冷杉树皮屑的混合基质。生长适温为25～30 ℃，冬季温度不低于16 ℃，15 ℃以下植株停止生长。猪笼草对水分的反应比较敏感，高湿条件下才能正常生长发育，生长期需经常喷水。温度变化大或过于干燥都会影响叶笼的形成。喜欢半阴的环境，强光直射叶片易灼伤，直接影响叶笼的发育。但长期在阴暗的条件下，叶笼形成慢而小，笼面色彩暗淡。

【园林应用】猪笼草奇特的叶笼特别诱人，深受人们的喜爱。通常盆栽或吊盆观赏，装点客厅花架、阳台和窗台，或悬挂于庭院树下和走廊，韵味别致。

2)紫花瓶子草

【科属】瓶子草科，瓶子草属

【学名】*Sarracenia purpurea*

【别称】紫瓶子草

【识别特点】多年生常绿草本，无茎。叶自根茎长出，叶有二型，春季长出的叶筒状，中空如小瓶状，开口有盖叶，盖上及瓶口有美丽的紫纹，外表绿色或红色；盛夏长出的叶剑状。果为蒴果(图12-12)。

图12-12　紫花瓶子草

【繁殖栽培】紫花瓶子草常采用分株和播种繁殖。分株：在新芽萌发前的4—6月进行，将植株自根茎处切成数小株，然后分别栽植；播种：在夏秋之交的8—9月进行，将种子播种于切碎的水苔上，不加覆盖。在气温20～25 ℃并保持较高空气相对湿度的条件下，约 30 d 发芽。播种至植株成熟约需 3 年。

紫花瓶子草适宜使用泥炭土栽培，也可添加少量苔藓或珍珠岩以增强透气性。土壤适宜 pH 为 3.5～4.5。生长适宜温度为 20～30 ℃，夏季温度可稍高，但应避免过热。冬季植株可以忍受 5 ℃的温度，但最好保持在 8 ℃以上。喜欢全光照，但也能够适当遮阴。在全光照下，其变态叶色泽鲜艳；光照不足时，叶色变淡。春末至初秋期间，应注意遮阴，避免强烈阳光直射；冬春季在充足光照下生长良好。生长期应保持土壤湿润，并经常向植株及其四周喷水，以提高环境湿度。需要注意的是，紫花瓶子草的休眠期较长，在冬季休眠期应减少浇水量，并保持环境温度较低。

【园林应用】紫花瓶子草的叶片如彩色的小喇叭，美丽而富有情趣，其叶筒内能分泌出带甜味的黏液，可将滑入的小虫黏住并消化，是可爱又有趣的盆栽观赏植物，也是近年出现在年宵花市上并受欢迎的花卉种类。

3）捕蝇草

【科属】茅膏菜科，捕蝇草属

【学名】*Dionaea muscipula*

【别称】捕虫草、苍蝇地狱、食虫草

【识别特点】多年生草本。叶基生，莲座状，叶柄宽大，呈匙形叶片状，上面着生两片对生叶瓣呈略开展的贝壳状，叶瓣中脉膨大；每叶瓣内侧中央都有 3 条排列成三角形的尖锐刚毛。伞形花序。蒴果卵圆形。叶片是最主要并且明显的部位，拥有捕食昆虫的功能，外观明显的刺毛和红色的无柄腺部位（图 12-13）。

【繁殖栽培】捕蝇草有无性繁殖和有性繁殖两种方式，通常采用扦插繁殖和分株繁殖。叶片扦插繁殖法：先将叶片由基部整片切下，叶越老越好，然后将切下的叶片平放或斜插于湿润的水苔或泥炭土上，置于光线充足处，并盖上玻璃板，维持插床的高湿度，以利于叶基部切口长出株芽，待 2 个月后长出的小植株有 3～4 片叶时，便可移植上盆栽培。分株繁殖法：捕蝇草开花后，其花序顶端花苞片处会自然长出一些小植株，当这些小植株长出根后即可

图 12-13　捕蝇草

从母株分离，另盆种植，完成分株繁殖的花梗此时也要剪去，以免过多消耗养分，影响母株继续正常生长。

捕蝇草偏好保水性佳、酸性的栽培介质。可以直接使用单一种栽培介质泥炭土或水苔来栽培。生长发育温度在 15～35 ℃，适宜温度为 21～35 ℃。捕蝇草喜阳，春、秋、冬三季可全日照，夏天应加 50%遮阴或置于室内向阳窗台栽培。喜欢湿润的生长环境，浇水时最好是遵循“宁干勿湿”的原则，千万不能产生积水，养殖期间最好是用自然的雨水、河水、井水进行浇灌，这样可以让植株良好生长。根茎极不耐盐，不可直接将肥料施入基质中，如用市售的观叶植物肥料，可按推荐浓度的 1/5 叶面喷施，发育季每 2 周喷施一次，适度地喂食一些苍蝇让其消化对捕虫夹发育比较有利。捕蝇草开花会消耗大量的养分，需及时修剪。

【园林应用】盆栽可适用于向阳窗台和阳台观赏，也可专做栽植槽培养。捕蝇草还有一定的空气净化作用，可以吸收空气中的有害物质如甲醛、苯等，同时释放出氧气。捕蝇草还可以用于制作生态瓶等绿色家居装饰品。

12.4.4　竹芋类

竹芋科（Marantaceae）是单子叶植物姜目的一科，主产于美洲热带雨林及其边缘地区，世界许多地区广为栽培，已成为热带观叶植物珍品，其叶片斑纹艳丽多彩，有的还有金属光泽，极为美丽，很适

于室内摆置，美化环境。这一科植物种类繁多，全世界约有 31 属 500 余种，目前作为观赏栽培的主要有肖竹芋属（*Goeppertia*）、栉花芋属（*Ctenanthe*）、竹芋属（*Maranta*）等。

1）彩虹肖竹芋

【科属】竹芋科，肖竹芋属

【学名】*Goeppertia roseopicta*

【别称】彩虹竹芋、玫瑰竹芋、粉红肖竹芋

【识别特点】多年生草本，株高 30～60 cm。叶椭圆形或卵圆形，叶面，叶脉青绿色，近叶缘处有一圈玫瑰色或银白色环形斑纹，如同一条彩虹，故名彩虹肖竹芋。花序头状或球果状，小苞片膜质；萼片近相等；花冠管与萼片硬革质，子房 3 室。蒴果开裂为 3 瓣，果瓣与中轴脱离；种子 3 颗，三角形，背凸起，有 2 裂的假种皮（图 12-14）。

图 12-14　彩虹肖竹芋

【繁殖栽培】彩虹肖竹芋常用分株繁殖。春季结合换盆将过密的植株脱出，将株丛扒开，每盆至少栽植 4～5 丛叶片为宜。盆栽植株每 2 年分株一次。

盆土宜用观叶植物培养土，或酸性花卉培养土。生长期内每周施薄肥一次，可用氮、磷、钾复合肥或经腐熟的稀释饼肥水。须充分浇水，保持盆土湿润，但不宜过湿，冬季盆栽植株应控制肥水，保持稍干燥；忌阳光暴晒，夏秋季要遮阳，放在室内散射光充足处为佳，冬季应给予充足阳光照射。冬季温度要求不低于 15 ℃，10 ℃以下地上部分会逐渐死亡。彩虹肖竹芋生长较快，应每年换盆 1 次，换盆时注意剪去部分老根和所有的黄叶，以促进新叶生长。

【园林应用】该种叶色丰富多彩，观赏性极强，具有较强的耐阴性，适应性较强，可种植在庭院、公园的林荫下或路旁。种植方法可采用片植、丛植或与其他植物搭配布置。可直接种植于宾馆、商场、大型会场等公众场所的边角地段作永久布置。大型品种可用于装饰宾馆、商场的厅堂，小型品种能点缀居室的阳台、客厅、卧室等。由于叶色斑斓，具有醒目的斑纹，是高档的切叶材料，可直接作插花或用作插花的衬材。

2）花叶竹芋

【科属】竹芋科，竹芋属

【学名】*Maranta bicolor*

【别称】二色竹芋、孔雀竹芋、双色竹芋

【识别特点】多年生草本，植株矮小，高 25～40 cm。叶互生，叶片小圆形、椭圆形至卵形，先端圆而具小尖头，基部圆或心形，边缘多少波浪形，叶面绿色，中脉两侧有暗褐色的斑块，背面粉绿色、淡紫色。总状花序单生，苞片 2～4，披针形；每一苞片内有 3 对花，花梗约与苞片等长；花冠白色，裂片披针形；外轮的 2 枚退化雄蕊较大，花瓣状，倒卵形，先端微凹，白色而有青紫色的斑点和线条；内轮的退化雄蕊很小。花期夏、秋季（图 12-15）。

图 12-15　花叶竹芋

【繁殖栽培】常用分株、扦插繁殖。分株一般多于春末夏初气温 20 ℃左右时结合换盆进行。用利刀将带有茎叶或叶芽的根块切开，直接置于基质中，用薄膜覆盖；保持温度为 20～28 ℃，湿度 80%

以上。扦插繁殖一般用顶尖嫩梢，插穗长 10～15 cm，视叶片大小，保留叶片 1/3 或 1/2，插穗处理后插于苗床，管理方法同分株繁殖一样，插穗 30～50 d 生根；但扦插成活率不如分株繁殖高，一般在 50%左右。

盆栽一般用腐叶土 3 份、泥炭或锯末 1 份、沙 1 份混合配制，并加少许豆饼作基肥，盆底垫上 3 cm 厚的粗沙更佳。生长期每 20 d 施稀薄液肥一次，氮、磷、钾比例应为 2∶1∶1。平时每隔 10 d 用 0.2%液肥直接喷洒叶面，冬季和夏季停止施肥。生长期要给予充足的水分，经常保持盆土湿润，秋末后应控制水分，以利抗寒越冬。高温干燥时须经常向叶面喷水，以降温保湿，冬季保持稍干燥的环境；每月用温水清洗叶面一次，以保持叶片的色泽。

【园林应用】花叶竹芋比较耐阴，叶色美丽，可直接种植于宾馆、商场、大型会场等公众场所的边角地段作永久布置。也多用于室内盆栽观赏，是世界上著名的室内观叶植物之一。大型品种可用于装饰宾馆、商场的厅堂，小型品种能点缀居室的阳台、客厅、卧室等。由于叶色斑斓，具有醒目的斑纹，是高档的切叶材料，可直接作插花或用作插花的衬材。

3)青苹果竹芋

【科属】竹芋科，肖竹芋属

【学名】*Goeppertia orbifolia*

【别称】苹果竹芋、圆叶竹芋

【识别特点】多年常绿草本，根出叶，丛生状，叶鞘抱茎。株高通常可达 40～70 cm。叶柄为浅褐紫色，叶片圆形或近圆形，叶缘波状，先端钝圆。叶面淡绿或银灰色，羽状侧脉有 6～10 对银灰色条斑，中肋也为银灰色，叶背面淡绿泛浅紫色。花序穗状(图 12-16)。

【繁殖栽培】通常采用分株繁殖。分株可于春季结合换盆进行。每年清明前后，将用于分株的较大丛生母株从花盆中脱出，抖落根系宿土，用利刀从根茎结合薄弱处切割株丛，每小丛至少要带 4～5 片叶。上盆后浇透水半阴处养护，缓苗半个月后正常水肥管理。一般情况下，盆栽植株每年分株一次。

青苹果竹芋喜微酸性土壤，适合用疏松、透气

图 12-16　青苹果竹芋

且营养丰富的培养土、泥炭土或腐殖土种养。植株生长适温在 18～30 ℃，不耐寒，冬季需移到室内养护。不耐强光，但生长期间植株需充足的光照供花叶生长。青苹果竹芋怕水涝，一般 7 d 左右可浇一次水，要保持土壤湿润。7 d 左右施一次薄肥；30 d 左右浇一次硫酸亚铁溶液，可避免土壤碱化。

【园林应用】青苹果竹芋叶形浑圆，其上排列有整齐的条纹，具有极高的观赏价值，较喜阴，适于室内盆栽观赏。可栽植于大型广口花盆中，布置会议室、会客厅等大型公共场所。中小型精致陶瓷盆栽，则适于作居家摆设。

12.4.5　白柄粗肋草

【科属】天南星科，广东万年青属

【学名】*Aglaonema commutatum* ‘White Rajah’

【别称】白雪公主

【识别特点】叶片偏狭长形，叶脉白色，叶面常有不同的斑纹镶嵌。肉穗花序数个聚生。果实为椭圆形浆果，成熟时橘红或红色，种子一粒。叶柄白色(图 12-17)。

【繁殖栽培】可用扦插和分株法繁殖。扦插繁殖应在 5—6 月或 9 月进行，自节下 0.6～1 cm 处把茎秆截下，插穗可长可短，但不要少于 4 节，保留先端 2 枚叶片，插入干净的素沙土中，入土深度为 4～5 cm，始终保持湿润并放在蔽荫处，在 20 ℃左右的室温下 15～20 d 即可生根。也可剪取 15 cm 长的先端茎秆，直接插入清水中，2 d 换水一次，同样能

从节部生根。分株繁殖在 4 月中下旬进行，将多年生老株脱盆后，抖掉外围泥土，把茎秆间相连的地下根茎剪断，分别上盆栽种，极易成活。

图 12-17　白柄粗肋草

白柄粗肋草喜欢透气性好、疏松、排水好的土壤。喜欢湿湿的环境，保持大量水分很重要，天气干燥要多喷水，冬季则要少浇水。半阴的环境中生长良好，切忌将它放在阳光强烈照射的地方，给予适当光照就好。养护温度在 20～30 ℃最佳，最低温度不能小于 12 ℃。粗肋草还可进行水培，剪取茎段插入水中，生根后继续在水瓶中培养，或将盆栽植株脱盆后把根上的泥土洗净，然后泡在透明的玻璃花瓶中，2～3 d 换水一次。

【园林应用】白柄粗肋草被称为居室"皇后"。一般都以盆栽，作优美典雅的室内观叶植物，具有很高的观赏价值。水培的白柄粗肋草鲜嫩的白根透过瓶壁显现出来，配上白色的茎秆和叶片相当美观。

12.4.6　小天使鹅掌芋

【科属】天南星科，鹅掌芋属

【学名】*Thaumatophyllum xanadu*

【别称】羽裂喜林芋、春羽、小天使喜林芋、仙羽蔓绿绒

【识别特点】多年生常绿草本观叶植物。植株高大，可达 1.5 m 以上。茎极短，直立性，呈木质化，有较多气生根。叶柄坚挺而细长，可达 1 m。叶为簇生型，聚生于茎顶端。幼叶三角形，不裂或浅裂；成熟叶心形，基部楔形，全叶羽状深裂，裂片有不规则缺刻，基部羽片较大，缺刻较多。叶片长达 60 cm，宽40 cm，革质，深绿而有光泽。叶片排列紧密而整齐，水平伸展，呈丛状。佛焰苞花序腋生，不明显(图 12-18)。

图 12-18　小天使鹅掌芋

【繁殖栽培】以扦插繁殖为主。扦插时，切取 2～4 节茎段，去除气生根，插入湿润沙土中或下部用水苔包裹，保持高温高湿，则容易生根。也可分株繁殖，生长季节剥离植株基部已生根的萌蘖部分，另行栽植即可。

生长期保持盆土湿润，尤其夏季需要增施水肥，还需进行叶面喷水，气温高于 25 ℃时，空气湿度需提高至 70%左右；水肥不足，植株生长瘦弱，下部叶片会变黄脱落。入冬生长缓慢，应减少浇水，并置于室内明亮处养护，保持室内较高的温度，低温干燥容易造成下部叶片褪色脱落。春羽株形整齐，管理得好栽培多年后下部叶片仍不会脱落，整体观赏效果好。

【园林应用】小天使鹅掌芋株形端庄优雅，叶大而美丽，是室内优良的盆栽观叶植物。

12.4.7　豆瓣绿

【科属】胡椒科，草胡椒属

【学名】*Peperomia tetraphylla*

【别称】碧玉、豆瓣绿椒草、碧玉椒草、碧玉花、圆叶椒草

【识别特点】簇生草本。茎肉质，多分枝，基部伏地，下部数节常生不定根，节间有粗纵条纹。叶3～4片，轮生，肉质，有透明腺点，干时有皱纹，椭圆形或近圆形，形如豆瓣；叶柄短，有毛。穗状花序单生，腋生和顶生，总花梗稍较花序轴短细，两者均有毛；苞片近圆形，中央有短柄，盾状；花小，两性，无花被，与苞片同生于花序轴凹陷处；雄蕊2，花丝短；柱头头状，有微柔毛。浆果，矩圆形（图12-19）。

图12-19　豆瓣绿

【繁殖栽培】豆瓣绿多用扦插法繁殖，于5—6月进行叶插，在20～25 ℃条件下15 d即可生根。也可于春、秋季进行分株繁殖。

盆土可采用4份泥炭土或腐叶土、2份锯木屑、1份珍珠岩或河沙、3份园土混合配制。在5—9月，每2～3周可施用一次肥料，温度过高或过低时停止施肥。有较强的抗旱能力，浇水宁少勿多，但要经常保持盆土湿润。高温干燥时要经常向地面和叶面喷水，可保持叶面翠绿。盆栽要置于半阴处，冬季可放于阳光充足处。为了使其生长良好，一般每2～3年换盆或更新一次，植株高约10 cm时，可适当摘心，促发侧枝，保持株形丰满。

【园林应用】小型盆栽。置于茶几、装饰柜、博古架、办公桌上，十分美丽。或任枝条蔓延垂下，悬吊于室内窗前或浴室处。能吸收尼古丁、二氧化硫，过滤浊气，增加室内负离子数量。

12.4.8　吊竹梅

【科属】鸭跖草科，紫露草属

【学名】*Tradescantia zebrina*

【别称】吊竹兰、斑叶鸭跖草、紫罗兰

【识别特点】宿根花卉。茎细弱，绿色，下垂，多分枝，茎上有粗毛，茎略肉质。节上生根。叶半肉质，无叶柄，长圆形，互生，基部鞘状，端尖，全缘，叶面银白色，中部及边缘为紫色，叶背紫色。花小，紫红色，苞片叶状，紫红色，小花数朵聚生在苞片内（图12-20）。

图12-20　吊竹梅

【繁殖栽培】常用扦插繁殖。于春秋季摘取壮茎数节插于湿沙中，成活容易。为了使株形美观，上盆时5～6株合栽。

培养土宜选用中性培养土。春、夏、秋三季每15～20 d施一次稀薄液肥或复合化肥，温度低时停止施肥。浇水要见干见湿，生长期间保持盆土湿润，冬季要控制浇水。吊竹梅要求较高的空气湿度，生长季节应注意经常向茎叶上喷水，以保持空气湿度。春、秋季节宜放在室内靠近南面窗户附近的地方培养，夏季宜放在室内通风良好且具有明亮的散射光处。为保持其枝叶丰满，茎长到20～30 cm时，应进行摘心，以促使分枝，否则枝条长得细长，影响观赏效果。栽植两年后应将老蔓剪去，春季翻盆1次，促使萌生新蔓。

【园林应用】吊竹梅常作室内盆栽，点缀茶几、书桌等处；也可吊盆欣赏，置于高几架、柜顶端，任其自然下垂；或布置于窗台上方，使其下垂，形成绿帘，别具情趣。

12.4.9　吊兰

【科属】天门冬科，吊兰属

【学名】*Chlorophytum comosum*

【别称】垂盆草、挂兰、钓兰、兰草、折鹤兰

【识别特点】草本，具簇生的圆柱状肥大须根和短的根状茎。叶条形至条状披针形，顶端长渐尖，基部抱茎，较坚硬，有时具黄色纵条纹或边为黄色。花梗连同花序长 30～60 cm，弯垂；总状花序单一或分枝，有时还在花序上部的节上簇生长 2～8 cm 的条形叶丛；花白色，数朵一簇在花序轴上极疏离地散生；花梗近与花被等长，中部以上具关节；花被片 6，外轮的倒披针形，内轮的长矩圆形，具 3～5 条疏离的脉；蒴果三圆棱状扁球形(图 12-21)。

图 12-21　吊兰

【繁殖栽培】吊兰主要采用分株繁殖。一般在 3—4 月，结合换盆进行分株，也可用垂茎上抽生的小株丛栽入盆中即可生根。这种方法不受季节限制，冬季温室内也可以种植。播种繁殖发芽率低，很少使用。

上盆栽植宜用透气性好的园土 3 份、草木灰 2 份、腐熟厩肥 3 份配制成培养土。移栽时除去部分老根，新株放在荫蔽处培养 1 周后逐渐移栽。夏季炎热时，吊兰应悬挂或放在阴棚下养护。一般情况下见干见湿，气温低时应减少浇水量。在生长旺季每周施一次淡肥水，以氮为主，可使叶片鲜嫩有光泽。一般每隔 1～2 年换盆一次。冬季移入室内越冬，保持温度在 5 ℃以上安全越冬。冬季室温短期的 0 ℃左右无多大影响。通风不良容易遭介壳虫危害。

【园林应用】吊兰是最为传统的居室垂挂植物之一。它叶片细长柔软，从叶腋中抽生的匍匐茎长有小植株，由盆沿向下垂，舒展散垂，似花朵，四季常绿，构成了独特的悬挂景观和立体美感，可起到别致的点缀效果。吊兰可在室内栽植供观赏、装饰用，也可以悬吊于窗前、墙上。

12.4.10　龟背竹

【科属】天南星科，龟背竹属

【学名】*Monstera deliciosa*

【别称】蓬莱蕉、电线草、团龙竹

【识别特点】多年生常绿大型木质藤本。茎粗壮，长达 7～8 m，节明显，其上具细柱状的褐色气生根，形如电线，故俗称电线草。叶片大，椭圆形，长可达 60～80 cm，宽 40～60 cm，厚革质，表面发亮。叶片幼时全缘无裂口，成熟叶片边缘羽状深裂，叶脉间有椭圆形的穿孔，孔裂纹如龟背图案。花序柄长 15～30 cm，佛焰苞厚革质，宽卵形，舟状，淡黄色，肉穗花序近圆柱形，花期 8—9 月。浆果球形，成熟后甜香扑鼻，味如香蕉，可食，果期 10 月(图 12-22)。

图 12-22　龟背竹

【繁殖栽培】扦插或播种繁殖。扦插时，切取 2～3 节茎段，去除气生根，带叶或去叶插于沙土中，保持 25～30 ℃，20～30 d 即可生根，待长出新芽

时，可上盆。种子粒大，播种前用 40 ℃温水浸种 10～12 h，点播后保持 25～30 ℃，20～30 d 发芽；但实生叶片多不分裂和穿孔，观赏效果较差。

盆栽龟背竹盛夏生长快，应置于半阴处，经常喷水于叶面；生长过程中应架设立竿或吊绳，绑扎扶持；或者及时截茎，让母株重新萌发新茎叶。室内栽培若通风不良，易发生介壳虫危害；环境过于荫蔽及湿润，易发生斑叶病，尤其在冬季低温时，应置于光照充足处，通风换气，以保证植株健壮生长。

【园林应用】龟背竹为优良的盆栽室内观叶植物，也可做室内大型垂直绿化材料。

12.4.11 广东万年青

【科属】天南星科，广东万年青属

【学名】*Aglaonema modestum*

【别称】粗肋草、亮丝草、大叶万年青

【识别特点】多年生常绿宿根草本。茎直立，无分枝，绿色，高可达 1 m；节间明显，节部有凸起的环痕，状似竹节。叶卵圆形至卵状披针形，尾部渐尖；侧脉 4～5 对，表面下凹明显，背面隆起，故称粗肋草；叶柄长，基部鞘状抱茎。花序柄纤细，长 7～10 cm；佛焰苞长 5～7 cm，绿色；肉穗花序长为佛焰苞的 2/3，具长 1 cm 的梗，圆柱形，细长渐尖，雌花序在下，雄花序在上，雄蕊花丝明亮，得名亮丝草；花期 5 月。浆果长圆形，长 2 cm，粗 8 mm，冠以宿存柱头；10—11 月成熟，鲜红色(图 12-23)。

【繁殖栽培】常用扦插和分株繁殖。扦插一般在 4 月进行，剪取 10 cm 长的茎段为插穗，插于沙床，或切口包以水苔盆栽，在气温 25～30 ℃、空气相对湿度 80%的条件下，约 1 个月可生根。分株多于春季换盆时进行，把茎基部分枝切开，涂以草木灰以防腐烂，分别上盆。

广东万年青夏天宜在荫棚下栽培，冬季可正常光照。生长旺盛季节对肥料和水分管理要求高，每半月追施液肥 1 次，保持土壤充足水分，同时需增加叶面喷水，以保持空气湿度；冬季在温室内需光照稍多。多年老株观赏效果欠佳，宜扦插更新。另外，广东万年青汁液有毒，剪取插穗时需小心谨慎。

【园林应用】株形紧密端庄，是良好的室内观叶植物；在室内玻璃器皿茎插，可观根；叶片还可作切叶。

图 12-23　广东万年青

12.4.12 海芋

【科属】天南星科，海芋属

【学名】*Alocasia odora*

【别称】滴水观音、广东狼毒、野芋头

【识别特点】大型多年生常绿草本。具匍匐根茎。地上茎直立，茎有的高达 3～5 m，基部生不定芽。叶多数，箭状卵形，长 50～90 cm，边缘波状；叶柄绿色，螺旋状排列，长达 1.5 m。花序梗圆柱形，长 12～60 cm，绿色；佛焰苞管部绿色，卵形或短椭圆形，长 3～5 cm，檐部黄绿色舟状，长圆形，长 10～30 cm，先端喙状；肉穗花序芳香。浆果红色，卵状，长 0.8～1 cm。花期四季，但在荫蔽的密林下常不开花。在空气温暖潮湿、土壤水分充足的条件下，便会从叶尖端或叶边缘向下滴水。其叶片汁液、根茎有毒(图 12-24)。

【繁殖栽培】播种、分株或扦插繁殖。种子秋后随采随播。可结合翻盆换土进行分株。多年生的老株可结合更新，从距离地面 5 cm 处截干，截取的老茎干可切成长度约 15 cm 的茎段，置阴处晾半天，插入沙壤土中培植。顶端正在生长的一段，剪除所有成形叶片后直接上盆，扦插与培植同步进行，两个月后即可生根，正常生长。

初上盆小苗应适当控制水分，待恢复生长后再正常管理。生长期需高湿度，散射光条件，常叶面

图 12-24　海芋

图 12-25　花烛

喷水，清洗叶面并保持较高的空气湿度。冬季要有光照，保持盆土偏干，过湿根茎易腐烂，造成植株倒伏。老株应保持株形，及时修剪。由于叶片大，数量少，注意保护勿损伤。在室内摆放时间不宜过长。

【园林应用】海芋为优良的观叶植物。可盆栽观叶，还可作切花。

12.4.13　花烛

【科属】天南星科，花烛属

【学名】*Anthurium andraeanum*

【别称】红鹅掌、火鹤花、安祖花、红掌、红苞花烛、蜡烛花

【识别特点】多年生草本植物，叶片基部深心形；肉穗花序有细长花序梗，佛焰苞深红色或橘红色，心形，先端有细长尖尾，基部心形，肉穗花序淡黄色，直立，圆柱形，花多数，密生轴上(图 12-25)。

【繁殖栽培】常以分株繁殖，时间通常选在春季或秋季，多在气候凉爽、湿度较高时进行，有助于幼株存活。在分株之前，需要先脱钵，分离子株和母株。为了保证花烛植株的生长，一定要提前整好土壤。通常将泥炭土、珍珠岩和粗砂混合，pH 5.5～6.5，植株生长良好。

栽培基质取用泥炭土和珍珠岩或椰糠按 4∶1 的比例拌匀，或用腐殖土、沙土、发酵的有机饼肥按 4∶1∶1 的比例拌匀。花烛喜阴，但也要有适当的光照，最好摆放在靠近窗台、阳台的地方。花烛喜欢温暖的环境，在 20～25 ℃。喜湿润，可以经常给叶面喷施水雾，保持湿度，掌握好盆土见干见湿的原则，排水不好和浇水过多积水会烂根。生长期一般在 4—10 月，施肥可以每半个月一次，在 5—9 月是花烛的生长旺盛期，开花时需要养分更多，所以一般每 10 d 施肥一次，施肥以发酵的有机肥液为佳，也可以使用磷钾复合肥。掌握薄肥勤施的原则。

【园林应用】花烛的花叶俱美，花姿奇特且美妍，花期较长，因此它既可以盆栽，也可以作为切花，还可以在花境中点缀，增加园林的美感。

12.4.14　铁甲秋海棠

【科属】秋海棠科，秋海棠属

【学名】*Begonia masoniana*

【别称】铁十字秋海棠

【识别特点】多年生根茎类草本。根茎粗，肉质，横卧，簇生型植物，株高 30 cm。叶片基生，具柄，上有茸毛；叶阔，歪斜不对称，基部心形，叶端锐尖，掌状 5～7 出脉；叶面皱，密生刺毛，在黄绿色叶面中部，沿叶脉中心嵌有近“十”字形的不规则紫褐色斑纹，显著，十分秀丽；叶缘有浅锯齿。花小，黄绿色，不显著(图 12-26)。

【繁殖栽培】常用分株、扦插和播种繁殖。分株在春季换盆时进行，将根状茎掰开，选择具顶芽的根茎 2～3 段分栽；刚分栽植株浇水不宜过多，置半

图 12-26　铁甲秋海棠

图 12-27　银星秋海棠

阴处养护。扦插以叶插为主，常在 5—7 月进行；选择健壮成熟叶片，插入沙床，叶柄向下，叶片一半露出基质，保持温度 20～22 ℃；插后 20～25 d 生根，插后 3 个月长出 2 片小叶后即可上盆。

夏季生长旺盛期需遮阳，给予散射光；每半月施肥 1 次，充分浇水，并进行叶面喷水保持较高空气湿度；使用液肥时忌沾污叶面，施肥后最好用清水冲洗叶面，以免引起腐烂。冬季叶片需多见阳光，减少浇水，暂停施肥。盆栽 3～4 年后需更新。

【园林应用】铁甲秋海棠是秋海棠中较为名贵的种类，外形独特，适合中、小型盆栽，室内观赏。

12.4.15　银星秋海棠

【科属】秋海棠科，秋海棠属

【学名】*Begonia* × *albopicta*

【别称】斑叶秋海棠、麻叶秋海棠

【识别特点】多年生草本植物，茎半木质化。株高 60～120 cm，全株光滑无毛。须根性。茎红褐色，直立，多分枝。叶斜卵形，先端锐尖，边缘具齿，叶面绿色微皱，嵌有稠密的银白色斑点，叶背微带红色。花小，白色至粉红色，腋生于短梗，花期 7—8 月（图 12-27）。

【繁殖栽培】扦插繁殖，四季皆可，易成活，但以春末效果最好。扦插可采用叶插、茎插和根茎插。叶插繁殖以夏、秋季效果最好；室温栽培，冬季也可进行，但生根缓慢。茎插在室温条件下，全年皆可进行，但 4—5 月生根快，成活率高，常选取健壮的茎部顶端作插穗，长 10～15 cm，带 2～3 个芽，最好不带花芽。根茎插适用于根茎密集者，春、秋季将根茎剪成每节 3～5 cm，保持温度 20～22 ℃和较高的湿度，一般插后 15～20 d 长出不定根，30～40 d 萌发出不定芽，待形成几片小叶时即可上盆。

中国各地均温室栽培。夏季生长适温 25 ℃左右，不能超过 30 ℃，置于有散射光、通风良好的条件下培养，忌阳光直射，需采取遮阳、喷水等降温增湿措施；冬季生长适温 15 ℃，不能低于 10 ℃，应适当控制水分，保证阳光充足。丛生性不强，为了增加分枝，需进行摘心。花后可以修剪，植株过高也可重剪或短截。1～2 年换一次盆，并进行修剪。

【园林应用】银星秋海棠的株形、叶片小巧玲珑，美丽精致，可盆栽观赏；也可作花境材料。

12.4.16　棕竹

【科属】棕榈科，棕竹属

【学名】*Rhapis excelsa*

【别称】裂叶棕竹、筋头竹

【识别特点】丛生灌木。叶掌状，裂片条状披针形，横脉多而明显；肉穗花序，总花序梗及分枝花序梗基部各有 1 枚佛焰苞；佛焰苞管状，被棕色弯卷茸毛；花单性，雌雄异株（图 12-28）。

【繁殖栽培】棕竹可采用分株和播种两种方法

图 12-28　棕竹

进行繁殖。分株繁殖在春季进行为宜，将母株从盆中取出，分离成若干小株，分别栽种即可。播种繁殖则需在种子成熟后采收，将种子播撒在肥沃的土壤中，保持湿润环境，约一个月后便可发芽。

盆栽基质使用腐叶土、园土、河沙以 2∶1∶1 的比例混合配制，同时加入适量腐熟的有机肥作为基肥。对光照的要求不高，适宜生长在半阴环境中。喜湿润环境，生长旺盛期需保持盆土湿润。浇水时，注意避免积水，以免导致根部腐烂。春秋季节每月施一次稀薄液肥；夏季和冬季则停止施肥，以免造成肥害。肥料以氮磷钾复合肥为主，可促进植株健壮生长。

【园林应用】中国传统的观赏植物之一，在园艺、切花方面的应用逐渐扩大，可制作盆景、花篮。在园林中应用于配置花坛、花境、草坪灯，也可作为室内观赏盆栽。

思考题

1. 什么是室内观叶花卉？如何进行分类？
2. 室内观叶花卉有哪些应用形式？
3. 凤梨科植物如何进行繁殖？
4. 如何理解室内放置观赏植物的生态功能？
5. 简要分析室内观叶花卉的市场前景。

第13章 多肉植物

13.1 多肉植物的概念

多肉植物又称为多浆植物(succulents),是瑞士植物学家琼·鲍汉(Jean Bauhin)于1619年首先提出。词义来源于拉丁词succus(多浆汁液)。多肉植物指茎、叶或根特别粗大或肥厚,含水量高的一类植物,分为狭义和广义概念。狭义的多肉植物,包括景天科、番杏科、大戟科、百合科、马齿苋科等54个科。广义的多肉植物指仙人掌科植物和其他多肉植物的总称。

13.2 多肉植物的类型

1836年英国植物学者林德利(J. Lindley)首次在植物分类系统中设立仙人掌科(Cactaceae)这一单位。仙人掌科植物指茎部肉质,具有刺座,刺座上着生刺或毛的一类植物。刺座是区分仙人掌科植物和其他多肉植物的基本特征,刺座不仅着生刺和毛,花朵、子球和分枝也从刺座上长出。仙人掌科植物分类200年来一直有多个学派,多种分类方法,恩格勒植物分类系统采纳德国学者贝格尔(A. berger)在1929年提出的分类系统,将仙人掌科植物分为3亚科,2族,41属,哈钦松植物分类系统采纳英国学者亨特(D. R. Hunt)1967年提出的分类系统,将仙人掌科植物分为84属。现今仙人掌科植物的分类渐渐趋于一致,英、美学者一般将仙人掌科分为3亚科120～130个属,德国学者分为3亚科130～140个属,所以一般认为仙人掌科植物分为130属左右,1800多种(不包括其他栽培品种及变种)。

其他多肉植物的分类以德国著名学者雅各布森(H. Jacobson)1955年出版的《多肉植物手册》和后来出版的《多肉植物词典》为经典。现在多肉植物达12000多种,隶属80多科,近800属。

13.2.1 依据形态特点分类

(1)茎多肉植物:植株的茎部肉质化,主要为萝藦科、大戟科的多肉植物。

(2)叶多肉植物:植株的叶肉质化,主要有景天科、百合科、龙舌兰科、番杏科等的多肉植物。

(3)茎干状多肉植物:植株的茎基部膨大肉质化,表现为茎基部膨大。如葫芦科、薯蓣科的多肉植物等。

13.2.2 依据植株形态分类

(1)灌木多肉植物:植株呈灌木状,该类多肉植物的主干比较明显,且主干木质化,如青锁龙属的燕子掌。

(2)草本多肉植物:草本多肉植物可划分为一年生草本与多年生草本植物两种类型。一年生的草本多肉植物寿命很短,且很少使用。多年生草本植物如景天科多肉植物,可以长期保持着成株缓慢生长,除造盆景以外,室外基本上不用修剪整形。

(3)藤本多肉植物:藤本多肉植物大多是蔓性多肉植物,这种类型植物枝条成细长状,由于肉质叶排列紧凑,生长速度快,覆盖效果好,易于繁殖,是一类很好的地被植物。

13.3　多肉植物的形态和生理特征

13.3.1　多肉植物的形态特征

多肉植物科属众多,形态千姿百态。株形大的高达几十米,小的仅有几厘米;茎肉质呈柱状、饼状、球状或是其他形状;叶退化或肉质呈心形、匙型、剑型、三角形、镰刀形、圆筒形、菱形、棍棒状等各种形状;花茎从几十厘米(大花犀角花径达 35 cm)到几毫米(巴氏回欢草花径只 1 mm)。花形有菊花形、梅花形、钟形、蝶形、星形、杯形等,花色五彩缤纷、色泽艳丽,特别是仙人掌科植物以花大色艳著称,有的花瓣有耀眼的金属光泽,让人见之难忘。仙人掌科植物和一些多肉植物着生刺、毛、棱、疣状突起、纤维丝等附属物,附属物不仅有功能性,还为植物增添了独特的质感。

13.3.2　多肉植物的生理特征

1)代谢方式

多肉植物中有相当一部分的代谢方式为景天酸代谢(crassulacean acid metabolism,CAM),在晚上凉爽潮湿时气孔打开,吸收二氧化碳,在 PEP 羧化酶催化下,形成草酰乙酸,再还原成苹果酸并贮于液泡中;白天气孔关闭,苹果酸从液泡释放出来,进行脱羧释放二氧化碳进行光合作用。正因为这种代谢方式,多肉植物有“空气滤清器”的美称,放置室内栽培对人体健康有益无害。

2)其他生理特征

(1)表皮角质层厚,气孔少且凹陷,有效地阻止了水分散失。

(2)体内物质浓度较高,有伤口时会有白色乳汁或无色黏液流出。这是一种多糖物质,能有效地促进伤口愈合,不让水分过多散失。

(3)根部渗透压较低。意味着这类植物不耐浓度较高的肥。

13.4　多肉植物的生长环境条件和栽培管理

原产于沙漠、半沙漠、草原等干热地区的多肉植物原产地土壤多由沙与石砾组成,这类植物喜透气排水良好的土壤,对肥力要求不高,耐贫瘠;对光照和温度要求较高,喜强光照射,耐旱、不耐寒,生长温度不能低于 18 ℃,25～35 ℃生长较好;冬季低温休眠,越冬温度不低于 5 ℃;生长季需充足浇水但不能积水,定期追稀薄液肥,休眠期控制浇水。栽培中保持空气流通。

原产于热带雨林的附生仙人掌和多肉植物不需强光照射,不耐寒,冬季无休眠期;喜湿润环境但不耐水淹。春夏秋季充分浇水,保持盆土湿润不积水,冬季需保持室内温度不低于 12 ℃,适当减少浇水,并给予充足光照。

原产美洲和亚洲温带或高海拔地区的多肉植物喜光,不耐高温,稍耐寒,春秋季生长,夏季休眠。生长期充分浇水,定期追施稀薄液肥,夏季避免强光照射,遮阳、控水。

原产北美高海拔地区的仙人掌冬季保持土壤干燥,可耐轻微霜冻。原产亚洲山地的景天科植物耐冻能力较强。

13.5　多肉植物的繁殖

多肉植物的繁殖方法有播种、扦插、分株、嫁接。嫁接在仙人掌科植物中应用较多。

13.5.1　播种繁殖

播种繁殖可获得大量种苗,进一步筛选变异品种和杂交品种。播种繁殖多用于种子易获取或者茎干膨大的种类。景天科、仙人掌科、番杏科种子细小,播种繁殖需精细管理。

1)播种时间

多肉植物大部分种子可即采即播或放置干燥阴凉处保存来年春天播种。种子发芽适宜温度白天 25～30 ℃，夜晚 15～20 ℃，昼夜温差大有利于种子萌发。据研究，晚春至仲秋播种较为合适，播种后夹竹桃科的犀角属出苗最快 2 d 发芽。一般播种后 5～25 d 出苗。

2)播种管理

(1)播种　播种前种子和基质都要消毒，播种基质要求低肥力，透气佳。可用泥炭、细沙、蛭石加适量石灰、钙镁磷肥混合配置。播种后覆盖薄膜保温保湿，定期浸盆。仙人掌科、景天科、番杏科种子不用覆盖，撒播到基质表面即可。也可掺适量细沙撒播。齐苗后揭去薄膜，40～50 d 可施稀薄液肥。

(2)分苗移栽　播种出苗后 150～180 d 进行分苗移栽，移栽前 10 d 停止浇水，移栽时根据情况可适量修根，然后将小苗根系植入约 1 cm，按实土壤。对于生长较快的种类，出苗几周后就可移栽。

13.5.2　扦插繁殖

扦插繁殖是多肉植物繁殖的一种主要方法。多肉植物可用于繁殖的营养器官较多，可以叶插、茎插、根插。

1)叶插

景天科植物最常用，阿福花科十二卷属、天门冬科虎尾兰属的植物也可叶插。春、秋、冬季均可进行叶插，掰取叶片时叶片要完整。

2)茎插

多肉植物茎插成活率高，成苗快。仙人掌科、景天科、西番莲科、大戟科、百合科等大部分科属可用茎插。茎插剪取插条后要做好伤口处理，如涂硫黄粉并晾干插条，晚春至仲秋均可扦插。

3)根插

十二卷属的玉扇、万象根系粗壮、发达，可用于根插。插条用成熟的肉质根。具有块根的大戟科、葫芦科多肉植物也可根插繁殖。

13.5.3　分生繁殖

分生繁殖在仙人掌科和多肉类花卉中是最简便、成活率最高的一种繁殖方式，常用于百合科、天门冬科、凤梨科、大戟科、夹竹桃科等多肉植物。常用的分生繁殖方法有分小植株，分吸芽、珠芽，分走茎、鳞茎、块茎。

13.5.4　嫁接繁殖

嫁接繁殖在仙人掌科植物、大戟科、夹竹桃科的多肉植物常用，如仙人掌科‘绯牡丹’，嫁接到量天尺上，大戟科‘春峰锦’‘玉麒麟’‘贵青玉’嫁接到霸王鞭上，萝藦科‘紫龙角’嫁接到大花犀角上。

1)砧木的选择

嫁接时需考虑砧木和接穗的亲和性，选择亲和力好的砧木和接穗；砧木和接穗形态上要形态适应；砧木需选择繁殖迅速，植株健壮抗性强的种类，最好选择上部生长发育充实尚且幼嫩的部位，不能选择木质化太老的部位；选择砧木时还需考虑栽培地的气候条件，如量天尺作砧木亲和力好，但耐寒力差，适用于我国南方地区。北方常用短毛丸作砧木。此外，天轮柱属的秘鲁天轮柱、卧龙柱、阿根廷毛花柱、龙神柱、仙人掌、仙人球也是很好的砧木。阿根廷毛花柱耐寒，繁殖力强，在欧洲被称为“万能砧木”。

2)嫁接时间

嫁接的最适时期是 3 月中旬到 10 月中旬，气温 20～30 ℃。

3)嫁接方法

(1)平接　选择适当的砧木、接穗，用利刀将砧木顶端和接穗基部切平，对准髓心，绑扎或加压。

(2)劈接　珊瑚冠、蟹爪兰、假昙花等茎节扁平的种或品种适用此法。先将盆栽砧木削平顶部，然后从正中部劈开深度 1～1.5 cm 的缝，将接穗削成楔形后插入劈口，用刺或针状物固定后，用尼龙绳绑扎牢实。

(3)斜接　用于白檀、山吹等细长的种或品种。将砧木和接穗削成 30°～45°斜面，髓心对齐后固定。

4)嫁接苗管理

接好后置阴凉处养护 1 个月，盆土干后可浇一次水，不能追施任何肥料。1 个月后若接穗长势很好，即可解绑，然后转入常规管理。

13.6 常见多肉植物

13.6.1 仙人掌

【科属】仙人掌科，仙人掌属

【学名】*Opuntia dillenii*

【别称】霸王树、神仙掌

【识别特点】仙人掌为丛生肉质灌木，多分枝。茎粗大肥厚，肉质多浆，茎节倒卵状椭圆形或近圆形，绿色或灰绿色，长 20～25 cm，宽 10～20 cm，代替叶进行光合作用。茎上着生刺座，刺座上着生刺或钩毛，钩毛黄色或浅褐色，刺或钩毛至多 10 枚。叶退化，或短期存在。花碗状，黄色、花大明艳，花托倒卵形，花期夏季。浆果倒卵球形。种子多数扁圆形，边缘稍不规则，无毛，淡黄褐色（图 13-1）。

图 13-1 仙人掌

【繁殖栽培】仙人掌繁殖多用播种和扦插繁殖。种子繁殖：晚春、秋季播种，发芽温度最高 21～25 ℃，最低 10 ℃，昼夜温差要求 10 ℃以上。播种出苗后 150～180 d 移栽，移栽前一周控制浇水，移植后遮阳 10 d 左右。扦插繁殖：生长季剪取生长充实的茎节，晾干切口，插入沙床。插后，喷水保持盆土潮湿。扦插 7 d 后浇一次透水，大约 30 d 可生根，生根后及时移栽。

仙人掌喜温暖、干燥、阳光充足、通风良好的环境。耐干旱，不耐寒，生长适宜温度 20～30 ℃，越冬温度应不低于 7 ℃，少数品种可耐 0 ℃以下低温。在生长期间，生长点幼嫩部分常见小叶，随茎节成熟自然脱落。

仙人掌春季栽培或换盆土，夏季注意通风，冬季南方地区可露地越冬，盆栽要放在室内有阳光直射的地方。地栽要求排水良好肥沃的沙壤土，盆土可用园土、腐叶土、粗沙、碎砖、石粒按一定比例配制。生长期适度浇水，浇水原则为见干见湿，冬季温度低时停止浇水。仙人掌较喜肥，生长季每月施肥 1 次。

【园林应用】仙人掌茎、花、刺、毛、棱、疣极具观赏价值，可盆栽摆放于窗下、书房，活泼有趣。园林中多用于岩石园、温室专类园，如厦门植物园露地栽培仙人掌科植物 24 个属 50 余种。

13.6.2 金琥

【科属】仙人掌科，金琥属

【学名】*Kroenleinia grusonii*

【别称】象牙球、无极球

【识别特点】金琥植株单生，茎圆球形，绿色。株高 60～100 cm，株幅 80～100 cm。刺棱明显，棱直、刺座大，密生硬刺。刺座上生辐射刺 8～10 枚，中刺 3～5 枚，刺金黄色。花钟形，黄色，长 4～6 cm，着生于球顶部黄色绵毛丛中，花筒被尖鳞片。花期 6—9 月，昼开夜闭。果被鳞片及绵毛，基部孔裂。种子黑色，光滑（图 13-2）。

图 13-2 金琥

【繁殖栽培】多用种子或嫁接繁殖。种子繁殖：晚春，秋季播种，发芽温度最高 21～25 ℃，最低 10 ℃，昼夜温差要求 10 ℃以上。播种出苗后

150～180 d 移栽，移栽前一周控制浇水，移植后遮阳 10 d 左右。嫁接繁殖：可在早春切除球顶端生长点，促进产生子球，子球长到 1 cm 左右即可切下嫁接，砧木可用仙人球或生长充实的量天尺一年生茎段，用平接法嫁接。

喜温暖、干燥、阳光充足的环境。耐半阴，不耐寒，生长适宜温度 13～24 ℃，越冬温度不低于 10 ℃。栽培基质可用园土、腐叶土、粗沙 1∶1∶1 混合，加入石灰质材料和基肥。金琥喜光，每天需阳光照射 6 h 以上，但夏季需适当遮阳；越冬温度不低于10 ℃并保持盆土干燥。生长期每 1～2 周浇一次水，每月施肥一次，冬季减少或停止浇水，空气太干燥时可向空气中喷水。盆栽金琥需每年换土，换土时适当修根。

【园林应用】金琥球体浑圆，刺色金黄，为强刺球类品种中的代表种，盆栽大型标本球可点缀台阶、门厅、客厅，显得金碧辉煌。小球盆栽摆放于窗下、书房，活泼有趣。园林中可地栽，景观配置常作群植，多用于专类园，表现气势恢宏。其他的品种、变种、变形，各有特色，较为珍奇，多用作盆栽观赏。

13.6.3 蟹爪兰

【科属】仙人掌科，仙人指属

【学名】*Schlumbergera truncata*

【别称】蟹爪、圣诞仙人掌

【识别特点】多年生肉质小灌木，附生于灌木或岩石上。植株多分枝，分枝常铺散下垂。茎节扁平，先端截形。茎肉质，绿色，长 4～6 cm、宽 1.5～2.5 cm，两端及边缘有 4～8 个锯齿状缺刻，似螃蟹的爪子。刺座上有短刺毛 1～3。花着生于叶状茎顶端，花瓣张开反卷，6～8 cm 长，花色有粉红、红、橙黄、白色等，单花开放可持续 1 周左右，花期 11 月至翌年 2 月。果梨形，光滑，暗红色(图 13-3)。

【繁殖栽培】多用扦插、嫁接繁殖，也可用种子繁殖。

扦插繁殖：四季均可，春秋成活率最高。选择 1 年以上成熟、健壮、肥厚的茎节，切下后放阴凉处 2～3 d，待切口稍干燥后再插入苗床。基质为比例 4∶1 的泥炭和沙，插床温度为 15～20 ℃。插床湿度不宜过大，以免切口过湿腐烂。插后 2～3 周开始生根，4 周后可盆栽。

图 13-3　蟹爪兰

嫁接繁殖：嫁接砧木常用仙人掌、量天尺、三棱箭。接穗选择生长组织充实的 3～5 节茎节为宜，茎节多的成形快。嫁接繁殖成活后冠幅大，开花多，观赏价值高。

播种繁殖：蟹爪兰在原产地由鸟类授粉，室内栽培时需人工授粉才能正常结实。发芽适温 22～24 ℃，播种基质用泥炭、腐叶土、粗沙的混合土壤，播前高温消毒。蟹爪兰种子播后，覆盖保持盆土湿度。播后 5～9 d 发芽。

蟹爪兰的生长期适温为 18～23 ℃，冬季保持室温 10～15 ℃，如降至 10 ℃以下会落蕾。蟹爪兰的栽培环境要求半阴、湿润。土壤一般需肥沃的腐叶土、泥炭、粗沙的混合土壤，pH 为 5.5～6.5。夏季栽培要遮阳，避雨，以防强光灼伤茎节或暴雨后烂茎掉节。冬季要求温暖和光照充足。春秋生长季浇水方式为见干见湿，10 d 左右施一次肥。夏冬季减少浇水次数，夏季休眠后，冬季温度低于 10 ℃断水。秋季对过密的茎节进行疏剪、短截，去掉过多的弱小花蕾。

蟹爪兰为典型的短日照花卉，要促成开花采取短日照处理，延迟开花采用长日照处理。

短日照处理：如南方城市需国庆供花，可 8 月初进行处理，每日光照 8～9 h，处理前 1 个月停止施肥，处理中控制浇水，经处理 20 d 后开始着蕾，着蕾后 40～50 d 开花。

长日照处理：如春节供花，从 9 月初开始长日处理，处理采用暗中断法，停止处理后 80～90 d 可开花。

【园林应用】多作盆花栽培。因花期在晚秋、冬季，花形奇特、花色艳丽，花期持久，具有很高的观赏价值，又耐半阴，为冬春室内主要的盆花。可放置于居室、厅堂等地，深受人们喜爱。经促成栽培或抑制栽培后，能满足国庆、中秋、元旦、春节的供花需求。

13.6.4　昙花

【科属】仙人掌科，昙花属

【学名】*Epiphyllum oxypetalum*

【别称】月下美人、琼花

【识别特点】多年生植物，附生型仙人掌，植株分枝多，呈灌木状。茎肉质基部圆而木质化，上部扁平叶状。叶状茎边缘波浪状，幼枝有毛状刺，老枝无刺。花着生于叶状茎边缘，花大，白色，喇叭形，有香味。花被管长而柔弱，开花时花筒部下垂。果实红色，有浅棱脊，成熟时开裂。种子黑色(图 13-4)。

图 13-4　昙花

【繁殖栽培】常用扦插繁殖。春季或夏季花后扦插。从成年植株上选取生长充实且稍老的叶状茎作插穗，每个插穗长度剪取 15 cm 左右，剪取后放置在阴凉处 3～4 d。扦插基质要求透气，不积水，常用河沙，或是河沙、蛭石混合基质。基质插前浇水。扦插时插穗插入基质 1/3～1/2，插入后不浇水，20 d 左右生根，生根后恢复浇水。

喜温暖、湿润、半阴的环境，不耐寒。生长适宜温度 21～24 ℃，越冬温度不低于 10 ℃。栽培基质可用园土、腐叶土、沙 1∶1∶1 混合，基肥为腐熟的有机肥，每年春季结合换盆更换培养土。放置在半阴、温暖的环境，夏季要遮阳，冬季需放到室内养护，温度保持在 10～13 ℃为宜。春秋为昙花的生长旺季，要充分浇水。夏季适当控制浇水，冬季气温低于 10 ℃停止浇水。昙花喜肥，生长季 1 个月追一次液态肥。昙花叶状茎柔弱，栽培中应及时立支柱。

昙花在夜晚开放，花期又短，开后 3～4 h 凋谢，观赏不便，要改变昙花这种生态习性，可用昼夜颠倒法处理。

【园林应用】多作盆栽，用于点缀客厅、阳台及庭院。夏季开花，花朵繁茂，香气四溢，极具观赏价值，是深受广大人民喜爱的名贵花卉。

13.6.5　芦荟

【科属】阿福花科，芦荟属

【学名】*Aloe vera*

【别称】白夜城、中华芦荟、库拉索芦荟

【识别特点】常绿多年生草本，茎较短，直立。基叶簇生，呈莲座状、螺旋状散开式排列。叶狭披针形，长 15～30 cm，宽 3～5 cm，叶端渐尖，叶缘疏生软刺，蓝绿色，被白粉，叶软多汁。总状花序，花葶自叶丛中抽生，小花密集。花冠筒状，橙黄色带有红色斑点，花瓣 6 片、雌蕊 6 枚，花被基部多连合成筒状，花期 7—8 月。蒴果三角形，种子多数(图 13-5)。

【繁殖栽培】主要用分生繁殖，也可扦插繁殖、种子繁殖。分生繁殖宜春秋季进行，可分吸芽和小植株，分下的植株带数条新根。扦插繁殖插穗采用不带根芦荟主茎和侧枝，扦插温度 21～25 ℃，扦插后 20～25 d可生根。种子繁殖要即采即播，发芽温度 21 ℃。

喜温暖、干燥、阳光充足的环境。耐干旱和半阴，不耐寒，生长适宜温度为 20～30 ℃，越冬温度不低于 3 ℃。对土壤酸碱度要求不严，耐干旱和盐碱。忌潮湿积水，在荫蔽环境下多不开花。

基质需疏松、透气、排水良好。可用泥炭或腐叶土加河沙加基肥配制。光照充足能使芦荟叶片饱满，花朵繁茂。栽培中春、夏、秋为生长季，浇水

图 13-5　芦荟

图 13-6　生石花

适度，保持土壤湿润但不积水；夏季温度超过 30 ℃时可适当遮阳，减少浇水；冬季休眠期控制浇水，生长期每半月施肥一次，冬季停止施肥。

【园林应用】库拉索芦荟叶形奇特，四季常青，可用作室内盆栽观赏。由于它适应性强、分蘖多、生长快、株形大，在园林中可用作地被栽培，也可配置岩石园，专类园。库拉索芦荟又是集医疗、美容、保健于一身的植物，素有“多备良药、天然美容、植物医生”等美称。

13.6.6　生石花

【科属】番杏科，生石花属

【学名】*Lithops pseudotruncatella subsp. archerae*

【别称】石头花、石头玉

【识别特点】植株矮小，高度肉质化单生或群生。有一对相连的肉质叶，叶部较平，有深浅不一的花纹或斑点。叶顶部中央有裂缝，更新“蜕皮”的小苗从裂缝中长出。花单生，雏菊状，黄色或白色，花径 3～5 cm，花期秋季。湿性硕果，遇水后自动开裂，内有细小的种子(图 13-6)。

【繁殖栽培】主要用播种繁殖。秋季播种，播种基质用细沙、泥炭、蛭石混合消毒后将种子播在基质表面，不用覆盖。发芽温度 19～24 ℃。生石花自交不亲和，授粉要在同一品种的不同植株间进行。秋季结合换盆进行分株繁殖，将群生的生石花分开，伤口处涂上草木灰或木炭粉，晾 1 周后栽种。

生石花喜温暖、干燥、阳光充足、通风透气的环境；不耐高温酷热，不耐寒，不耐积水。越冬温度不低于 10 ℃。冷凉季节生长，夏季高温休眠。在原生地，植株常被风沙掩盖，仅露出上半部的叶面，混生于碎石地上，叶面的花纹和斑点让植株与周围环境相似，又被称为“拟态植物”。

温室盆栽，不宜露地栽培。栽培基质要求疏松透气、排水良好、有较粗的颗粒。秋季换盆，换盆时剪除干枯的老根和腐烂的根系，尽量不伤及毛细根。秋季为生石花生长季，浇水需干透浇透，20 d 左右施一次稀薄液肥。冬季控制浇水，温度低于 5 ℃时停止浇水。春季是生石花的“蜕皮”期，要停止施肥，控制浇水。

【园林应用】生石花株形奇特，开花美丽，是广受大众喜爱的室内小型盆栽观赏植物，也可用于专类园布置。

13.6.7　长寿花

【科属】景天科，伽蓝菜属

【学名】*Kalanchoe blossfeldiana*

【别称】寿星花、矮生伽蓝菜

【识别特点】多年生肉质草本，株高 10～30 cm。茎直立。单叶对生，椭圆形，缘具钝齿，叶深绿色。聚伞花序长 7～10 cm，每株着生花序 5～7 个，花色丰富，小花橙红色、粉红色、绯红色，黄色，花小，高脚碟状，花瓣 4 片，有单瓣和重瓣，花期 1—5 月。雄蕊 8，子房上位。蓇葖果，种子多数。栽培种多为重瓣，不结实（图 13-7）。

图 13-7　长寿花

【繁殖栽培】以扦插繁殖为主，茎插、叶插均可。扦插以 5—7 月为好，扦插后保持盆土湿润，20～30 ℃条件下 10～15 d 即可生根。温室可全年进行育苗。

栽培基质选用疏松透气、排水良好的沙壤土。光照要求不严，全日照、半日照、散射光都能生长。不耐寒。生长适宜温度为 15～25 ℃，越冬温度不低于 5 ℃。夏、秋两季为生长季。

生长季浇水不宜过多，保持盆土湿润不积水；花芽形成阶段和花开放阶段用浸盆方式给水，以免导致叶片斑点和花的破坏。生长季和花后每月施 1～2 次富含磷的稀薄液肥。夏季炎热时要注意通风、遮阳，冬季需放入温室或室内向阳处。短日照植物，临界日长为 12.5 h，可用光周期处理促进营养生长或促进花芽分化。

【园林应用】长寿花株形紧凑，开花繁茂，色彩丰富，管理简单，花期在元旦、春节前后，主要用于室内盆栽观赏，是十分受欢迎的室内盆栽花卉和年宵花。也可用作露地花坛布置。

13.6.8　虎刺梅

【科属】大戟科，大戟属

【学名】*Euphorbia milii* var. *splendens*

【别称】铁海棠、麒麟刺

【识别特点】肉质灌木，高可达 1 m。多分枝，茎富含白色乳汁，茎褐色，茎和枝有棱，棱沟较浅，密生硬刺。叶着生于新枝顶端，倒卵形，长 4～5 cm，宽 2 cm，叶面光滑，亮绿，全缘。二歧聚伞花序具长柄，小花有 2 片红色苞片，花期全年。蒴果三棱状卵形（图 13-8）。

图 13-8　虎刺梅

【繁殖栽培】虎刺梅主要用扦插繁殖。整个生长期都能扦插，但以 5—6 月进行最好。插穗选生长充实的枝条，剪成 10 cm 左右的插穗，擦干切口处流出的白浆，涂以草木灰，在阴凉处晾干 2～3 d，使伤口处干燥后再插入素沙之中，浇透水，以后保持基质湿润，经过 30 d 左右即能生根。

栽培基质需疏松透气，排水良好。栽培环境要求光照充足，夏季高温时适当遮阳。在 16～28 ℃生长良好，越冬温度不低于 10 ℃。冬季放置在温室或室内向阳处养护。生长季浇水遵循见干见湿的原则，定植时施适量基肥，每月 2 次追施含磷钾的稀薄液肥。为形成优美的株形，可按需要搭支架，在植株长到 10 cm 左右时摘心，然后将虎刺梅的侧枝固定到支架上生长。虎刺梅生长旺盛期枝条尖端会长出很多绿色叶片，随气温降低，这些叶片会干枯脱落，这种变化可以判断虎刺梅处于生长旺盛期还是休眠期。虎刺梅在栽培中易受茎腐病、白粉虱、介壳虫等病虫害侵袭，要注意防治。

【园林应用】虎刺梅叶片光亮，开花期长，红色苞片鲜艳夺目，十分惹人喜爱。可作盆花栽培应用于室内、阳台。虎刺梅茎、枝柔软，枝易萌发，易于造型，可在景观配置中修剪成各种造型。

13.6.9 心叶日中花

【科属】番杏科，日中花属

【学名】*Mesembryanthemum cordifolium*

【别称】露草、花蔓草、露花

【识别特点】多年生肉质草本，植株匍匐状。茎蔓生，多分枝。叶对生，心状卵型，先端渐尖，全缘，亮绿色，肉质。花单生，紫红色，顶生或侧生，花径 1～1.5 cm，花期夏秋季(图 13-9)。

图 13-9 心叶日中花

【繁殖栽培】多用茎插繁殖，3—6 月扦插成活率高。温室扦插可周年进行。也可播种繁殖，早春播种，发芽温度 20～25 ℃。

喜温暖、阳光充足环境，不耐寒，16～30 ℃条件下生长较好，越冬温度不低于 5 ℃，不耐高温高湿环境。春秋为旺盛生长期。喜疏松透气、排水良好的沙壤土。

扦插苗萌生新叶后进行定植。栽培基质可用腐叶土、粗沙、园土按 0.5：2：1.5 配制，盆底部放上基肥。定植 1～2 d 后浇水，再遮阳 1～2 d，可接受正常日光照射。生长季需充足水分，但要避免积水，冬季保持土壤干燥。除基肥外，生长期每月需追施 2 次富含磷钾的液肥。每年春季翻盆。心叶日中花栽培管理得当不易患病，也很少受有害动物侵袭。

【园林应用】心叶日中花枝条繁茂，叶色艳丽，夏季开花，花似繁星点缀于叶间，可盆栽吊养装点室内。南方地区可用作园林地被植物，也可用作垂直绿化。

13.6.10 树马齿苋

【科属】刺戟木科，树马齿苋属

【学名】*Portulacaria afra*

【别称】马齿苋树、银公孙树

【识别特点】常绿小灌木，植株多分枝，茎干肉质，茎节明显，茎多分枝。单叶对生，倒卵形，叶长 1～2 cm，全缘，叶面光滑，肉质。花小星形，淡粉色，花期 5—7 月。果实具翼，浆果状(图 13-10)。

图 13-10 树马齿苋

【繁殖栽培】树马齿苋采用扦插繁殖，生长期均可进行，5—6 月扦插成活率最高。插条选取一年生健壮茎枝，剪成 3～5 cm 长。扦插前需晾干伤口。扦插基质可用细沙、珍珠岩或泥炭、细沙、珍珠岩混合基质。

树马齿苋性喜温暖的气候和阳光充足的环境。耐半阴，耐干旱，怕积水，不耐寒，喜疏松、排水良好的土壤。春季栽植或换盆土。栽培基质可用腐叶土、粗沙、谷壳碳 2∶2∶1 混合配制。每 1～2 年换盆,栽植或换盆前剪去枯根、烂根、过密的根,修剪后晾伤口栽植。上盆或换盆后放置阴处 2～3 d 浇水,1 周后放到阳光充足环境或室内光照充足的地方正常生长。春秋为生长旺盛期,充分浇水。夏季温度过高冬季温度过低都要控制浇水,保持盆土适当干燥。生长期每月施 2～3 次稀薄液肥。

【园林应用】树马齿苋株形低矮、紧凑,叶片密生、肥厚光滑,鲜绿亮丽,雅致美观,适合作室内盆栽或制作树桩盆景观赏。

13.6.11　龙舌兰

【科属】天门冬科,龙舌兰属

【学名】*Agave americana*

【别称】金边龙舌兰

【识别特点】大型多年生草本植物,叶片肉质,长短不一,旋叠于茎基。成熟叶片长可达 2 m,底部叶子部分较软,匍匐在地,较大的叶子经常向后反折,叶顶端有 1 枚硬刺,长 2～5 cm,叶缘具向下弯曲的疏刺。大型圆锥花序高 4.5～8 m,上部多分枝;花簇生于顶部,有浓烈的臭味;花漏斗状,筒短,黄绿色,雄蕊长约为花被的 2 倍。蒴果长圆形,长约 5 cm,种子黑色(图 13-11)。

图 13-11　龙舌兰

【繁殖栽培】播种、分株繁殖。春季播种,发芽温度 21 ℃。春、秋季在母株旁侧发出小植株,可用于分株繁殖;在植株开花结实枯死前,花序上会萌生许多“珠芽”,可分珠芽繁殖。

龙舌兰性喜温暖、干燥、阳光充足的环境。耐半阴,耐干旱,怕积水,不耐寒,喜疏松、肥沃、排水良好的沙壤土。龙舌兰在 18～30 ℃生长较好,越冬温度不低于 5 ℃,可短期耐 0 ℃低温。5～10 年生植株可开花,开花结实后逐渐枯死。

夏季定植或上盆,基质可用腐叶土、粗沙、园土混合,加入基肥。定植后浇透水。上盆后给植株喷水保湿,放置荫蔽处 2～3 d 后浇透水。春夏秋季为龙舌兰生长旺盛期,浇水采用见干见湿,保持盆土湿润,冬季减少浇水,保持盆土干燥。龙舌兰较喜肥,生长期每隔 2～3 周追肥一次,入秋停止施肥。栽培时保证充足的日照能获得最佳观赏效果。龙舌兰不宜患病,但会受到有害动物的侵袭,如褐软蚧,黄片盾蚧等,栽培中注意防治,可人工刮除或药物喷洒。

【园林应用】龙舌兰植物叶形挺拔坚硬,株形紧凑奇特,四季常青,多有色彩明亮艳丽的变种或品种,富有热带荒漠气息和异国情调。适用于配置岩石园和沙漠植物专类园中的造景。可孤植、对植、列植或丛植;也可以与其他肉质植物或山石、园林小品相搭配造景。但在设计时应注意,因其叶片多坚挺带刺,为免植株间相互伤害,丛植时应为每一株预留足够的生长空间。同时尽量远离人的密集活动区域。也可作盆花观赏,放置窗台、茶几、花架上。

思考题

1. 什么是多肉植物?区分广义的多肉植物与狭义的多肉植物。
2. 多肉植物有哪几种分类方法?
3. 阐述多肉植物的生理特点。
4. 举例说明不同多肉植物的栽培管理要点。
5. 列举 5 种木本多肉植物,并简述前识别特点。

第14章 兰科花卉

14.1 概述

广义的兰花是兰科植物的统称，狭义的兰花常指兰属植物及部分具有较高观赏价值的类型。兰花是世界名花和中国家喻户晓的传统名花，也是云南八大名花之一。兰科植物(Orchidaceae)是一个十分庞大的家族，在被子植物中仅次于菊科植物。全世界的兰科植物800多属，计2.5万余种，可供栽培的约有2000种，其中兰属植物有50种左右，多数分布于热带和亚热带地区。据1999年出版的《中国植物志》记载，我国有兰科植物171属1247种，兰属植物有30余种，还有大量的变种、品种等，产于云南、四川、广东、广西、海南、台湾、湖南、贵州、江西、福建、河南、陕西、甘肃、安徽等省(自治区)。主要分布于秦岭和长江流域以南。其地理分布和栽培中心有三个，即江浙一带以春兰、蕙兰为主；福建、广东以建兰、墨兰为主；以四川为中心的西南地区，分布和栽培的主要种类有春兰、春剑、蕙兰、寒兰、虎头兰、台兰等。据《云南植物志》记载，云南兰科植物有135属764种16个变种，在西双版纳热带地区有39属400余种，石斛属植物有40余种。

14.1.1 基本形态

根无节，近等粗；根毛不发达，具有菌根，起根毛的作用，也称兰菌，是一种真菌。种类不同，茎的类型不同，主要有直立茎、根状茎和假球茎(假鳞茎)。直立茎同正常植物，一般短缩；根状茎较细，呈索状；假球茎为变态茎，生长于地下或半露于地上。种类不同，形态、质地、颜色变化多样。中国兰一般为线形、带形或剑形；叶姿有直立、半直立、弯垂、扭曲等形状。热带兰的叶片多肥厚、革质，带状或长椭圆形。花萼3枚，瓣化；花瓣3枚，其中1枚为唇瓣；具一枚蕊柱。果实俗称“兰荪”，属于裂蒴果，多为长圆形，老熟为黑褐色。种子很微细且数量十分多，每个蒴果往往有种子数万至几百万粒，但种子内胚多为不成熟或发育不全。

14.1.2 分类

1)根据兰花的生活习性分类

(1)地生兰　根生于土中，通常有块茎或根茎，部分有假鳞茎。与其他普通植物一样生长在地面上，靠根系从土壤中吸收水分，温带和亚热带地区的兰花一般也属这一类。

(2)附生兰　附着生长于树干或岩石上，广布于热带地区，具肥厚且带根被的气生根，根系多裸露于空气中，以从空气中吸收水分。石斛属，贝母兰属及万代兰属等为比较常见的附生兰。

(3)腐生兰　生长在已经死亡并且腐烂的植物体上，从这些残体上吸取营养物质，不能进行光合作用，因而为非绿色植物，长有块茎或粗短的根茎，叶退化为鳞片状，如天麻。

2)按东西方地域差别分类

(1)中国兰　中国兰又称国兰，是指兰科兰属的地生兰，包括春兰、蕙兰、建兰、寒兰、墨兰、莲瓣兰 6 个原生种，在中国古代有数千年栽培鉴赏的历史。主要产于温带，一般花朵数较少，但芳香。花和叶都有观赏价值，主要为盆栽观赏。

(2)洋兰　洋兰泛指除了国兰外的兰花，并非全部原产西洋，主要是热带兰，常见的有卡特兰、虎头兰、蝴蝶兰、兜兰、文心兰、万代兰、石斛等，一般花大、色艳，但大多数没有香味。一般原产热带和半热带，多为附生，栽培需较高的温度和湿度，是当今世界上最流行的花卉。可以盆栽观赏，也是优良的切花材料。

14.1.3　生态习性

兰花种类繁多，分布广泛，生态习性差异较大。

1)温度

兰花喜温暖气候，忌闷热与湿冷。热带兰依原产地不同有很大差异，生长期对温度的要求较高，原产热带的种类，冬季白天要保持在 25～30 ℃，夜间 18～21 ℃；原产亚热带的种类，白天保持在 18～20 ℃，夜间 12～15 ℃；原产亚热带和温暖地区的地生兰，白天保持在 10～15 ℃，夜间 5～10 ℃。中国兰要求比较低的温度，生长期白天保持在 20 ℃左右，越冬温度夜间 5～10 ℃。地生兰不能耐 30 ℃以上高温，要在兰棚中越夏。

2)光照

兰花因种类不同、生长季节不同，对光照的要求不同。夏季要遮阳，冬季需要充足的光照。中国兰要求遮阳 50%～60%，墨兰最耐阴，建兰、寒兰次之，春兰、蕙兰需较多光照。热带兰种类不同，差异较大，有的喜光，有的要求半阴。

3)水分

兰花喜湿，不耐涝，有一定的耐旱性。要求一定的空气湿度，生长期要求空气湿度在 60%～70%，冬季休眠期要求空气湿度为 50%。过干或过湿都易引发兰病。热带兰对空气湿度的要求更高，因种类而定。

4)土壤

兰花的根部一般与真菌共生，真菌穿过兰花根部，最后自身组织被兰花根部吸收作为养料。但真菌供给的养分是不充分的，仍需从基质中补充养分。地生兰要求土质疏松、通气、排水良好、富含腐殖质的中性或微酸性(pH 5.5～7.0)土壤。热带兰对基质的通气性要求极高，常用水苔、蕨根做栽培基质。

5)空气

兰花所在自然环境大都是四面通风的，温室内的兰花要注意通风，对于气生兰类通风更重要。

14.1.4　繁殖方法

1)播种繁殖

兰科花卉用种子繁殖可以获得大量的幼苗，同时也是杂交培养新品种的主要手段。在自然条件下种子发芽率极低，多采用组培技术在试管或玻璃瓶内无菌的条件下进行。

2)分株繁殖

分株繁殖又称分盆，即将过密的一盆兰花分栽成两盆至数盆。凡具有假鳞茎和丛生的种类均可用此法。兰花分株应避开生长旺盛季节，选在兰花相对休眠期内、芽未出之前实施分株最好。

3)扦插繁殖

原产于热带或亚热带的种类一般选气温较高的 4—10 月进行；原产于温带的种类可提早在 3 月进行。基质多用透气性强、排水良好的苔藓、河沙、珍珠岩、椰糠和泥炭土等，单独或混合使用均可。插穗的生根与母株的营养条件有很大的关系。要选择充分成熟而不太老化的茎段作插穗，较易发芽、长叶、生根。每个茎段一般有 2～3 个节眼较好。扦插繁殖依插穗的来源性质不同，可以分为顶枝扦插、分蘖扦插、假鳞茎扦插和花茎扦插。

4)组织培养繁殖

兰花组培繁殖的外植体均取自分生组织，可用茎尖、侧芽、幼叶尖、休眠芽或花序，但最常用的是茎尖。外植体可在不加琼脂的 Vacin 及 Went 液体培养基中振荡培养，直至形成原球茎，原球茎是最初形成的小假鳞茎，形态结构与一般假鳞茎相似。原球茎被移入不含糖的 Vacin 及 Went 培养基中继续培养，便能不断增殖。然后，原球茎分化形成小植株，最后可将小植株再转移到 Vacin 及 Went 培养基上使其生根，生根良好后可移栽成苗。另外，兰花通过组织培养，可以对病毒感染的品种进行脱毒；也可以在组织培养的过程中对培养物加入诱变剂，促使幼苗产生变异，以达到培育新品种的目的。

14.2 常见兰科花卉

14.2.1 兰属

常绿，合轴分枝。根状茎粗大，分枝少，有共生菌根。茎短，常膨大为假鳞茎，假鳞茎生叶2～10片，叶片较薄，多条形或带形。花序自顶生一年生假鳞茎基部抽出，有花1～50朵，花序直立。花具花萼和花瓣各3片，花瓣中1枚特化为唇瓣，雌雄蕊合生为蕊柱。花芳香馥郁，色泽多样，有白、粉、黄、绿、黄绿、深红及复色。果实为开裂的蒴果，长卵圆形。种子极小，数目众多。

附生或地生。生长期喜半阴，冬季要求阳光充足。喜湿润、腐殖质丰富的微酸性土壤。原产地不同，对温度和光照的要求不同，春兰和蕙兰耐寒力强，长江南北都有分布；寒兰耐寒力稍弱，分布偏南；建兰和墨兰不耐寒，自然分布仅在福建、广东、广西、云南和台湾。

兰属约40种，我国的种类最多，有20余种，主要分布在中国东南和西南地区。我国以往栽培的兰属花卉绝大多数都是从野生种中选择、培育和繁殖而来的自然种，近年来做了一些种间杂交工作，取得了一些进展。

1)春兰

【学名】*Cymbidium goeringii*

【原产地】中国、日本与朝鲜半岛

【别称】山兰、草兰、朴地兰、朵朵香

【识别特点】根肉质白色，假鳞茎呈球形，较小。叶4～6片集生，狭带形，长20～60 cm，宽0.5～1.0 cm，叶缘有细锯齿，叶脉明显。花葶直立，高10～25 cm，有鞘4～5片。花单生，偶2朵并生，变种有多达7朵者；花通常淡黄绿色或带红色，1—3月开放，浓香。蒴果呈长圆形，种子多而细小，无胚乳(图14-1)。

图14-1　春兰

【繁殖栽培】喜温暖，稍耐寒，忌酷热，生长适温为15～25 ℃，冬季能耐－8～－5 ℃低温，甚至短期0 ℃低温也可正常生长。花芽在冬季有显著的休眠期，从10月至翌年2月需低温10 ℃以下刺激才能开花。要求空气湿润，生长期要求湿度70%左右，休眠期为50%左右。对光线的要求不高，冬季要求阳光充足，其他生长季节适度遮阳。以富含腐殖质、疏松透气、保水、排水良好、潮湿而不过湿的微酸性(pH 5.5～6.5)土壤为好。

春兰繁殖方法包括分株繁殖、播种繁殖和组织培养。分株繁殖常在春季3月中旬至4月底和秋季10—11月上旬进行。春兰种子极细，发芽率低，盆播很难发芽，可采用培养基繁殖，采种后应立即进行播种。组织培养是将外植体接种在培养基上，置弱光培养室中培养，当形成原球体时，移入光培养室。

春不出(避寒霜、冷风、干燥)，夏不日(忌烈日炎蒸)，秋不干(宜多浇水施肥)，冬不湿(处于相对休眠期、贮室内少浇水)。

【园林应用】春兰可盆栽观赏或配植于假山石，逢其花时，可插于长颈小口的瓷瓶中，置于书桌、几案上，可增添雅趣。

2)墨兰

【学名】*Cymbidium sinense*

【原产地】中国、越南、缅甸和日本

【别称】入岁兰、报岁兰。

【识别特点】根长而粗壮。假鳞茎大而显著。叶4～5枚丛生，剑形，光滑，端尖，全缘。花茎直立，高出叶面，着花7～20朵或更多，花序中部的苞片小，花序轴在苞片下方有蜜腺，花色由浅绿褐色至深褐色，芳香。花期9月至翌年3月(图14-2)。

图14-2 墨兰

【繁殖栽培】墨兰以分株繁殖和组织培养为主。分株繁殖最好选在休眠期进行，即新芽未出土，新根未生长之前，或花后的休眠期。分开的兰株要进行整理植株外观，剪去烂根、枯叶。墨兰组培繁殖就是采用先进设备，利用现代科学技术繁殖墨兰的一种先进方法。经组织培养的墨兰抗性强，病虫害少，成活率高，可以工厂化生产。

墨兰喜阴而忌强光，生长适温为25～28 ℃，不耐低温，2 ℃以下的低温会产生冻害。原产于雨水充沛的南方林野，喜湿而忌燥。

墨兰栽培地点应通风良好且具遮阳设备。墨兰浇水最佳时间为：冬春两季在日出前后浇水，夏秋两季在日落前后浇水。生长季节每周施肥1次，秋冬季应少施肥，每20 d施1次，施肥后喷少量的清水，施肥需在晴天傍晚进行，阴天施肥有烂根的危险。

【园林应用】墨兰现已成为中国较为热门的国兰之一。用它可装点室内环境和作为馈赠亲朋的主要礼仪盆花。花枝也用于插花观赏，若以墨兰为主材，配上杜鹃、麻叶绣球、紫珠、八仙花、糠稷，能展示出一幅充满活力的画面。

3)蕙兰

【学名】*Cymbidium faberi*

【原产地】中国、尼泊尔、印度

【别称】九子兰、夏兰、云南美冠兰

【识别特点】根粗而长，肉质，淡黄色，假鳞茎不明显。叶线形，直立性强，比春兰叶直立而宽长，5～7枚，幼时对折，中下部横切面呈“V”形，叶缘粗糙。花茎直立，总状花序，着花5～13朵或更多，花淡黄绿色，香气较春兰稍淡。花期4—5月(图14-3)。

图14-3 蕙兰‘素牡丹’

【繁殖栽培】常用分株繁殖法。

蕙兰喜温暖湿润和半阴环境，耐寒力较强，喜微酸性土壤，生长适温为15～20 ℃。蕙兰培养场地宜偏阳，不宜分盆。上盆填土时应注意下粗上细，边填土边轻轻震动，让兰根与培养土充分接触充实。土以盖住假鳞茎为宜，盆口留2 cm左右，以利于浇水。浇水以不干不浇，浇则浇透为原则。每年春秋季浇一次稀释腐熟有机肥。生长季节每10 d喷一次兰菌王。

【园林应用】蕙兰不仅是栽在盆里的佳品，而且可以陈列或置于林间观赏。

4)建兰

【学名】*Cymbidium ensifolium*

【原产地】中国及东南亚、印度

【别称】四季兰、雄兰、骏河兰、剑蕙和秋兰

【识别特点】假鳞茎椭圆形，较小。叶 2～6 枚丛生，阔线形，叶缘光滑。花葶直立，总状花序，着花 6～12 朵，花浅黄绿色，有香气。花期 7—9 月（图 14-4）。

图 14-4　建兰

【繁殖栽培】建兰一般用分株的方式繁殖，在春秋两季均可进行，一般每隔 3 年分株一次。凡植株生长健壮，假球茎密集的都可分株，分株后每丛至少要保存 5 个连接在一起的假球茎。分株前要减少灌水，分株后上盆时先以碎瓦片覆在盆底孔上，再铺上粗石子，占盆深度 1/5～1/4，再放粗粒土及少量细土，然后用富含腐殖质的沙质壤土栽植。栽植深度以将假球茎刚刚埋入土中为度，盆边缘留 2 cm 沿口，上铺翠云草或细石子，最后浇透水，置阴处 10～15 d，保持土壤潮湿，逐渐减少浇水，进行正常养护。

建兰喜温暖湿润和半阴环境，生于疏林下、灌丛中、山谷旁或草丛中，海拔 600～1800 m；耐寒性差，越冬温度不低于 3 ℃；怕强光直射，不耐水涝和干旱；宜疏松肥沃和排水良好的腐叶土。建兰宜在春季栽种。翻栽也可在秋季进行。盆具的选择以质地粗糙、无上轴、边底多孔、有盆脚的兰盆栽培较好。植料应选择质地疏松团粒结构好，有机质丰富，透气性好，排水性能强，有利于好气性微生物活动。

【园林应用】建兰叶片宽厚，直立如剑，花葶长而挺拔，花多而芳香，多以盆栽供室内陈设为主。耐寒性较春兰要差，在多雨的南方也可在湿润疏朗的小庭院内布置。

5)寒兰

【学名】*Cymbidium kanran*

【原产地】中国、日本和朝鲜

【别称】雪兰

【识别特点】假鳞茎不显著。叶 3～7 枚丛生，狭长，直立性强。花茎直立，与叶面等高或高于叶面；花疏生，10 余朵，花有黄绿色、淡褐色等，有香气；花期 11 月至翌年 1 月（图 14-5）。

图 14-5　寒兰‘朱砂兰’

【繁殖栽培】寒兰多用分株繁殖法（方法同建兰）。

寒兰忌热，又怕冷，多生长在陡坡茂密的阔叶林下，光照少，根基浅，根部覆盖一层薄薄的腐殖土，透水性较好。严格控制浇水，平时尽量做到盆土潮润而不湿，微干而不干燥。严防污染，寒兰叶片长薄，气孔多，与空气接触面积大，所以需要清新的空气，无污染的生长环境。

【园林应用】寒兰株形修长健美，叶姿优雅俊

秀，花色艳丽多变，香味清醇久远，凌霜冒寒吐芳，实为可贵，是我国广泛栽培的一种盆栽兰科花卉。

6)莲瓣兰

【学名】*Cymbidum tortisepalum*

【原产地】中国

【别称】小雪兰、菅草兰

【识别特点】2003 年，陈心启等对兰属中若干分类群进行了订正，将原来作为春兰变种的菅草兰和原来作为蕙兰变种的峨眉春蕙升为独立的种，将莲瓣兰从春兰的变种中分离出来，才使“莲瓣兰”这一物种及其拉丁名“*Cymbidum tortisepalum*”得到学术界公认。因其花萼呈三角披针形，花瓣短而宽并向内曲，犹似荷花的花瓣形，故以花喻花，称之为“莲瓣兰”。根白色，粗壮，径 0.5～0.8 cm，长20～30 cm，有的可达 50 cm 以上；假鳞茎较小，呈圆球形；叶 6～7 片集生，线形，长 40～50 cm，宽 0.4～0.8 cm(宽叶莲瓣兰叶宽可达 1.4 cm)，绿色，无光泽，端渐尖，叶缘有细锯齿，中脉及两侧平行脉明显，基部常抱合对折，横切面呈“V”形，无叶柄痕(“关节”)，叶质较硬；花直立，高出叶面或与叶面等高，苞片大，比子房连梗长，每个花葶着花 2～4 朵，偶有 5 朵，生长不良时仅开 1 朵。花色有红、紫红、粉红、白、黄、绿等色，香气清纯，花期 1～3 月(图 14-6)。

【繁殖栽培】分株繁殖是莲瓣兰花的主要繁殖方法。适宜时期为春季和秋季，植株处于营养生长时期为最佳；同时应避开高温或严寒的气候环境。

生长于海拔 1500～2500 m 的山坡上，松树、栎树及灌木林下。喜湿润阳光，但忌强光；喜温暖，较耐寒，畏高温；生长的适宜温度 12～20 ℃，注意夏季遮阳降温，冬季保温防冻；土壤以富含腐殖质、疏松透气、保水、排水良好、潮湿而不过湿的微酸性(pH 5.8～6.5)为好。浇水春秋多一些，花期要适量，夏季见干见湿。特别在夏秋多雨季节，切忌环境潮湿和盆内积水，防止兰株烂芽、沤根、倒草。夏秋养护要搞好防暑降温，使之安全度过盛夏初秋。

【园林应用】春节前后盛开，色彩斑斓绮丽，姿容典雅秀美，香气幽远宜人。由于莲瓣兰稀有、奇特的品系特点，使之拥有为数众多的爱好者，适宜作盆花。

图 14-6　莲瓣兰‘粉荷’

7)兔耳兰

【学名】*Cymbidum lancifolium*

【原产地】中国

【别称】二叶兰、长茎兔耳兰

【识别特点】兔耳兰假鳞茎包于数枚叶鞘内，长圆形，生叶2～4 片。叶片椭圆形或椭圆状倒披针形，基部渐狭长成柄。花序直立，长 10～30 cm，有花 3～8 朵；苞片长约 1 cm，明显比花梗和子房短；花白色带紫，径 5～7 cm，唇瓣不明显三裂，白色，基部绿色，侧裂片有紫红色斑纹。花 5—7 月开放，微香(图 14-7)。

【繁殖栽培】兔耳兰宜采用分株法进行繁殖，选择生长健壮、无病虫害的大株，在花后进行分株。分株前可停水 1 周，待其肉质根系稍萎蔫时脱盆，修去腐败的根茎，以 2～3 片叶为一株进行分割，并以多菌灵 1000 倍液浸泡新株根部 2～3 h，进行消毒处理，凉置一昼夜后便可上盆。上盆后礅实盆土，浇透水后置于荫蔽处，保持空气湿度，待其发新叶后再浇水。

喜温暖而湿润的气候条件，生存于山坡林下或附生树干上，不要求很高的土壤含水量而要求很好的空气湿度。兰花属肉质须根系，根茎也在地下生长，与根系共生的根菌也需要良好的通气条件，如

图 14-7 兔耳兰

果土壤水分过大，不但生长不良，有时还会枯死。

兔耳兰的栽培基质必须无毒、无菌、无污染，可就地取材，使用碎苔藓、碎炭粒、碎栎树皮等再掺上适量腐叶土。栽种兔耳兰最好选用专门的兰花盆，将盆下部 1/4 垫上碎砖块或粗炭粒以利排水。兔耳兰放置的环境要通风透气，有条件的话可用兰花架架空兰盆，这样效果更佳。浇水要适度，见干见湿，所用的水一定要洁净无污染，若使用自来水，应先放置几天再用。施肥遵循“薄肥少施”的原则，在气温低于 15 ℃或高于 30 ℃时应停施。可用磷酸二氢钾、叶面宝等液肥的 1000 倍液进行叶面喷肥，能促进花芽分化。

【园林应用】春夏季节开花，一般 5 月开花，花期长，持续开放到 8 月，花朵为白色、淡绿色，花瓣具有紫色纹路，色彩斑斓，适宜做盆花。

8)多花兰

【学名】*Cymbidium floribundum*

【原产地】中国、印度等亚洲国家

【别称】蜜蜂兰

【识别特点】多花兰为附生植物。假鳞茎近圆柱形，长1.5～2.5 cm，宽约 1 cm，包藏于宿存的叶基内。叶片矩圆状倒披针形，基部明显具柄；叶柄纤细。花序长 20～30 cm，具 20～40 朵花；花苞片卵状披针形，长 4～5 mm；花梗和子房长 1.5～2 cm；花浅褐色，唇瓣有浅紫色晕，基部有浅紫色细斑点，在中部两侧有 2 个深紫色斑块。花期 3—4 月；花红褐色，无香气(图 14-8)。

图 14-8 多花兰

【繁殖栽培】一般用分株法繁殖，采用腐叶土、山灰、沙、干牛粪或腐熟的鸡鸭粪作培养土，配比以 4∶2∶2∶2 为宜。

多花兰属多年鳞茎兰科植物，其叶革质肥厚；生于林中或林缘树上，或溪谷旁透光的岩石上或岩壁上，或石缝沉积的腐殖壤土之中，抗旱防寒力强，有机质含量较高，pH 一般在 4.5～5。

多花兰虽抗干旱，但栽培时在夏季仍不能放置阳光直射处，以防过度暴晒而生长不良，叶面产生日灼。因此，夏秋应加强遮阴管理，荫蔽度在 60% 即可安全度夏，在空气干燥时每天可对叶面喷水 1～2 次，为了防止根系腐烂，平时谨防盆土过湿和吸水过多。多花兰在生长旺盛期每 1～2 周施一次腐熟的畜蹄片水或稀薄的饼肥水。入冬后可进行一次翻盆松土，同时除去枯叶腐根，加施一些有机肥或骨粉，以利于次年春芽的萌发和早春花芽的分化有足够的养料供给。

【园林应用】多花兰其叶革质肥厚，并具有光泽，抗旱防寒力强，花色繁丽多姿，也有较高的观赏价值，是较理想的盆栽花卉之一。

9)独占春

【学名】*Cymbidium eburneum*

【原产地】中国，尼泊尔、印度、缅甸也有分布

【别称】双燕齐飞、双燕迎春、双飞燕、象牙兰

【识别特点】独占春是附生植物；假鳞茎近梭形或卵形，包藏于叶基之内，基部常有由叶鞘撕裂后

残留的纤维状物。叶6～11枚，带形。先端为细微的不等的2裂，基部二列套叠并有褐色膜质边缘。花葶从假鳞茎下部叶腋发出，直立或近直立，总状花序；花苞片卵状三角形，长6～7 mm，花梗和子房长2.5～3.5 cm；花较大，不完全开放，唇瓣亦白色，中裂片中央至基部有一黄色斑块。花瓣狭倒卵形，与萼片等长，花2—5月开放，花色通常是白色，中脉淡黄，有丁香香味，但花香很淡(图14-9)。

图14-9 独占春

【繁殖栽培】分株方式，在春秋两季均可进行，一般每隔三年分株一次。凡植株生长健壮，假球茎密集的都可分株，分株后每丛至少要保存5个连结在一起的假球茎。分株前要减少灌水，使盆土较干。分株后上盆时，先以碎瓦片覆在盆底孔上，再铺上粗石子，占盆深度1/5～1/4，再放粗粒土及少量细土，然后用富含腐殖质的沙质壤土栽植。栽植深度以将假球茎刚刚埋入土中为度，盆边缘留2 cm沿口，上铺翠云草或细石子，最后浇透水，置阴处10～15 d，保持土壤潮湿，逐渐减少浇水，进行正常养护。

独占春比较喜阴，怕阳光直射。比较喜欢湿润，怕干燥，在养殖的时候，保持温度在15～30 ℃，温度最好不要低于或者是高于这个值。兰花是肉质根，适合采用富含腐殖质的沙质壤土，排水性能必须良好，应选用腐叶土或含腐殖质较多的山土。微酸性的松土或含铁质的土壤，pH以5.5～6.5为宜。

装盆：独占春装盆可在春季或者是秋季进行，花盆的选择应以口小盆深的为宜，盆底的孔也应该选择较大的，这样通气性好易发根，在2～3年后可以换成紫砂盆或瓷盆。

浇水：在独占春的生长旺期不宜缺水，夏季一旦缺水会导致植株生长不良，如果盆土偏干则浇水，盆土湿润则不需浇水，保持适度偏干。如果浇水就要浇透，不能浇一半，次数则可视情况而定。如果是某些硬质疏水植料，每天浇水一次即可，如果是一些吸水性强的植料可2～3 d浇水一次。另外要注意不要在中午浇水，夏季也不要在烈日暴晒下浇水。

施肥：农家肥是肥料的较好选择，但最好进行腐熟后再使用，肥料尽量施在盆沿处，不要施在根部也不要沾在叶子上。可以使用叶面喷肥的方法，这样可以使其吸收营养又能够使根部不受损害。

病虫害防治：独占春的病虫害主要有白绢病、炭疽病、介壳虫等，对于这些病害的防治为保持盆土干燥，通风透光，如果感染病害可以通过更换盆土、烧毁感染植株等方法防治。对于虫害的防治在于通过农药进行喷杀或是进行人工刷除。

【园林应用】花大而有香气，颜色清丽素雅。适合盆栽或点缀于假山上。

10)美花兰

【学名】*Cymbidium insigne*

【原产地】中国，越南、泰国也有分布

【识别特点】美花兰是地生或附生植物；假鳞茎卵球形至狭卵形，长5～9 cm，宽2.5～4 cm，包藏于叶基之内。叶6～9枚，带形。花葶近直立或外弯，较粗壮；总状花序具4～9朵或更多的花；萼片与花瓣白色或略带淡粉红色，有时基部有红点，唇瓣白色，侧裂片上通常有紫红色斑点和条纹，中裂片中部至基部黄色，也有少数斑点与斑纹；花瓣狭倒卵形，长2.8～3 cm，宽1～1.2 cm；唇瓣近卵圆形，略短于花瓣，3裂。花期11—12月(图14-10)。

【繁殖栽培】美花兰一般采用分株法来进行繁殖，这是因为美花兰种子细小，而且发育不完善，种皮致密不透水，需要用药物处理才能发芽，操作复杂，除了花圃之外很少被花友们采用。分株法一般在春秋季进行，选用那些生长健壮，假球茎密集的植

图 14-10　美花兰

株进行分株，保证分出来的植株至少有 5 个以上的假球茎即可。分株后保持土壤略有湿气即可，大约两周后即可进行正常养护。

一般生长在深山幽谷的山腰谷壁，透水和保水性良好的倾斜山坡或石隙，稀疏的山草旁，次生杂木林荫下。或有遮阴，日照时间短或只有星散漏光的地方。空气湿度大且空气能流通的地方，有时也生于山溪边峭壁之上。

美花兰属于热带亚热带植物，对温度有一定要求，在 15～30 ℃生长良好，夏季温度超过 35 ℃时候植株进入半休眠状态，冬季温度低于 10 ℃时候生长停滞，温度持续低于 5 ℃的时候会造成冻伤，因此北方地区进行露养要在秋季根据温度变化及时将美花兰搬回室内养护。

美花兰对土壤有一定要求，忌使用黏重的土壤或者易板结的纯园土来种植，建议用排水良好、富含腐殖质的沙质土壤做盆土，也可以用腐叶土混合珍珠岩或者风化的山石作为盆土，北方可以定期用硫酸亚铁水溶液调节盆土的酸碱度。

美花兰常见的病害有白绢病，炭疽病等菌类病害，多在高温潮湿，通风不畅的环境下发病，可以通过改善环境通透性和定期喷洒波尔多液来预防，一旦发病要及时将病株隔离，避免病害蔓延。对于病株可以用多菌灵，百菌清，甲基托布津等常见的杀菌药物进行处理。常见的虫害为介壳虫，也是多在高温高湿，环境通透性差的环境下发病，一般建议用内吸性较好的氧化乐果乳油水溶液来杀灭，不过要注意避开人畜，以免中毒。

【园林应用】秋冬季节开花，花朵为粉红色，色彩斑斓，作观赏花卉。

11）虎头兰

【学名】*Cymbidium hookerianum*

【原产地】中国，尼泊尔、印度也有分布

【别称】青蝉花、大花建兰、蝉兰

【识别特点】附生草本；假鳞茎狭椭圆形至狭卵形，叶 4～6 枚；带形，先端急尖。总状花序具 7～14 朵花；花苞片卵状三角形，长 3～4 mm；花梗和子房长 3～5 cm；花大，直径达 11～12 cm；花瓣狭长圆状倒披针形，与萼片近等长，宽 1～1.3 cm。唇瓣近椭圆形，长 4.5～5 cm，3 裂。蒴果狭椭圆形，长 9～11 cm，宽约 4 cm。花期 1—4 月，有香气（图 14-11）。

图 14-11　虎头兰

【繁殖栽培】虎头兰的繁殖方法主要有 3 种，分别是分株、播种和组织培养。分株最简单，播种时间长，组织培养技术最难。分株繁殖：虎头兰在种植 3 年之后就能够进行分株繁殖，在分株的时候先等盆土彻底干燥，将虎头兰从盆土中挖掘出来，先将盆土清理干净。然后选择虎头兰的鳞茎的地方进行剪断，剪开的两者上都有新芽能够提高成功率。对鳞茎伤口进行消毒，然后放到阴凉透风处进行晾干，之后在根茎部涂抹上生根粉，下面准备好新鲜消毒的土壤。接下来就可以将分株后的虎头兰移栽上去了，大概 7 d 就能够定植生根，然后按照虎头兰的养护方法去养护就可以了。

生于林中树上或溪谷旁岩石上，海拔 1100～2700 m。

土壤选择：虎头兰适合生长在肥沃疏松、排水性好的土壤中，栽种的过程中，可以使用微量元素含量丰富、土质疏松的腐殖土或者沙壤土，栽种后还要定期为虎头兰疏松土壤，避免土壤板结损伤根系。

补充光照：虎头兰长期处于阴暗环境下，就会出现徒长不开花的现象，需要将虎头兰放在散光充足的环境中，让植株维持正常的生长，在冬季温度较低时，则需要将虎头兰移入向阳温暖的环境下。

控制水分：虎头兰怕涝，在浇水过多的情况下，就会出现根部腐烂的现象，需要严格为虎头兰控制水分，最好可以每隔一周为其浇灌一次水分，在发现土壤湿润时，则需要暂缓浇水。

【园林应用】虎头兰植株比较雄健，而且花朵硕大，花形丰满，花茎直立，开花期长。虎头兰适应性较强，所以很适合家庭栽种。

12）大花蕙兰

【学名】*Cymbidium hybrid*

【原产地】印度、缅甸、泰国、越南和中国南部等

【别称】大花蕙兰杂交种

【识别特点】常绿多年生附生草本，假鳞茎粗壮，属合轴型兰花。假鳞茎上通常有 12～14 节（不同品种有差异），每个节上均有隐芽。芽的大小因节位而异，1～4 节的芽较大，第 4 节以上的芽比较小（图 14-12）。

图 14-12　大花蕙兰

【繁殖栽培】通常采用的繁殖方法有分株繁殖和组织培养。分株繁殖：植株开花后，新芽尚未长大之前，正处于短暂的休眠期；分株前使基质适当干燥，让大花蕙兰根部略发白略柔软这样操作时不易折断根部。将母株分成 2～3 筒一丛盆栽，操作时抓住假鳞茎，不要碰伤新芽，剪除黄叶和腐烂老根。10 苗左右的大株，可分株栽两盆。最好换用瓦盆栽植，底孔开大，垫碎瓦片作排水层，确保排水通畅。上盆保留 1/3 旧植料再加新植料，注意栽时要把假鳞茎全部裸露在植料表面。

喜冬季温暖和夏季凉爽气候，喜高湿强光，生长适温为 10～25 ℃。夜间温度以 10 ℃左右为宜，尤其是开花期将温度维持在 5 ℃以上，15 ℃以下可以延长花期 3 个月以上。

温度：大花蕙兰对温度适应范围比较广，超过 35 ℃，短期内也影响不大，花蕾期温度要维持在 5 ℃以上。0 ℃以下须采取保温措施。

水分：水质要求微酸性，pH 5.8～6.6 为佳。以泉水或井水最佳，用自来水时须存放几天。要求 80%～90%的空气湿度。

光照：大花蕙兰忌阳光直射和暴晒，特别夏、秋季要防止阳光直射，光照 15000～60000 lx，夏季一般用 50%的遮阳网，秋季 30%，其他季节不遮阳。

通风条件：选择通风良好的场所。

【园林应用】大花蕙兰是名贵兰科植物，用作高档盆花。

14.2.2 万代兰属

地下根粗壮。茎单轴型，无假鳞茎，植株高大，50～200 cm。具多数叶，叶扁平，近带状2裂，较密集，先端具不整齐的缺刻或齿，基部对折而呈现出"V"形，具关节，茎木质。总状花序从叶腋发出，直立，疏生少数至多数花，花大或中大，艳丽，常稍肉质。花期12月至翌年5月(图14-13)。

图 14-13 万代兰

喜高温、湿润，不耐寒。低于5 ℃冻死，白天不高于30～35 ℃，夜间不低于20 ℃，喜光。不耐旱。要求通风好。要求栽培基质排水好，常用水苔栽植；万代兰的商品生产大量采用组织培养试管苗，杂交育种采用人工培养基无菌播种，盆栽可分株。

万代兰不宜经常换盆，至少3年才能换盆一次；万代兰属是典型的热带气生植物，日常管理中必须保证充足的水分和空气湿度。需要较强的光线，在高温季节需使用40%～50%的遮光网遮光，冬季不需要遮光。生长期水分要充足，在雨季靠自然条件即可保持旺盛的长势。干季必须使空气湿度保持在80%左右。保持通风良好，每周施一次薄肥。

万代兰是兰花中的高大种类，开花繁茂，花期长，是重要的盆花，可盆栽悬吊观赏。在东南亚，万代兰是重要的商品花卉，不仅盆花生产和园林绿地应用十分普遍，而且作为切花栽培大量出口。

1)小蓝万代兰

【学名】*Vanda coerulescens*

【原产地】中国、印度、缅甸、泰国

【别称】小蓝万带兰、小花万代兰、小花万带兰

【识别特点】茎长可达8 cm或更长，叶多少肉质，带状斜立，花序近直立，柄粗壮，疏生许多花；花苞卵状三角形，萼片和花瓣淡蓝色或白色带淡蓝色晕；唇瓣深蓝色，蕊柱蓝色，药帽淡黄色。3—4月开花。生于海拔700～1600 m的疏林中树干上。

2)雅美万代兰

【学名】*Vanda lamellate*

【原产地】中国、日本、菲律宾

【识别特点】茎粗壮，长可达30 cm，叶厚革质，花序直立或近直立，不分枝，花质地厚，具香气，颜色多变，花瓣匙形，唇瓣白色带黄，花期4月。

3)大花万代兰

【学名】*Vanda coerulea*

【原产地】中国、印度、缅甸、泰国

【识别特点】茎粗壮，长可达33 cm或更长，叶厚革质，带状，花序近直立，不分枝；疏生数朵花；花大，质地薄，天蓝色；侧裂片白色，药帽白色。10—11月开花。

4)垂头万代兰

【学名】*Vanda alpina*

【原产地】中国、锡金和印度

【识别特点】茎直立，长约5 cm，叶稍肉质或厚革质，花序2～3个，花苞片膜质，卵形，花梗和子房黄绿色，萼片和花瓣黄绿色，质厚，药帽白色，近半球形，6月开花。

5)矮万代兰

【学名】*Vanda pumila*

【原产地】亚洲热带和亚热带

【识别特点】茎短或伸长，叶稍肉质或厚革质，花苞片膜质，花向外伸展，具香气，萼片和花瓣奶黄色，唇瓣厚肉质，蕊柱奶黄色，3—5月开花。

6)叉唇万代兰

【学名】*Vanda cristata*

【原产地】中国、锡金、尼泊尔和印度

【识别特点】茎直立，长达6 cm；叶厚革质，二

列，带状，长可达 12 cm，宽约 1.3 cm，先端有 3 个不等的细尖齿；花序腋生，有花 1～2 朵，花瓣质厚，浅黄色，唇瓣白色有多条深红色条纹，尖端开叉；花期春夏季。

7)纯色万代兰

【学名】*Vanda subconcolor*

【原产地】中国

【识别特点】茎粗壮，长可达 18 cm，叶稍肉质，花序不分枝，疏生；花苞卵形，花梗、子房、萼片和花瓣在背面白色，唇瓣白色，2—3 月开花。

8)琴唇万代兰

【学名】*Vanda concolor*

【原产地】中国

【识别特点】茎长可达 13 cm 或更长，叶革质，带状，花序不分枝，通常疏生，花苞片卵形，花梗白色，纤细，花瓣近匙形，蕊柱白色，药帽黄色。4—5 月开花。

9)白柱万代兰

【学名】*Vanda brunnea*

【原产地】中国、缅甸、泰国

【别称】白花万代兰

【识别特点】茎长可达 15 cm，叶带状，花序出自叶腋，不分枝，疏生数朵花；花梗连同子房白色，质地厚，萼片近等大，倒卵形，中裂片除基部白色和基部两侧具 2 条褐红色条纹外，其余黄绿色或浅褐色，提琴形，3 月开花。

14.2.3　蝴蝶兰属

常绿或落叶宿根花卉，常见栽培品种为常绿宿根，附生。具肉质根和气生根。叶基生，宽椭圆形，肥厚扁平，革质；花茎从叶丛中抽出，稍弯曲而分枝，总状花序，蝶形小花数朵至数十朵，花色艳丽，有白花、红花、黄花、条纹花和斑点花。蝴蝶兰属的花期较长，有的长达 3～4 个月。果为蒴果，内含种子数十万粒，种子无胚乳(图 14-14)。

喜高温、高湿，不耐寒；喜通风及半阴；要求富含腐殖质、排水好、疏松的基质。蝴蝶兰分生能力差，大量繁育种苗以组织培养法最为常用。花后切取花梗基部数个梗节为外植体，一个梗节可长

图 14-14　蝴蝶兰

出众多芽叶，扩繁培养后，继而长出气生根，试管苗 1.5～2 年可开花。少量繁殖可采用人工辅助催芽法，花后选取一枝壮实的花梗，从基部第三节处剪去残花，其余花枝全部从基部剪除以集中养分。剥去节上的苞衣，在节上芽眼位置涂抹催芽激素，30～40 d 后可见新芽萌出，待气生根长出后可切取上盆。

蝴蝶兰常见的栽培基质主要以水草、苔藓为主；选择适宜大小的花盆，用大盆后，水草不易干燥，而蝴蝶兰喜通气，气通则舒畅；光照不宜过强，特别是夏季要遮阳。秋春少浇水，冬季保持盆土湿润即可；蝴蝶兰要全年施肥，除非低温持续很久，否则不应停肥。

蝴蝶兰花形奇特，色彩艳丽，如彩蝶飞舞，深受人们喜欢。是珍贵的盆栽观赏花卉，可悬吊式种植。也是国际上流行的名贵切花花卉。蝴蝶兰是新娘捧花的主要花材，尽显雍容华贵；也可作胸花。盆栽蝴蝶兰盛花时节正值春节，为节日添加喜庆，是馈赠亲友的佳品。

1)蝴蝶兰

【学名】*Phalaenopsis aphrodite*

【原产地】亚热带雨林地区

【别称】台湾蝴蝶兰、蝶兰、台湾蝶兰

【识别特点】茎很短，常被叶鞘所包。叶片稍肉质，常 3～4 枚或更多，上面绿色，背面紫色，椭圆形，

长圆形或镰刀状长圆形，长 10～20 cm，宽 3～6 cm；总状花序，有花 5～10 朵或更多，花白色，唇瓣尖端二叉状，基部有黄色斑纹。花春夏季开放。

2)象耳蝴蝶兰

【学名】*Phalaenopsis gigantea*

【原产地】印度尼西亚、马来西亚

【识别特点】根粗壮，肉质；茎短，有叶 5～6 片，叶大，卵形，长达 50 cm，宽 20 cm，薄革质；总状花序，长可达 40 cm，下垂，有花 20～40 朵，花白色有许多棕红色大斑点，唇瓣紫红色或白色，唇盘中央凸起；花期夏季。

3)绿蝴蝶兰

【学名】*Phalaenopsis viridis*

【原产地】印度尼西亚的苏门答腊岛

【识别特点】气根肉质，极长；茎短，有叶 3～4 片，亮绿色，卵形，长约 30 cm，宽约 8 cm，革质；圆锥花序，长可达 40 cm。有花 3～8 朵，花瓣棕褐色有绿斑纹，唇瓣绿白色有几条棕色条纹；花期夏季。

4)匙瓣蝴蝶兰

【学名】*Phalaenopsis cochlearis*

【原产地】马来西亚

【别称】贝壳蝴蝶兰

【识别特点】气根扁圆形，肉质；茎短，有叶 2～4 片，质薄，卵形至宽卵形，长约 22 cm，宽约 8 cm，叶面有多条稍凸起的叶脉；圆锥花序斜出，长约 50 cm，有花 3～5 朵，花黄色，唇瓣深黄色有数条褐色条纹；花期秋季。

5)鹿角蝴蝶兰

【学名】*Phalaenopsis cornu-cervi*

【原产地】马来西亚、菲律宾、印度尼西亚、缅甸和泰国

【识别特点】植株丛生，茎短，叶 3～4 片，长卵形，叶尖二裂；花序直立，花苞片排成角状，有花 3～8 朵，小花黄褐色有紫红色斑纹，唇瓣浅黄色。花期秋季。

6)帕氏蝴蝶兰

【学名】*Phalaenopsis parishii*

【原产地】缅甸

【识别特点】根簇生，扁圆形；茎短，叶 2～4 片，卵形，顶端尖锐；花序斜出或下垂，有小花 3～5 朵，花白色，唇瓣暗红色，基部和舌尖白色。花期秋季。

7)罗氏蝴蝶兰

【学名】*Phalaenopsis lobbii*

【原产地】不丹、锡金、印度和缅甸

【识别特点】根众多，簇生，扁圆形，茎短，有叶 1～4 片，卵形，长约 12 cm，宽约 5 cm，叶尖偏斜；花序斜出，有花 3～6 朵，花瓣白色，唇瓣阔三角状，红褐色，两边及中间有 3 条白色纵带。花期春季。

8)华西蝴蝶兰

【学名】*Phalaenopsis wilsonii*

【原产地】中国

【别称】云南蝴蝶兰、楚雄蝶兰、小蝶兰

【识别特点】气生根长而弯曲，茎很短，叶稍肉质，长圆形或近椭圆形，花序柄暗紫色，花苞片膜质，萼片和花瓣白色带淡粉红色的中肋或全体淡粉红色；中萼片长圆状椭圆形，侧萼片与中萼片相似而等大，花瓣匙形或椭圆状倒卵形，蕊柱淡紫色，蒴果狭长，4—7 月开花，8—9 月结果。

9)小兰屿蝴蝶兰

【学名】*Phalaenopsis equestris*

【原产地】菲律宾、中国台湾

【别称】兰屿小蝴蝶兰、桃红蝴蝶兰、姬蝴蝶兰

【识别特点】茎短，有叶 2～4 片，叶稍肉质，长约 20 cm，宽约 6 cm，卵圆形，先端钝或有不等 2 裂；花序斜立，有花 10 余朵，桃红色；唇瓣颜色较深，三角状，肉质；花期春季。

10)苏拉蝴蝶兰

【学名】*Phalaenopsis celebensis*

【原产地】印度尼西亚苏拉威西岛

【别称】苏拉威西蝴蝶兰

【识别特点】茎短，有叶 2～5 片，长卵形，叶面绿色间以灰绿色，长约 17 cm，宽约 6 cm；总状花序长可达 40 cm，有花 10 余朵，白色有黄点和红斑，唇瓣顶端圆钝；花期夏秋季。

11)菲律宾蝴蝶兰

【学名】*Phalaenopsis philippinensis*

【原产地】菲律宾

【识别特点】茎短，有叶 3～7 片，卵形，叶面绿

色，背面紫红色，长 10～30 cm，宽 3～8 cm。肉质；花序有花可达 100 朵，花瓣白色，唇瓣基部黄色，喉部有红色斑点；花期春季。

14.2.4　兜兰属

根状块茎不明显或少有具细长横走的根状茎，无假鳞茎，有稍肉质的根，茎短，包藏于 2 列的叶基内，新生苗仅靠老茎基部，或根状茎末端。叶基生，多枚，狭矩圆形或近带状，2 列对折，两面绿色或叶背淡紫红色，叶面淡绿色。花葶从叶丛中长出，长或短，具单朵花或少有数朵花，花瓣较狭，形状多样，常水平伸展或下长垂，唇瓣大，兜状(图 14-15)。

图 14-15　兜兰

喜温暖、高湿环境。耐寒、耐热，在 10～30 ℃正常生长，5 ℃不受冻。喜半阴，冬季可不遮光。宜疏松、排水好的土壤。

兜兰属采用分株繁殖，花后结合换盆进行分株，一般两年进行一次，先将植株从盆中倒出，轻轻除去根部附着的植料，用消过毒的利刀从根茎处分开，2～3 苗一丛，切口用药剂涂抹处理，稍晾后分别上盆。商业栽培需要大量种苗时，采用组织培养法。培育新品种时用播种法，用培养基在无菌条件下进行胚培养，播种苗于 4～5 年开花。基质应疏松肥沃，选择树皮、苔藓、腐叶土、泥炭土、椰糠等 2～3 种混合，各成分比例随种的不同加以调整。高温时少施肥，低温时少浇水。生长期保证水分供应，但忌积水。夏季遮阳 70%～80%，春秋遮阳 50%，冬季可全日照。

该属原种 70 余种。花形奇特，优雅高洁，可作高档盆花。

1)硬叶兜兰

【学名】*Paphiopedilum micranthum*

【原产地】中国、越南

【识别特点】斑叶种，叶上面有网状云斑，背面密布紫点；花单朵，白色，有淡粉红色网纹，唇瓣兜部前伸，宽椭圆状卵形，长达 6 cm。花期 3—4 月。

2)菲律宾兜兰

【学名】*Paphiopedilum philippinense*

【原产地】菲律宾

【识别特点】植株丛生，高可达 50 cm；叶 5～10 片，长带状，长约 35 cm，宽约 4 cm，绿色；花序长达 50 cm，有花 3～5 朵，花大，背萼白色有紫红色脉纹，花瓣下垂，长而扭曲状，紫褐色，唇兜浅黄绿色有暗紫色脉纹，退化雄蕊盔状，绿黄色。春夏季开花。

3)苏氏兜兰

【学名】*Paphiopedilum sukhakulii*

【原产地】泰国

【识别特点】植株丛生，高约 30 cm；叶 3～5 片，狭矩形，长约 13 cm，宽约 5 cm，叶面有深浅绿色相同的网状脉纹，叶背有紫色斑点；花单朵，背萼白色有绿色脉纹，花瓣黄绿色有许多疣状紫斑和脉纹，唇兜盔状，褐绿色有深紫红色网状脉纹，退化雄蕊半月形，白色有褐色网斑。花期冬季。

4)绿叶兜兰

【学名】*Paphiopedilum hangianum*

【原产地】越南

【识别特点】植株丛生；叶 3～5 片，革质，宽带形，叶面深绿色，叶背浅绿色；花单朵，花瓣白色，花期春季。绿叶兜兰的花是现今所发现有香味的兜兰中最香的，是香花兜兰育种的极佳种质。

5)虎斑兜兰

【学名】*Paphiopedilum tigrinum*

【原产地】中国

【识别特点】绿叶种，狭长披针形，叶基部龙骨状突起，叶反面基部有细紫点；花单朵，花梗有紫毛；背萼及萼片上有红褐色线状粗条纹。花期秋季。

6)麻栗坡兜兰

【学名】*Paphiopedilum malipoense*

【原产地】中国

【识别特点】斑叶种，叶上面有网格状纹斑，叶背密布紫点；花淡黄色，有紫红色斑点和条纹，花葶直立有毛，花1～2朵。12月至翌年3月开花。

7)同色兜兰

【学名】*Paphiopedilum concolor*

【原产地】中国、缅甸、越南、老挝、柬埔寨和泰国

【别称】大化兜兰、无点兜兰

【识别特点】具粗短的根状茎和少数稍肉质而被毛的纤维根。叶基生，二列，4～6枚；叶片狭椭圆形至椭圆状长圆形，长7～18 cm，宽3.5～4.5 cm，先端钝并略有不对称，上面有深浅绿色(或有时略带灰色)相间的网格斑，背面具极密集的紫点或几乎完全紫色。花葶直立，长5～12 cm，紫褐色，被白色短柔毛，顶端通常具1～2花，罕有3花。花期5—6月。

8)杏黄兜兰

【学名】*Paphiopedilum armeniacum*

【原产地】中国

【别称】金豆兜兰

【识别特点】斑叶种，叶长条状，上面有网格状云斑，背面密布紫点；花单朵，杏黄色，唇瓣为椭圆状卵形的兜。花期4—5月。

14.2.5 石斛属

茎丛生，直立或下垂，圆柱形，不分枝或少数分枝，具多节，有时1至数个节间膨大成多种形状(假鳞茎)，肉质，具少数至多数叶。叶互生，扁平，圆柱状或两侧压扁，基部有关节和抱茎的鞘。总状花序直立或下垂，生于茎的上部节。具少数至多数花，少有单朵的花；花较大而艳丽，直径8 cm，萼片近相似，离生(图14-16和图14-17)。

图14-16 铁皮石斛

图14-17 华丽石斛

喜温暖、湿润、喜光，夏季需要遮光。栽培基质多为粗泥炭、松树皮、蛭石、珍珠岩、木炭屑等配制而成，疏松、透水、透气。有一定耐旱力。石斛属繁殖容易，扦插或分株繁殖，大量育苗用组织培养法。

春石斛多盆栽，基质宜疏松肥沃，可用腐叶土、沙、木炭、粗泥炭、苔藓、树皮等混合。生长适温18～26 ℃，冬季不低于5 ℃，有利翌春开花。秋季入室不宜早，应保持10 ℃左右一段时间促进花芽分化。春石斛忌强光直射，夏季应半遮阳，春秋稍遮阳。秋石斛类生长要求高温，适宜生长温度25～30 ℃，高于35 ℃或低于15 ℃生长停滞，低于5 ℃将对植

株产生严重伤害。除夏季需遮阳外，其他季节可全日照促进开花。石斛属均喜湿润，生长期应及时浇水，经常向叶面空气中喷雾，可使茎叶旺长。石斛兰株丛大，生长迅速，需肥量较大，叶面肥与根肥同样重要。

石斛属是兰科植物的大属，原种1600种，我国产70多种，分布于秦岭以南各省，云南的西双版纳地区种类尤多。春石斛开花繁茂而美丽，有的有甜香味，花期长，是高档盆花。秋石斛花枝长，花数多，多作为切花栽培。石斛兰除作切花、盆花栽培外，也可作室内垂吊植物悬挂装饰。

1)羊角石斛

【学名】*Dendrobium stratiotes*

【原产地】巴布亚新几内亚

【识别特点】茎丛生，长棒状，长可达2 m；叶革质，互生，卵形，长约8 cm，宽约2 cm。花大型，直径达9 cm，花瓣绿白色，线状，直立向上扭曲，状似羚羊角，花白色，较宽阔，唇瓣黄绿色有紫红色脉纹；花期秋季。由于它植株高大，花形优美，是大型秋石斛的优良育种亲本。

2)大明石斛

【学名】*Dendrobium speciosum*

【原产地】澳大利亚

【识别特点】植株粗壮，丛生；假鳞茎长可达1 m，棒状，基部隆起；叶硬革质，卵形，长4～25 cm，宽2～8 cm，顶端钝；花序生于茎端叶腋，斜出或近直立，长达60 cm，花多达50朵，小花密生，花瓣黄绿色，唇瓣黄绿色有红色斑点；花期秋冬季。

3)茸毛羚羊石斛

【学名】*Dendrobium lasianthera*

【原产地】巴布亚新几内亚

【识别特点】植株粗壮高大，可高达2 m；叶长矩形，长可达14 cm，宽2～3 cm，革质，互生；花序直立或斜出，长可达30 cm，有花20～30朵，花瓣暗红褐色，扭曲，唇瓣暗红褐色，唇端尖锐，反折；花期秋季。本种是高大型秋石斛的育种种质，其杂种后代均有高大粗壮的体态。

4)双峰石斛

【学名】*Dendrobium bigibbum*

【原产地】澳大利亚

【识别特点】茎丛生，斜出，圆柱状，稍肉质；叶二裂互生，卵状披针形，长5～15 cm，宽1～3.5 cm，先端尖锐，叶面常有红色条纹；花序每条老茎1～4个，水平伸出或斜出，有花可达20朵，花瓣白色，粉红色或紫色，唇瓣色泽同花瓣，近基部有深色条纹。花期秋季。

5)蝴蝶石斛

【学名】*Dendrobium phalaenopsis*

【原产地】澳大利亚、新西兰和巴布亚新几内亚

【识别特点】茎粗壮，直立，有纵沟，叶互生，矩圆形至披针形，顶端尖锐，叶长20 cm左右，宽约25 cm，革质，绿色，可维持数年不脱落。总状花序，有花5～8朵，花大，紫色、淡紫色或白色。花期秋季。

6)束花石斛

【学名】*Dendrobium chrysanthum*

【原产地】亚洲热带地区

【别称】金兰

【识别特点】茎粗厚，肉质，下垂或弯垂，圆柱形，不分枝，具多节。叶二列，互生于整个茎上，纸质，长圆状披针形。伞状花序近无花序柄，每2～6花为一束，侧生于茎上部；花黄色，质地厚；花瓣稍凹的倒卵形，长16～22 mm，宽11～14 mm，先端圆形，全缘或有时具细啮蚀状，具7条脉；唇瓣凹，不裂，肾形或横长圆形；蒴果长圆柱形。花期9—10月。

7)报春石斛

【学名】*Dendrobium polyanthum*

【原产地】亚洲热带地区

【识别特点】茎下垂，厚肉质，圆柱形，不分枝，具多数节，节间长2～2.5 cm。叶纸质，二列，互生于整个茎上，披针形或卵状披针形，基部具纸质或膜质的叶鞘。总状花序具1～3朵花，通常从落了叶的老茎上部节上发出；花开展，下垂，萼片和花瓣淡玫瑰色；花瓣狭长圆形，长3 cm，宽7～9 cm，先端钝，具3～5条脉，全缘；唇瓣淡黄色带淡玫瑰色先端，宽倒卵形，两面密布短柔毛，边缘具不整齐的细齿，唇盘具紫红色的脉纹。花期3—4月。

8)鼓槌石斛

【学名】*Dendrobium chrysotoxum*

【原产地】亚洲热带

【别称】金弓石斛

【识别特点】茎直立,肉质,纺锤形,具2～5节间,具多数圆钝的条棱,近顶端具2～5枚叶。叶革质,长圆形。总状花序近茎顶端发出,斜出或稍下垂,长达20 cm;花质地厚,金黄色,稍带香气;花瓣倒卵形,等长于中萼片,宽约为萼片的2倍,先端近圆形,具约10条脉;唇瓣的颜色比萼片和花瓣深,近肾状圆形。花期3—5月(图14-18)。

图14-18 鼓槌石斛

9)流苏石斛

【学名】*Dendrobium fimbriatum*

【原产地】亚洲热带

【识别特点】茎粗壮,斜立或下垂,质地硬,圆柱形或有时基部上方稍呈纺锤形,不分枝,具多数节。叶二列,革质,长圆形或长圆状披针形。总状花序长5～15 cm,疏生6～12朵花;花金黄色,质地薄,开展,稍具香气;花瓣长圆状椭圆形,长1.2～1.9 cm,宽7～10 mm,先端钝,边缘微啮蚀状,具5条脉;唇瓣比萼片和花瓣的颜色深,近圆形,长15～20 mm,基部两侧具紫红色条纹并且收狭为长约3 mm的爪,边缘具复流苏。花期4—6月。

10)杓唇石斛

【学名】*Dendrobium moschatum*

【原产地】亚洲热带

【识别特点】茎下垂,肉质,细圆柱形,不分枝,具多数节。叶纸质,二列互生于整个茎上,披针形或卵状披针形。总状花序几乎无花序轴,每1～3朵花为一束,从落了叶或具叶的老茎上发出;花开展,下垂;萼片和花瓣白色带淡紫红色或浅紫红色的上部或有时全体淡紫红色;花瓣椭圆形,长2.3 cm,宽9～10 mm,先端钝,全缘,具5条脉;唇瓣宽倒卵形或近圆形。蒴果狭倒卵形,具长1～1.5 cm的柄。花期3—4月,果期6—7月。

11)肿节石斛

【学名】*Dendrobium pendulum*

【原产地】亚洲热带

【识别特点】茎斜立或下垂,肉质状肥厚,圆柱形,不分枝,具多节,节肿大呈算盘珠子样。叶纸质,长圆形,先端急尖,基部具抱茎的鞘;叶鞘薄革质。总状花序通常出自落了叶的老茎上部,具1～3朵花;花大,白色,上部紫红色,开展,具香气,干后蜡质状;花瓣阔长圆形,长3 cm,宽1.5 cm,先端钝,基部近楔形收狭,边缘具细齿,具6条脉和多数支脉;唇瓣白色,中部以下金黄色,上部紫红色,近圆形。花期3—4月(图14-19)。

图14-19 肿节石斛

12)美花石斛

【学名】*Dendrobium loddigesii*

【原产地】中国、老挝、越南

【别称】粉花石斛

【识别特点】茎柔弱，常下垂，细圆柱形，有时分枝，具多节；节间长 1.5～2 cm，干后金黄色。叶纸质，二列，互生于整个茎上，舌形，长圆状披针形或稍斜长圆形。花白色或紫红色，每束 1～2 朵侧生于具叶的老茎上部；花瓣椭圆形，与中萼片等长，宽 8～9 mm，先端稍钝，全缘，具 3～5 条脉；唇瓣近圆形，直径 1.7～2 cm，上面中央金黄色，周边淡紫红色，稍凹的，边缘具短流苏，两面密布短柔毛。花期 4—5 月。

13)矩唇石斛

【学名】*Dendrobium linawianum*

【原产地】中国

【识别特点】植株较小，丛生；茎稍扁，圆柱形，肉质；叶互生，长圆形。花序从无叶老茎节间长出，有花 2～4 朵，花大，花瓣白色，尖端紫红色，唇瓣尖端和喉部紫红色，其余为白色。花期春季。

14)细茎石斛

【学名】*Dendrobium moniliforme*

【原产地】中国、印度、朝鲜半岛、日本

【别称】台湾石斛、清水山石斛、铜皮石斛

【识别特点】茎直立，细圆柱形，具多节。叶数枚，二列，常互生于茎的中部以上，披针形或长圆形。总状花序 2 至数个，生于茎中部以上具叶和落了叶的老茎上，通常具 1～3 花；花黄绿色、白色或白色带淡紫红色，有时芳香；萼片和花瓣相似，卵状长圆形或卵状披针形，具 5 条脉；花瓣通常比萼片稍宽；唇瓣白色、淡黄绿色或绿白色，带淡褐色或紫红色至浅黄色斑块，整体轮廓卵状披针形，比萼片稍短，基部楔形，3 裂。花期通常 3—5 月。

15)石斛

【学名】*Dendrobium nobile*

【原产地】中国

【别称】金钗石斛

【识别特点】植株高大，丛生；茎较粗壮，肉质；叶互生，长圆形，长 6～11 cm，宽 1～3 cm，先端钝或有不等二裂；总状花序从具叶或已落叶的老茎节间长出，有花1～4 朵，花大，花瓣基部白色，尖端部分紫色，唇瓣中央有一紫色大斑块，边缘白色，唇尖紫红色。花期春季。

14.2.6 卡特兰属

多年生常绿草本，茎合轴型，假鳞茎粗大，顶生叶 1～2 枚，分为单叶种和双叶种。叶厚革质，长椭圆形，长 20～40 cm，宽 2～3.5 cm。花梗从叶基抽生，顶生花，单生或数个，有波状褶皱(图 14-20)。

图 14-20 卡特兰

喜温暖、湿润、半阴的环境。喜养分适中的土壤。生长适温 27～32 ℃。常用分株法繁殖，结合换盆进行，3～4 年分 1 次。茎端有新芽出现或休眠前进行分株。分株时将植株从盆中倒出，用消毒的剪刀分切地下根茎，2～3 节一段，即地上 2～3 株一盆，伤口涂抹药剂，适当去掉老根后栽植。栽培基质应疏松透气。耐直射光，但夏季遮阳 40%～50%。夏季旺盛生长季节注意通风、透气。在春秋生长季节要求充足的水分和空气湿度。薄肥勤施有利于卡特兰开花。

该属约有 65 个种。卡特兰是名贵兰科植物，是高档盆花和切花材料。

1)早花卡特兰

【学名】*Cattleya intermedia*

【原产地】巴西

【识别特点】植株丛生；假鳞茎圆柱状，长 25～40 cm，稍肉质；叶两片，卵形，长 7～15 cm；花序有花 3～5 朵，长达 25 cm，花中等大，直径约 10 cm，淡紫色或浅红色，唇瓣舌状，深红色。花期夏秋季。

2)瓦氏卡特兰

【学名】*Cattleya warneri*

【原产地】哥伦比亚

【识别特点】假鳞茎棍棒状，长约 25 cm；叶革质，与假鳞茎等长，椭圆形；花序有花 2～5 朵，花大，直径达15 cm，浅紫色，唇瓣有红褐色斑块，边缘强烈褶皱。花期夏季。

3)秀丽卡特兰

【学名】*Cattleya dowiana*

【原产地】哥斯达黎加和哥伦比亚

【识别特点】假鳞茎纺锤状；顶生叶厚革质；花 2～6 朵，花大，花瓣黄色，唇瓣黄色，满布红色条纹，边缘强烈褶皱。花期夏季。

4)宽唇卡特兰

【学名】*Cattleya labiata*

【原产地】巴西

【识别特点】假鳞茎扁平，棍棒状，长 15～25 cm；叶与假鳞茎等长，长椭圆形，厚革质；花序具短梗，有花 2～5 朵，花白色或淡红色，唇瓣白色，中间有一个红色大斑块，边缘强烈褶皱。花期秋季。

思考题

1. 简述兰科花卉的生态习性。
2. 一般来说，中国兰花包括哪些种？
3. 兰科花卉有哪些繁殖方式？
4. 简述蝴蝶兰的催花技术要点。
5. 简要分析中国石斛属植物资源现状。

第15章 藤本花卉

15.1 概述

藤本花卉又称攀缘花卉、爬藤花卉、藤蔓花卉，是一类不能自由直立、通过主茎缠绕或攀缘器官攀缘他物升高的花卉的总称，是一类生活型十分特殊的植物种类，有许多奇特的功能。目前世界已知的藤本植物约2万种，中国约有3600种。藤本花卉在我国园林中应用已久，距今有2000多年的历史，“枯藤老树昏鸦，小桥流水人家”(元曲・马志远)的词句，是古代藤本植物应用最好的文字记载，不论是古典园林，还是现代的公园绿地、小区绿地，以及道路景观都是随处可见。

藤本花卉有其独特的风韵和特有的生态习性，在城市绿化中可以拓展绿化空间、增加绿量和提高绿化覆盖率、改善生态环境，具有广阔的发展前景。

15.2 藤本花卉的定义

藤本花卉是指不能自主直立，必须攀缘、缠绕、依附它物而升高的、生活型十分特殊的植物类群。

藤本花卉枝条柔软，需要通过主茎缠绕或攀缘器官借助其他植物或支撑物攀缘等，广义上包括具有观赏价值的藤本或蔓性植物。

15.3 藤本花卉的类型

15.3.1 根据茎的质地分类

(1)木质藤本类　如葡萄、紫藤等；

(2)草质藤本类　如牵牛、茑萝等。

15.3.2 根据主要观赏特征分类

(1)观叶类　如绿萝、五叶地锦等；

(2)观花类　如紫藤、三角梅等；

(3)观果类　如葫芦科的很多植物等；

(4)观根类　锦屏藤等。

需要说明的是，某一藤本花卉的观赏特征常常并不单一，而是由两个或两个以上的观赏特征组合而成，如既可观花也可观叶的凌霄，既可观叶也可观果的观赏葫芦、南瓜、葡萄、猕猴桃等。

15.3.3 根据植物生长特性分类

(1)常绿蔓木类　如绿萝等；

(2)落叶蔓木类　如紫藤等。

15.3.4 根据攀缘习性分类

(1)缠绕类　此类植物无特化的攀缘器官，以茎缠绕他物生长。攀缘能力通常很强，如猕猴桃属、忍冬属、紫藤属、葛藤属等多数属于此类。

(2)攀缘类　依靠特定器官进行攀缘。按其不同的攀缘器官又可分为：

①吸附型。利用气生根或吸盘进行攀附。如凌霄、络石、常春藤、扶芳藤、薜荔、地锦等。

②卷须型。利用卷须进行攀附。如葡萄、西番莲等。

③蔓生类。依靠细柔而蔓生的枝条攀缘，具有倒钩刺，有的种类枝条先端偶尔缠绕，如青风藤属、蔷薇属、悬钩子属等。

15.3.5 根据应用方式分类

(1)绿化类　多种植于室外绿地或阳台，用于室外造景，如藤廊；

(2)盆栽类　多种植于容器内盆栽观赏，如盆栽绿萝；

(3)地被类　多栽于室外进行地面覆盖，如常春藤；

(4)切枝类　如常春藤、文竹、紫藤、三角梅等。

15.4 藤本花卉在园林中的应用

藤本花卉常作立体绿化花卉，主要用于：

15.4.1 墙面绿化

现代城市的建筑外观固然再美也为硬质景观，若配以软质景观藤本植物进行垂直绿化，既增添了绿意，使之富有生机，又可以有效地遮挡夏季阳光的辐射，降低建筑物的温度。藤本植物绿化旧墙面，可以遮陋透新，与周围环境形成和谐统一的景观，提高城市的绿化覆盖率，美化环境。

15.4.2 构架绿化

利用构架布置的藤本植物，已成为园林绿化中的独立景观。如游廊、花架、拱门、灯柱、栅栏、阳台等。种植上各种不同的藤本植物，构成繁花似锦、硕果累累的植物景观，既可以赏花观果，又提供了纳凉游玩的场所。既美化了环境，又改善了生态。有些藤本植物可以建成独立景观，如木香，可独立种植，用圆形棚架设立柱，也可结合建筑物相互衬托，增加美观。

15.4.3 立交桥绿化

社会的发展，城市交通量日益增加，高架路、立交桥成为许多城市的一道风景线。在城市市区的立交桥占地少，一般没有多余的绿化空间，可用藤本植物绿化桥面，增添绿色。如广州等城市用三角梅、常春藤等绿化立交桥面，美化了环境，提高了生态效益。

15.4.4 覆盖地面

利用根系庞大、牢固的藤本植物覆盖地面，可起到保持水土的作用。另外与大、小乔木及灌木协调配植，从而增加林木的层次性。园林中的山石多以藤本植物点缀，使之显得生机盎然，并且还可遮盖山石的局部缺陷。

15.4.5 阳台绿化

随着城市住宅迅速增加，充分利用阳台空间进行绿化，极为必要，它能降温增湿、净化空气、美化环境、丰富生活。由于阳台空间有限，攀绕型植物充分发挥了自己的优势，很多都是阳台绿化的好材料。

藤本花卉不仅具有绿化和观赏价值，大部分植物还有特殊用途。如一些器官具有药用价值，芳香的叶片和花朵可以提取芳香油；茎皮纤维为造纸和人造棉的原料；茎藤可编日用品；果食用或酿酒、含油的种子可榨油以供工业用油等，可见这些攀缘植物不仅应用在城市的垂直绿化中，也可以充分利用创造经济效益。因此在开发过程中，应加强其物种多样性、生态习性、繁殖、绿化配置等方面的学习和研究，以达到合理开发、利用，同时保持植物资源的目的。

15.5 常见藤本花卉

15.5.1 草质藤本花卉

1)百万心

【科属】夹竹桃科，眼树莲属

【学名】*Dischidia ruscifolia*

【别称】钮扣玉藤

【识别特点】多年生常绿草质藤本，茎节常具气生根。叶绿色，稍肉质，对生，阔椭圆形或卵形，先端突尖。花小，白色。花期秋季。

【繁殖栽培】以扦插为主，春、夏季皆可进行。将枝条剪成每 3～4 节一段，斜插至排水良好的介质中，介质保持些微潮湿状态，约 1 周即可发根存活。耐热、耐旱、耐阴。

【园林应用】可当小品盆栽栽种，也可运用于花艺设计上，挑选特殊的盆器再加一点巧思就可以呈现不同的风貌，也可让其攀爬于壁面或是树干上美化（图 15-1）。

图 15-1　百万心

2）翠云草

【科属】卷柏科，卷柏属

【学名】*Selaginella uncinata*

【别称】金光珊瑚蕨、盆栽幸福草/情人草、珊瑚蕨、吊兰翠、盆栽幸福草、蓝地柏、绿绒草

【识别特点】多年生草本，茎伏地蔓生，极细软，分枝处常生不定根，多分枝。小叶卵形，孢子叶卵状三角形。叶色呈蓝绿色，其主茎纤细，呈褐黄色，分生的侧枝着生细致如鳞片的小叶。其羽叶细密，并会发出蓝宝石般的光泽。

【繁殖栽培】宜采用扦插繁殖。喜湿润的土壤环境，不耐干旱，每日固定浇水。弱酸性或酸性土壤，盆土宜疏松透水且富含腐殖质。喜温暖，在20 ℃左右时生长良好，越冬温度 5 ℃。喜半阴，盛夏注意庇荫，不能曝晒，否则植株易枯焦死亡。

【园林应用】常盆栽作小型室内观叶植物，以悬挂最为适宜，可置放书桌案头、茶几，或在室内角隅的高脚花架上，其枝密叶小，垂于盆边的匍匐茎嫩时翠绿如片片云，老时蓝光灼灼，观赏价值较高（图 15-2）。

图 15-2　翠云草

3）吊金钱

【科属】夹竹桃科，吊灯花属

【学名】*Ceropegia woodii*

【别称】爱之蔓、心叶蔓

【识别特点】多年生肉质草本。单叶对生，心形，前端圆，有小尖头，基部心形，暗绿色，沿叶脉分布有大小不一的灰白色斑块，全缘，肉质（图 15-3）。

图 15-3　吊金钱

【繁殖栽培】吊金钱为多年生植物，以扦插繁殖为主。喜全光照，在半阴环境也生长良好，喜干燥，不耐湿，喜肥沃、排水良好的沙质土壤；生长适温18～25 ℃。

【园林应用】吊金钱以观赏其纯色或杂色彩色叶片或花朵为主。叶形的长短和颜色对观赏价值的提升有很大作用。枝蔓悬垂，潇洒飘逸，小叶圆润可爱，为广受欢迎的肉质植物，可悬挂植于廊架、树干上观赏，也常盆栽用于室内装饰及美化。

4)鹅绒藤

【科属】夹竹桃科，鹅绒藤属

【学名】*Cynanchum chinense*

【别称】祖子华

【识别特点】缠绕草本；主根圆柱状，干后灰黄色；全株被短柔毛。叶对生，薄纸质，宽三角状心形，叶面深绿色，叶背苍白色，两面均被短柔毛，脉上较密；侧脉在叶背略为隆起。花期6—8月，果期8—10月。因其全株被短柔毛，手感毛茸茸的，犹如鹅绒且其茎缠绕，故名“鹅绒藤”。

【繁殖栽培】鹅绒藤的繁殖方式有根芽繁殖和种子繁殖。

【园林应用】因其生命力旺盛，繁殖能力强，也可用于荒野的山石、护坡绿化(图15-4)。

图15-4　鹅绒藤

5)翡翠珠

【科属】菊科，千里光属

【学名】*Senecio rowleyanus*

【别称】绿铃、绿之铃、绿串珠、一串珠

【识别特点】多年生常绿肉质草本，植株悬垂，长可达1 m以上；叶互生，较疏，圆心形，绿色，肥厚多汁；头状花序顶生，花白色至浅褐色。

【繁殖栽培】喜阳光充足，稍耐阴；喜温暖，不耐寒，生长适温15～22 ℃；耐干旱，忌雨涝；喜排水良好的沙质壤土。以扦插繁殖为主，取嫩枝4～6 cm扦插，保持半干燥状态，15～20 d生根。春秋季扦插易成活，夏季易腐烂。也可分株繁殖，多在春季进行。50%～70%光照利于生长。夏季高温呈半休眠状态，适当遮阴，并注意防雨涝。栽培较容易。

【园林应用】叶肉质，形态极为奇特，可用于吊盆栽植打造空中景观，也可用于植物园的多肉区栽培观赏，也是优良的小盆栽植物，多用于案几摆放观赏(图15-5)。

图15-5　翡翠珠

6)广布野豌豆

【科属】豆科，野豌豆属

【学名】*Vicia cracca*

【别称】苕子、蓝花苕子、草藤、落豆秧

【识别特点】多年生草本，高40～150 cm。根细长，多分支。茎攀缘或蔓生，有棱，被柔毛。偶数羽状复叶，叶轴顶端卷须有2～3分支；托叶半箭头形或戟形。

【繁殖栽培】播种方式繁殖。种子萌发时，需水量为其本身重量的70%～75%，萌发最低温度1～2 ℃，萌发最适温度13～20 ℃，生长速度最快的温度8～21 ℃，低于5 ℃生长减缓，温度高于37 ℃发芽率下降，气温 2～3 ℃时能返青生长。开花最适温度 14～20 ℃，高于 25 ℃花簇短小成荚困难，结荚最适温度 19～22 ℃，8 ℃以下小花脱落，易受冻害。

【园林应用】为水土保持绿肥作物。嫩时为牛羊等牲畜喜食饲料，花期早春，为蜜源植物之一（图 15-6）。

图 15-6 广布野豌豆

7）海金沙

【科属】海金沙科，海金沙属

【学名】*Lygodium japonicum*

【别称】金沙藤、左转藤、竹园荽

【识别特点】草本花卉。根茎细而匍匐，被细柔毛。茎细弱、呈干草色，有白色微毛（图 15-7）。叶为 1～2 回羽状复叶；能育羽片卵状三角形，小叶卵状披针形，孢子囊盖鳞片状，卵形，每盖下生一横卵形的孢子囊，环带侧生，聚集一处。孢子囊多在夏秋季产生。

图 15-7 海金沙

【繁殖栽培】孢子繁殖。多年陆生攀缘植物，常喜欢攀缘在其他植物上生长。生于阴湿山坡灌丛中或路边林缘。

【园林应用】株形独特，可作盆栽。

8）旱金莲

【科属】旱金莲科，旱金莲属

【学名】*Tropaeolum majus*

【别称】旱莲花、荷叶七

【识别特点】一年生肉质草本，蔓生，无毛或被疏毛。叶互生；叶片圆形，有主脉 9 条。单花腋生；花托杯状；果扁球形，成熟时分裂成 3 个具一粒种子的瘦果。花期 6—10 月，果期 7—11 月。

【繁殖栽培】旱金莲以播种繁殖为主，也可扦插繁殖，成活容易。春播不宜过晚。种子嫌光，种皮厚，播前用 40～45 ℃温水浸种 12 h。发芽适温 15～20 ℃，播后 7～10 d 可发芽。喜凉爽，但畏寒，不耐热，一般能耐 0 ℃的低温。宜栽于排水良好的沙质壤土，忌过湿或受涝。要求阳光充足的环境。温度适宜地区作多年生栽培，四季可开花。

【园林应用】旱金莲叶肥花美，叶形如碗莲，呈圆盾形互生具长柄。花朵形态奇特，腋生呈喇叭状，茎蔓柔软娉婷多姿，叶、花都具有极高的观赏价值。可用于盆栽装饰阳台、窗台或置于室内书桌、几架上观赏，也宜于作切花。盆栽可供室内观赏或装饰阳台、窗台（图 15-8）。

图 15-8 旱金莲

9)合果芋

【科属】天南星科,合果芋属

【学名】*Syngonium podophyllum*

【别称】白果芋

【识别特点】多年生蔓性常绿草本植物。叶片呈两型性,幼叶为单叶,箭形或戟形;老叶成5～9裂的掌状叶,中间一片叶大型,叶基裂片两侧常着生小型耳状叶片。

【繁殖栽培】合果芋常用扦插繁殖,生长旺盛的植株在基部常会萌发许多侧枝,当侧枝长出3～5片叶时,可将第二节以上的枝梢剪下来,剪截成长10 cm左右的插条。如果枝条已经长根,可直接剪下盆栽。插床以选用细沙为好,插床温度应保持在25 ℃以上,以利促进生根,待新芽长出后即可上盆分栽。合果芋对光照的适应性是很强的,比较喜欢散光,喜湿润怕干旱。

【园林应用】合果芋在南方各省十分普遍,除作室内观叶盆栽以外,用于悬挂作吊盆观赏或设立支柱进行造型,更多用于室外半阴处作地被覆盖,是一个很有发展前途的常绿蔓性草本植物。大盆支柱式栽培可供厅堂摆设,在温暖地区室外半阴处,可作篱架及边角、背景、攀墙和铺地材料。合果芋美丽多姿,形态多变,不仅适合盆栽,也适宜盆景制作,是具有代表性的室内观叶植物(图15-9)。

图15-9　合果芋

10)红花西番莲

【科属】西番莲科,西番莲属

【学名】*Passiflora miniata*

【别称】洋红西番莲、洋石榴、紫果西番莲

【识别特点】多年生草质藤本,茎圆形,具卷须,长6～8 m。叶互生,长圆形至长卵形,先端渐尖,基部心形,叶缘有不规则浅疏齿。花单生于叶腋,花柄长4～5 cm,花冠红色,花瓣长披针形,先端微急尖,稍外向下垂,副花冠3轮,最外轮较长,紫褐色并散布有斑点状白色,内两轮为白色,肉质浆果近球形含种子数颗;种子扁平,长圆形至三角状椭圆形。

【繁殖栽培】采用扦插法繁殖。喜高温湿润气候,要求光照充足的环境。

【园林应用】优良的垂直绿化植物,适于庭院、花廊、花架、花墙及栅栏的美化,也适合家庭盆栽欣赏,有独特的观赏价值。常作为观赏植物栽培(图15-10)。

图15-10　红花西番莲

11)鸡蛋果

【科属】西番莲科,西番莲属

【学名】*Passiflora edulis*

【别称】百香果、紫果西番莲、洋石榴

【识别特点】草质藤本。茎无毛;叶纸质,先端短渐尖,基部楔形或近心形,掌状3深裂,裂片有锯齿,两面无毛;叶柄近顶端有2腺体,托叶线状披针形。

【繁殖栽培】鸡蛋果属于热带、亚热带多年生常绿藤本植物,原产巴西南部。鸡蛋果适应性广、粗生易长、抗寒耐热、病虫极少,当年种植当年收获。鸡蛋果的种子无休眠期,采收后即可播种。扦插繁殖具有简便易行、繁殖速度快等优点。鸡蛋果可采用单芽茎段进行组培繁殖。

【园林应用】鸡蛋果花大而美丽，花形奇异、果色鲜艳，具有很高的观赏绿化价值，是园林垂直绿化及棚架绿化种植较佳植物。鸡蛋果在立架栽培时荫蔽度好，在庭院栽培中能作为凉亭的优良种植材料；特别是它的花形独特，花色艳丽，果实造型好，观果期长，又可食用，果可生食或作蔬菜、饲料。果瓤多汁液，加入重碳酸钙和糖，可制成饮料。种子榨油，可供食用和制皂、制油漆等。具有相当高的观赏和食用价值，已成为观食两用的新潮园艺作物和园艺花卉。鸡蛋果适合盆栽观赏或庭园棚架栽培（图 15-11）。

图 15-11　鸡蛋果

12）嘉兰

【科属】秋水仙科，嘉兰属

【学名】*Gloriosa superba*

【别称】嘉兰、火焰百合、蔓生百合

【识别特点】具横走的根状茎，直径约 2 cm，淡黄褐色，常由顶芽出苗。一般于 3 月萌发生长，6 月中旬始花，7—8 月为盛花期，9—10 月为种子成熟期。地上茎细柔，蔓生，高达 3 m，绿色，直径不到 1 cm，不分枝或有少数分枝。

【繁殖栽培】可用分株及播种繁殖。喜温暖、湿润气候及富含有机质，排水、通气良好，保水力强的肥沃土壤，在密林及潮湿草丛中生长良好。忌干旱和强光，幼苗期需 40%～45%荫蔽度，营养生长期、花期内需 10%～15%的荫蔽度，土壤湿度保持在 80%左右。生育期降水量以 1000～1200 mm 为宜，要求空气相对湿度 80%以上。

【园林应用】细柔嫩茎攀缘性好，花期较长，尤其适合装饰豪华场景，是优美的垂直绿化材料，可广泛应用于室内外的庭院绿化和美化（图 15-12）。

图 15-12　嘉兰

13）箭叶秋葵

【科属】锦葵科，秋葵属

【学名】*Abelmoschus sagittifolius*

【别称】梓桐花、岩酸、小红芙蓉、五指山参、铜皮

【识别特点】多年生草本（图 15-13），高 40～100 cm，具萝卜状肉质根，小枝被糙硬长毛。蒴果椭圆形，长约 3 cm，直径约 2 cm，被刺毛，具短喙；种子肾形，具腺状条纹。花期 5—9 月。

图 15-13　箭叶秋葵

【繁殖栽培】种子繁殖或分株繁殖。喜温暖，喜阳，具有一定的耐寒性。

【园林应用】花大，有红花株和黄花株两型，植株叶形变化丰富，观赏性强，育种价值高。宜盆栽观赏或庭院花坛栽培。

14)锦屏藤

【科属】葡萄科，白粉藤属

【学名】*Cissus verticillata*

【别称】锦屏粉藤、珠帘藤、面线藤

【识别特点】多年生常绿蔓性植物。株可蔓长5 m以上；老株自茎节处生长红褐色细长气根；枝条细，具卷须；叶绿色长心形，先端尖，基部心形，叶缘有锯齿；浆果球形；花期春至秋季，果期7—8月。

【繁殖栽培】常生于潮湿地区，喜全光照，耐热性好，不耐寒，喜湿润，不耐旱，喜肥沃、疏松排水良好的土壤。繁殖方式一般为扦插、压条繁殖。

【园林应用】其气根修长，悬垂于棚架之下，奇特美丽，极具热带风情，观赏性极佳，适合大型棚架、花架、绿廊等垂直绿化，也可用于盆栽观赏。锦屏藤还是最佳的隔热窗帘，可以锦屏藤造景，细细的一长条，有如帘幕一般，独成一道奇特的风景(图15-14)。

图 15-14　锦屏藤

15)落葵

【科属】落葵科，落葵属

【学名】*Basella alba*

【别称】篱芭菜、胭脂菜、紫葵、潺菜等

【识别特点】一年生缠绕草本；茎长可达数米，无毛，肉质，绿或稍紫红色；叶卵形或近圆形，先端短尾尖，基部微心形或圆，全缘；叶柄上有凹槽。穗状花序腋生；苞片极小，早落；小苞片2，萼状，长圆形，宿存；花被片淡红色或淡紫色，卵状长圆形，全缘，顶端钝圆，内折，下部白色，连合成筒；雄蕊着生花被筒口，花丝短，基部扁宽，白色，花药淡黄色；柱头椭圆形。果实球形，红色至深红色或黑色，多汁液，外包宿存小苞片及花被。花期5—9月，果期7—10月。

【繁殖栽培】落葵可以用种子繁殖，也可用老茎扦插繁殖。在生产上用种子繁殖，以条播或撒播方法进行畦作栽培。

【园林应用】落葵进行篱笆式栽培，具有绿化的效果。其花红、茎紫、叶碧绿，是常用的观赏植物之一(图15-15)。

图 15-15　落葵

16)牵牛

【科属】旋花科，番薯属

【学名】*Ipomoea nil*

【别称】裂叶牵牛、勤娘子、大牵牛花、筋角拉子、喇叭花、牵牛花、朝颜、二牛子、二丑、大花牵牛

【识别特点】一年生缠绕草本；叶宽卵形或近圆形；花腋生，单一或通常2朵着生于花序梗顶；花冠漏斗状；雄蕊不等长；花丝基部被柔毛；蒴果近球形，3瓣裂；种子卵状三棱形。

【繁殖栽培】播种繁殖，有自播繁殖的能力。直根性，不宜移植。应于春末夏初直接播在所需绿化美化的处所。生长期间应多灌水，半月施1次肥。

多摘心，可促使多分枝，植株丰满，开花繁茂。发芽适温 25～28 ℃。光照不足则开花差。喜肥，生长季 15 d 施一次肥。栽培中及时设支架。摘心可促分枝。性强健，喜温暖，不耐寒；喜阳光充足；耐贫瘠及干旱，忌水涝，但栽培品种也喜肥。

【园林应用】牵牛花可栽植阳台、窗台等处，使茎蔓攀缘向上或缠绕向下，形成框景、窗景。也可扎成各种人工造型，任其缠绕，或布置花墙增添朝气(图 15-16)。

图 15-16　牵牛

17)球兰

【科属】夹竹桃科，球兰属

【学名】*Hoya carnosa*

【别称】马骝解、狗舌藤、铁脚板

【识别特点】茎节具气生根，茎蔓可达 200 cm 以上，可附着他物生长。叶全缘、对生、肥厚多肉，卵形或卵状长圆形。伞形花序腋生，常聚集成球形。花白色，心部淡红色。星形小花族生成近球状的聚伞花序，清雅芳香，看似美丽的花球，故名"球兰"。

【繁殖栽培】球兰原产于亚洲热带地区，各地都已引种栽培。多生于热带潮湿林下或石缝中，常附生岩石或树上。球兰性喜温暖及潮湿的环境，不耐寒。栽培土质以富含腐殖质、排水良好的壤土为佳。

【园林应用】球兰花形奇特，叶肉质，为观花植物。可作垂直绿化，种植于公园、庭院的湿润荫蔽处，也可盆栽垂吊观赏(图 15-17)。

图 15-17　球兰

18)柔毛打碗花

【科属】旋花科，打碗花属

【学名】*Calystegia pubescens*

【别称】缠枝牡丹、长裂旋花

【识别特点】蔓生或攀缘，高数米，无毛至疏生短柔毛，叶狭三角形到长圆形、无毛到疏生短柔毛。花冠粉红色，偶见白色。花期 8 月。

【繁殖栽培】播种繁殖。喜欢温和湿润气候，也耐恶劣环境，适应沙质土壤。

【园林应用】可独立形成造型各异的小品景观。也可以模拟自然地形的起伏，形成开阔的原野风光。优良的护坡材料及地被植物。也可片植形成独立的小片群体或"块状模纹"用于点缀草坪等绿色地被(图 15-18)。

图 15-18　柔毛打碗花

19)铁线莲

【科属】毛茛科,铁线莲属

【学名】*Clematis florida*

【别称】东北铁线莲、架子菜

【识别特点】草质藤本。叶对生或与花簇生,二回三出羽状复叶。花两性,单生于叶腋,无花瓣,花梗长 6～11 cm;萼片 6 枚,白色,倒卵圆形或匙形;雄蕊紫红色,花柱短;花期 1～2 月。果实为瘦果,倒卵形,边缘增厚,宿存花柱伸长成喙状,下部有开展的短柔毛,上部无毛,膨大的柱头 2 裂;果期 3—4 月。

【繁殖栽培】铁线莲用播种、压条、分株、扦插及嫁接等方法繁殖。播种法仅应用于繁殖原种或育种。铁线莲不喜移植,不论用何法繁殖的幼苗,均以一次定植为好。若必须移栽,则以秋季 9—11 月、春季 2—4 月为宜。

【园林应用】铁线莲可应用廊架式、立柱式、篱垣式、造型式、垂挂式、家庭园艺等立体绿化(图 15-19)。

图 15-19 铁线莲

20)天门冬

【科属】天门冬科,天门冬属

【学名】*Asparagus cochinchinensis*

【别称】丝冬、野鸡食

【识别特点】攀缘植物。根在中部或近末端成纺锤状膨大,膨大部分长 3～5 cm,粗 1～2 cm。茎长可达 2 m,基部木质化有短刺,上部披散簇生;根茎表面黄白色或黄棕色,半透明,有深浅不等的纵沟及细皱纹;叶退化成鳞片状,肉眼不易看到;看到的“叶”,是枝变成的,花淡绿色,腋生;花期在 5—6 月,果期 8—10 月;天门冬名出《本草纲目》:“草之茂者为虋,俗作门。此草蔓茂,而功同麦门冬,故曰天门冬,或曰天棘。”

【繁殖栽培】天门冬喜温暖,不耐严寒,忌高温,多生长于山野林缘阴湿地、丘陵地灌木丛中或山坡草丛;适宜在土层深厚、疏松肥沃、湿润且排水良好的沙壤土或腐殖质丰富的土中生长。天门冬通常采用播种繁殖。

【园林应用】天门冬在窗台、阳台和居室中十分常见,适合盆栽观赏。鳞片状叶独具特色(图 15-20。

图 15-20 狐尾天门冬

21)翼叶山牵牛

【科属】爵床科,山牵牛属

【学名】*Thunbergia alata*

【别称】翼叶老鸦嘴、黑眼苏珊、黑眼花

【识别特点】缠绕草本植物。茎被倒向柔毛;叶卵状箭头形或卵状稍戟形,端锐尖,基部箭形或稍戟形,叶柄具翼;花单生叶腋,小苞片卵形,外面被近贴伏柔毛,冠檐裂片倒卵形,花丝无毛,花药具短尖头;蒴果被开展柔毛;花期 6—9 月。

【繁殖栽培】喜温暖、湿润及阳光充足的环境,耐热、耐旱、耐瘠、不耐寒。生长适温 20～28 ℃。不择土壤,以疏松、肥沃的壤土为佳。一般繁殖方式为种子繁殖。

【园林应用】其花美色艳，花冠喉部紫黑色，仿佛含情脉脉的黑眼睛，可用作垂直绿化。其盆栽装饰阳台，也可于庭院的小型花架、篱架旁栽，园林中常用于小型棚架、篱垣、花架栽培观赏(图 15-21)。

图 15-21　翼叶山牵牛

22)百脉根

【科属】豆科，百脉根属

【学名】*Lotus corniculatus*

【别称】五叶草、牛角花

【识别特点】多年生草本，高 15～50 cm，全株散生稀疏白色柔毛或秃净(图 15-22)。具主根。茎丛生，平卧或上升，实心，近四棱形。羽状复叶小叶 5 枚；花冠黄色或金黄色，干后常变蓝色，旗瓣扁圆形，瓣片和瓣柄几等长。花期 5—9 月，果期 7—10 月。

图 15-22　鹦鹉嘴百脉根

【繁殖栽培】百脉根喜欢温暖湿润的气候，最适宜生长温度为 18～25 ℃；幼苗不耐寒，成株耐寒力稍强，但低于 5 ℃茎叶枯黄。百脉根对土壤要求不高，但在肥沃排水性良好的土壤中生长良好。百脉根为长日照植物，不耐阴，日光充足能促进开花。

【园林应用】盆栽观赏植物，还可以增加土壤有机质，改良土壤结构，提升土壤肥力。

15.5.2　木质藤本花卉

1)白花油麻藤

【科属】豆科，油麻藤属

【学名】*Mucuna birdwoodiana*

【别称】勃氏黎豆、鲤鱼藤、雀儿花、禾雀花、血枫藤等

【识别特点】常绿大型木质藤本。茎断面先流出白色汁液，2～3 min 后汁液变为血红色；顶生小叶椭圆形、卵形或近倒卵形，先端尾状渐尖，基部圆或近楔形；总状花序生于老茎上或腋生，花冠白或绿白色；荚果木质；花期 4—6 月；果期 6—11 月。白花油麻藤的花的形状像一个个雀鸟，一串串挂在茎上，远远看去像很多雀鸟成群聚集在一起，故又名“禾雀花”(图 15-23)。

图 15-23　白花油麻藤

【繁殖栽培】白花油麻藤性强健，生长迅速，较耐阴，有一定抗寒能力。喜欢温暖、湿润的气候和肥沃的土壤。多生于海拔 800～2500 m 的山地阳处、路旁、溪边，攀缘在乔木灌木上。繁殖方法一般

多用播种繁殖。

【园林应用】白花油麻藤花如鸟雀，观赏价值高，在中国南方多用来制作大型花架、花门和私家庭园的绿化等。

2)薜荔

【科属】桑科，榕属

【学名】*Ficus pumila*

【别称】广东王不留行、木馒头、鬼馒头、冰粉子、凉粉果、木莲、凉粉子

【识别特点】攀缘或匍匐灌木。叶两型。营养枝节上生不定根。榕果单生叶腋。雄花着生榕果内壁口部，花丝短；瘿花具柄；雌花着生另一植株榕果内壁，花柄长，花被片4～5。瘦果近球形，有黏液。花果期5—8月。

【繁殖栽培】薜荔采用种子繁殖或无性繁殖(扦插、嫁接、组织培养)。适宜在酸碱性土壤中生长，常生长于土壤湿润或空气湿度较大的环境中。

【园林应用】可用于墙面、立交桥桥柱绿化等。还可用于城市道路两侧地形起伏较大的自然缓坡、岩面、路基边坡、水体驳岸绿化等(图15-24)。

图15-24　薜荔

3)常春藤

【科属】五加科，常春藤属

【学名】*Hedera nepalensis* var. *sinensis*

【别称】爬崖藤、爬墙虎、爬树藤、中华常春藤

【识别特点】常绿攀缘灌木，茎灰棕色或黑棕色，有气生根。叶革质，在不育枝上通常为三角状卵形或三角状长圆形，花枝上的叶片通常为椭圆状卵形至椭圆状披针形。伞形花序单个顶生；花淡黄白色或淡绿白色；花瓣5，三角状卵形，外面有鳞片；花盘隆起，黄色；花柱全部合生成柱状。果实球形，红色或黄色；花柱宿存。花期9—11月，果期次年3—5月。

【繁殖栽培】通常用扦插或压条繁殖，极易生根。栽培管理简易。

【园林应用】常春藤是城市垂直绿化中不可缺少的一种攀缘植物，其应用类型可分为凉廊式、附柱式、篱垣式、垂挂式、附壁式。常春藤具有繁殖能力强、生长迅速和覆盖性强的特点，在地面绿化方面也发挥着重要的作用(图15-25)。

图15-25　常春藤

4)常绿钩吻藤

【科属】钩吻科，钩吻属

【学名】*Gelsemium sempervirens*

【别称】北美钩吻、金钩吻、法国香水、美洲钩吻

【识别特点】常绿木质藤本植物嫩茎绿色，成熟茎红褐色，地下有粗壮的根茎，叶对生，披针形，表面有光泽，先端尖，背面颜色稍淡；羽状脉，具短柄；花单生或成小型聚伞花序，花漏斗形，花冠裂片5，圆形，先端稍凹，蕾期覆瓦状，开放后边缘向右覆盖。5—11月开花，7月至翌年3月结果。

【繁殖栽培】以扦插繁殖为主，多在每年春夏二季进行。也可采用播种法进行育苗，宜选用排水良好、疏松肥沃的土。喜光，在温暖湿润、土壤肥沃的

条件下生长繁茂，不耐寒。

【园林应用】全年均有观赏价值，春季赏黄花，秋季叶变橙红色，可附着在格子架上作垂直绿化的材料(图 15-26)。

图 15-26　常绿钩吻藤

5)地锦

【科属】葡萄科，地锦属

【学名】*Parthenocissus tricuspidata*

【别称】爬山虎、爬墙虎、田代氏大戟、地锦、铺地锦、地锦草、中国地锦

【识别特点】木质藤本。卷须顶端常扩大成吸盘。叶互生，掌状复叶或单叶而常有裂，有长柄。聚伞花序与叶对生，花部常 5 数，花瓣离生。浆果，有种子 1～4 颗。

【繁殖栽培】用播种或扦插、压条等法繁殖。

【园林应用】地锦属植物可借助吸盘攀附其他物体生长，常用作垂直绿化材料。其自然攀附高度可达 4～5 层楼高，用于墙体绿化后，还具有降温、隔热，增湿、防尘、消音等功效。秋季叶色变红，犹如地毯一样覆盖在建筑物表面，甚是美观(图 15-27)。

6)扶芳藤

【科属】卫矛科，卫矛属

【学名】*Euonymus fortunei*

图 15-27　地锦

【别称】爬行卫矛、胶东卫矛、文县卫矛、胶州卫矛、常春卫矛

【识别特点】常绿藤本灌木(图 15-28)，枝上通常生长细根并具小瘤状突起。叶对生，广椭圆形或椭圆状卵形以至长椭圆状倒卵形；边缘齿浅不明显，先端尖或短锐尖。聚伞花序；花序梗长 1.5～3 cm，有花 4～7 朵，分枝中央有单花，花白绿色，4 数；花盘方形；花丝细长，花药圆心形；子房三角锥状，四棱，粗壮明显；花期 6—7 月。蒴果粉红色，果皮光滑，近球状，种子长方椭圆状，棕褐色，假种皮鲜红色，全包种子；果期 9—10 月。

图 15-28　扶芳藤

【繁殖栽培】用扦插繁殖极易成活，播种、压条也可进行。栽培管理较粗放，若要控制其枝条过长生长，可于 6 月或 9 月进行适当修剪。

【园林应用】扶芳藤适宜在林缘、林下作地被，也可点缀墙角、山石、老树等。常作为为地面覆盖的绿化观叶植物，特别是彩叶变异品种，有较高的观赏价值。夏季黄绿相容，有如绿色的海洋泛起金色的波浪；到了秋冬季，则叶色艳红，实为园林彩化绿化的优良植物。

7)葛

【科属】豆科，葛属

【学名】*Pueraria montana* var. *lobata*

【别称】葛藤、野葛、野山葛、山葛藤、葛根

【识别特点】粗壮藤本，长可达 8 m，茎基本木质，块状根。叶为羽状复叶，具 3 小叶。总状花序，花紫或粉红色，旗瓣倒卵形，基部有 2 耳及一黄色硬痂状附属体，具短瓣柄，翼瓣镰状，较龙骨瓣为狭，基部有线形、向下的耳，龙骨瓣镰状长圆形，基部有极小、急尖的耳；苞片线状披针形至线形，花萼钟状，被黄褐色柔毛，裂片披针形，渐尖，比萼管略长，花期 9—10 月。荚果长椭圆形，扁平，被褐色长硬毛，果期 11—12 月。

【繁殖栽培】可用播种或压条法繁殖。

【园林应用】葛藤在园林绿化中主要以墙体绿化、地面绿化和绿柱等方式进行应用。葛藤绿化旧墙面，可以遮陋透新，与周围环境形成和谐统一的景观，提高绿化覆盖率，美化环境(图 15-29)。在地面绿化应用中利用根系庞大、牢固的藤本植物覆盖地面，可起到保持水土的作用。

图 15-29　葛

8)红萼苘麻

【科属】锦葵科，苘麻属

【学名】*Abutilon megapotamicum*

【别称】巴西苘麻、美佳苘麻、蔓性风铃花、垂枝风铃花

【识别特点】叶互生，心形，叶端尖，叶缘有钝锯齿，有时分裂，叶柄细长。

【繁殖栽培】常用扦插和压条的方法繁殖。喜温暖湿润和阳光充足的环境，也耐半阴，不耐寒，也不耐旱，适宜在疏松透气、含腐殖质丰富的土壤中生长。生长期保持盆土湿润，但不要积水，夏季高温季节早晚向植株喷水，以增加空气湿度。栽培中注意摘心，以促进分枝，使其多开花，并控制植株的高度，保持其美观。冬季移入阳光充足的室内，不低于 15 ℃可正常开花。

【园林应用】红萼苘麻适合作为吊盆栽种观赏，是优良的盆栽观花植物。全年开花，盆栽应设立支架供其攀爬(图 15-30)。

图 15-30　红萼苘麻

9)假连翘

【科属】马鞭草科，假连翘属

【学名】*Duranta erecta*

【别称】金露华、金露花、篱笆树、花墙刺、洋刺、番仔刺、莲荞

【识别特点】常绿小乔木或灌木，小枝呈四棱状；叶长椭圆形，对生；花成总状花序，淡紫或白色，成串下垂；成熟果色鲜黄，聚生成串。花蓝紫色，花期夏、秋、冬三季，边开花边结果，核果成熟后黄色，

有光泽。

【繁殖栽培】可以采用播种、扦插、压条繁殖。假连翘喜欢湿润，不耐干旱，生长期间要保持充足的水分供应，满足植株的生长所需。注意盆内不要有积水，尤其是雨季要注意排水。冬季则要使盆土保持干燥，节制浇水。生长期间需要勤施肥，每半个月施一次以氮肥为主的肥料，促进植株的生长；花期前需要施一些磷肥和钾肥，促进开花；花后施磷肥和钾肥，可以增加果实的观赏性，延长观果时间。

【园林应用】绿篱、观赏。假连翘花期长而花美丽，是一种很好的绿篱植物(图 15-31)。

图 15-31　假连翘

10)口红花

【科属】苦苣苔科，芒毛苣苔属

【学名】*Aeschynanthus pulcher*

【别称】口红吊兰

【识别特点】茎圆柱形，叶对生，叶片革质，花数朵簇生茎或短枝顶端，花萼钟状筒形，花冠橘红色，裂片中央有暗紫色斑，花盘环状，蒴果线形，12 月至翌年 2 月开花。

【繁殖栽培】口红花产西藏东南部和云南西部及南部，在印度东北部也有分布，常生于海拔 1000～1900 m 山地林中树上。口红花喜明亮光照的半阴环境，生长适温为 21～26 ℃，较耐寒，但喜高温环境，喜排水良好的土壤。口红花繁殖可用扦插法，春、秋两季为适期，选取健壮肥厚的枝条，每 7～10 cm剪为 1 段，扦插于疏松的沙土，或用细蛇木屑 50%、珍珠石 20%和粗沙 30%调制的培养土，保持适当的湿度，接受 50%～60%的日照，经 30～40 d 可发根成苗，待根群生长旺盛后，再移植盆栽或花坛栽培。

【园林应用】口红花花冠筒状，鲜艳美丽，适于盆栽悬挂，为观叶、观花的优良品种(图 15-32)。

图 15-32　口红花

11)凌霄

【科属】紫葳科，凌霄属

【学名】*Campsis grandiflora*

【别称】上树龙、五爪龙、九龙下海、接骨丹、过路蜈蚣、藤五加、搜骨风、白狗肠、堕胎花、苕华、紫葳

【识别特点】茎木质，表皮脱落，枯褐色，以气生根攀附于他物之上；叶对生，为奇数羽状复叶；顶生疏散的短圆锥花序；花萼钟状；蒴果细长如豆荚。花期 5—8 月。

【繁殖栽培】喜温暖；有一定的耐寒能力；生长喜阳光充足，但也较耐阴；在盐碱瘠薄的土壤中也能正常生长，但生长以深厚肥沃、排水良好的微酸性土壤为好。凌霄一般多用扦插繁殖，此外还可以用种子播种、压条、分株等方法繁殖。

【园林应用】凌霄老干扭曲盘旋、苍劲古朴，其花色鲜艳，芳香味浓，且花期很长，故而可作室内的盆栽藤本植物，且可根据种花人的爱好，装扮成各种图形，是一种受人喜爱的地栽和盆栽花卉(图 15-33)。

图 15-33　凌霄花

图 15-34　络石

12)络石

【科属】夹竹桃科,络石属

【学名】*Trachelospermum jasminoides*

【别称】万字茉莉、络石藤、风车藤、风车茉莉

【识别特点】叶革质,卵形、倒卵形或窄椭圆形,长 2～10 cm,无毛或下面疏被短柔毛;叶柄长 0.3～1.2 cm。具有风车一般的白色小花,散发茉莉的清香(图 15-34)。

【繁殖栽培】可采取压条的方式进行,将比较嫩的茎进行连续压条,到了秋季剪下种植,能够得到很多幼苗。将幼苗进行扦插,可以大量的成活,长出新的植株。喜欢湿润温暖的环境,但不能太涝,它能够抵御寒冷的天气,生命力比较顽强。春季的时候,可以两天浇一次水,到了夏季相应地增加浇水量,需要每天都进行,冬季植物需水量较少,半个月的时间进行一次即可。浇水要保证浇透,不能过多造成积水,一般土壤快要干旱的时候再进行浇水就可以了。

【园林应用】常绿木质藤蔓植物,有一定的毒性,只要不直接接触和食用就不会对身体造成影响。五瓣洁白的小花瓣绕着黄色花芯“旋转”,其形状就像梵文中的“万”字,因此又名“万字茉莉”。细长的花瓣又如旋转的小风车叶片,也有“风车茉莉”之美称。这种花特别的香,香质古典,综合了梅花的幽、兰花的清、茉莉的雅,香气厚重浓郁。

13)龙吐珠

【科属】唇形科,大青属

【学名】*Clerodendrum thomsoniae*

【别称】九龙吐珠、白萼贞桐、红花龙吐珠

【识别特点】幼枝四棱形,被黄褐色短茸毛,老时无毛,小枝老后中空;叶片纸质,狭卵形或卵状长圆形顶端渐尖,基部近圆形,全缘,表面被小疣毛,略粗糙,背面近无毛,基脉三出(图 15-35)。

图 15-35　龙吐珠

【繁殖栽培】土壤用肥沃、疏松和排水良好的沙质壤土。盆栽用培养土或泥炭土和粗沙的混合土。龙吐珠喜温暖、湿润和阳光充足的半阴环境,不耐寒。种子寿命短,采后即播。但播种法不易成活,建议使用扦插法繁殖。

【园林应用】聚伞形花序腋生；春夏开花，花甚美丽，萼白色较大、花冠上部深红色，花开时红色的花冠从白色的萼片中伸出，宛如龙吐珠，故名。龙吐珠常用于盆栽观赏，点缀窗台和夏季小庭院。

14）中华猕猴桃

【科属】猕猴桃科，猕猴桃属

【学名】*Actinidia chinensis*

【别称】藤梨、羊桃藤、羊桃、阳桃、奇异果、几维果、井冈山猕猴桃

【识别特点】大型落叶藤本，叶纸质，聚伞花序1～3花，苞片小；花初放时白色，放后变淡黄色，有香气；花瓣通常 5 片，有短距。果黄褐色，被茸毛，成熟时秃净或不秃净，具小而多的淡褐色斑点；宿存萼片反折。

【繁殖栽培】繁殖方式包括嫁接繁殖、扦插繁殖、压条繁殖及播种繁殖。通常用播种法繁殖。将成熟的浆果捣烂，在水中用细筛淘洗，取出种子后阴干保存。播种前与湿沙混合装入盆内，保持温度在 2～8 ℃，经沙藏 50 d 后即可播种。幼苗在冬季应行埋土防寒。定植时应设棚架以资攀缘，有利通风透光，增加产量。喜欢土层深厚、腐殖质丰富、排水良好的土壤。喜光但怕暴晒，喜温暖湿润的环境，不耐涝（图 15-36）。

图 15-36　中华猕猴桃

【园林应用】具有食用、药用、采摘等功能，还可作为乡村景观造景植物，绿化美化乡村生态环境。《太白东溪张老舍即事，寄舍弟侄等》一诗中描述了庭院中栽种猕猴桃的景象“中庭井阑上，一架猕猴桃”。

15）蔓长春花

【科属】夹竹桃科，蔓长春花属

【学名】*Vinca major*

【别称】长春蔓、卵叶常春藤

【识别特点】茎偃卧，花茎直立；除叶缘、叶柄、花萼及花冠喉部有毛外，其余均无毛，叶椭圆形，先端急尖，基部下延；花单朵腋生，花萼裂片狭披针形，花冠蓝色，花冠筒漏斗状，其裂片呈倒卵形，先端圆形；花期 3—4 月；果期 5—6 月。

【繁殖栽培】蔓长春花适应性强，喜半阴、湿润的环境和肥沃的沙性土壤，也可在全光照下生长，耐旱，耐寒。其繁殖方式一般为扦插、分株和整枝压条繁殖。

【园林应用】蔓长春花既耐热又耐寒，四季常绿，有着较强的生命力，是一种理想的地被植物。且其花色绚丽，有着较高的观赏价值。利用其攀缘性，可以拓展绿化空间、增加植物景观层次的变化，给园林建筑赋予生机，创造出幽雅的意境（图 15-37）。

图 15-37　蔓长春花

16）木香花

【科属】蔷薇科，蔷薇属

【学名】*Rosa banksiae*

【别称】七里香、木香、金樱、小金樱、十里香、木香藤

【识别特点】常绿攀缘灌木，高达 6 m。枝绿色，细长，光滑少刺。小叶 3～5 枚，罕 7，缘有细锐齿，

表面暗绿而有光泽，背面中肋常微有柔毛。花常为白色，芳香；3～15 朵排成伞形花序。果近球形，红色，萼片脱落。花期 4—5 月。

【繁殖栽培】繁殖多用压条或嫁接法；扦插较难成活。木香生长迅速，管理简单，花后略行修剪即可。不耐寒，在华北、东北需保护越冬，通常作盆栽使用。

【园林应用】在我国长江流域地区常作垂直绿化材料，如用于棚架、花篱和岩坡等绿化(图 15-38)。

图 15-38　重瓣黄木香

17)南蛇藤

【科属】卫矛科，南蛇藤属

【学名】*Celastrus orbiculatus*

【别称】南蛇风、大南蛇、果山藤

【识别特点】落叶藤本，小枝圆，髓心充实白色，皮孔大而隆起。单叶互生，近圆形或倒卵状椭圆形，边缘有带圆锯齿。花为短总状花序腋生，花期 5 月。蒴果球形，橙黄色；种子扁椭圆形，具肉质红色假种皮，果期 9—10 月成熟。

【繁殖栽培】生产栽培实践中多采用播种育苗的方法进行繁殖，种子出苗率可达 95%以上；也可采用无性繁殖，如压条、分株、扦插等。习性上喜阳耐阴，抗寒耐旱，对土壤要求不严，栽培管理粗放。

【园林应用】植株姿态优美，藤茎壮观；常用作垂直绿化植物，栽植于棚架、墙垣、岩壁等处；作为水景园的观赏植物，栽植于湖畔、塘边、溪旁、河岸，与湖光水景相映成趣(图 15-39)。

图 15-39　南蛇藤

18)炮仗藤

【科属】紫葳科，炮仗藤属

【学名】*Pyrostegia venusta*

【别称】黄鳝藤、鞭炮花、炮仗花

【识别特点】小枝顶端有丝状卷须；叶对生，卵形；花萼钟状，橙红色，长椭圆形，花丝丝状，花药叉开；果瓣为革质，舟状。花期 1—6 月。初夏红橙色的花朵累累成串，状如鞭炮，故有炮仗藤(花)之称。

【繁殖栽培】炮仗藤适应性强，喜温暖湿润、光线充足、空气流通的环境，对土质要求不严，但以排水良好，有机质含量丰富的壤土和沙壤土为宜。其形成密集的团块，常见于树上、墙壁上或岩石上。炮仗藤的繁殖方式多采用扦插和压条繁殖(图 15-40)。

图 15-40　炮仗藤

【园林应用】炮仗藤开花时节，朵朵金黄色的小花点缀在绿墙上，给花园、环境增添许多喜庆色彩，多种植于庭院和栅栏作垂直绿化，或用于高层建筑的阳台作垂直或铺地绿化，显示富丽堂皇，是华南地区重要的攀缘花木。

19）爆仗竹

【科属】车前科，爆仗竹属

【学名】*Russelia equisetiformis*

【别称】爆竹花、吉祥草

【识别特点】叶小，对生或轮生，退化成披针形的小鳞片。聚伞圆锥花序，花红色，花冠长筒状，长约 2 cm，花期春、夏季。

【繁殖栽培】用分株和扦插法繁殖，也可压条、播种。栽培容易，管理粗放。喜温暖湿润和半阴环境，也耐日晒，不耐寒，越冬温度 5 ℃以上。不怕水湿，耐修剪。

【园林应用】红色长筒状花朵成串吊于纤细下垂的枝条上，犹如细竹上挂的鞭炮。宜在花坛、树坛边种植，也可盆栽观赏（图 15-41）。

图 15-41　爆仗竹

20）飘香藤

【科属】夹竹桃科，飘香藤属

【学名】*Mandevilla laxa*

【别称】红皱藤、双腺藤、双喜藤、文藤、红蝉花

【识别特点】缠绕茎柔软而有韧性，顺着支架盘旋而上，粉红似喇叭的花儿大而直挺，花茎能达到 6～8 cm。叶椭圆形、硕大，叶面皱，近全缘，叶色浓绿、富有光泽先端急尖，革质；花色艳丽，漏斗形，多为深粉红色；花期主要为夏、秋两季，如养护得当其他季节也可开花。

【繁殖栽培】可用播种、扦插法繁殖，也可用组织培养方法进行快繁。播种时，温度要求在 18～23 ℃，一般春季进行。飘香藤喜温暖湿润及阳光充足的环境，也可置于稍荫蔽的地方，但光照不足开花减少。最适生长温度为 20～31 ℃，最高温不宜超过 35 ℃，最低温度为 14 ℃，低于 10 ℃ 随时会产生冻害的可能。对土壤的适应性较强，但以富含腐殖质排水良好的沙质壤土为佳。

【园林应用】花枝优美独特，枝条柔软，可做各种造型。从初春到深秋花开不断，花朵从下至上一直开放，花朵的颜色从春到夏越来越深，越来越艳丽，给人以花开富贵的感觉，观赏价值极高，惹人喜爱。花腋生，花冠漏斗形，花色为红色、桃红色、金红色，粉红等色，且富于变化，有“热带藤本植物皇后”的美称（图 15-42）。

图 15-42　飘香藤

21）千叶吊兰

【科属】蓼科，千叶兰属

【学名】*Muehlenbeckia complexa*

【别称】千叶兰

【识别特点】多年生常绿藤本植物，呈匍匐状，茎红褐色或黑褐色。叶小，互生，心形或近圆形，先端尖，基部近截平。花小，黄绿色。

【繁殖栽培】原产于新西兰，中国长江三角地区有栽培应用。喜温暖湿润的环境，喜阳亦耐阴，耐寒性强，适应性强，宜疏松肥沃、排水良好的沙质土壤。

【园林应用】盆栽或吊植，也有净化甲醛的作用，放在家里，尤其是新房，空气会变得更好(图 15-43)。

图 15-43　千叶吊兰

22)野蔷薇

【科属】蔷薇科，蔷薇属

【学名】*Rosa multiflora*

【别称】野蔷薇、多花蔷薇

【识别特点】攀缘灌木，茎具蔓性，多刺。叶互生，奇数羽状复叶，小叶 5～9(11 枚)，叶缘有齿，多数簇生，托叶篦齿状，大部贴生于叶柄。花朵成密集圆锥状伞房花序，花期 5—6 月。果近球形，褐红色，成熟期 10—11 月。

【繁殖栽培】繁殖方式多样，可用播种、扦插、分株等方式繁殖。喜光，喜肥，耐半阴，耐寒，耐瘠薄，耐旱，不耐水湿，忌积水。对土壤要求不严，可在黏重土壤上正常生长。萌蘖性强，耐修剪，抗污染。

【园林应用】蔷薇属植物花色鲜艳，芳香浓郁，姿态各异，适合营造专类园。许多变种或品种都具有蔓生、匍匐或攀缘习性，是非常优良的垂直绿化材料，可用于墙垣、护坡绿化或者攀缘于花架、凉廊之上，也可用于屋顶绿化或阳台绿化。此外，大多数蔷薇都拥有艳丽的花朵，诱人的果实，因而是非常优良的蜜源植物，从而能够极大地丰富城市生物多样性，营造更加健康、优良的城市生态环境(图 15-44)。

图 15-44　野蔷薇

23)忍冬

【科属】忍冬科，忍冬属

【学名】*Lonicera japonica*

【别称】老翁须、鸳鸯藤、蜜桷藤、子风藤、右转藤、二宝藤、二色花藤、银藤、金银藤、金银花、双花

【识别特点】忍冬幼枝呈橘红褐色，常常覆盖粗糙的硬毛；叶片一般有披针形和卵形，边缘有粗糙的茸毛，上面深绿色，下面淡绿色；忍冬花苞片大，花瓣卵形或椭圆形，有短柔毛，花冠白色；果实圆形，成熟时蓝黑色，有光泽；花期 4—6 月；果期 10—11 月。忍冬因为其凌冬不凋谢而得名。

【繁殖栽培】忍冬的适应性很强，对温度的适应范围广，喜湿耐涝，要求土壤湿润，喜弱光和阴雨环境，在强光下生长缓慢，以土层较厚的沙质壤土为最佳，山坡、梯田、地堰、堤坝、瘠薄的丘陵都可栽培。忍冬的繁殖方法以种子繁殖和扦插繁殖为主(图 15-45)。

图 15-45　忍冬

【园林应用】忍冬是多年生半常绿缠绕灌木，适应性强，不择土质，既耐旱，又耐涝，而且根很深，可以防止水土流失。

24）软枝黄蝉

【科属】夹竹桃科，黄蝉属

【学名】*Allamanda cathartica*

【别称】金蝉、大花软枝黄蝉

【识别特点】藤状灌木；长达 4 m，具乳汁；叶对生或 3～5 轮生，倒卵形、窄倒卵形或长圆形。花序梗短，花冠黄色，花冠筒下部圆筒形，上部钟状，花冠裂片平截倒卵形或圆形。蒴果近球形，刺长达 1 cm；种子扁平，边缘膜质或具翅。

【繁殖栽培】软枝黄蝉喜高湿及日光充足的环境，耐热、耐瘠、不耐寒。生长适温 22～30 ℃。不择土壤，以疏松、肥沃的壤土为佳。种植在光照充足的地方，否则开花减少。生长期土壤宜湿润，不可过于积水，一般室外栽培不用补水。除定植施入适量基肥外，每月施肥 1～2 次。扦插繁殖，春秋为适期。

【园林应用】软枝黄蝉花大，鲜艳，是观花型常绿藤状灌木，特别适合片植。软枝黄蝉植株乳汁、树皮和种子有毒，人畜食后会引起腹痛、腹泻，不要误食（图 15-46）。

图 15-46　软枝黄蝉

25）蒜香藤

【科属】紫葳科，蒜香藤属

【学名】*Mansoa alliacea*

【别称】紫铃藤、张氏紫葳

【识别特点】常绿藤状灌木。植株蔓性，具卷须，叶为二出复叶，深绿色椭圆形，具光泽。花腋生，聚伞花序，花冠筒状，开口五裂。花期春季至秋季，盛花期 8—12 月，果期 4—6 月和 9 月至翌年 1 月。其花、叶在搓揉之后，有大蒜的气味，因此得名蒜香藤。此花还有一个特点是能随着时间推移而变色。刚开时花为粉紫色，几天后慢慢转为粉红色，最后变成白色而掉落。

【繁殖栽培】喜温暖湿润气候和阳光充足的环境；较耐阴，不耐寒；喜疏松肥沃的微酸性土壤；蒜香藤生性强健，病虫害少。可用播种、扦插或压条繁殖，生产上一般以扦插为主。

【园林应用】蒜香藤枝叶疏密有致，叶色浓绿，花朵密集、色彩素雅，花期甚长，全株可散发出沁人心脾的蒜香味；花盛开时紫色或蓝紫色，后变淡，整个植株可见多种色彩并存，格外醒目，是园林绿化佳品，一般作为篱笆、围墙美化或凉亭、棚架装饰之用。可成片布置于坡地、岸边、台坡、花境中，也可用于攀缘山石、围墙、栅栏和小型棚架（图 15-47）。

图 15-47　蒜香藤

26）山牵牛

【科属】爵床科，山牵牛属

【学名】*Thunbergia grandiflora*

【别称】大花邓伯花、大花老鸦嘴、长黄毛山牵牛

【识别特点】攀缘灌木。小枝梢四棱形，后逐渐变圆，初密被柔毛，主节下有黑色巢状腺体及稀疏长毛；叶卵形、宽卵形或心形，边缘三角形裂片，上面被有毛基柔毛，粗糙状，下面密被柔毛；花单生叶

腋或顶生成总状花序，花冠管白色，冠檐蓝紫色；球形蒴果被短柔毛；花期 2—10 月；果期 7—11 月。

【繁殖栽培】一般繁殖方式为种子繁殖，也可茎段或块根繁殖。宜选用排水良好、疏松肥沃的壤土。山牵牛喜日光充足的环境，每天最好接受不少于 4 h 的日光照射，最好保持全日照。喜温暖，不耐寒，在 18～28 ℃的温度范围内生长较好，越冬温度不宜低于 10 ℃。因此可在热带地区露地栽植，而温带地区只能温室栽培。

【园林应用】植株粗壮，花繁叶茂，覆盖面大，花开朵朵成串下垂，且花期较长，还可附着于大型棚架、中层建筑、篱垣等，是良好的园林景观绿化植物(图 15-48)。

图 15-48　山牵牛

27)使君子

【科属】使君子科，风车子属

【学名】*Combretum indicum*

【别称】四君子、史君子、舀求子、西蜀使君子、毛使君子

【识别特点】攀缘灌木，叶对生，椭圆形，两面均被灰白色柔毛。穗状花序，倒挂下垂。花期夏秋。果有五棱，熟时黑色，种子白色。

【繁殖栽培】喜温润，深根性，根系分布广而深。宜栽于向阳背风处。对土质要求不严，但以排水良好的肥沃沙质壤土为最适。使君子的繁殖方法有多种，如播种、扦插、压条及分蘖等。

【园林应用】栽植于花坛、盆栽，以及用于花架、绿荫棚架(图 15-49)。

图 15-49　使君子

28)首冠藤

【科属】豆科，首冠藤属

【学名】*Cheniella corymbosa*

【别称】深裂叶羊蹄甲、菱果羊蹄甲、攀缘羊蹄甲

【识别特点】大藤本；茎嫩时圆柱形，老时扁平；枝和小枝密被短柔毛，后渐脱落；卷须多少对生，一面被毛；枝无毛，卷须单生或成对；叶纸质，卵形或阔卵形；总状花序狭长，多花，花很小，花柱短，柱头小；荚果近菱形或长圆形，扁平；种子 10 余颗，长圆形，褐色。

【繁殖栽培】可用扦插繁殖、播种繁殖。喜光照，喜温暖湿润气候；耐干旱瘠薄；对土壤要求不高。

【园林应用】优良的观花植物，可做垂直绿化种植于公园、庭园的棚架、拱门、墙垣和绿篱等处(图 15-50)。

图 15-50　首冠藤

29)藤本月季

【科属】蔷薇科,蔷薇属

【学名】*Rosa* (Climbers Group)

【别称】攀缘月季

【识别特点】该类月季是现代月季的一个品种分类群,包括藤本月季和蔓性月季。按照开花习性可分为单季花、两季花、三季花。落叶灌木,呈藤状或蔓状,姿态各异,可塑性强,短茎的品种枝长只有 1 m,长茎的达 5 m。其茎上有疏密不同的尖刺,形态有直刺、斜刺、弯刺、钩形刺,依品种而异。花单生、聚生或簇生,花茎为 2.5～14 cm(图 15-51)。

【繁殖栽培】可采用扦插、压条等繁殖方式。较耐寒,喜光,喜肥,要求土壤排水良好。

【园林应用】因其攀缘生长的特点,主要用于垂直绿化,对园林造景、美化环境起着独特的作用。适宜做成花篱、花屏、花墙、花球、花柱和花廊,也可单株修剪,培养成月季树,用于城市道路和高速公路的绿化。

图 15-51 藤本月季

30)紫藤

【科属】豆科,紫藤属

【学名】*Wisteria sinensis*

【别称】朱藤、招藤、招豆藤、藤萝

【识别特点】落叶藤本。茎右旋,枝较粗壮,嫩枝被白色柔毛,后秃净;冬芽卵形。奇数羽状复叶。总状花序发自种植一年短枝的腋芽或顶芽。荚果倒披针形,密被茸毛,悬垂枝上不脱落,有种子 1～3 粒;种子褐色,扁平。花期 4 月中旬至 5 月上旬,果期 5—8 月(图 15-52)。

【繁殖栽培】繁殖可用播种、扦插、压条、分株、嫁接等方法。定植时对较大的植株需先设立棚架,并将粗大枝条均匀地绑缚于架上,使其沿架攀缘。盆栽时,应注意加强修剪和摘心,整枝可以采用多分枝的灌木状或悬崖式。耐水湿及瘠薄土壤,喜光,较耐阴。以土层深厚,排水良好,向阳避风的地方栽培最适宜。主根深,侧根浅,不耐移栽。

【园林应用】紫藤是先花后叶植物,巨大的花序和如绿龙一般蜿蜒曲折的形态是其突出的观赏特点。常布置在棚架、门廊、枯树或作山面绿化材料,既可以起到遮阴的效果,也能观形赏花和享受芬芳的气味。还可培植为盆景作室内观赏。

图 15-52 紫藤

思考题

1. 适合庭院绿化的藤本花卉有哪些?
2. 常绿的藤本花卉有哪些?
3. 藤本花卉的分类是怎样的?
4. 藤本花卉在立体绿化中的应用形式是怎样的?
5. 列举常用的 20 种藤本花卉。

第16章 观赏作物

16.1 概述

观赏作物是介于花卉与农作物、经济作物和园艺作物之间一种崭新的交叉概念，是随着社会经济的不断发展，城市生态环境的日益突出，乡村振兴的全面推进，农业景观的日益兴盛，而在不知不觉中深入人心，走入百姓生活中的。这些观赏化的作物，大多是经历史的积淀，育种家应用不同育种技术由野生资源中选育而来。

16.2 观赏作物的定义

狭义上讲，观赏作物是指由传统农作物、经济作物或园艺作物中人工培育的，其叶、花或果具有明显视觉特征的作物，可用于盆栽、园林或切花。这类植物，以观赏价值取胜而不注重产量或食用价值，或以观赏价值取胜兼具一定的产量和食用价值。

广义上讲，可以让人产生美感的作物皆可纳入观赏作物之列。普通作物，如具有强劲长势给人以蓬勃生机的稻株，随风摇动给人以丰收喜悦的麦浪，用欣赏的眼光和心态去观察使人产生良好情感体验的单体或群体作物，均可称为观赏作物。

需要指出的是，观赏性需要创新，从品种上创新、从栽培方式上创新或从应用方法上创新。一些作物如小麦，尚无明确的观赏品种认定，在园林中也无广泛应用，但麦穗早已用于花艺当中，摆放于花店或商店的橱窗中。许多果树为乔木，但种子播种后的幼苗盆栽，能营造郁郁葱葱丛林的感觉，还有些果树，经过人为修剪造型，盆栽或做成盆景，也具有很高的观赏价值。随着时代的发展，观赏作物种类不胜枚举。本章所列举的，多是其观赏性品种已商业化，并在世界范围内应用于城乡美化或家居装饰中的代表性种类，希望能引发思考，促进创新。

16.3 观赏作物的类型

16.3.1 根据作物的用途分类

(1)谷类　如观赏稻、观赏谷子等；

(2)菜类　观赏椒、观赏茄、观赏南瓜等；

(3)果类　盆栽苹果、盆栽葡萄和盆栽金橘等；

(4)薯类　观赏甘薯等。

16.3.2 根据观赏器官分类

(1)观叶类　如观叶类观赏稻、观赏甘薯等；

(2)观花类　如红花荞麦、彩色油菜等；

(3)观果类　如观赏椒、观赏茄和各种观赏果树。

需要说明的是，某一观赏作物的观赏器官常常并不单一，而是由2个及2个以上的器官组合而成，如既可观叶也可观果的葡萄或既可观叶也可观穗的观赏稻等。这样可以提高观赏价值，延长观赏时间。

16.3.3 根据应用方式分类

(1)绿化类 多种植于室外绿地或农田,用于室外造景或农田景观,如稻田画;

(2)盆栽类 多种植于容器内盆栽观赏,如盆栽果树、盆栽小番茄、盆栽小黄瓜;

(3)地被类 多栽于室外进行地面覆盖,如观赏甘薯;

(4)切花类 如稻穗、麦穗、棉枝等。

16.4 常见观赏作物

16.4.1 观赏农作物

1)观赏稻

【科属】禾本科,稻属

【学名】*Oryza* spp.

【别称】彩色稻

【识别特点】植株易分蘖,成丛状。叶线状披针形,两列互生,松散的圆锥花序上着生了许多小花后发育成稻穗(图 16-1)。

【繁殖栽培】观赏稻为一年生植物,以播种繁殖为主。其生长喜光喜热,对土壤要求不严。观赏水稻喜水,观赏旱稻喜旱。

图 16-1 观赏稻

【园林应用】观赏稻以观赏白、黄、粉、红、紫、褐、黑等纯色或杂色彩色叶片或稻穗为主要观赏部位。稻穗稻芒的长短和颜色对观赏价值的提升有很大作用。目前观赏稻主要用于稻田画和小面积园林造景。其彩色稻穗可用于切花,矮化品种可用于盆栽。观赏水稻也可作为水生花卉应用,美化水体的同时还可起到净化水源的目的。观赏稻成熟后的稻谷还可吸引鸟类栖息繁衍,有利于维护生物多样性。

2)观赏棉

【科属】锦葵科,棉属

【学名】*Gossypium* spp.

【别称】彩棉

【识别特点】单叶互生,叶掌状分裂,花大,单生于枝端叶腋。蒴果圆球形或椭圆形。种子圆球形,密被棉毛或无毛。

【繁殖栽培】观赏棉花为一年生植物,以播种繁殖为主。其生长喜光喜温暖,耐瘠薄,田间管理粗放。

【园林应用】观赏棉花可观赏棉花的花、叶、果和植株。棉花的花有粉、红、黄、白等纯色或复色。花朵开放时,有些似喇叭,有些呈五角形,有些重叠式螺旋状。棉花的叶或红或绿,叶缘缺刻深浅不一,呈鸡脚形或鹅掌形(图 16-2)。可用于盆栽或园林当中,棉桃也常作切花,用于花艺设计。许多材料种子的棉毛为纺织工业原料,种子可供榨油,榨油的残渣可作饲料或肥料。

图 16-2 观赏棉(来源于中国科技网)

3)观赏甘薯

【科属】薯蓣科,薯蓣属

【学名】*Dioscorea* spp.

【别称】彩叶甘薯

【识别特点】缠绕草质藤本，匍匐性强。单叶互生，叶全缘或裂，花漏斗形。

【繁殖栽培】彩叶甘薯为一年生植物，以扦插繁殖为主。其生长喜光喜温暖，耐阴性强，耐瘠薄，田间管理粗放。

【园林应用】观赏甘薯以观叶为主，兼可观花。其叶心形、圆形、戟形、三角形或叶缘有不同深浅缺刻。叶呈绿、紫、黄、青铜或复色。茎蔓细长，直立、匍匐或下垂，可用于地被，也可盆栽或作垂吊植物栽培，用于立体装饰。也有将其置于透明容器，进行观根栽培(图 16-3)。

图 16-3　观赏甘薯

16.4.2　观赏蔬菜

1)观赏椒

【科属】茄科，辣椒属

【学名】*Capsicum* spp.

【别称】甜辣椒、柿子椒、彩椒、灯笼椒、小米椒

【识别特点】叶卵形，单叶互生。花多生于二叉分枝间，花冠白色或带紫色。果梗及果实直立朝上，成熟后呈红、紫、黄、白、黑或橙色。

【繁殖栽培】观赏椒常作一年生栽培。播种繁殖。其生长喜光喜温暖，生长中需保证充足的水肥供应。

【园林应用】观赏辣椒以观果为主，果形多变，有寿桃形、珍珠形、樱桃形、球形、指形、灯笼形或羊角形。以盆栽为主，也可地栽作镶边材料。其果也可食用(图 16-4)。

图 16-4　观赏椒

2)观赏南瓜

【科属】葫芦科，南瓜属

【学名】*Cucurbita* spp.

【别称】玩具南瓜

【识别特点】蔓性一年生植物，茎上着生卷须。叶大，基部心形。花黄色，单生，雌雄同株。花冠联合成钟状，上部 5 裂；雌花的花梗较雄花短。

【繁殖栽培】观赏南瓜以播种繁殖为主。其生长喜光喜热，对土壤要求不严(图 16-5)。

图 16-5　观赏南瓜

【园林应用】观赏南瓜以观赏外形奇特，果色多样的果实为主。其色泽有红、绿、白、黄、橙、黑等，或纯色或复色，或具条纹或具斑点，常用于农业科技园和观光园的廊架绿化，也可用于庭院装饰，多数品种赏食兼用。

3)羽衣甘蓝

【科属】十字花科,芸薹属

【学名】*Brassica oleracea* var. *acephala*

【别称】叶牡丹

【识别特点】叶基生,层层紧密排列,下大上小。叶片分内叶和外叶。外叶指下层叶,多为蓝紫、蓝绿或绿色。内叶指上层叶,呈紫、粉、淡黄或白色。叶缘全缘,或有缺刻,或皱褶,或波浪状。

【繁殖栽培】羽衣甘蓝以秋季播种为主。喜光喜冷凉,对土壤要求不严。春季长日照下开花,开花时植株观赏性降低。

【园林应用】羽衣甘蓝以观赏层层叠叠颜色鲜艳丰富的叶片为主。是华北以南地区冬季花坛的主要材料,也有切花品种,连同茎秆剪切用于花艺创作。其叶也可鲜食(图 16-6)。

图 16-6　羽衣甘蓝

16.4.3　观赏经济作物

彩色油菜

【科属】十字花科,芸薹属

【学名】*Brassica* spp.

【别称】观赏油菜

【识别特点】茎直立,叶抱茎。下部茎生叶大头羽裂,中部及上部茎生叶基部心形。总状花序伞房状,单花含 4 枚花瓣,成十字形排列。

【繁殖栽培】油菜为二年生植物,以播种繁殖为主。其生长喜光喜凉爽,对土壤要求不严,但生长中需保证充足的水肥供应。

【园林应用】油菜集观赏、油用、菜用、蜜用等功能于一身,以观赏黄色、橙色、白色、红色和紫色的花为主,已经大面积用于创意农业(图 16-7)。

图 16-7　油菜

16.4.4　观赏果树

1)观赏山楂

【科属】蔷薇科,山楂属

【学名】*Crataegus* spp.

【识别特点】叶宽卵形或三角状卵形,稀菱状卵形,有 3～5 对羽状深裂片,裂片卵状披针形或带形。伞形花序具多花,花梗和花序梗均被柔毛;苞片线状披针形;萼片三角状卵形或披针形,被毛;果近球形或梨形。

【繁殖栽培】观赏山楂为落叶木本植物,以嫁接繁殖为主。喜光喜温,对土壤要求不严,适应性较强。

【园林应用】观赏山楂是落叶小乔木或灌木,集观叶、观花和观果于一身,其花色丰富,花形多样。有白色、红色、粉色和复色,有单瓣品种,也有重新品种。随品种不同,叶片秋季可变为红色、橘色、黄色或古铜色。其果实经冬不凋,色彩鲜艳。可用作绿篱、行道树和庭荫树,是季相变化突出的木本植物(图 16-8)。

2)柑橘类

【科属】芸香科,柑橘属

【学名】*Citrus* spp.

【别称】年橘

【识别特点】树冠圆头型。单叶,叶片椭圆形,叶片中脉微微隆起。单花腋生,白色,有香味。果实圆形或椭圆形,可食。

【繁殖栽培】柑橘类为常绿灌木,以嫁接繁殖为

图 16-8　观赏山楂

主。喜光喜温，喜排水良好的微酸性至中性土壤。怕强光，不耐寒，不耐旱，北方需室内过冬。

【园林应用】柑橘类以观果为主，果色金黄或橘色，果实繁茂，果期正值新春佳节，故常盆栽作为年宵花卉。其叶色浓绿有光泽，且常绿，花色洁白芳香，亦为广东、福建等地的优良花灌木（图 16-9）。

图 16-9　年橘

3）佛手

【科属】芸香科，柑橘属

【学名】*Citrus medica* 'Fingered'

【别称】十指柑、五指柑、五指香橼、蜜萝柑、飞穰、佛手柑

【识别特点】枝条上有粗硬的刺。叶革质，有特殊的芳香。总状花序或兼有单花，花以白色为主，也有红、紫等色，芳香。果实发育为手指状肉条，果皮厚，具香味。常无种子。

【繁殖栽培】佛手为常绿小乔木，以扦插和嫁接繁殖为主。喜光喜温，不耐寒不耐旱，喜排水良好的微酸性至中性土壤。北方需室内过冬。

【园林应用】佛手集观叶、观花和观果于一身，以观果为主，果期正值新春佳节，故常盆栽作为年宵花卉。其新生嫩枝、芽和花蕾均为暗紫色，也是优良的常绿观花、观果灌木。其花与果也可入药（图 16-10）。

图 16-10　佛手

思考题

1. 什么样的作物可以被称为观赏作物？
2. 观赏作物除了观赏还可能有哪些用途？
3. 观赏作物作为一个崭新的概念，是如何出现的？
4. 可以从哪几方面考察一种植物的观赏性？
5. 如何创新一种植物的观赏价值？

第17章 观赏草

17.1 概述

观赏草(ornamental grasses),顾名思义为具有观赏价值的草,是一类茎秆姿态优美,叶色丰富多彩,花絮五彩缤纷的草本观赏植物的统称。以禾本科植物为主,也包括莎草科、灯芯草科、香蒲科、百合科、鸢尾科部分植物。虽然草坪草也符合观赏草的定义,但由于草坪很早就在园林中广泛应用,已形成一个独立的体系,而且其生产和养护也与其他观赏草不同,因而通常将其另列为一类。

观赏草类植物是个相当庞大的族群,它的观赏性通常表现在形态、颜色、质地等许多方面。因其具有生态适应性强、应用范围广、观赏价值高、养护成本低等优点,已经被广泛应用于公园、公共绿地等园林景观绿化中。

17.1.1 观赏草的类型

1)依据对温度的适应性

(1)暖季型观赏草　喜热量充足,春季萌芽迟,夏季生长旺盛,夏秋季开花,冬季地上部枯死,地下根系宿存土壤中,翌年春季重新萌芽生长。常见的有芦竹属、蒲苇属、芒属、狼尾草属、大油芒属、黍属、柳枝稷属。

(2)冷季型观赏草　适宜冷凉气候,春季萌芽早,5 月前后开花,春秋季生长旺盛,夏季处于休眠或半休眠状态。常见的有燕麦草属、发草属、羊茅属、针茅属、苔草属、藨草属、凌风草属、箱根草属。

2)依据对光照适应性

(1)阳生　大部分观赏草,尤其是高大类型,都属于阳生植物,喜光,具有一定的耐阴性,如芒属、蒲苇属、狼尾草属、须芒草属、针茅属等。

(2)中生　遮阳和全光照下都能正常生长,如苔草属、野青茅、大油芒等。

(3)阴生　适度遮阳环境下才能生长良好,种类较少,如山麦冬属、沿阶草属、箱根草等。

3)依据对水分适应性

(1)旱生　具有较强的耐旱性,如狼尾草、芨芨草、野古草、芒、柳枝稷、须芒草、羊草等。

(2)湿生　适宜在滨水或湿地应用,如灯芯草属、荻、藨草、玉带草、芦竹属、蒲苇、芦苇、溪水苔草、鸭绿苔草等。

(3)水生　主要有香蒲、水葱、旱伞草等。

4)依据植株大小

(1)高大型　株高多达 2 m 以上,如芒、荻、芦竹、芦苇、蒲苇等。

(2)中型　株高 1～2 m,此类观赏草种类众多,如狼尾草属、矮蒲苇、拂子茅属、须芒草、野古草、柳枝稷、花叶芒、晨光芒等。

(3)地被型　株高低于 1 m,如苔草属、针茅属、画眉草属、蓝羊毛、银边草、发草、玉带草等。

17.1.2 观赏草的园林应用特点

(1)适应性广,管护成本低　观赏草植物性强健,抗旱、耐寒、耐贫瘠、很少发生病虫害。种植成活后,只需在初冬或早春平茬一次,几乎不需要其他的养护管理。

(2)丰富、独特的美感　观赏草类给园林增添的不仅是视觉美,还有独特的韵律美和动感美。观赏草随风起舞的动感之美,随季节变化的季相之美,以及有别于大部分双子叶植物的线型结构之美,给人提供了丰富、独特的美感。

(3)极富自然野趣　看惯了绿树繁花的都市人渴望回归自然,观赏草质朴自然的气质恰好满足了人们的这一心理需求。

17.2 常见观赏草

17.2.1 拂子茅

【科属】禾本科,拂子茅属

【学名】*Calamagrostis epigejos*

【别称】林中拂子茅、密花拂子茅

【识别特点】多年生宿根草本,具有根状茎,株高45～100 cm。叶片长15～27 cm,宽4～8(13) mm,扁平或边缘内卷,上面及边缘粗糙,下面较平滑。圆锥花序紧密,圆筒形,劲直、具间断,长15～30 cm,初花期小穗淡绿色,而后变为淡紫色,花序可以一直开放到冬天,干枯后也不脱落,花期5—9月(图17-1)。

【繁殖栽培】暖季型。喜光,部分遮阳也能正常生长;对土壤适应性广,但是在湿润排水良好的土壤中生长旺盛。能耐长时间炎热。

春季播种或分株繁殖。植株冬季枯黄,在越冬前需剪掉地上部植株。

【园林应用】主要观赏部位为花序。花序美观且观赏期长。适于孤植、片植或盆栽种植,均有很好的效果,尤其秋冬季节效果非常突出。

图17-1　拂子茅

17.2.2 荻

【科属】禾本科,芒属

【学名】*Miscanthus sacchariflorus*

【别称】荻草、荻子、霸土剑

【识别特点】多年生高大草本。具发达匍匐根状茎,秆直立,高可达1.5～3 m,节生柔毛。叶片扁平,宽线形,中脉白色,边缘锯齿状粗糙,基部常收缩成柄,粗壮。圆锥花序舒展成伞房状,长10～20 cm,宽约10 cm;银白色,主轴无毛,腋间生柔毛。花期8—10月(图17-2)。

图17-2　荻

【繁殖栽培】暖季型。为水陆两生植物，适应性很强，对生长环境要求不严格。

繁殖能力强，可用扦插、分根和播种繁殖。

种植密度 30～40 芽/m^2。春季栽植，定植时稍施基肥，幼苗期保持土壤湿润，成苗后基本不需要养护管理。

【园林应用】可浅水区生长，为良好的滨水植物，也可种植于路旁、林缘等。

17.2.3　发草

【科属】禾本科，发草属

【学名】*Deschampsia cespitosa*

【识别特点】多年生宿根草本，密簇丛生。株高 30～50 cm。叶片基生狭细，深绿色。圆锥花序松散开展，不脱落。初期绿色，后变为黄色。花期 5—6 月(图 17-3)。

图 17-3　发草

【繁殖栽培】冷季型。喜冷凉潮湿环境，适宜中性或弱酸性土壤，稍耐盐碱。耐霜冻，不耐涝，全日照或轻度荫蔽长势最好。

常用分株繁殖。夏季高温时需要足够水分才能保证健康生长。

【园林应用】观赏部位为花序和叶片。株丛圆整鲜绿，叶片挺直，花序轻盈，是优美的观赏草种。成片种植或花坛镶边效果最佳。冬季可以盆栽室内观赏。

17.2.4　粉黛乱子草

【科属】禾本科，乱子草属

【学名】*Muhlenbergia capillaris*

【识别特点】多年生草本，株高可达 1 m。植株丛生，具匍匐根茎。叶片基生，深绿色，光亮。圆锥花序开展，花穗云雾状，初绽时粉红色，干枯时淡米色。花期 9—11 月(图 17-4)。

图 17-4　粉黛乱子草

【繁殖栽培】暖季型。适应性强，耐水湿、耐干旱、耐盐碱，对土壤要求不严格。喜光照，耐半阴。不耐寒，国内可在北京以南地区生长，上海为半常绿，广州以南为常绿。

主要以分株、分根繁殖。

一般春季定植，以 9～16 株/m^2 为宜。

【园林应用】适于片植，开花时，绿叶为底，粉色花穗如发丝从基部长出，远看如红色云雾，仿佛是棉花糖一样轻盈曼妙，其浪漫氛围丝毫不输薰衣草。

17.2.5　花叶芦竹

【科属】禾本科，芦竹属

【学名】*Arundo donax* ‘Versicolor’

【别称】斑叶芦竹、彩叶芦竹、花芦竹

【识别特点】多年生草本，具发达根状茎。秆直立，高 2～3 m，坚韧，具多数节，常生分枝。叶片扁平，上面与边缘微粗糙，具白色纵长条纹，基部抱茎。圆锥花序极大型，长 10～40 cm，分枝稠密，斜升。花果期 8—11 月(图 17-5)。

图 17-5　花叶芦竹

【繁殖栽培】常生于河旁、池沼、湖边,喜光、喜温暖、耐水湿,也较耐寒,不耐干旱和强光。生长势强,扩展快。

可用播种、分株、扦插繁殖,以分株繁殖为主。

种植密度 20～30 芽/m^2。栽培管理非常粗放,无须特殊养护。

【园林应用】适于成片种植在水边,作为水景材料,也可点缀于桥、亭、榭四周,还可盆栽用于庭院观赏。

17.2.6　狼尾草

【科属】禾本科,狼尾草属

【学名】*Pennisetum alopecuroides*

【识别特点】多年生草本。株高 50～160 cm,丛生,秆直立。叶片扁平,线形,弧形弯曲。圆锥花序直立,紧缩呈穗状,刚毛状小枝初为淡绿色,盛开时紫色至白色。小穗通常单生,偶有双生,线状披针形。雄蕊 3,花柱基部联合。花果期 7—10 月(图 17-6)。

【繁殖栽培】暖季型。喜光,耐旱,耐短暂淹水,耐盐碱,耐贫瘠。

分株繁殖。春秋均可进行,将草带根挖起,切成数丛。种子有自播习性,但实生苗性状有变异,可在种子成熟前剪除果序。

种植密度 6～9 株/m^2。春季萌芽前剪除枯死

图 17-6　狼尾草

茎叶,种植成活后一般不需要其他养护。

【园林应用】狼尾草属植物适应性强,应用广泛。花序繁密整齐、高于叶丛,成片种植盛花期时颇为壮观。适合配置花境,或盆栽观赏,也可用于基础栽植作为地被材料,可栽植于岩石园、海岸边,植于花园、草地、林缘等地。还是良好的水土保持植物,花序可用作切花。

17.2.7　蓝羊茅

【科属】禾本科,羊茅属

【学名】*Festuca glauca*

【别称】滇羊茅

【识别特点】多年生常绿草本。植株丛生,株高 15～20 cm。叶片强内卷几成针状或毛发状,蓝绿色,具银白霜。春、秋季节为蓝色。圆锥花序,长 5～10 cm,花期 5—6 月(图 17-7)。

【繁殖栽培】冷季型。喜光,耐寒,耐旱,耐贫瘠。中性或弱酸性疏松土壤长势最好,稍耐盐碱。全日照或部分荫蔽长势良好,忌低洼积水。夏季高温期休眠。

主要以分株繁殖。

种植密度 15～25 株/m^2。四季均可种植,以春季最佳。种植前将土壤稍加疏松,施入少量基肥,生育期不需较多养护。随着年限增长,植株逐渐向外扩张,中心部位会形成空洞。因此种植 2～3 年后,需分株重新栽植,以更新复壮。

图 17-7　蓝羊茅

【园林应用】适合作花坛、花境、道路镶边用，其突出的蓝颜色可以和花坛、花境形成鲜明的对比。

17.2.8　芒

【科属】禾本科，芒属

【学名】*Miscanthus sinensis*

【别称】高山鬼芒、金平芒、薄、芒草、高山芒、紫芒、黄金芒、金县芒

【识别特点】多年生苇状草本。株高 1～2 m，丛生，秆粗壮，中空。叶鞘无毛，长于其节间；叶舌膜质，长 1～3 mm，顶端及其后面具纤毛；叶片线形，长 20～50 cm，宽 6～10 mm，下面疏生柔毛及被白粉，边缘粗糙。顶生圆锥花序直立，长 15～40 cm。花序初期淡红色，干枯时银白色。花期 8—10 月(图 17-8)。

图 17-8　芒

【繁殖栽培】暖季型。喜光，耐半阴、耐寒、耐旱、耐涝，全日照至轻度荫蔽条件下生长良好，适应性强，不择土壤。

春季播种或分株繁殖，也可秋季扦插繁殖。

种植密度 4～6 株/m^2。侵占力强，能迅速形成大面积草地。冬季宜剪除地上部枯萎植株，以提高景观效果。在温暖湿润气候下易自播繁殖，具有生物入侵风险。

【园林应用】园林中应用广泛，孤植、丛植、列植均可，适于配置花境、观赏草专类园，也可种植于路旁、林缘。

17.2.9　蒲苇

【科属】禾本科，蒲苇属

【学名】*Cortaderia selloana*

【识别特点】多年生草本。秆高大粗壮，丛生，高 2～3 m。叶舌为一圈密生柔毛，毛长 2～4 mm；叶片质硬，狭窄，簇生于秆基，长 1～3 m，边缘具锯齿状粗糙。圆锥花序庞大稠密，长 50～100 cm，银白或粉红色。雌雄异株。花期 8—10 月(图 17-9)。

图 17-9　蒲苇

【繁殖栽培】性强健，喜温暖湿润、阳光充足气候，喜肥，耐湿也耐旱。

分株繁殖在春季进行，秋季分株易死亡。

园林应用种植密度为 4 株/m²。对土壤要求不严，易栽培，管理粗放，可露地越冬。冬季叶片部分枯萎，一般在新芽萌发之前把地上部分全部剪掉，促进植株复壮。

【园林应用】蒲苇花穗长而美丽，庭院栽培壮观而雅致，也可用作干花或花境、观赏草专类园，具有优良的生态适应性和观赏价值。

17.2.10 细茎针茅

【科属】禾本科，侧针茅属

【学名】*Nassella tenuissima*

【别称】墨西哥羽毛草

【识别特点】多年生常绿草本，植株密集丛生，茎秆直立，细弱柔软。叶片黄绿色，细长如丝状，株高 30～50 cm。圆锥花序银白色，柔软下垂，初为浅绿，后变黄褐色，干枯后不收缩。花期 6—9 月(图 17-10)。

【繁殖栽培】冷季型。喜冷凉气候，夏季高温时休眠。耐旱性强，喜光，也耐半阴。喜排水良好的土壤。

播种或分株繁殖。宜春秋季进行。

图 17-10　细茎针茅

种植密度 15～25 株/m²。栽培管理简单，一般不需施肥，夏季注意排水防涝。冬末或早春将枯萎的地上部剪除，有利于植株更新和美观。

【园林应用】细茎针茅形态柔美细腻，微风吹拂，分外妖娆，即使在冬季变成黄色时仍具观赏性。丛植、片植、盆栽观赏均可。可与岩石配置，也可种于路旁、小径，具有野趣。也可用作花坛、花境镶边。

17.2.11 日本血草

【科属】禾本科，白茅属

【学名】*Imperata cylindrica* 'Rubra'

【别称】血草、红叶白茅

【识别特点】多年生草本，株高 30～80 cm。具根状茎，叶丛生，直立向上，剑形。新生叶片基部绿色，顶部红色，后逐渐全叶变为红色。圆锥花序紧密狭窄，小穗银白色，花期夏末(图 17-11)。

【繁殖栽培】适应性强，喜光、耐热，喜湿润而排水良好的土壤。耐旱、耐贫瘠。

图 17-11　血草

以分株繁殖为主。

宜选择阳光充足的地方栽植。养护管理简单，很少有病虫害。冬季将地上部剪掉，有利于翌年的植株美观。成片种植时应注意隔离，避免造成环境入侵。

【园林应用】血草叶色鲜艳，可作观叶地被，或片植于林缘，或配置花境。

17.2.12　银边草

【科属】禾本科，燕麦草属

【学名】*Arrhenatherum elatius* f. *variegatum*

【识别特点】多年生宿根草本，植株丛生，株高 30 cm 左右，冠幅 40 cm，基部具有明显的球茎，既能贮藏水分和养分，还能繁殖小球茎。叶片上具有平行于中脉直抵叶缘的纵向银白色条带，叶片长 10～20 cm，宽 5 mm。圆锥花序，长 10 cm。花期 5—6 月(图17-12)。

图 17-12　银边草

【繁殖栽培】冷季型。喜干燥冷凉气候，适宜中性或弱酸性疏松土壤，稍耐盐碱。耐阴性强，不耐高温，盛夏高温时休眠，秋季恢复生长。

春季或秋季分株繁殖。冷凉地区从早春到初冬长势旺盛，观赏期长。但是在高温高湿条件下，叶片易枯黄萎蔫，遮阳条件下可以提高其生长势，75%的荫蔽条件下，仍能健康生长。

【园林应用】银边草株丛清新亮丽，成片种植或花坛镶边效果非常突出；或者与其他花卉组成花境；因耐阴性强，也可以室内盆栽，装饰室内环境。

17.2.13　异穗薹草

【科属】莎草科，薹草属

【学名】*Carex heterostachya*

【识别特点】多年生宿根草本，植株丛生，秆高 20～40 cm，较细，三棱形，下部平滑，上部稍粗糙，基部叶鞘红褐色无叶片，老叶鞘裂成纤维状。叶短于秆，宽 2～3 mm，稍坚挺，边缘粗糙，叶鞘稍长；苞片长芒状，常短于小穗，最下部的叶状，稍长于小穗，无苞鞘或最下部的具短鞘；雌花鳞片圆卵形或宽卵形，长约3.5 mm，先端急尖，具短尖，上端边缘有时啮蚀状，膜质，两侧褐色，中间淡黄褐色，边缘白色透明，3 脉，中脉绿色。花期 4—6 月(图 17-13)。

图 17-13　异穗薹草

【繁殖栽培】喜冷凉气候。耐寒能力很强，耐阴能力特别强，能耐盐碱，耐潮湿；适应性强，对土壤要求不严格。不耐践踏。

春季播种或分株繁殖。

【园林应用】作为封闭式草坪广泛应用，栽植于乔木之下、建筑物的背阴处以及花坛、花径的边缘。也可栽植在河边、湖泊、池旁等阴湿地方，作为优良水土保持地被植物利用。

17.2.14　丝带草

【科属】禾本科，虉草属

【学名】*Phalaris arundinacea* var. *picta*

【别称】玉带草、花叶虉草

【识别特点】多年生宿根草本。具根状茎，秆通常单生或少数丛生，高 60～140 cm。叶片扁平，绿色而有白色条纹间于其中，柔软似玉带。圆锥花序紧密狭窄，长 8～15 cm，分枝直向上举，密生小穗。花期 6—8 月(图 17-14)。

图 17-14　丝带草

【繁殖栽培】喜温暖，湿润的生长环境，适宜生长温度 15～28 ℃。既抗旱，又耐涝，较耐寒。对土壤要求不严格。

主要以分株繁殖。

种植密度 50～60 芽/m^2。生长期间需保持土壤湿润。夏季需要修剪一次，留茬 10 cm 左右。

【园林应用】适于成片种植于水边，也可用于花坛镶边或布置花境，或作盆栽。

思考题

1. 观赏草的定义是什么？如何进行分类？
2. 观赏草的园林应用形式有哪些？
3. 粉黛乱子草如何进行栽培繁殖？
4. 如何理解观赏草的景观生态功能？
5. 简要分析观赏草的市场前景。

第3部分　花卉应用

第18章 花卉应用基础

18.1 花卉应用设计的基本原则

花卉是有生命的植物材料，因此园林花卉的应用，同其他园林植物应用一样，必须在满足植物生态习性的基础上，结合造园实际情况，因地制宜，最大限度地发挥园林花卉的环境效益和美学效益，以满足人们对美好生活向往的精神需求。因此，花卉应用设计应遵循科学、艺术、经济和创新原则。

18.1.1 科学原则

遵循科学原则，首先必须了解花卉的生物学特性，其次必须了解环境与花卉之间相互关系的规律，才能适地适花合理搭配种植，以达到预期设计效果。

1)花卉的生物学特性

(1)生命周期　因花卉生命周期不同，花卉有一二年生花卉、多年生花卉(包括宿根花卉和球根花卉)和木本花卉等。因此，在花卉应用过程中，若为方便管理和体现自然美的花境、花丛多选用多年生花卉，而有整齐图案的花坛、花带则多用一二年生花卉。

(2)生长发育周期与繁殖特点　花卉因年生长发育周期不同而在一年中不同季节表现出不同观赏特点。因此在选择花卉时，应根据设计需要选择相应观赏时期的花卉种类。虽可通过花期调控技术，让花卉实现周年供应，但从经济环保角度出发，只有掌握了花卉的生长发育规律，才能低成本开发利用，或选择应季花卉进行园林花卉配置。例如“五一”花坛用花多采用三色堇、矮牵牛、鸡冠花等；而“十一”花坛用花多采用一品红、菊花、彩叶草等。不同花卉的繁殖特点也不尽相同，有的能够通过种子大量繁殖，有的则需要扦插、压条繁殖，甚至为了达到独特的观赏效果还需要嫁接繁殖。例如波斯菊，种子自播能力很强，因此适宜直播且用作花丛或片植，既节约成本又能形成自然野趣之美。

(3)观赏特性　同类型、不同种类的花卉因形态不同而形成不同的观赏特征，包括形态特征不同、观赏部位不同、观赏时期不同和观赏价值不同。例如花卉中有匍匐矮生的，有直立竖线条的，还有蔓生或攀缘的花卉，在搭配种植时必须根据视景线与最佳观赏视角进行高低合理配置，才能形成最佳观赏效果。花卉因种类不同而观花、观叶、观果各异，在搭配种植时，应根据其观赏特点，使不同花卉各得其所，充分发挥各自优势，不仅花开次第，而且四季景观各具特色，创造出优美的花卉景观。

2)环境与花卉相互关系

环境与花卉生长发育关系密切，缺乏适宜的环境条件，无论是个体还是群体都无法获得良好的生长，更谈不上美观效果。因此，必须掌握环境与花卉之间的相互作用规律，把握“适地适花，适花适地”的基本原则。环境对花卉的影响主要包括温度、光照、水分、空气成分和土壤。花卉不是被动地受环境的影响，而是有自己的环境适应调节机制，形成了不同的生态型，即花卉的生态学特性。

(1)温度与花卉的相互关系　温度，尤其是花卉对温度三基点的要求，影响花卉在地球上的分布，使不同的区域形成特定的花卉生态景观。在四季分明的地区，自然界温度的周期性变化(温周期)造成花卉景观的季相变化。适应于不同的温度条件，不同种类和不同品种花卉耐寒力不同，可分为耐寒、半耐寒和不耐寒花卉；同类花卉在不同生长发育阶段对温度的需求也有差异。因此，在选择花卉时，一是必须保证花卉能在设计场地的温度条件下存活，二是必须考虑花卉的季相特征，以合理安排花卉轮替计划，保证景观的可持续性。

(2)光照与花卉的相互关系　光照通过光照强度、光照长度和光质对花卉生长发育产生影响。主要影响花卉的生长与休眠、开花时间、开花数量、株高及花色。适应光照强度，花卉形成了喜光、喜阴和耐半阴的不同生态型；适应光周期，花卉形成了长日照、短日照和日中性等不同的生态型。因此，在花卉应用过程中应根据设计场地光照条件进行合理选择。例如，地上部分的乔木、灌木、草本或地被植物构成地上成层现象(stratification)。但不同层的环境条件有差异，尤其是光照条件，下层光照明显不足。在自然群落中增添花卉应用，能增添植物群落层次。但需要注意，在林下需要选择喜阴或耐半阴的花卉；在林缘则可以选择喜光花卉；在林中甚至可以选用攀缘或附生花卉，以充分利用环境空间与环境资源。又如，建筑南面采光较好，选用喜阳花卉；建筑北面选用喜阴或耐半阴花卉，以使花卉生长状态最佳，实现其美观价值与生态效益。此外，还可利用花卉对光周期的响应，调控花期，保证节假日花卉的供应。

(3)水分与花卉的相互关系　花卉的水分来源主要包括土壤水分和空气湿度，水的多少和水质与花卉的分布、花卉生长发育密切相关。不同花卉对水分需求量不同，可分为旱生花卉、中生花卉、湿生花卉和水生花卉。同种花卉不同生长发育阶段需水量也不相同。因此，在年降水量不同的地区应用花卉时，应选择不同类型的花卉，在花卉不同的生长期掌握好浇水原则。

(4)空气成分与花卉的相互关系　空气中的二氧化碳和氧气为花卉植物生长发育所必须，而空气中的其他成分有些则对花卉生长发育有害。花卉对空气成分的适应，形成了不仅能抵抗大气的污染，还能净化空气的抗性花卉。但抗性等级和所能抵抗的污染物不同，因此在花卉应用过程中，应根据空气成分种类选择相应的抗性花卉。

(5)土壤与花卉的相互关系　土壤对花卉的影响包括土壤的物理性质、化学性质和土壤微生物。其中土壤物理性质包括土壤的质地、结构、水分和氧气以及土壤温度；土壤化学性质包括土壤的酸碱度(pH)、矿物质元素含量和土壤肥力(有机质含量)。大多数花卉喜欢疏松、肥沃、富含有机质、排水良好、pH为6～7的土壤。不同花卉因耐旱性和耐贫瘠性不同，对土壤物理性质要求不同。不同花卉对土壤酸碱度适应性也不相同，可分为酸性花卉、中性花卉和耐碱性花卉。露地花卉和盆栽花卉对土壤条件要求也各不相同，因此，在室外花卉应用过程中，应根据土壤的性质选择相应的花卉，例如现代居住小区土壤多为回填土，土壤紧实和贫瘠，因此应选择抗性较强、无毒无害的耐瘠薄花卉；而在室内盆栽应用时，可根据花卉生长需要调整土壤质地。

18.1.2　艺术原则

花卉应用的主要目的是满足人的精神需要。如果说科学原则是保证花卉能成活并能长势良好，呈现出最佳生长状态；那么艺术原则才是实现花卉满足人们审美需求的基本保障。花卉应用遵循一定艺术原则，就是要通过合理搭配色彩和线条来展现花卉的形式美。

1)颜色配比

色彩是物体在光源下反射或透射出来的颜色。色彩的三要素包括色相、明度和纯度。色相是指色彩的相貌，即我们日常生活中常称呼各种颜色的名称，如三原色中的红色、黄色和蓝色；又如由三原色两两混合形成的间色，橙色(红色＋黄色)、绿色(黄色＋蓝色)和紫色(红色＋蓝色)。明度是指颜色的明暗程度，如白色、黄色明度较高；黑色、紫色明度较低。利用不同明度的色彩搭配可以增强作品的立体感。色彩的明度变化往往会影响到纯度，如红色加入黑色以后明度降低了，同时纯度也降低了。纯度也叫色相饱和度，是指色彩的鲜艳度。花卉色彩的配比，首先必须适应游人的心理，例如在园林中的文娱活动场地、喜庆节日、儿童活动区宜多用暖色，以烘托欢乐、活跃、轻松、明快的气氛；而在安静休息场地、纪念性场所，花卉色彩的选择不能影响宁静和肃穆的气氛。在寒冷地区或寒冷季节宜采用暖色花卉为主；在炎热地区或炎热的夏季，宜用冷色、中性色花卉处理渲染气氛。其次，色彩配比时，既要追求变化多样，但也不能缺乏统一感。

(1)统一配色　为让花卉应用有整体感而不是杂乱无章，可采用单色、近似色配置来形成统一，以创造出温馨、宁静的艺术效果。单色配置是指利用某一颜色的不同纯度或明度(渐变色)进行搭配，可形成统一感。在实际应用中，可用一种花卉的不同色彩品种，如雏菊的深红色、朱红色和浅粉色品种搭配，或矮牵牛的紫红色、鲜红色、桃红色品种，或石竹的鲜红色、紫红色、粉红色品种搭配等。也可以用不同种类但色相相同纯度不同的花卉搭配而成，如一串红(红色)、鸡冠花(紫红色)和杜鹃(粉色)等。近似色配置是指用色相环中距离相近的颜色进行配色。如一串红(红色)、孔雀草(橙色)、金盏花(黄色或橙黄色)、万寿菊(黄色)搭配。相比单色配置，近似色在统一中又有变化，更生动活泼。但运用时注意要有主色调和配色之分，避免多个颜色平均搭配。

(2)对比配色　为使园林表现得更加丰富，一般可采用对比配色来形成变化，给人以生动、活泼之感。对比配色包括色相的对比，明度对比、纯度对比以及色彩感觉对比等。在花卉应用中，常用的为色相对比和色彩感觉对比。

①色相对比。色相对比的强烈程度取决于色彩在色相环上相距位置，距离越远，对比越强烈。距离相差180°的颜色对比最为强烈，也被称为互补色。如红色与绿色，黄色与紫色，橙色与蓝色等。花卉配置时，在某一主体其周围适当使用对比色，可明显起到突出主体的作用。尤其是在表现花坛图案美时，为使图案清晰可见，采用对比色效果较好，例如紫色三色堇与黄色三色堇组合。

②色彩感觉对比。不同的色彩会给人轻重、距离和冷暖等不同的感觉，运用色彩感觉的对比，能形成较生动的景观效果。在花卉应用设计时，为加强景深感，可用明度低的、冷色系花卉作背景；在立体造型设计时，下部用深色花卉、上部用浅色花卉以求得稳定感和立体感。

(3)多色配置　园林花卉色彩丰富，多种色相配置在一起较难处理，把握不好容易导致色彩杂乱无章。因此在配置过程中，要做到主次分明，根据环境、季节及其他造园要素综合考虑，确定好基调、主调、配调和重点色，以便在变化中求得统一。同时，注意中性色的运用，在色彩较多的构图中，利用银叶菊或香雪球这类白色花卉可起到较好的调和作用。

2)线条配比

花卉应用中线条配比包括水平结构线条和垂直结构线条。花卉应用的水平结构主要表现为镶嵌性，要求构图合理，形式和谐统一；垂直结构主要表现为植株高低搭配。在规则式园林中，花卉应用的边缘轮廓线应为规整的几何图形；植株高度整齐统一。而在自然式园林中，花卉应用的边缘多为自然曲线，与绿地无明显硬质边界，过渡自然；植株高度高低错落。例如绿地或广场边缘为圆弧形，花坛也可采用圆弧形边缘，甚至花坛内部图案也可用圆弧形，以求得图形线条的统一之感；植物高度整齐统一，以凸显图案之美。而在自然式群落中，则考虑花期相遇与更替，合理搭配不同色彩花卉形成不规则的斑块镶嵌，且高低错落以体现自然野趣之美。

18.1.3　经济原则

经济基础决定花卉应用的质量。同一个设计方案，由于选用不同的花卉种类、不同规格花卉、不同施工标准，其所需要的资金各不相同，建成后的效果自然也有较大差异。因此，花卉应用设计与施工中，必须考虑一定的经济条件，充分利用有限的投资，创造出最适宜的作品。考虑经济原则，首先，选择适宜的花卉材料，就要求必须了解花卉生物学特性，一方面保证花卉能健康生长展现出最佳生长状态；另一方面，选择时令花卉，减少花卉生产成本。此外，花卉观赏具有时效性，应选择观赏期较长的花卉以减少花卉轮替成本。其次，分区设置不同的花卉应用模式。在重点区域，采用即可体现色彩美又能彰显图案美的立体造型花坛或混合式花坛，并且做好轮替计划；在非重点区域，宜采用自然式群落为主，选择生长抗性强、管理粗放的多年生花卉或有自播繁殖能力的花卉形成花境或花丛，以减少管理成本。

18.1.4　创新原则

21 世纪是一个创新的世纪，创新是发展的第一动力。唯有创新的花卉应用设计，才能营造出符合当代人审美标准的视觉景观效果，与快速发展的城市面貌相得益彰。因此在花卉应用设计过程中，应从园林花卉的应用形式，色彩搭配、材料应用等方面开拓创新，将现代数字科技和园艺疗法、康养、自然教育等理念融入花卉应用设计之中，创造出集“赏、听、嗅、触、尝”于一体的五感体验型花卉应用新形式，提高花卉应用的社会价值。

18.2　花卉种植设计的构图形式

18.2.1　平面构图

花卉种植设计平面构图主要是指花卉的水平镶嵌性，常见的平面构图形式有规则式、自然式和混合式。规则式构图主要包括花坛、花台、花带等，这类花卉应用，不仅外部轮廓多为几何线条，内部图案纹样也多规则对称，主要展现花卉的组合图案美；在园林中组合配置时也多是对称式布置，有明显的轴线。自然式构图主要包括花丛、垂直绿化等，无论是内部花卉组合还是外部轮廓，都以自然曲线为主，无明显的轮廓线。混合式构图主要指花境，是规则式与自然式过渡的一种应用形式。其边缘有明显的轮廓线，内部植物高低错落，十分自然。

18.2.2　立面构图

花卉种植设计立面构图主要指花卉群落的垂直结构，即不同形态与株高的花卉构成的竖向效果。例如，植株形态有匍匐于地面的矮牵牛、垂盆草、佛甲草，有低矮圆润的香雪球、丛生福禄考、酢浆草，有亭亭玉立之飞燕草、金鱼草、羽扇豆、香彩雀，有悬垂生长的吊兰、吊竹梅、紫竹梅，有攀缘藤蔓状的蔷薇、叶子花等。花序有圆润的八仙花，有直立的火炬花，有轻如烟霭的丝石竹，有粗犷厚重的大丽花，有下垂的大花曼陀罗、悬铃花、倒挂金钟等。这些姿态万千，变化多端的不同形态的花卉给人以不同的审美体验。因此，遵循形式美的规律，将不同形态与株高的花卉进行搭配种植，创造出高低错落的自然群落景观，是实现园林立面构图形式美的重要手段。

18.2.3　空间造型

花卉种植设计空间造型是指通过人工修剪、绑扎、嫁接或搭设骨架等方式创造出的植物雕塑或艺栽，以体现花卉的色彩美、图案美与立体造型美。这种类型能使要表达的设计主题更加直观和生动形象。如用叶子花等藤本花卉做成的花瓶、花篮、花门等，用嫁接和绑扎技术栽培出的塔菊、悬崖菊等艺栽，以及模仿动物、构筑物或人物，用立体骨架为基础，结合低矮花卉(如五色草、四季秋海棠)形成的各种立体造型的花坛、花球、花塔、花柱等。

思考题

1. 请举例说明花卉应用时应遵循哪些原则。
2. 花卉种植设计常见平面构图形式类型及其应用范围。
3. 请举例说明花卉种植设计立面构图设计要点。
4. 请举例说明花卉种植设计常见空间造型包括哪些类型。
5. 简要分析色彩在植物景观设计中的重要性。

第19章

花台的应用设计与施工

19.1 概述

花台是在高型的植床内栽花植树、盛水置石的一种景观形式。在我国岭南古典园林中，花台的台座多为规则式，并常饰以独具地方特色的山水、花鸟、人物的灰塑、隐雕或彩绘等，或镶嵌竹节状石湾釉陶栏杆，装饰感、美感极强。

花台是展示花卉的舞台，一个好看的花台不仅能为花卉提供适宜的生长环境，更能展现设计者对生活的独特见解和艺术品位。花台是植物的"建筑"形式，起到点缀、烘托、装饰园林景观的作用。

花台基座常用砖、石头等砌成，造型一般采取六角形、八角形或梅花形等，坛内栽植高低参差、错落有致的观赏植物。花台或依墙而筑，或正位建中，常在庭前、廊前或栏杆前布置。通常供人平视，着重欣赏植物的姿态、线条、色彩和香气。

19.2 花台的类型

19.2.1 依据花台设计分类

花台可分为规则式花台和自然式花台。

1)规则式花台

规则式花台一般布置在规则式的园林环境中
9-1)。规则式花台布置在道路旁，建筑墙基、
花台多设计长条形。可以设计为单个花台，也可以由多个台座组合设计成组合花台。

种植台座外形轮廓为规则几何形体，如立方体形、鼓形、圆柱形、棱柱形以及具有几何线条的物体形状等。规则式花台景观可以设计为单个花台景观，也可以由多个台座组合设计成组合花台。规则式花台台座一般比花坛植床造型要丰富华丽一些，以提高观赏效果。

图 19-1　规则式花台

2)自然式花台

自然式花台常见于中国传统的自然式园林，形式灵活多样。常在漏窗前、粉墙下或角隅之处，以山石砌筑自然式花台，通过植物配置，组成一幅生动的立体画面。自然式花台多采用自然山石叠砌而成，构图自由灵活，高低错落，变化有致，易与环境中的自然风景协调统一，花台内可种植草本花卉和小巧玲珑、形态别致的木本植物，还可适当点缀

假山石，创造具有诗情画意的花台景观（图 19-2）。

图 19-2　自然式花台

花台台座外形轮廓为不规则的自然形状，多采用自然山石叠砌而成。我国古典庭园中花台绝大多数为自然式花台。台座材料有湖石、黄石、宣石、英石等，常与假山、墙脚、自然式水池等相结合或单独设置于庭园中。自然式花台设计时可自由灵活，高低错落，变化有致，易与环境中的自然风景协调统一。适宜设置在庭园、绿地等处，方便人们近距离欣赏。

19.2.2　依据花台组合分类

花台可分为独立式花台、组合式花台、对称式花台等。

1）独立式花台

独立式花台（图 19-3）的种植台座外形轮廓为规则几何形体，或多变的形体，单独地布置在某一空间形成景观。可用块石干砌，显得自然、粗犷或典雅、大方，以满足特殊造型与结构要求。独立式花台的台座一般比花坛植床造型要丰富华丽，以提高观赏效果，但也不应设计得过于艳丽，不能喧宾夺主，偏离花卉造景设计的主题。

2）组合式花台

组合式花台是由多个台座组合设计而成（图 19-4）。组合花台可以是平面组合（各台座在同一地面上），也可以是立体组合（各台座位于不同高度、高低错落）。立体组合花台设计既要注意局部造型的变化，又要考虑花台整体造型的均衡和稳定。组合花台还可与座椅、座凳、雕塑、构筑物等相互搭配，形成多功能的小品景观。组合花台台座有时需用钢筋混凝土现浇，以满足特殊造型与结构要求。

图 19-3　独立式花台

图 19-4　组合式花台

3)对称式花台

对称式花台的种植台座多为整形的几何形体，对称地布置在大门、道路、某一景观的两侧，成为对景，具有相对的观赏效果(图 19-5)。

图 19-5　对称式花台

19.3　花台的植物材料选择、配置和色彩搭配

19.3.1　花台对植物材料的选择

1)自然式花台对植物材料的选择

自然式花台多采用不规则配置形式，植物种类的选择更为灵活，宿根花卉和花灌木最为常用，常选用沿阶草、兰花、玉簪、麦冬、石蒜、宣草、菊花、松、竹、梅花、牡丹、芍药、南天竹、月季、玫瑰、丁香、迎春花、山茶花等。在配置上既有单种栽植的如牡丹台、芍药台，也有不同植物种类高低错落、疏密有致，如常见有芭蕉、南天竺和沿阶草搭配等。另外还可适当配置点缀一些假山石，如石笋石、斧劈石、钟乳石等，创造具有诗情画意的景观。

2)规则式花台对植物材料的选择

规则式及组合式花台常种植一些花色鲜艳、株高整齐、花期一致的时令性草本花卉，也可种植低矮、花期长的灌木，如矮牵牛、鸡冠花、万寿菊、一串红、郁金香、美女樱和多花报春等一二年生花卉，秋海棠属、芍药和萱草等宿根花卉，葱兰、韭兰等球根花卉，微型月季花、杜鹃花、日本绣线菊和黄杨等木本花卉。为了取得周年景观效果，还可以采用常绿观叶植物，如麦冬类、铺地柏、南天竹、五针松、竹子、金叶女贞等。

19.3.2　花台的花卉配置

1)规则式花台的花卉搭配

由于花台所处的位置不同，会产生不同的观赏方向，例如单面观、双面观和多面观等。单面观赏的花台，一般设置在只能一侧观看的庭园、绿地、建筑墙体前，只需看到花卉造型的一个方向，所以花卉造型配置应以主视面为主；多面观赏的花台，一般设置在广场、人行道、多角度观看的空间，观赏者可从各个角度欣赏。主体花卉宜布置在中心，较矮的花卉应布置在外围或边缘。

2)自然式花台的花卉搭配

自然式花台花卉植物的搭配比较自由灵活，但是整体造型要高低错落，变化有致，与环境中的自然风景协调统一。种植的草本花卉要求小巧玲珑，木本花卉要求形态别致，不同高度的花卉组合色彩多变。自然式花台艺术造型多变，花卉品种适宜多样，可根据植物不同色泽、质感，组成高低错落的形式，也可根据个人喜好进行设计，构架均衡，造型优美即可。

19.3.3　花台的色彩搭配

花台是花卉的载体，其色彩搭配要结合花卉颜色、造型、环境气氛等因素来考虑。花台景观中，一般花台的体量比较大，所以其色彩也决定了整体的色彩好坏。建造花台的材质各有不同，表现的色彩也不相同，如石、砖等，不需过多装饰，基本可体现材质自身的色彩。

选用自然山石或砖本色的花台，就可以和近似的石或砖环境色彩取得协调，也容易和鲜艳的粉色花卉形成对比。花台是花卉的载体，同时花卉植物多为绿色，花台避免使用这些颜色的纯色调，如大红、亮黄、草绿等。花台的外观色泽，要与建筑物等环境色彩相协调，花台选用浑厚稳重感的陶红色、古铜色，来衬托亮丽的白色、粉色、淡色花卉，都是花卉很好的配色。

花卉植株是生长在花台种植床上的有生命的景观，其花色彩的搭配有花卉之间的色彩搭配，还有花卉色彩与花台的色彩搭配：花卉色彩与环境色彩的搭配等。如果花卉、花台、环境三者都采用近似色或同色系搭配，色彩容易协调，给人宁静、安详感，例如采用深粉和浅粉、黄色和橙色等近似色搭配都可以达到一种精致效果。

互补色搭配花卉可引起强烈的对比效果，例如蓝和橙、紫和黄等互补色搭配，使每种颜色都纯净耀眼，易于吸引人们的视线；在强烈的对比色中，如果再使用白色、银色等过渡色的搭配，在对比强烈的色彩中就会起到理想的过渡作用和柔化作用，在同色调中可打破单调感，阴地环境中可增加亮度。

不同环境和不同的时间，花卉色彩搭配也应不同，例如可选用白色、粉红色、淡褐色花卉与深色建筑物的墙面色彩形成对比，凸显花卉的色彩艳丽；再如公共场所、节日期间的花卉色彩采用粉红、橙红、黄色等暖色调，以烘托欢快、活跃气氛，或在其中可使用时令鲜花或艳丽的木本花卉来增加色彩，与各种不同植物相互搭配形成各种不同风格，让绿化的环境表现更加丰富多彩。

19.4　花台景观的应用

19.4.1　花台用于古典庭园

自然式花台景观，具有高低错落的台座、不同色彩的花灌木组合等特点，景观中虽然花卉的配置粗放，花期也不要求一致，但是在同一季节中花卉的色彩、姿态体型、数量比较协调，一年四季花卉植物都有色彩的变化，适合用于古典庭园一角。

19.4.2　花台用于开放空间

规则式花台景观，是常见的花台景观造型，有方形、圆柱形、鼓形等，也可以是多种组合，一般适宜摆放在公园绿地、街道、广场、草坪等开放空间，庭园、建筑物前、建筑墙基等处。自然式花台常用于我国古典庭园中，台内种植草本花卉和小巧玲珑、形态别致的木本植物。适合公园、绿地等不同环境使用，丰富城市景观效果。

19.4.3　花台用于建筑墙基

花台景观用于建筑墙基，花台基座与建筑墙面色彩协调一致，其中的花卉色彩与建筑墙面色彩形成对比，自然生动的花卉植物又打破建筑生硬的线条，显得造型自然柔和。

19.5　花台的设计与施工

19.5.1　花台的设计

1)规则式花台设计

花台的设计形式灵活多样，现代园林常见规则式花台。规则式花台设计要求有 1∶500 总平面图纸，画出花台建筑物、道路（或台阶）及花台的外形轮廓图；1∶(20～50)平面图、立面图和效果图，图纸中要标明使用外装饰的材料和颜色等。

规则式花台可以设计为单个花台，也可以由多个台座组合设计成组合花台。组合花台可以是平面组合（各台座在同一地面上），也可以是立体组合（各台座位于不同高度、高低错落）。立体组合花台设计既要注意局部造型的变化，又要考虑花台整体造型的均衡和稳定。

花台的造型直接影响整体观赏效果，规则造型的花台有：立体形、长方体以及各种组合。其造型简洁明快，现代感强，规则式花台台座一般比花坛种植床造型要丰富华丽一些，以提高观赏效果，但也不应设计得过于艳丽，不能喧宾夺主，偏离花卉造景设计的主题。规则式花台还可与座椅、座凳、雕塑等景观、设施结合起来设计，创造多功能的园林景观。

规则式花台台座一般用砖砌成一定几何形体，然后用水泥砂浆粉刷，也可用磨石子、马赛克、大理石、花岗岩、翻面砖等进行装饰。还可用块石干砌，显得自然、粗犷或典雅、大方。立体组合花台台座有时需用钢筋混凝土现浇，以满足特殊造型与结构要求。

2)自然式花台设计

自然式花台设计是根据功能的需要，结合当地的历史文化内涵，因地制宜地进行设计。花台台座外形轮廓为不规则的自然形状，多采用自然山石叠砌而成。其造型讲究自然流畅，高低起伏，适当点缀山石结合座凳功能，方便各类人群休息的需要。

19.5.2 花台的施工

以规则式花台为例，规则式花台的建筑部分属于零星砌体，要符合土建定额的相关规定。

1)准备工作

(1)确定花台的位置和尺寸，在施工地点进行量尺，并制订施工计划；

(2)清理施工地点，清除杂物和积水，确保施工场地整洁；

(3)准备花台的基础设施，包括支撑结构、水电管道等，确保基础设施的稳固和安全；

(4)施工前确认花台的设计图纸和施工要求。

2)施工步骤

(1)地基处理　花台的地基处理至关重要。首先清理地面上的杂草和杂物，确保地面平整整洁。然后根据设计要求挖掘适当大小的基坑，并进行坑底的夯实处理，以确保地基的稳固。

(2)材料的选择和加工　根据设计要求，选择合适的材料，并进行加工。例如，如果选择木质花台，需对木材进行切割、打磨和防腐处理；如果选择砖石花台，需对砖石进行修整和砌筑。

(3)构架组装　根据设计要求，进行花台构架的组装。根据设计图纸，按照顺序将构件连接起来，使用螺丝、钉子或其他合适的连接件，确保构架的稳固性和牢固性。

(4)材料的固定和安装　将加工好的材料固定在花台的构架上。例如，将木质花台的木板固定在构架上，或将砖石花台的砖块砌筑在构架上。确保材料牢固并符合设计要求。

(5)表面处理和装饰　根据设计要求，对花台的表面进行处理和装饰。例如，对木质花台进行上色和防腐处理，对砖石花台进行刷漆和修饰。确保花台的外观美观，并提高其耐用性。

(6)检查和调整　在施工完成后，对花台进行检查和调整。确保花台的稳固性和牢固性，检查是否有松动或缺陷的部分，并进行必要的修复和调整。

(7)清理施工现场　施工完成后，及时清理施工现场，将材料和工具整理归位，清除杂物和垃圾。确保施工现场的整洁和安全。

3)植物选择与种植

(1)在花台内填入改良好的土壤，　二年生草花至少 20～25 cm 厚，多年生花卉及灌木需 40～50 cm；

(2)根据花台的环境和用户要求选择合适植物；

(3)选择阴天或傍晚，花蕾露色时移栽；

(4)栽前 2 d 应灌透水一次，以便起苗时带土坨，栽好后充分浇定根水一次。

19.5.3 注意事项

1)考虑花卉需求与空间规划

(1)花卉需求　不同植物的生长环境有所不同，因此在选择花卉种类时需要考虑其阳光、湿度、通风等方面的要求。合理配置花台的高低、大小，能够为各类植物提供适宜的生长环境。

(2)空间规划　根据花台放置的位置确定可用空间，考虑周围的空间、背景等元素，保证花台与整体环境的协调统一。

2)注重材质选择与创意设计

(1)材质选择　花台的材质应具备耐水、耐腐蚀的特性，在保证实用性的基础上，可选择木材、石材、金属等多种材料，使花台更耐用且美观。

(2)创意设计　通过不同的造型、色彩和纹理设计，赋予花台艺术感和个性魅力。可以考虑精美的雕刻工艺、独特的构造设计，打造独一无二的花台。

3)注重细节处理和功能性设计

(1)细节处理　精心处理花台的边角、表面，优化视觉效果。可以添加装饰物如花瓶、小摆件等，增加美感和趣味性。

(2)功能性设计　为花台增加便利的功能，如设置排水孔、储物空间等，方便植物的生长和日常维护。

4)选择合适的照明与配饰

(1)照明设计　合理的灯光设计能够提升花卉的效果,并为花台增添温暖的氛围。可以选择柔和的照明,或者利用投光灯突出花卉的形态和颜色。

(2)配饰选择　根据个人喜好和花卉的特点,选择适合的配饰进行装饰,如小型雕塑、石头、贝壳等,增强花台的艺术感。

5)定期维护和创新更新

(1)定期维护　保持花台的整洁与干净,修剪花卉的枝叶,清除杂草和病虫害,保证花台始终呈现出最佳的美观效果。

(2)创新更新　不断尝试新的花卉搭配、材质选择、造型设计等,为花台注入新鲜的元素,形成变化多样的景观效果。

一个好看的花台能够点亮生活,为我们带来艺术之美。通过考虑花卉需求与空间规划,注重材质选择与创意设计,处理细节和功能性设计,选择合适的照明与配饰,并定期维护和创新更新,可以打造一个独具匠心的花台。

思考题

1. 花台的常见形式有哪些?
2. 花台的景观应用是怎样的?
3. 花台的植物配置是怎样的?
4. 花台设计的注意事项有哪些?
5. 花台可用的植物有哪些?

第20章 花坛的应用设计与施工

20.1 概念及特点

花坛(flower bed)是在具有几何轮廓的种植床内种植各种不同色彩的花卉,运用花卉的群体效果来体现图案纹样,或观赏盛花时绚丽景观的一种花卉应用形式。它以突出鲜艳的色彩或精美华丽的纹样来体现其装饰效果。对于花坛也有其他的定义解释,如《简明大不列颠百科全书》将花坛定义成“组成装饰图形的花圃”;《中国农业百科全书(观赏园艺卷)》将花坛描绘成“按照设计意图在一定形体范围内栽植观赏植物以表现群体美的设施”。

花坛是表现花卉群体美的一种布置方式,而花坛的造型设计则属于艺术创作的范畴,因此它具有艺术和科学双重属性。通常花坛具有几何形的栽植床,属于规则式种植设计,多以时令花卉为主要材料,因而需随季节更换花材,保证最佳的景观效果。花坛表现花卉组成的图案纹样或华丽的色彩美。

20.2 花坛的功能

20.2.1 美化和装饰功能

花坛通过其生动形象、绚丽多姿的造型图案可以成为城市一道又一道亮丽的风景线。在经过园艺师精心设计栽培后,配合上水、光、声、电等技术,一座座精妙的花坛宛如一件件珍贵的艺术品,供人们停驻观赏。在城市和风景区都可以看到这样的花坛,这些花坛不仅丰富了植物的表现力,也为城市增添了色彩,以及弥补园林中季节性景色欠佳。市民在观赏花坛而获得美的享受和心情愉悦的同时,也提高了自己的审美趣味。所以花坛在城市和园林建设中具有独特的美化装饰作用。

20.2.2 节日装饰作用

花坛可以增加节庆欢乐气氛。各种各样的花坛是装饰盛大节日和喜庆场面所不可缺少的工具,在人流量较大的公共场所,可以起到烘托节日气氛、美化周边环境的作用。特别是在节日期间增设的花坛,能使城市面貌焕然一新,烘托节日气氛。如每年的国庆节,天安门广场上都会布置大型的花坛,烘托出浓浓的节日气氛,成为一个新的节日景点,吸引了众多游客。

20.2.3 教育宣传功能

通过将宣传标语植入花坛的形式,将文明建设、社会公德等各个方面的精神以一种新颖的方式传递给人们,从而使人们更加乐于接受,取得更好的宣传效果。传统的横幅标语宣传既浪费材料,又受时间的制约,不能长期保存,而花坛为基础的标语宣传,既能够更加生动化、多样化、缤纷化地展示出宣传标语,又能克服时间障碍,便于长期保存,使人们在享受花坛带来美的欣赏和提高自身艺术鉴赏能力的同时，也接受到时代精神和民族精神的熏陶。因此，花坛的教育宣传功能也是十分重要的。

20.2.4　分隔空间和组织交通

用花坛分隔空间和组织交通的形式越来越普遍，交通路口的安全岛、分车带、宽阔的道路两旁设置花坛，可收到似隔非隔的效果，使人车分流。由于花卉色彩鲜艳，也可提高驾驶员的注意力，对交通安全起到一定的作用，有的花坛还能作为回车的标志。在较开阔的广场、草坪及宽阔的道路两旁均可设置花坛，有充实空间、分隔道路和引导行人的作用。

20.3　花坛的类型

花坛按花材使用可分为盛花花坛（花丛花坛或鲜花花坛）、模纹花坛和混合花坛。

20.3.1　盛花花坛

盛花花坛（图 20-1）主要表现和欣赏观花草本植物花朵盛开时花卉本身群体的绚丽色彩，以及不同花色组合搭配所表现出的华丽图案和优美外貌。盛花花坛具有占地面积小、便于更换、图案变化多样、色彩丰富等优点，在校园景观中应用最为广泛。

图 20-1　盛花花坛

20.3.2　模纹花坛

模纹花坛是根据花卉植物的颜色、姿态差异组成不同的外部形态或者栽植出不同的纹路、文字和图案，以达到美化城市环境，减缓城市人口精神压力的目的。由低矮的观叶植物或花和叶兼美的植物组成，以精美图案或装饰纹样新式展现的花坛。

模纹花坛根据图案表面特征可以分为毛毡花坛和浮雕花坛两种。毛毡花坛指由各种植物组成精美图案，并且将植物修剪成同一高度，使其表面整齐，如同华丽的地毯一般（图 20-2）。而浮雕花坛则是指通过修剪使植物表面凹凸不平，从而形成立体的图案，如同生动的浮雕一般（图 20-3）。当今更多的模纹花坛是与盛花花坛相结合，既能表现一定的主题思想，又具有绚丽的色彩景观。

图 20-2　毛毡花坛

图 20-3　浮雕花坛

模纹花坛根据外观分为文字式、图案式和立体式。文字式指花坛通过植物的搭配形成文字符号，传达一定的意义，从而产生一定的宣传作用（图 20-4）。图案式指通过各类植物的相互搭配形成一组平面图案，起装饰美化的作用。立体式即立体花坛和模纹花坛的结合，指将草本植物或矮灌木种植在二维或三维构架上，形成艺术作品的一种植物造景技术，作品具有形象生动具体、传递丰富信息表现鲜明主题的特点，综合展示园艺技术和园艺艺术。

图 20-4　文字式花坛

20.3.3　混合花坛

混合花坛是不同类型的花坛相结合，如花丛与模纹花坛、平面花坛与立体造型花坛的结合，以及花坛与水景、雕塑等的结合形成的综合花坛(图 20-5)。

图 20-5　混合花坛

20.4　花坛植物材料的选择

盛花花坛在选择植物材料时要求株丛紧密整齐，开花繁茂，花朵鲜艳明丽，开花时见花不见叶，高矮一致，花期一致。同时，花坛用花多为时令花卉，选择花材时要考虑不同季节的气候特点选择合适的种类。比如，中国西南地区夏秋季常用花卉有矮牵牛、万寿菊、一串红、百日草、千日红、鸡冠花、夏堇、彩叶草、天竺葵等；冬春季常用花卉有三色堇、羽衣甘蓝、金盏菊、多花报春、四季报春、雏菊等。考虑到相同季节不同纬度不同海拔气候的差异性，选择花材时要因地制宜。

模纹花坛常用的植物材料有五色草、彩叶草、香雪球、四季秋海棠等，偶尔有用低矮的小灌木，如红花檵木、金叶女贞等。五色草是多年生草本植物，是苋科莲子草属的黑草、绿草、大叶红、小叶红和景天科的白草的总称。通常模纹花坛主要植物材料由五色草构成，五色草具有植株低矮、分枝繁茂、色彩丰富、极耐修剪等特点，通过相互颜色的搭配形成各种不同的图案与景观。

模纹花坛的配置植物选择要根据设计图案和所处的气候带来确定。在具体的植物材料选择中，更加偏向于新型优质的花材。因为新型优质的花材具有抗寒抗旱、耐湿热、颜色鲜艳醒目、开花量大且繁密茂盛、易修剪、观赏期长等特点，在模纹花坛应用中，无论观叶、观花或者观型，都具有极好的观赏性。比较典型的新优植物品种有金叶过路黄、地毯草、银叶菊、银边垂盆草(白草)等。模纹花坛植物材料选择应该参照以下几个标准：植株低矮，分枝能力强，株形结构紧密，一般不超过 10 cm 为宜；花朵繁密，花色艳丽，开花量大，花朵整齐，高度一致且残花败花不宿存于植株上；适应性强，特别是具有较强的抗旱、耐瘠能力，耐湿热环境，且生长健壮，根系生长迅速。

20.5　花坛的设计

20.5.1　花坛与环境的关系

花坛形式多种多样，在选择采用何种形式的花坛时，要考虑到花坛与环境的关系。花坛的风格和装饰纹样应与周围建筑风格相一致，同时立地环境开阔与否、背景的明暗、原有植被生长状况也影响着花坛的选择。花坛的体量大小也与环境相关，一般来说，花坛面积占广场面积的 1/5～1/3，且外部轮廓要与建筑边线、道路走向、广场形状协调一致。要充分考虑到花坛组织交通分隔空间等功能，如交通环岛花坛、道路分车带花坛、出入口广场花坛等。必须考虑车行及人流量，不能造成遮挡视线、影响分流、阻塞交通等问题。

20.5.2　花坛的图案设计

花坛的图案纹样应该主次分明，简洁美观，且注意纹样轮廓要清晰。一般都是平面图案，离地面不宜太高。可以用不同颜色，不同高度的植物丰富花坛的层次，但要注意内高外低。通常花坛的装饰纹样都富有民族风格，如中国常用云卷类、花瓣类、星角类等。设计花坛时应本着尽量降低养护管理费用的原则，宜繁则繁，该简则简。

花坛大小要适度，在平面上过大则在视觉上易引起变形，一般观赏轴线以 8～10 m 为度，图案简单粗放的花坛直径可达 15～20 m。具体图案应根据具体环境要求来确定所要设计的图案。比如在美术馆前，设计的图案要华丽而流畅，体现美的感觉；在体育馆前，设计的图案要富有动感，有前进的感觉；在政府机关前，设计的图案要庄重。总之要根据不同的场合采用不同的图案纹样，追求与其所在环境的协调。单体花坛主体高度不宜超过人的视平线，花坛中央拱起，保持 4%～10% 的排水坡度。

20.5.3　花坛的色彩设计

花坛的色彩设计，应遵循一定的艺术规律，要注意色彩的调和、对比、动感的应用。不同的色彩搭配，给人带来不同的心理感受。同色或近似色的花卉种在一起，给人柔和愉快的感觉；对比色相配，给人跳跃活泼的感觉，但注意在同一花坛中不宜多用对比色；白色可以起到衬托、调和的作用；冷色系的花给人深远的感觉。除此之外，不同的环境氛围，选择的花坛颜色基调也有所不同。节庆假日，宜选用色彩艳丽的花卉，烘托热闹、喜庆的节日气氛；图书馆花坛色彩不宜太跳跃，应选淡色，使人感觉安静幽雅；公园、剧院等应选暖色，使人感觉鲜明活跃。花坛一般应有一个主调色彩，其他颜色的花卉则起着勾画图案线条轮廓的作用。一般除选用 1～3 种主要花卉外，其他种花卉则为衬托，使得花坛色彩主次分明。忌在一个花坛或一个花坛群中花色繁多，没有主次，即使立意和构图再好，但因色彩变化太多而显杂乱无章，也会失去应有的效果。

由于模纹花坛的主要材料只有五色草，花坛的主体部分主要由五种颜色构成，因此对于模纹花坛的色彩设计就显得尤为重要。首先应选取一种草做底色，然后再根据需要取用其他草色在底色上作画，用多种色彩相互映衬从而达到更好的观赏效果。另外也可以通过相应色彩的配置植物，增加模纹花坛的色彩丰富性和表现力。但文字类模纹花坛不可过分艳丽，以免喧宾夺主，掩盖了其文字的教育宣传功能。模纹花坛纹样应该丰富和精致，但外形轮廓应简单。由五色草类组成的花坛纹样最细不可窄于 5 cm，其他花卉组成的纹样最细不少于 10 cm，常绿灌木组成的纹样最细在 20 cm 以上。

20.5.4　花坛的设计图

1)平面花坛

(1)总平面图　通常根据设置花坛空间的大小及花坛的大小，以 1∶(500～1000)图纸画出花坛周围建筑物边界、道路分布、广场平面轮廓及花坛的外形轮廓图。

(2)花坛平面图　较大的盛花花坛通常以 1∶50 比例，精细模纹花坛以 1∶(20～30)比例画出花坛的平面布置图，包括内部纹样的精细设计(图 20-6)。

(3)说明书　对花坛的环境状况、立地条件、设计意图及相关问题进行说明。

(4)植物材料统计表　植物的品种名称(普通名称和学名)、花色、规格(株高及冠幅)以及不同品种的用量等，在季节性花坛设计中，还须标明花坛在不同季节的轮替花卉的品种、花色、规格及用量。

2)立体花坛

立体花坛比平面花坛结构复杂，包括承载体、固定结构、介质、介质固定材料和植物材料等。立体花坛结构设计还要充分考虑到骨架的重心，关系到造型的稳定与安全，一般造型与配重比例为 1∶3，可将造型与配重巧妙地结合起来。因此，立体花坛设计图除了包括上述平面花坛的设计图外，还有其他具体要求，主要是外观形象设计（正立面、侧立面和平面图）、骨架结构设计、灌溉系统设计。其中，外观形象设计主要就是确定立体花坛的主要形态，要求线条自然流畅，画面美观整洁，善于变化而又不过于复杂，以免后期种植困难，效果凌乱。单面观、规则式圆形或几个方向图案对称的花坛只需画出主立面图即可。如果为非对称式图案，需有不同立面的设计图。骨架结构设计主要是对立体花坛的植物载体和承重支撑体的设计，为以后立体花坛的精准施工提供数据支持。应事先估算所承受重物的总重量，然后选择参数和尺寸合适的用料，杜绝由于骨架的强度不够而导致的立体花坛变形或者其他情况的发生，以免发生安全事故。目前，立体花坛基本上采用的是钢架结构，设计时根据骨架特点设计出骨架施工图。灌溉设计主要是对立体花坛地面、立面浇水灌溉系统的设计，主要绘制管道布置图和喷头布置图，要求管道布置合理，水压平衡，能保证立体花坛每一处都能正常灌溉浇水。

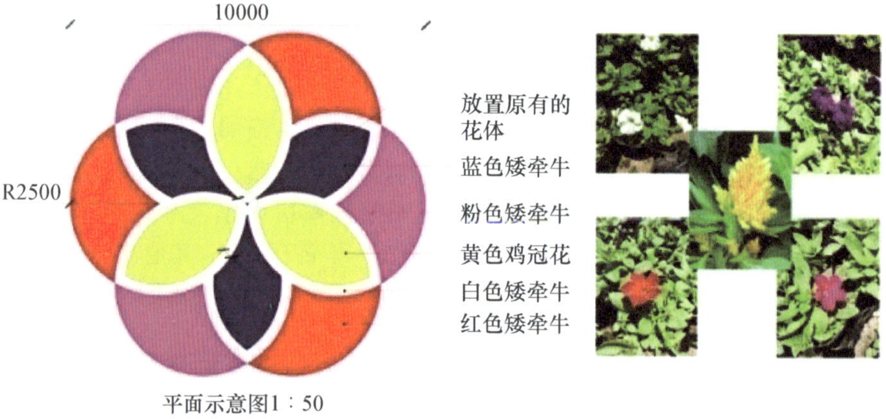

图 20-6　花坛设计平面图

20.6　花坛施工

20.6.1　盛花花坛施工

盛花花坛大概可以分为两种施工类型，一类是以自然土壤为种植床，栽培时令花卉而形成的传统花坛；另外一类是在硬质铺装上摆放盆花而形成的现代花坛。

1）传统盛花花坛施工

（1）种植床土壤准备　花坛土壤应具有良好的理化性质和营养状况，通常在种植花卉前应对花坛土壤进行深翻和施肥改良。一二年生草花需要至少20～25 cm厚，多年生花卉及灌木需40～50 cm。土壤需排水良好，深翻后施足基肥。排水坡度要适当。

（2）施工放线　整好苗床后，可用石灰、锯木屑或干沙按照图纸进行放线；用皮尺、绳子、木桩、铁锹等工具，复杂细致的图案或文字，先用硬纸板镂空或用铁丝围成图案或文字形状，铺在种植床相应的位置上，撒上沙子或石灰绘制图形。

（3）砌边　按照花坛外形轮廓和设计边缘的材料、质地、高低、宽窄进行花坛砌边。

（4）栽植　选择阴天或傍晚，花蕾露色时移栽。栽前2 d应灌透水一次，以便起苗时带土。选择苗的色泽、高度、大小一致。栽植顺序一般应从中心向外依次退栽；一面坡式花坛，应由上向下退栽；高矮不同的花苗混栽时，应先栽高的，后栽矮的；宿根、球根花卉与一二年生花苗混栽时，应先栽宿根花卉，后栽一二年生草花。苗的高度不一致时，高的深栽，矮的浅栽，株行距以花株冠幅相接，不露出地面为准。栽好后足水灌溉一次。

2）现代盛花花坛施工

现代盛花花坛施工比较简单，通常直接用石灰按照图纸在硬质铺装上进行放线，摆盆花即可（图

20-7)。如果是大型的盛花花坛，一般要在中间高，四周低的钢制骨架(坡度 5°～10°)上铺木板，在木板上放线，再摆盆花形成大型的花坛。如国庆期间天安门广场的主花坛。在花坛隐蔽处安装灌溉系统。

图 20-7　现代盛花花坛放线施工

20.6.2　模纹花坛施工

模纹花坛大概可以分为两类施工类型，一类是平面花坛；另一类是立体花坛。

1)平面花坛施工

平面模纹花坛施工中有两类情况，一类是在种植床中施工，其施工过程与传统盛花花坛施工基本一致，只是栽植顺序应先栽图案的各条轮廓线，然后再栽里面的填充部分；另一类是将若干苗盘直接摆放在斜面的金属架上，表现文字或图案。这类花坛施工主要是按着设计图纸的文字或图案在苗盘中放线(每个苗盘相当于网格放线中的一个网格)，栽植后按常规养护，之后摆拼成型即可。

2)立体花坛施工

立体花坛的施工流程主要有技术准备、骨架制作、骨架安装、灌溉系统安装、填充物及绑扎技术、立面植物栽植等步骤。

(1)技术准备　入场后组织各专业技术人员认真研究设计图纸，领会设计意图，做好图纸会审；编制施工组织设计，编制分部、分项工程施工技术措施，做好技术交底，指导工程施工；认真做好工程测量方案的编制，做好测量仪器的校验工作，做好原有控制桩的交接核验工作；编制施工预算，提出主要材料用量计划。

(2)骨架制作　骨架的功能是对立体花坛进行支撑，所以要结合具体的花坛造型设计出合理而又坚固的骨架。传统制作的立体花坛一般选用木制、钢筋或砖木等结构作为造型骨架，现在较多采用钢材作为骨架的主要材料，以保证骨架有足够强度。骨架制作是立体花坛成败的关键，骨架材料要求轻盈、易弯曲、能形象地反映出图案的形状等优点，通常选用轻质钢材。先用钢筋条搭建构架，之后用细钢筋条焊接来“编织”细节部位，形成网状结构焊接的间距以 15～18 cm 较为合理，并在构架上安装用来提升它的吊钩，以方便组装和运输。构架采取可拆卸的形式，便于搬运、安装；构架的基础一定要结实；构架还要经过防锈、防腐处理等。

(3)骨架安装　要充分考察安装现场情况，确定安装现场基础(铺装地、草地)和车辆运输距离等条件，制定相应的保护或安装措施。草地上以木桩进行桩点位置标记，硬质铺装地面上以彩喷或粉笔进行标记，以保证立体结构位置、朝向的准确性。构架固定要牢固而简单，要利用力学三角形稳定性原理，固定一般竖直埋设三根角铁(之间用钢筋焊接)，尽量避免挖掘地基浇注混凝土的固定方式，要充分考虑构架的可移动性和安全性(包括抗风能力、稳定性、承受荷载等因素)，造型复杂的还要考虑构架的组合拼装形式(或焊接或螺栓拼接组装等)，以便于搬运、安装。当需要特别固定时，较厚水泥地面可用膨胀螺栓固定，裸土地面可将基部插入土中固定，也可预先埋入专设的基座，布展时把骨架固定在基座上。需要特别注意的是，在制作立体花坛的骨架尺度和尺寸时，要充分考虑基质与五色草的厚度和体量，以免出现比例失调的现象。安装完毕后，利用水平尺等工具进行水平确定，采取木楔等找平措施，以确保整体结构。

由于是在构架上栽种植物材料，成型后轮廓会放大，所以在制作时要充分考虑放大比例后结构造型的视觉尺度，提高作品的整体协调性，应避免造型失真影响观赏效果。因为构架内部要填充培养基质，为防止浇水后培养基质下沉而造成立体花坛下部膨胀变形，因此在构架内部高度每 30～50 cm 要设置一道防沉降带。防沉降带可用钢筋焊接，间距 20 cm×20 cm，上面用麻布片进行隔断固定。

(4)灌溉系统安装　灌溉系统现场安装前要确定最近的水源，并完成主管道安装。整个立体花坛的灌溉系统可以采用分层灌溉，以保证水分灌溉均匀，便于后期养护操作。灌溉工艺主要有滴灌、渗灌、微喷 3 种方式，滴灌是主要应用于卡盆工艺的立体灌溉方式；渗灌主要应用于五色草、穴盘苗等工艺的灌溉方式；微喷配合前 2 种灌溉工艺，进行花卉表面叶片的增湿降温。

(5)填充物及绑扎技术　填充物即介质，可分为营养土、无机固体材料（如矿棉、泥炭土、珍珠岩及其混合物）或传统的加草泥土。绑扎填充物的材料主要有遮阳网、麻布（麻袋）或无纺布（纱布）等。固定绑扎可用铁丝、钳、剪刀等工具。

①传统方法。五色草花坛所用的基质是花秸泥，准备花秸泥的过程是将黄土、稻草用水混匀，黄土与稻草的比例以便于挂在骨架上为宜，有些部位还需制作泥辫。稻草剪至约 50 cm，焖 2～3 d，至稻草变软并浸透水为止。将稻草泥按照需要的形状黏在铁架上，把薄的麻袋布用水浸湿，在与泥接触的一面刷上一些泥浆以便于麻袋布与花秸泥更好的贴合，将其包在泥上面，有些部位要提前预留铁丝便于固定，铁丝长度约 15 cm，把铁丝两头弯成钩状，纵横交错把麻袋布固定在泥上面。上泥、包泥后，同样用铁丝进行固定。泥的厚度要不少于5 cm。用于包裹的麻袋布要用单层，把多余的部分剪去。骨架之上覆盖的泥浆有可能由于干燥而发生开裂，在缠草绑扎时，应该对其搭上荫棚，使其避免太阳暴晒和雨淋。

②现代方法

A. 实体填充法：在做好的骨架结构上蒙上一层铁丝网，在铁丝网的外边用铁丝再绑上无纺布（或纱布或遮阳网），在框架结构造型里面全部填充营养土。在填土时一定要注意压实，以免以后插上五色草时出现营养土坍塌引起小面积死亡斑秃现象。此方法造型体量大，不易运输，但利于五色草根系生长。在制作过程中，安装用于灌溉的喷灌设施应与填充营养土同步进行。

B. 内部中空法：在骨架结构外部绑上两层纱布及铁丝网，填充方式是骨架的内部为空心，中间填一层厚 5～7 cm 的营养土，注意一定要绑扎好，否则模型在搬运时容易变形。

C. 容器栽植法：五色草类运用穴盘苗工艺较多，提前 2～3 个月进行穴盘苗培养，减少缓苗时间。其间要多次修剪，使得五色草整齐、茂密，摆放时根据设计图案要求摆放在制作好的钢架里，或将卡盆放置在配套的装置内，卡盆四周包裹 1 cm 厚的海绵，具有自吸、自控肥水的能力。容器栽植法具有可组合、可重复利用优点。

(6)立面植物栽植　根据设计图纸要求，在造型表面先画出图案轮廓线，在造型表面插出孔洞后再插入五色草。栽植五色草苗的最佳方法是竖向斜栽入基质内，即苗与造型表面呈锐角形式（倾角为 45°～60°），这样栽植浇水不会把五色草冲掉，也利于在土壤中生根。栽植后浇透水放置在遮阳网下缓苗 10 d 以后即可摆放。通常栽植行距为 2～5 cm，按照品字形依次排列。插入植物材料的深度一般为植物材料长度的 1/3～1/2。栽植顺序为自上而下、由内到外有序栽植，可先在造型表面插出图案轮廓线，然后再填满内部，使整个图案更加整齐、美观。

为保持五色草高度一致，促其根、茎、叶的生长，使花坛图案纹理清晰、整洁，插后要立即进行修剪，使图案线条明显、纹理清晰。对于要求达到立体艺术效果的花坛，如文字花坛，通过修剪使文字凸出来，具有立体感，修剪时对图案线条的四周要重剪，衬底间要剪清晰。

思考题

1. 花坛的概念及应用特点有哪些？
2. 花坛的功能有哪些？
3. 花坛的设计方法有哪些？
4. 花坛的施工步骤有哪些？
5. 模纹花坛的设计主题如何构思？

第21章 花境的应用设计与施工

21.1 概念及特点

花境(flower border)是园林中从规则式构图到自然式构图的一种过渡的半自然式的带状种植形式,表现植物个体的自然美以及它们之间自然组合的群落。它一次设计种植,可多年使用,并能做到四季有景。也有将花境定义为以宿根花卉、花灌木等观花植物为主要材料,以自然带状或斑状的形式,在形态、色彩和季相上达到自然和谐的园林造景形式。花境是模拟自然界中林地边缘地带多种野生花卉交错生长状态,运用艺术手法设计的一种花卉应用形式,它起源于欧洲,到19世纪后期,花境在英国非常流行,而且形式多样。花境不但具有优美的景观效果,尚有分隔空间和组织游览路线之功能。

花境通常被布置在水旁、草坪、林缘或者路畔等地方,表现出花卉本身的生态美。这种美包括它破土出芽,嫩叶薄绿,花梢初露,鲜花绽开,结果枯萎等各期景观和季相变换,也表现观赏花卉自然组合的群体美。21世纪后,花境形式逐渐丰富,植物材料不断增多,逐步体现了物种多样性和景观多样性的统一。人们已逐渐意识到花境在植物造景中的优势,这种自然的造景艺术已在现代园林中大放异彩。如进一步弘扬园林的自然理念,满足现代人的审美要求,正确认识花境的景观价值和生态意义,花境在城市园林建设中将展现更为广阔的应用前景。

21.2 花境的类型

21.2.1 按设计形式分

1)单面观赏花境

供观赏者从一(单)面欣赏的花境(图21-1)。通常位于道路附近,以树丛、绿篱、矮墙、建筑物等为背景。单面观赏花境一般为长条状或带状,边缘可以为规则式也可以为自然式;从整体上看,种植在后面的植物较高,前面较低,边缘有低矮的植物镶边,这是一种较为传统的花境形式,应用范围非常广泛。

图21-1 单面观赏花境

2)双面观赏花境

可供两面或多面观赏的花境。这种花境多设

置在草坪中央或树丛之间，边缘以规则式居多；通常没有背景，中间的植物较高，四周或两侧的植物低矮，常常应用于公共场所或空间开阔的地方，如隔离带花境、岛式花境等(图 21-2)。

图 21-2　双面观赏花境

3)对应式花境

通常以道路的中心线为轴心，形成左右对称形式的花境，常见于道路的两侧或建筑物周围(图 21-3)。

图 21-3　对应式花境

21.2.2　按花境所用植物材料分

1)宿根花卉花境

由适应性强、可露地过冬的宿根花卉种植而成的花境。宿根花卉花期季节性明显，品种繁多，花朵和株形有比较浓厚的自然生态感。

2)球根花卉花境

是由各种球根花卉组合而成的花境。球根花卉具有丰富的色彩和多样的株形，有些还能散发出香气，因而深受人们喜爱。多数球根花卉的花期都在春季或早夏，正值宿根花卉和灌木生长期，更能显现出球根花卉的绚丽多姿，因此球根花卉常用于春季花境中。

3)观赏草花境

是指由不同类型的观赏草组成的花境。观赏草茎秆姿态优美，叶色丰富，花序五彩缤纷，植株随风飘逸，能够展示植物的动感和韵律。观赏草种类繁多，从叶色丰富到花序多样，从粗犷野趣到优雅整齐，从株形高大到低矮小巧，因此应用起来形式多样。

4)灌木花境

是指由各种灌木组成的花境，具有稳定性强、养护管理简便且费用低等特点。常绿灌木可以一年四季保持景观效果；落叶灌木春夏开花，秋季结果，可以展示不同的季相美；变色灌木更能体现季节的变化。很多灌木因其芳香的花朵和美丽的果实，能够吸引蜜蜂、蝴蝶和鸟类等昆虫和动物，为它们提供食物和栖息地，从而能够营造出更加和谐的生态环境。

5)混合花境

通常以常绿乔木和花灌木为基本结构，配置适当的耐寒宿根花卉，一二年生草花，观赏草，球根花卉等，形成美丽的景观。根据观赏要求的不同，每种植物材料所占的比例有所不同。

6)野花花境

是指由各种野生花卉组成的花境。这种花境多由株形自然、管理粗放的一二年生草本花卉和宿根花卉组成。野生花境中，不同的品种不是以组团的形式种植，而是混种在一起，品种之间没有明显的界线。虽然由人工种植，但是看起来像是自然状态下生长的野生花卉群落，极具野趣和乡土气息。

7)专类植物花境

是由同属的不同种类或同种但不同品种的植物为主要种植材料的花境。专类花境所用的花卉要求花期、株形、花色等方面有较丰富的变化，从而体现花境的特点。常见的有月季花境、菊花花境、鸢尾类花境、玉簪属花境等。

21.3　花境的设计

花境是可持续发展且相对稳定的，在当前绿地花境的设计中，观赏期长，维护成本低是行业关注的重点。设计花境时应该因地制宜，整体规划。花境作为绿地的组成部分要融入整个大的植物景观中去，可应用在公园、风景区、街心绿地、家庭花园及林荫路旁，作为植物群落的下层结构进行配置，起到画龙点睛的作用。花境设计首先要明确主题，在分析场地周围环境现状后，综合考量植物的生态习性与季相变化，注重设计手法、个人风格与区域文化的表达。

21.3.1　植物选择

在花境植物选择时，要遵循"适地适花"的原则，尽量选择花期长、花叶美、适应性强、生长强健、管理粗放的多年生草本花卉。选择花境植物要考虑花色、花期、叶色、叶形等外观美，要注重植物的生态习性和植物间的生长关系、开花时间与美学效果。从形态、色彩、质地、尺度等方面综合考虑植物种类的选择，同时要注意为植物未来的生长留有空间。构成花境的花卉材料大概分为以下 6 类：

（1）繁花类　品种繁多，色彩缤纷，形态各异，是构成花境的主体材料。如矮牵牛、鸡冠花、萱草类、薰衣草、鼠尾草、紫茉莉等。

（2）高茎类　高茎植物往往担当着视觉焦点的角色。常用种类有蜀葵、醉鱼草、穗花牡荆、羽扇豆、大花飞燕草等。

（3）阔叶类　有高也有低，其宽大的叶片往往具有肉质感，能与其他材料形成对比。如美人蕉类、一叶兰、玉簪类、红叶甜菜、红脉酸模、白柄粗肋草等。

（4）低矮匍匐类　常在花境前景中用来封边或弥补空缺。如石菖蒲、金线菖蒲、葱兰、美丽月见草、紫叶酢浆草、美女樱、蔓长春花、红蝉花等。

（5）花灌木类　一般包括常绿及落叶两大类，在花境应用中经常充当背景材料。如大花六道木、杜鹃、山茶、茶梅、龟甲冬青、花叶假连翘、金叶莸、金叶女贞等。

（6）观赏草类　观赏草自然朴实，给花境增添野趣，也是与其他植物形成对比的极好元素。如蒲苇、细叶芒、狼尾草、细叶针茅、蓝羊茅、花叶芦竹、苔草类等。

21.3.2　色彩设计

花境美妙的色彩可刺激和感染人的视觉和情感，给人们提供丰富的视觉空间，一个花境的成功与否很大一部分取决于色彩，色彩设计是花境设计的核心工作。花境色彩设计可巧妙地利用不同花色或叶色来创造景观效果，根据环境大小选择色彩数量，避免在较小的花境上使用过多的色彩而产生杂乱感。主要有 3 种基本配色方法：

（1）单色系设计（单色花境）　指用同一色系的花卉植物品种布置花境，在色彩的变化上趋于单一。因此在选择同一色系的植物时，应选择具有明暗变化的植物进行组合，最终的视觉效果应接近于空间构成中的渐变，进而去弱化单色花境给人带去的视觉疲劳之感。在色彩方面，单色花境常常呈现出白色和蓝紫色。白色作为中间色调，不易让人产生疲惫之感。

（2）双色设计（双色花境）　指花境在色彩上主要是由两种颜色组成，给人的感觉通常为轮廓明确、色彩鲜明，可以从对比色和互补色两个角度来阐述双色花境的搭配。

（3）多色设计（多色花境）　多色花境因其在色彩上的丰富变化，是花境中最常见的类型。但在设计时应注意色彩之间的搭配，不能因其品种繁多而给人一种杂乱的感觉。通常多色花境实则偏向于冷色调，使人感受到花境的美与幽静。

色彩设计不是独立的，必须与周围的环境色彩相协调，与季节相吻合。配置时要使花境内花卉的色调与四周环境相协调，需注意以下几点：一是花境的色彩设计会影响到花境的整体空间，一般较小型的花境及分成不同区段的大型花境的各区段适宜选用单色的花境设计，重点强调种植排列的结构与韵律。二是使用中间色或相似色可用于强调和弱化主色调，适用于花境背景层，形成柔和的花境背景。如蓝绿、蓝紫、紫色这组类似色应用于同一组花境中，可以降低色彩的明度，形成柔和的色彩效果。三是使用对比色、补色可以营造生动的花境景观效果。如在红墙前用蓝色、白色显得鲜明活泼；在白粉墙前用红色或橙色就显得鲜艳。

21.3.3 季相设计

花境的季相变化是其主要特征之一。低纬度地区理想的花境应该四季有景可观，寒冷地区可做到三季有景。季相可通过不同季节的开花的代表花卉种类及其花色来体现，找出该地区各季节或月份的代表植物种类，在平面种植设计时考虑同一季节不同的花色、株形等合理地配置，保证花境各季的观赏效果。

21.3.4 平面设计

构成花境的最基本单位是自然式的花丛，每个花丛的大小，取决于株数和单株的冠幅等。平面设计时，以花丛为单位，每斑块为一个单种的花丛。花境平面设计一般以花丛造型组合为主。有三角形、飘带形、半围合形、自由斑块等组合形式，其中前 3 种造型组合花境已不多见，自由斑块组合花境是目前应用最为普遍的一种方式。三角形组合的花境纵向层次较少，组合图案相对清晰，比较适合选取几种花卉间断性交错布置，适用于道路及现代感较强的园林环境中，一般可以表现出场景的节奏和韵律感。飘带形组合花境是由狭长飘带形的植物群落组合而成，有较强的流动性，纵向层次丰富。半围合形花境是由大植物团块包围若干小植物团块组成，具有一定的趣味性，大团块一般由较高的植物组成，整体性较强，小团块可重点强调植物色彩和种类的多样化，形成层次丰富的景观效果。自由斑块组合花境是由花卉团块随意组合而成，花境中的各种花卉呈斑状混交，斑块的面积可大可小，但不宜过于零碎和杂乱。

通常，一个设计单元（如 15 m 或 20 m）通常以 5～10 种自然式混交组成，各花丛大小不均匀，一般花后叶丛不美的植物面积宜小些。为使开花植物分布均匀，又不因种类过多而杂乱，可把主要花材植物分为数丛种在花境不同位置，再将配景花卉自然布置。过长的花境，可设计一个演进花境单元进行同式重复演进或 2～3 个演进单元交替重复演进。注意整个花境要有主调、配调和基调，多样统一。经典花境中的植物通常采用条状的形式栽植，但条带需与道路呈 30°～45°的倾斜。将条带呈一定角度倾斜后，可以使不同层次的植物穿插，让花境看起来更自然，即使修剪其中一种植物，周围穿插的植物也能遮挡空缺。

21.3.5 立面设计

花境要有较好的立面观赏效果，充分体现群落的美观。在立面上，作为背景层的花境植物一般较高，而前面则安排较矮小的植物，这样可以避免花境前后植物的互相遮挡，并能形成良好的景观层次。

花境的竖向设计要充分考虑植物的高度、株形、花序和质感，营造高低错落、层次分明、质感和谐的花境景观。花境的高度一般要求前低后高，中间高两边低，且后面的植物颜色较深；花的枝叶花果均匀粗糙和细腻之不同的质感，粗质地的植物显得近，细质地的植物显得远。花境设计中植物搭配时也要考虑质地的协调和对比，质感粗糙植物栽植在花境后方或尽量远离人。设计时要竖线条和水平方向的植物合理搭配，使垂直方向和水平方向都有景可赏。避免前面的花挡住后面的花，竖向直立型和松散开展型在高度满足要求的情况下宜置于后方，圆球形和下垂形宜向前栽植。整个花境中前后应有适当的高低穿插和掩映，才可形成自然丰富的景观效果。

21.3.6 设计图

（1）设计图形式　可用钢笔绘制黑白图，或用水彩、马克笔、彩铅等方式绘制彩图。

（2）总平面图　绘制 1∶(100～500)的图，其中标出花境周围环境，如建筑物、道路、草坪及花境所在位置。

（3）花境平面图（种植施工图）　根据环境大小绘制 1∶(20～50)的图。先画出轮廓线，在轮廓线内部画出各种植物的分布区域等。以花丛为单位，用流畅的曲线表示出花丛的范围，在每个花丛范围内编号或直接注明植物及构成花丛的特定花卉的株数。需附表列出花境的植物材料，包括植物名称、株高、花期及用量等。

(4)花境立面效果图　绘制 1∶(100～200)的主要季节或各季景观效果图。要表现出花境在立面上的层次关系，也便于施工时对设计效果的认知，更好地让设计师指导施工。

(5)设计说明　提供花境设计说明书，包括设计意图，花境的科学性、艺术性及简明的管理要求等。设计说明书要与图纸一致，可以更好地帮助观赏者理解作品。

21.4　花境的种植施工

21.4.1　技术准备工作

1)现场调研

花境施工前需要对现场进行调研、熟悉环境，仔细核对现场的建筑、树木、地上设施等附属物的位置和体量，对一些影响施工的因素进行前期调整和排查。根据实地景观内容和主题，以及地理环境和气候条件，选择相应的品种。

2)苗木准备、细化方案

根据花境设计要求和营造场地特性(大小、重要程度、周边植栽品种)，构思方案备苗。施工人员首先必须熟悉图纸，并充分领会设计意图，必要时进行全程跟踪，做好苗木的采购、现场的种植指导，对品种规格株形、健壮程度等方面要严把质量关。种植前必须了解苗木种类、数量、规格、生长情况以及苗源同施工地点的距离、交通运输等情况。一般在植株数量准备上多预留出 10%，以备施工损耗。在此基础上制订出施工计划和施工进度，做好施工前的各项准备，才能按时施工。

21.4.2　施工程序

花境一般是在园林绿地灌木种植完成后，进行的最后一道植物景观营造，其具体步骤如下：

1)土地整理

根据实地放样，翻整土地，清除多年生杂草；适当增加一些能改良土壤板结、提高有机质含量的物质，这样能够改善花卉植物的根系生长环境。通常单面赏观花境的种植床，应该适当增加植床后面的高度，控制花境坡度在 5°～10°；双面观赏花境的种植床中央比两边高出 10 cm 左右，既有利于排水，又能增加花境的前后层次和饱满度。花境的种植床与草坪交界边缘切边须整齐。

2)定点放线

使用卷尺、小木桩按设计图纸定位放线，用白灰在种植区域划分出不同植物的种植区块。根据花境的位置图确定种植床的具体位置，若与周边环境有不和谐的地方，可以在现场进行适当调整。根据种植平面图进行放线，先标出花境整体的轮廓线，然后再具体到每个品种斑块的范围和形状。

3)种植

根据植物的成型规格制定合理的种植密度，控制种植间距。需要统筹栽植后一年的效果，以及二三年后植物的生长空间。

一般先栽植高大的背景或构架植物，定好位置后栽植低矮植物。如果花境植物与背景植物相邻，应先种植背景植物，再种植花境植物。对于双面观赏花境或多面观赏花境，则要先栽中心部位，再往外缘栽植。种植床边缘的苗最好采用向外倾斜的栽植方式，既可覆盖植床切边沟，又可增加花境整体景观效果。对有特殊土壤要求的植物，可在某种植区采用局部换土措施。不耐积水的植物，可在种植区土壤下层添加石砾。某些根横向生长过强，易侵扰其他花卉的植物，可在种植区边界挖沟，埋入砖或石板、瓦砾或金属板、塑料板等进行隔离。

栽植时要保持种植苗土坨不散，种植高度略高于地面，栽植后平整表层土壤。带刺、刺激性植物外侧应种植缓冲植物予以隔离，避免人与植物直接接触。

21.5　花境的日常养护管理

养护管理是花境稳定发展的基础。花境除了

日常的浇水、施肥、除草、病虫害防治等管理措施外，要想维持花境长期的观赏效果，还需要从修剪、支撑、覆盖物、补栽等方面加强管理。

21.5.1 修剪

在宿根花卉生长初期进行掐尖处理，打破顶端优势而产生较多侧枝，可以使植株开出较多和较大的花朵。当宿根花卉的花朵开始褪色时，就应该将残花剪除，这样可以防止植株结籽而消耗能量，同时能够促进新营养体的生长，令整个植株生长健壮，有利于来年更好地开花。修剪可以防止植株间相互侵扰，使植株生长健壮，达到理想的株形和效果。对于只开一次花的植物和观叶植物，也应该及时剪除残花及干枯的枝叶，以免影响整个花境的观赏效果。在秋季要对花境进行整理，对宿根花卉枯萎的地上部分进行修剪，清除所有已死或褪色的叶片和茎秆，清理残留杂草，这样可以保持花床的干净、整洁，利于植物间的空气流通，有效减少病虫害的发生。

21.5.2 支撑

支撑是为了防止植株在大风或暴雨后倒伏而采取的一项防护措施。在花境中为了保证良好的观赏效果，对一些草本植物经常会采取支撑的措施。植物是否需要支撑取决于植物自身的站立能力和其景观位置。一些花序较长或茎秆较高且细弱的植物需要用支架进行固定，如飞燕草、小丽花等。支撑用的材料通常有细竹竿、木棍或铁条等，此项工作应该在植物生长到一半甚至更早的时候进行。支架的高度在植物生长最终高度的 2/3 左右比较适宜，这样可以使植物生长茂盛从而遮盖住支撑物。对于幼小的乔木，可以用木桩进行支撑，在距地面 30 cm 处用绳子或带子将木桩与茎干连接。

21.5.3 覆盖物

覆盖物可以有效地减少土壤中水分蒸发，保持土壤湿润。建植初期可以采用一些土壤覆盖物如树皮、鹅卵石、沙砾等覆盖土壤，花境看起来美观整洁，又能起到保墒增加养分的作用。一些覆盖物包括碎树皮、树叶、堆肥粉碎的草屑及稻草等，能够缓慢地释放出营养物质到土壤中，可以减少植物对肥料的需求。堆肥还可以为土壤增加有益的、抗病的微生物。花境植物在秋冬季落叶期，裸露的土壤表面用树皮或木屑等覆盖物覆盖，可以保证花境的美观，而彩色覆盖物能带来意想不到的色彩和意境。

21.5.4 补栽与换花

花境植物是活的生命体，在生长过程中也会遭受病虫害、逆境胁迫等不良环境条件，从而影响植株的正常发育。花境植物生产过程中，也会因养护管理不慎或人为破坏等造成植株枯死或缺损，局部可能会稀疏或出现裸露的空地，应及时进行补裁和换花，以保证花境整体的观赏效果。换花时应先将死亡的植株清除，然后换上品种和规格一致的新鲜、健康的植株，令花境保持最佳的观赏效果。花境景观中会运用一定数量的一二年生花卉，这类花卉花期较短，养护时要特别关注一下。如果植物生长到一定程度，与原先的设计不协调，也需要进行局部换花，才能使花境效果更加出彩。

思考题

1. 按所用植物材料，花境分为哪几种类型？
2. 如何对花境植物进行修剪？
3. 花境种植的施工程序有哪些？
4. 花境的立面设计有哪些注意事项？
5. 如何理解长效花境？

第22章 植物墙的应用设计与施工

22.1 概念及特点

植物墙(green wall),也称为植物幕墙。指在建筑物或构筑物的立面,部分或全部覆盖绿色植物,是利用新技术、新材料、新工艺和生态学、景观学、园艺学、建筑学、人居环境科学等多学科发展起来的新的垂直绿化形式。植物墙的本质是由支撑系统、照明系统、灌溉系统、蓄排水系统、栽培介质(模块系统或载体系统)、植物系统等共同组成的一个轻质栽培系统。

根据植物墙所处的位置可以将其分为室外植物墙和室内植物墙,室外植物墙是指模拟自然界垂直立面植物群落的基础上,在建筑物或构筑物表面的立面或全部覆盖绿色植物。室内植物墙是指将室内墙面全部或部分种植、覆盖绿色植物。通常认为的绿墙是指利用攀缘植物或其他植物装饰垂直面或各种围墙的一种垂直绿化形式。可见,绿墙是广义的垂直绿化应用形式,而植物墙是绿墙的一种特殊类型。但也有人认为,广义的绿墙与广义的植物墙在意义上差别不大。

22.2 植物墙的类型

目前植物墙的类型主要有标准模块式植物墙、袋式植物墙、纤维布式(无土栽培式)植物墙、盒(盆)式植物墙、箱式植物墙、介质式植物墙、板槽式植物墙等多种类型。这里重点介绍三种植物墙。

22.2.1 标准模块式植物墙

通常在人工支架的基础上,安装各种各样的栽培基质模块,模块有卡盘式、箱式、嵌入式、基质板式等不同类型,均是把各种基质放入人工模块内,通过不同的灌溉系统进行灌溉。这种植物墙建造和养护成本适中,在国内外使用广泛(图 22-1)。

图 22-1 标准模块式植物墙

22.2.2 袋式植物墙

袋式植物墙前部设置有植物袋,植物袋上设置开口,袋墙材料具有很强的吸水性,起到渗水保水及施肥作用,所以袋墙需水量少。PVC 发泡板起到隔水固定作用,不损伤墙体,下部的水槽,可排放多余的水。这种植物墙建造和养护成本适中,在国内使用广泛(图 22-2)。

图 22-2 袋式植物墙

22.2.3 纤维布式(无土栽培式)植物墙

基质采用吸水保水性能良好的化学纤维或植物纤维,利用其保水透水特性,通过滴灌系统保持养分和水分供应。其技术含量相对较高,景观效果好,代表植物墙未来发展的方向。但由于这种植物墙的建造和养护成本过高,在国内应用并不广泛。

22.3 植物材料的选择

植物是植物墙的关键成分,植物的选用,首先考虑适生性,然后结合景观表现和生态功能。理想的植物墙植物应是:①适应性强,不轻易修剪、免人工灌溉、养护简单粗放为宜;②覆盖力强、生长缓慢、根系浅,以须根为主的常绿植物,根系与介质结合快而紧密;③观赏性佳,以观叶为主,叶色丰富,叶片要求厚重且紧密,株形低矮整齐,四季观赏效果好;④综合抗性强,表现在耐湿热、耐旱、耐强光或耐阴、耐寒、病虫害少等。避免使用释放引发身体不适的花粉或气味的植物。一般常用的室内植物墙植物有花叶万年青、绿萝、豆瓣绿、吊兰、矾根、袖珍椰子及鸟巢蕨等。室外植物墙植物有鹅掌柴、扶芳藤、红叶石楠、'金森'女贞、常绿六道木、雀舌黄杨及花叶络石等。目前北方地区室外植物墙绿化以一年生草本植物为主。

22.4 植物墙的设计

植物墙的种植设计要考虑发挥植物最大的效益,营造出一种相对长期稳定的植物群落景观。设计应该以生态学理论为指导,遵循艺术原则,做到科学性和艺术性的统一。

22.4.1 科学性原则

(1)符合植物习性　根据植物所处的环境条件,结合植物的生态习性,选择适宜生长的植物。在庇荫处,适宜种植喜阴或耐阴植物,如白鹤芋、秋海棠、一叶兰等。在阳光充足的地方,宜种植较喜阳的植物,如九里香、鹅掌柴等。在植物墙的顶部,宜种植相对耐旱和适应性强的植物种类,如虎尾兰、吊兰等。在植物墙的底部种植喜湿的植物,如蕨类、紫金牛、合果芋等。

(2)符合场地性质和功能　不同的场合有不同的功能,植物墙的应用有不同的要求,应根据绿化装饰的场合特点进行设计。如医院设计考虑具有杀菌功能的植物墙,休闲场所宜用芳香植物种类。

22.4.2 艺术性原则

在正确选择构成植物墙的植物材料的前提下,植物墙的设计主要体现在色彩设计。设计要明确主题、合理布局、分清层次,协调植物丰富的色彩美、形体美、线条美和质感美等,使绿化布置与装饰艺术联系在一起。

1)色彩组合

(1)单色组合　植物墙面大面积种植同一种颜色植物,主要是形成与周边环境的对比,起到强调作用,形成视觉焦点。

(2)多色组合　植物墙面根据植物色相、明度、叶片质地不同将不同种类的植物模块化种植,运用邻近色彩等注重色彩的调和,在体现色彩多样性的同时尽量协调统一。

(3)对比组合　植物墙将对比或互补色植物配置在一起,配置多以差异色起点缀作用,运用于大面积植物墙绿化中,引起视觉冲击,吸引视线,但面积不易过大。目前的植物墙的色彩设计多以绿色为主色调，辅以黄色及蓝紫色等相近色系，保证整体色调的和谐统一。

2)注重整体性

植物墙可应用的植物种类较多，每种植物在形态、色彩、质感等方面都表现出不同的特色，在展示植物个体美的同时，更要符合整体的协调性。配置在一起的各种植物须讲究构图完整，高低错落，植株之间能共生而不能相互排斥。不仅彼此间色彩、姿态、体量、数量等要协调，而且相邻植物间的生长强弱、繁衍速度也应大体相近，以防一种植物被另一种植物遮蔽。

22.5　植物墙的种植施工

22.5.1　支撑系统

支撑框架使用强度高、耐腐蚀、重量轻的不锈钢结构，厚度一般要求为 2～4 mm。墙面可固定的，采用标准网架直接固定在竖直墙体上；墙面不能固定的，须做独立支撑结构，根据现场情况切割加工安装。采用 PVC 板作防水层，厚度一般可选 10 mm，密度 0.7 g/cm^3，PVC 板接缝处须做防水处理，可用玻璃胶黏合。PVC 板除起到防水作用外，还应起到固定、支撑和阻根的作用。或支撑框架与墙面保持 20 cm 以上距离，以保证植物墙与建筑墙体之间空气流通，防止建筑墙面受潮。

22.5.2　栽培介质

标准模块应固定支撑框架上，袋式种植或纤维布式种植，种植袋或基质布用铆钉固定在 PVC 板上。栽培基质通常选用轻质、无毒，且通气性、保水性及排水性能好的单一或混合基质，经过消毒后使用。

22.5.3　灌溉系统

一般采用滴灌、喷灌、喷雾等方式来定时、定量供给植物必需的水分和养分。灌溉系统由水箱、水泵、控制器、管路、滴管、肥料配比机、储液桶等部件组成，应做到供液通畅、适量、均匀、余液不外流等。为方便管理，通常设置循环系统，循环利用水分和养分。

22.5.4　植物种植

(1)种植密度　种植密度一般为 30～100 株/m^2，以小苗或中苗较为合适，应保持合理生长空间。

(2)品种选择　选用不易失水和易扦插成活的苗木品种，去掉培养基质，清洗根系，注意保护须根。对易失水植物品种，上墙前浸泡 2 h，种植容易成活。

(3)种植容器　用标准模块或袋式种植时，应先填装基质，浇水润湿。用彩笔在模块或袋体按设计放样，依次种植，注意植株须根应全部埋于基质内(图 22-3)。用纤维布种植时，用刀片划开最外 2 层或 3 层基质布，插上植株，用钉枪钉紧。用马克笔或彩粉在基质布上按设计描绘图案定位，依次种植，注意植株须根应全部埋于基质布内。

(4)种植形式　植物种植采用散植、丛植等自然式种植，形成疏密有度、障透有序和高低不等的立体结构，可以更好地提升植物墙生态系统自维机制和生物多样性的能力。

22.5.5　辅助系统

(1)集水槽　通常在植物墙底部，收集滴液，通过管道回流至控制室，通过过滤加压循环利用。如无须循环利用，直接排入就近管网。

(2)迷雾装置　在植物墙上增设迷雾装置，既可改善空气湿度，又能增强白天观赏效果。

(3)灯光系统　可增强植物墙在夜晚的观赏效果，也可改善植物的光照条件，促进植物生长。室内植物墙加装日光型荧光灯明显改善植物生长质量，应根据植物的生物学特性来设定光照强度和光照时间。

22.6　植物墙的日常养护管理

植物墙的日常灌溉并非通常的人工浇水，而是运用精准化滴灌系统，以设备灌溉为主。此系统成本低，操作简便，供水均匀，运行可靠，不会对周边环境造成不良影响，是植物墙养护管理植物的关键技术系统。辅助的人工养护主要是进行设备检查、监测以及除草、修剪、病虫害防治、植物局部更替与调整等养护工作。

图 22-3 植物墙施工

22.7 植物墙的作用

22.7.1 植物墙园林绿化美化作用

相对于其他立体绿化，植物墙占地少，充分利用空间，提高空间绿化率。不仅美化墙面景观效果突出，而且生态效益显著。在夏季，可为墙面降温消暑；在冬季，形成一层保温层，起到了调节室内气温的作用。

22.7.2 植物墙净化改善环境作用

植物墙能改良空气质量，不仅能增加空气湿度，还能有效清除室内有害物质，比如可能引发各类癌症的甲醛、苯、TVOC 等，增加氧含量。据报道，在 20 m^2 的室内，仅需一面标准植物墙（1.8 m×1.2 m×0.3 m）工作 1 d 就可将重度污染的空气净化到安全范围，净化效果达到了《空气净化器》（GB/T 18801—2022）的国家标准。植物墙不仅能减低墙面对噪声的反射，吸附烟尘和微生物等；还能吸收雾霾，对 PM2.5 有一定影响，降低空气污染物浓度，净化改善环境。

22.8 植物墙经典案例

22.8.1 2010 上海世博会植物墙

上海世博会植物墙单体长 180 m，高 26.3 m，东西两侧布置面积达 6000 余 m^2，是日本爱知世博会“生命之墙”绿化面积的 2 倍，墙上的植物具有上海本地特色，为目前世界上最大的生态绿化墙面，具有灵活移动、组合便捷、快速成景的优点，且技术自主创新。

22.8.2 巴西绿色“植物墙”

巴西绿色“植物墙”为世界上最具特色的城市绿色围墙建筑。主要用砖砌成，且砖上附有树胶和肥料，气候合适时，所播草籽萌发生长，满墙绿色。

22.8.3 北京动物园植物墙

墙体长 12 m，宽 2.6 m，融入绿色、生态、清洁元素。其支撑系统采用国际最新专利技术，为装置节能立体植物墙栽培系统。

思考题

1. 植物墙的概念是什么？
2. 植物墙如何进行分类？
3. 植物墙植物养护的注意事项有哪些？
4. 植物墙的发展前景如何？
5. 植物墙的施工要点有哪些？

第23章 专类园的应用设计与施工

23.1 专类园概念与特点

关于专类园的概念，不同研究学者持不同观点。有的认为专类园(specialized garden)是指在一定范围内种植同一类观赏植物供观赏、科研或科学普及的园地(《中国农业百科全书》)。也有提出专类花园(specified flower garden)是指以某一种或某一类观赏植物为主体的花园(《中国大百科全书》)。《花园设计》一书中提到专类花园是以既定的主题为内容的花园，也称专题花园。著名园林专家余树勋在其著作《园林词汇解说》中对专类花园的定义为某一种或属内，含有大量富有园林用途的种、变种或品种，集中种植在一块园地内，供游人识别及欣赏，简称专类园，其目的是"物以类聚"。本教材的专类园特指花卉专类园，将其定义为在一定范围内种植同一种或同一类花卉，用以表达某一既定主题的，供游人观赏、学习和科学研究的园地。

从专类园的概念可以看出，与其他园林绿地和植物景观相比，专类园的构成及功能特点不同。

(1)以同一类花卉构成为主　该类专类园是以花卉搜集、展示、观赏为主体的一类园地，而且同其他公园、花园不同之处在于所种植植物具有相同特质类型和相似观赏性。可以由具有观赏价值的同一种类(含品种)的花卉构成，也可由同一属、同一科(亚科)植物构成，形成群体美或某一主题，如牡丹园、月季园等。或由具有相似生态习性的花卉构成以展示某一生境特点，如水生花卉专类园、沙漠花卉专类园。或由具有同一功能用途或特性的花卉构成，如药用花卉专类园、芳香花卉专类园。

(2)兼具一定科学研究价值　专类园多收集了同一类花卉的不同种和品种，可为这一类花卉的分类研究、种质资源引种收集研究、遗传育种研究、生理生化研究、濒危种类的保护及新品种的研发、杂交育种和栽培技术等提供研究场所。因此专类园多具有一定的科学研究价值。

(3)独具特色的园林游览空间　专类园不但具有较强的科学研究价值，而且具有较高的艺术性和观赏性。通常花卉专类园对外开放，同其他园林形式一样，通过地形处理，结合山水、建筑、道路和其他植物为游人提供一个休闲娱乐空间。因此，无论园林空间布局形式，还是道路和建筑小品布局、植物配置都遵循园林美学法则。不同之处在于，专类园以展示同一类群的观赏花卉为主，且兼具科学研究和科普功能，因而专类园在植物景观上独具特色。

(4)具有科普教育功能，传播花文化　专类园可以进行园艺学、植物学、遗传学、花文化等学科的科普教育。观赏花卉之美，除了表现花卉本身形态和色彩所展现出的自然美以外，还包括人们赋予花卉的一种特殊的感情色彩。我国观赏植物种质资源丰富且种植历史悠久，许多观赏植物尤其是传统名花都被人格化，赋予了特殊的含义，如兰花之幽谷雅逸、菊花之操节清逸。因此与植物有关的中国诗词、绘画、文学、雕塑、音乐、戏剧、民俗等植物文化源远流长。专类园可通过配置丰富的观赏花卉及展现花卉背后的文化典故，弘扬中国传统文化。

23.2 专类园类型

随着时代变化，结合传统与现代造园技术，花卉专类园的主题与形式也不断推陈出新。除了展示花卉的观赏特点外，还利用花卉应用价值、生长环境等展示别具风格的园林景观。就目前的专类园来说，分类方法较多，主要包括以下几种。

23.2.1 按生物分类学层级进行分类

花卉专类园可根据门、纲、目、科、属、种的生物分类学层级分类，将具有亲缘关系（如同种、同属、同科或亚科等）的观赏花卉集中种植，结合其他园林要素和少量配置其他植物，营造出自然美观的专类园。包括以下类型：

（1）同种花卉的专类园　这一类专类园以突出展示这一种花卉的特色为主，通过大量配置该种植物的不同品种及变种，以及不同的种植形式来营造丰富变化的景观，同时适当地配置一些其他植物和建筑小品烘托主题。一般此类专类园的面积较小，应用较广泛，多隶属于某一大的园林空间或植物专类园之中。这类专类园要求主题花卉在花期往往有较高的观赏价值，多为开花艳丽的传统名花，如月季园、梅园、菊圃、牡丹园、芍药园、荷园和郁金香园等（图 23-1，图 23-2）。

图 23-1　菊圃

图 23-2　牡丹园

（2）同属花卉的专类园　这一类专类园相比同种花卉的专类园花卉种类变化更多，要求该属的多种花卉具有较高的观赏价值，并且有相类似的形态特征、观赏特性等，能形成群体美或延长观赏期。如牡丹园中配置一些芍药，可延长其观赏花期。还有荚蒾园、丁香园、鸢尾园等。

（3）同科（亚科）花卉的专类园　按生物分类学层级分类的专类园中，同科花卉的专类园在现代生态观光农业和大型主题公园中比较常见。该类专类园，选用花卉范围更大，花卉在形态上也有诸多变化，能很好地丰富园林景观。同时，可收集展示许多人们在日常生活中无法见到的稀有花卉种类，满足游人的猎奇心理。同时，也为珍稀花卉资源保护研究、引种驯化提供了材料和场地，比如蔷薇园、苏铁园、木兰园、兰花圃等。

23.2.2 按花卉的生境进行分类

根据花卉的生活习性和生态因子分类的专类园，表现主体仍是花卉，但表现主题不再是某种花卉，而是某一生境类型。用适合在同一生境下生长的花卉造景，展现此生境的特有花卉景观。根据不同的生态因子，又可将此类专类园作更细分类。如依据水分因子，可分为：旱生花卉园、中生花卉园（因大部分园林花卉多属中生花卉，故很少以此生境作专类园主题）、湿生花卉园、水生花卉专类园。依据土壤因子，专类园可分为：沙生花卉园、岩石园、盐生园、酸土（或碱土）花卉专类园等（图 23-3）。依据光照因子，可分为阳生花卉园、中生花卉园、阴生花卉专类园。也可依据花卉原产地进行分类，如高山花卉园、热带花卉园等。这类专类园除了能让人们观赏、了解到各种生境景观，还能通过对一些特殊生境进行改造、美化，使其既能保持原有特色，又能满足人类欣赏的要求，对环境保护也能起到积极作用。在建设时，可以综合多项生态因子形成综合类的专类园，使得景观变化更加丰富。

图 23-3 沙生花卉园

23.2.3 按花卉的观赏特点进行分类

除上述以亲缘关系较近的同一科属种的花卉构成的专类园外，还可以将隶属于不同科，但具有相似观赏特点的花卉组合形成特定主题的专类园（theme garden）。观赏主题可以是花卉的形态特征，如叶、花、果实、甚至是根，也可以是花卉给人的感知，如色彩、质感、气味、触觉、声音等。观赏主题可以一种观赏特点为主，也可以综合多种观赏特点，但注意统一以免杂乱无章。常见的该类型的花卉专类园有创意盆栽园、彩叶园、四季花园（也可单做春景园、夏景园、秋景园或冬景园）、百果园和观赏草园（图 23-4）等，此外还可以考虑建设芳香园（包括香花、香草花卉专类园）、触摸园、夜香园等专类园。如夜香园，可选择傍晚或夜间开花，有香味的花卉，如月见草、晚香玉、紫茉莉（夜来香）、夜香紫罗兰等形成以夜景和芳香为主题的专类园。

图 23-4 观赏草园

23.2.4 按花卉特殊用途和功能进行分类

这类专类园要求选择有相同用途的花卉形成特殊主题的专类园或服务特殊对象。花卉之间并不一定具有亲缘关系，只要是符合花卉专类园所确定的主题即可。如根据花卉的特殊用途分为药用花卉专类园、食用花卉专类园、香料花卉专类园等。或根据其特殊的服务对象分为儿童花园、爱情花园等。也可根据文化的积淀形成特殊的专类园，如诗经花卉专类园、红楼花卉专类园等。

23.3 专类园的设计

23.3.1 设计理念

花卉专类园的设计，有法可寻，但法无定式。花卉专类园建设目的与树木类专类园不同，主要以观赏游览为主，兼具资源收集保护与科研目的。所以，如何运用各种艺术的造园手法营建一个舒适优美的园林空间，展示花卉魅力是花卉专类园建设的核心理念。但同时也要注意用科学理论作指导，以体现出花卉专类园区别于普通公园的不同功能和特色。最终形成一个符合大众审美要求的观赏游憩空间；一个富有科学性的艺术空间；一个可发挥科研、科普教育的功能空间。

23.3.2 设计原则

(1)突出花卉主题　花卉专类园的核心即为展示特定主题的花卉,充分利用主题花卉的生态习性、观赏特点及文化内涵,围绕主题花卉运用园林艺术手法形成特色景观。其他花卉植物只能少量应用作配景。如荷兰库肯霍夫(Keukenhof)公园是一个典型的以郁金香为主题的花园。园内收集了许多郁金香的品种,其数量、质量以及布置手法堪称世界之最。园内也配置有水仙花、风信子,以及各类的球茎花卉,但核心主题仍为郁金香,构成一幅色彩绚丽的画卷。

(2)满足功能需求　花卉专类园主要功能为展示花卉,兼具科研、科普教育等多项功能。因此,在建设过程中,无论是功能分区、道路设计,还是建筑小品、植物配置都应该"以人为本",符合游人心理需求,满足其功能需求。

(3)突出自身特色　随着人们生活水平提高,人们不仅满足于物质生活,还追求精神享受。因此,旅游业得以快速发展,花卉专类园的类型与数量也随之增加。从心理学上来讲,游人都有猎奇心理,对新奇特趣的东西尤感兴趣,往往也能留下深刻印象。因此,花卉专类园要吸引游人必须突出自身特色,形成与其他专类园不同的主题,或者风格及形式。可综合利用地方特色、地形地貌、乡土植物等形成无法模拟与复制的特色花卉专类园。如日本芝樱公园,利用原有地形地貌,结合土壤条件,种植大面积的丛生福禄考,在色彩上及数量上取胜的同时,配以卡丁车娱乐项目,让游人在浪漫的花海中体验不一样的竞技娱乐,是一个非常成功地塑造自身特色的花卉专类园。

(4)体现花卉文化内涵　花卉专类园建设与其他园林景观一样,缺乏文化内涵是经不起推敲的。原因在于文化是灵魂,具有民族性、地域性和时代性,融入文化的景观更具特色和深层次含义。不同之处在于花卉专类园的文化内涵更多的是花文化,是一个地方、一个民族、一个时代的花卉文化。花卉专类园中利用我国传统花文化来营造诗情画意、耐人寻味的景观,能更加凸显花卉专类园的特色,也往往能成为一个对外宣传的名片。同时,也赋予了花卉专类园文化传播、科普教育之功能。

23.3.3 设计方法

1)选择园址

在实践工作中,可根据园址因地制宜的建设花卉专类园(此种类型居多),也可拟定花卉专类园建设目标之后进行园址的选择。若为前者,只需对园址的自然环境条件,如气候、水文、地形地貌、土壤植被等综合进行评价,选择适宜的花卉种类,确定专类园建设主题。如园址中有许多岩石,可建设岩石园。若为后者,则选择园址必须围绕拟建花卉专类园的目的展开,并对现场进行踏查,以选择能满足花卉生长与造景需要的园址。不同的造园目的在选址上有所差异,如水生花卉专类园宜选择雨量充沛、地形凹陷、水源丰富的地方进行建设。总的来说,园址选择的总原则为阳光充足,土质和排水良好,大小适宜,无污染和交通、水源方便。

2)确定主题

确定花卉专类园的主题是一个以意驭术的过程,也是融情入境,寄托设计者思想感情的过程。主题的确定为后续各个环节赋予中心主旨,大到专类园的风格形式和空间布局,小到专类园的各构成要素,如植物、山水、建筑小品、道路等都要在主题的引导下统一协调安排。主题让所有造园要素形成一个有机的整体,各要素又通过自身变化强化主题氛围,彰显花卉专类园主题特色。

3)总体方案设计

(1)区位分析　根据所确定园址位置,结合地图完成花卉专类园的区位分析。区位分析图也可称为位置图,简洁明了地示意该专类园所处区域位置。

(2)现状分析　根据前期现场踏查结果,以及收集到的相关资料,经分析、整理、归纳后,对现状作综合评述,以便分析公园设计中有利和不利因素,同时也可因地制宜地合理规划布局花卉专类园,如主要出入口的位置确定。现状分析图可以结合现状平面图和实地拍摄照片进行绘制。

(3)功能分区　根据花卉专类园的功能定位及

总体设计的原则，在现状分析的基础上，针对不同游人和花卉专类园的不同功能，以及地形地貌划分出主要功能空间，进而细化出更多的功能区。再结合实际情况及专家论证意见，对专类园的功能区进行适当调整，使不同空间和区域满足不同的功能要求，且功能与形式尽可能统一。分区图可以反映不同空间、分区之间的关系。主要功能区包括生产区、科研示范区、不同花卉种类或品种展示区、花文化展示区、游客体验区等。

(4)总平面设计　根据花卉专类园总体设计原则和目标进行总体平面规划布局。总平面布局可采用自然式、规则式或混合式布局。总体设计方案图应包括以下诸方面内容：第一，专类园与周围环境的关系，涉及专类园主要、次要、专用出口与市政关系，即面临街道的名称、宽度；周围主要单位名称，或居民区等；专类园用地红线。第二，专类园主要、次要、专用出入口的位置、面积、规划形式，主要出入口的内、外广场，停车场、大门等布局。第三，专类园的地形总体规划，道路系统规划。第四，全园建筑物、构筑物等布局情况，建筑物平面要反映总体设计意图。第五，全园植物设计图。图上反映密疏林、树丛、草坪、花坛、专类花园等植物景观。此外，总体平面设计应准确标明指北针、比例尺、图例等内容。

(5)地形设计　地形是花卉专类园全园的骨架，要求能反映出专类园的地形结构。如根据造景需要表达出山体、水系的内在有机联系；根据分区需要进行空间组织。用等高线及高程表示出凸地形、平地形、凹地形变化；标注出水系最高水位、常水位、最低水位线；标注出主要各构筑物标高、广场高程，道路变坡点标高等。

(6)道路规划　首先，明确专类园的主要出入口，次要出入口与专用出入口。其次，注明主要广场的位置及主要环路的位置，以及作为消防的通道。再次，确定主干道、次干道等的位置以及各种路面的宽度、排水纵坡。最后，初步确定主要道路的路面材料、铺装形式等。图纸上用虚线画出等高线，再用不同的粗线、细线表示不同级别的道路及广场，并将主要道路的控制标高注明。

(7)种植设计　种植设计是花卉专类园的重点，是凸显特色的核心内容之一。主题花卉的种类、品种选择应以适生的乡土种类为主，再根据园址环境条件进行选择性引种驯化，增加物种多样性，丰富主题内容。在主题花卉搭配上，应注重花卉的观赏特点的变化与统一。在布局上，坚持科学分类，秉承“物以类聚”，可按颜色、品种、高矮进行合理布局。在景观营造方面，利用主题花卉和其他配景植物进行艺术配置。

(8)其他设计　为满足花卉专类园的正常运转，还需要对花卉专类园的给排水、供电照明、建筑小品进行规划设计。同时，为直观表达出设计意图和专类园中各主要景观节点形象，在总平面设计的基础上绘制鸟瞰图或局部效果图。最后，根据总平面设计编制一份文字说明书，全面地介绍设计者的构思、设计要点等内容。

4)局部设计

局部设计是一个将总体设计细化的过程，根据花卉专类园的不同功能分区，进行局部详细设计。包括局部平面图、尺寸标注、纵横剖面、局部种植设计等。

5)施工设计

根据已批准的设计方案进行更深入和具体化设计，并绘制施工设计图、编制预算、撰写施工设计说明书。其中施工设计图主要包括总平面索引图，竖向设计图，道路广场、种植设计、水体、建筑、管线设计图等。要求施工设计图精细准确，施工者能根据图纸完成与设计方案一致的建设工作。

23.3.4　设计要点

花卉专类园设计应注意以下几个问题：首先，应以花卉的生态习性为基础选择主题花卉和配景植物。其次，注重展示主题花卉的个体美与群体美。再次，在花卉选择时，注意花期、品种的搭配；可结合考虑其他具有相似观赏特性的花卉形成四季景观。从次，结合地域历史文化、民俗和花文化，提升专类园的文化内涵。最后，合理运用其他造园要素，如山石、建筑小品、雕塑、水景等营造丰富的艺术景观，为游人提供全方位的观赏空间和必要的游憩服务设施。例如，药用花卉专类园，可采用岩石堆砌镶边，既可增加药草园的观赏性，又可让游人休息观赏，同时可使药草园的地形不趋于单调，凸显药草园的层次感。设计自动喷灌系统，当开启自动喷雾后，使整个药草园雾气弥漫，犹如进入仙境，给人带来一种神秘色彩。

23.4 专类园种植施工

23.4.1 地形整理

整地的质量与花卉生长有重要关系，可以改进土壤物理性质，使水分空气流通良好，根系易于伸展，土壤松软有利于土壤水分的保持，不易干燥，可以促进土壤风化和有益微生物的活动，有利于可溶性养分含量的增加。通过整地可将土壤病菌害虫等翻于表层，暴露于空气中，经日光与严寒的灭杀，预防病虫害的发生。

在原机械平整场地的基础上，在花卉栽植区域进一步用机械粗平，特别是场内倒运土方过度密实的地块应深翻 40～50 cm，同时需施入大量有机肥。

整地应先翻起土壤、细碎土块，清除石块、瓦片、残根、断茎及杂草等所有杂物。基本粗平后，撒施充分腐熟的有机肥不少于 5 kg/m^2，然后用旋耕机深翻 30 cm 以上。整地在设计许可的范围内提高排水坡度以利排水防涝。

23.4.2 定点放线

用经纬仪、标杆、测绳、钢尺等仪器和工具参照已施工完毕的园路、广场等设施位置，按设计图纸要求测放出花卉栽植轮廓线。

23.4.3 起苗

起苗应在土壤湿润状态下进行，以使湿润的土壤附在根群上，同时避免掘苗时根系受伤。如天旱土壤干燥，应在起苗前一天或数小时充分灌水。裸根移植的苗，用手铲将苗带土掘起，然后将根群附着的土块轻轻抖落，勿将细根拉断或使受伤，随即进行栽植。栽植前勿使根群长时间暴露于强烈日光下或强风吹击之处，以免细根干缩，影响成活。带土移植的苗，先用手铲将苗四周铲开，然后从侧下方将苗掘出，保持完整的土球，勿令破碎。有时为保持水分的平衡，在苗起出后，可摘除一部分叶片以减少蒸腾。但若摘除叶片过多，由于减少光合作用面积，会影响新根的生长和幼苗以后的生长。

23.4.4 花卉选择和运输

花卉应选择健壮无病虫害的植株。因花卉抗逆性较差，所以运输距离一定要缩短，同时注意运输途中的保湿、保温、通风等设施。

23.4.5 栽植

栽植时间尽量选择无风的阴天进行，如工期紧张也应在上午 10 时以前，下午 2 时以后进行，避免中午阳光暴晒，并且在移植时应边栽植边喷水，以保持湿润，防止萎蔫。

栽植时应先按设计密度要求计算出株距(如 16 株/m^{2}一般情况下株距为 25 cm)，然后按株距要求栽植出轮廓线，再由外向内依照株行距逐行栽植。裸根栽植时应将根系舒展于穴中，勿使卷曲，然后覆土。为了使根系与土壤密接，必须适当镇压。镇压时压力应均匀向下，不应用力按茎的基部，以免压伤。带土球的苗栽植时，填土于土球四周并镇压之，不可镇压土球，以避免将土球压碎，影响成活和恢复生长。

花卉栽植深度应与原苗圃栽植深度相平或略浅，尤其是在回填土地段，以防止因栽植过深而造成根系积水，影响长势甚至死亡。

栽植完毕后，以细喷壶充分灌水。第 1 次充分灌水后，在新根未生出前，也不可灌水过多，否则根部易腐烂。小苗组织柔弱，根系较小而地上部分蒸腾量大，移植后数日应遮住强烈日光，以利于恢复生长。

运抵现场后的花卉 12 h 不能栽植完成的须临时假植，采用遮阳、喷水养护等措施。

23.5　栽植后的养护管理

23.5.1　整理修剪

栽后将枯枝败叶修剪清除干净，为防止病虫害的传播需烧掉或深埋。剪除枯枝、病枝、残枝或过密细弱的枝条，促进通风、透光，节省养分，改善株形。叶片过于茂密，影响开花结果，因此要摘去部分老叶、下脚叶和部分生长过密的叶。摘除某些枝条的顶芽，尤其是幼苗期早行摘心，可促进分枝，使植株成丛状，可增加花的数量，提高观赏价值。除掉过多的腋芽减少不必要的分枝，以及摘除过早发生的花蕾或过多的侧蕾，集中养分，使花朵大而美丽。根据各种花卉的外观形状，除去参差不齐的叶片，保持植株的外形美观。

23.5.2　浇水、排水

浇灌用水以清水为佳，以河水、湖水最为适宜，深井水在夏季时应经过晾晒 1～2 d 方可使用。夏季浇水应避开中午，以早晚为宜，深秋冬季浇水应在晴天上午 10 时左右进行。浇水时尽量以喷洒的方式，不宜直接浇在根部，要浇到根区的四周，引导根系向外伸展，以免影响正常开花或缩短花期。夏季降雨后应及时排水，以免因积水而造成根部腐烂死亡。

23.5.3　施肥

花卉栽后经过 10～20 d 缓苗以后，花前、花后各追施肥料一次，种类以经过沤制的饼肥加水稀释后在土壤较为干燥时进行开沟或穴施，施后第二天浇清水，以免“烧根”。全年施肥 5～6 次，要薄肥勤施。注意现蕾切忌施肥，否则会引起落花。在花卉现蕾前或落花后，还可用喷雾器叶面喷施浓度为 0.1%～0.3%磷酸二氢钾、尿素、硫酸亚铁等肥料，以补充钾、铁等元素。

23.5.4　中耕除草

雨后或浇灌后（土壤不能太湿时）应及时中耕，以保证土壤的通气性，提高花卉的长势，深度以不伤根为原则。花卉长势旺盛时节因根系密布且较浅，中耕易浅，以 3～5 cm 为宜，避免过深伤根。除草应在杂草发生之初，尽早进行。因此时杂草根系较浅，入土不深，易于去除，否则日后清除费力；杂草开花结实之前必须除清，否则一次结实后，需多次除草，甚至数年后始终不能清除；多年生杂草必须将其地下部分全部掘出，否则，地上部分不论刈除多少，地下部分仍能萌发，难以全部清除，也可结合中耕进行。

23.5.5　病虫害防治

花卉病虫害的发生较苗木更为严重，尤其像蚜虫、红蜘蛛、白粉病、黑斑病等花卉与苗木之间相互传播，在防治花卉病虫害的同时，也要对树木病虫害进行防治，同时适当增加花卉病虫害防治的次数。选用农药种类时应以高效、低毒、无公害、无味且对花卉无药害为原则，如用菊酯类农药更好，像敌敌畏、氧化乐果等高毒、易产生药害的农药则禁止使用。

思考题

1. 专类园的定义及特点。
2. 专类园按生物分类学层级可分为哪几类？
3. 请简述专类种植施工流程。
4. 专类园植物栽植后需要开展哪些必要的养护管理？
5. 请举例说明专类园设计的原则。
6. 现你所生活的城市拟建一个花卉专类园，请推荐一种专类园，并陈述将如何开展设计。

参考文献

[1] 包满珠. 花卉学[M]. 3 版. 北京:中国农业出版社,2011.

[2] 北京林业大学园林系花卉教研组. 花卉学[M]. 北京:中国林业出版社,2002.

[3] 常美花. 花卉育苗技术手册[M]. 北京:化学工业出版社,2019.

[4] 陈刚,温开德. 乔灌木花卉嫁接繁殖技术及在园林中的应用[J]. 现代园艺,2023(18):61-62.

[5] 陈俊愉,刘师汉. 园林花卉[M]. 上海:上海科学技术出版社,1990.

[6] 陈龙清,陈俊愉,包满珠. 论居群观念与花卉分类的关系[J]. 北京林业大学学报,1998(2): 76-82.

[7] 陈旭彤. 植物墙对 PM 2.5 的影响研究[J]. 防护林科技,2017(11):42-43,48.

[8] 陈耀东,马欣堂,杜玉芬,等. 中国水生植物[M]. 郑州:河南科学技术出版社,2012.

[9] 陈有民. 园林树木学(修订版)[M]. 北京:中国林业出版社, 2006.

[10] 陈志超. 球根花卉病虫害绿色防治技术[J]. 花卉,2023(18):166-168.

[11] 程东宇,杨春起. 花园球根植物[M]. 北京:中国林业出版社,2018.

[12] 池凌靖. 常绿木本观叶植物[M]. 北京:中国林业出版社,2004.

[13] 从睿,张开文. 林中雀鸟——禾雀花[J]. 园林,2017(9): 90-91.

[14] 戴红燕,华劲松. 对观赏稻的认识和思考 [J]. 作物杂志,2020(4):1-8.

[15] 戴慧,张笑笑,王苗苗. 徽派建筑特色在九华山花台停车楼设计中的表达[J]. 工业建筑,2014(5): 31-33.

[16] 戴思兰. 园林植物育种学[M]. 2 版. 北京:中国林业出版社,2022.

[17] 邓渭亮. 波叶玉簪栽培技术及在景观设计中的应用[J]. 河北农机,2023(4):142-144.

[18] 邓云飞,张力,李德铢. 国际藻类、菌物和植物命名法规(深圳法规)2018[M]. 北京:科学出版社,2021.

[19] 丁琼. 园林假山奇石景观施工技术研究[J]. 花卉, 2023(12): 76-78.

[20] 董国兴. 蝴蝶兰[M]. 北京:中国林业出版社,2004.

[21] 董丽,毛志滨,马越. 园林花卉应用设计[M]. 北京:中国林业出版社, 2010.

[22] 董永义,郭园,宫永梅.北方现代月季的栽培措施[J].内蒙古农业科技,2007(5):116-118.
[23] 董永义,宋旭,郭园.盆栽红掌的养护与管理[J].林业实用技术,2007(12):44-46.
[24] 董玉琛,郑殿升.中国作物及其野生近缘植物(粮食作物卷)[M].北京:中国农业出版社,2006.
[25] 杜比宁.植物育种的遗传学原理[M].赵世绪,译.北京:科学出版社,1974.
[26] 兑宝峰.番杏科生石花属多肉植物[J].中国花卉园艺,2020(12):34-36.
[27] 范友梅,王闯,赵晓娟,等.立体花坛设计解析——以玉渊潭公园"辉煌百年"花坛为例[J].现代园艺,2024(7):155-158.
[28] 方浩俊,周锡跃.观赏稻在园林景观中的应用分析 [J].中国稻米,2015(3):28-30,39.
[29] 费砚良,刘青林,葛红.中国作物及其野生近缘植物(花卉卷)[M].北京:中国农业出版社,2008.
[30] 葛志功.辽西地区栾树大规格苗培育技术与蝙蝠葛套种栽培技术[J].南方农业, 2017, 11(21):35-37.
[31] 古丽芬.浅谈园林花卉在城市绿化景观设计中的应用[J].南方农业,2020(23):27-28,48.
[32] 关文灵, 李叶芳.园林树木学 [M].北京:中国农业大学出版社,2017.
[33] 郭世荣,孙锦.无土栽培学[M].北京:中国农业出版社,2018.
[34] 郭玉琴,刘王锁.复瓣大花萱草生长特性与栽培技术[J].现代农业科技,2016(3):191-195.
[35] 郭志刚,张伟.球根类[M].北京:中国林业出版社,2001.
[36] 何荆洲,曾艳华,范继征,等.蝴蝶兰叶片对 CO_2 加富的生理响应[J].福建农业科技,2023(5):1-7.
[37] 何润年.3 种植物墙及其栽培的绿萝对甲醛净化的影响[D].广州: 仲恺农业工程学院, 2018.
[38] 湖北省住房和城乡建设厅.植物专类园设计规范:DB42/T1564-2020[S].湖北,2020.
[39] 胡楠, 王培严, 李雄.北京皇家园林内廷花园植物种类考证与植物配置研究[J].北京林业大学学报, 2022 (2): 100-114.
[40] 胡杨,赵勉,邱雨轩,等.药食同源中药铁皮石斛的研究进展[J].南京中医药大学学报,2024(1):94-108.
[41] 胡振华,王电龙.攀缘植物在北方水土保持生态修复中的应用[J].水土保持通报, 2007(1):99-101.
[42] 花杰,安春明.牡丹花期调控试验分析[J].河南林业科技,2024(1):22-24.
[43] 黄斌生.美人蕉栽培与管理技术[J].种子科技,2023(8):102-104.
[44] 黄定华.花卉花期调控新技术[M].北京:中国农业出版社,2009.
[45] 黄玲燕.一二年生草花[M].北京:中国农业大学出版社,1999.
[46] 贾俊丽,罗海蓉,梅雪莹,等.花卉在园艺疗法中的应用[J].安徽农业科学, 2022(22): 114-118.
[47] 贾新超,牛志平,高伟,等.迷迭香精油提取工艺及其化学成分研究[J].食品工业, 2024 (2):96-99.
[48] 江红生,廖祖滢,李伟,等.水生植物光合无机碳利用策略及其生态适应性[J].植物科学学报,2013(6):847-856.
[49] 蒋心笛,赵冰.低温及赤霉素对八仙花盆花花期调控技术的影响[J].北方园艺, 2024 (1): 67-75.
[50] 金洲,卢山,江俊浩,等.园艺植物花芽分化影响因素及机理研究进展[J].园艺学报,2023(5):1151-1164.
[51] 旷野.新西兰:花卉种植者的理想国家[J].中国花卉园艺,2018(9):58-59.
[52] 匡永和.组合式花台[J].中国园林, 1993, 9(3): 44-45.

[53] 乐平. 园林花卉产业发展现状及对策浅析[J]. 南方农业,2018(15):67-68.
[54] 李洪权. 月季名称和品种分类 [J]. 植物杂志，1987(3) ：20-21.
[55] 李军. 园林花卉[M]. 重庆:重庆大学出版社,2015.
[56] 李俊兰,崔淑芳,韩择林. 棉花新类型——观赏棉花 [J]. 中国棉花，2003 (9)：29-51.
[57] 李培松. 园林绿化中草花的自然式艺术配置探究[J]. 中国农业文摘(农业工程)，2023 (6)：72-75.
[58] 李婷婷，王昌明. 攀缘植物常春藤的景观应用 [J]. 现代农业科技，2018 (8)：152-154.
[59] 廖健鑫,周晚来,刘瑜,等. 薜荔在城市生态环境建设中的应用形式研究[J]. 绿色科技，2021，23(21)：14-17.
[60] 刘景安. 花卉产业中生命周期评价方法应用进展[J]. 热带农业科技,2023(3):62-67.
[61] 刘梦,董欣越,杨爱珍,等. 双酚 A 对合果芋叶片气体交换参数、叶绿素荧光参数和氧化损伤的影响[J]. 生态毒理学报,2022,17(6):409-418.
[62] 刘敏. 观赏植物学[M]. 北京:中国农业大学出版社,2016.
[63] 刘香芝. 园林花卉苗木繁殖培育及栽培管理技术[J]. 南方农业,2021(18):81-83.
[64] 刘晓芬,凌晓祺,向理理,等. 温度和赤霉素对春兰开花的调控[J]. 浙江农业学报,2023(2):355-363.
[65] 刘燕. 园林花卉学[M]. 4 版. 北京:中国林业出版社,2020.
[66] 刘颖,何海玲,徐小林,等. 废旧及环保材料在花坛设计上的应用——以扬州市为例[J]. 现代园艺,2023(5):170-172.
[67] 鲁良. 营养液栽培大全[M]. 北京:中国农业大学出版社,2006.
[68] 卢思聪,卢炜,朱崇胜,等. 室内观赏植物[M]. 北京:中国林业出版社,2014.
[69] 卢思聪,张毓,石雷,等. 世界栽培兰花百科图鉴[M]. 北京:中国农业大学出版社,2014.
[70] 陆欣,谢英荷. 土壤肥料学[M]. 北京:中国农业大学出版社,2011.
[71] 马强. 兰州市常见球根花卉及其栽培技术[J]. 现代园艺,2023(10):32-34.
[72] 孟繁胜,赵兰勇. 花卉繁殖与栽培技术[M]. 北京:中国林业出版社,2000.
[73] 孟雪,王志英，孟庆敏,等. 吊金钱和鸭跖草挥发物主要成分的抑菌作用[J]. 河南农业科学，2015，44(8)：87-91.
[74] 孟羽莎,赖齐贤. 观赏甘薯的应用及展望 [J]. 浙江农业科学，2019(12)：2181-2184,2244.
[75] 潘建义. 景观作物观赏栽培图鉴 [M]. 北京:中国农业科学技术出版社,2016.
[76] 潘艳花,王卫成,汤玲,等. 芍药花芽分化及花期调控研究进展[J]. 寒旱农业科学,2024(2):109-116.
[77] 裴宝红. 观赏草种植栽培养护管理技术[J]. 种子科技,2024(6):55-57.
[78] 邱茉莉，张爱芳，崔铁成. 花台在岭南四大名园中的应用[J]. 中国园林，2014 (6)：85-90.
[79] 全文燕,芦建国. 植物墙栽培介质和植物的选择[J]. 北方园艺,2012(11):85-88.
[80] 任武婷. 蝴蝶兰生根瓶苗的移栽与换盆后的养护[J]. 西北园艺(果树),2024(2):44-46.
[81] 桑林,贺颖华. 观赏宿根花卉的栽培及应用[M]. 昆明:云南科技出版社,2010.
[82] 沙沛烨,冼丽铧,翁殊,等. 广州园林绿地节庆主题花境与花坛应用调查[J]. 广东园林,2023(4):30-34.
[83] 沈漫,曹广才,袁兴福. 中国北方木本花卉[M]. 北京:中国农业科学技术出版社,2010.
[84] 史彦鹏,梁晓宇,王梅. 蝴蝶兰栽培技术规范[J]. 园艺与种苗,2023(9):23-25.

[85] 宋捷，田青. 4 种园林植物叶片的解剖结构及抗旱性[J]. 兰州大学学报(自然科学版)，2022(2)：262-269.
[86] 宋亮华，张丹. 现代园林景观设计中的花境设计[J]. 园艺与种苗，2023(8)：25-27，61.
[87] 苏坤，廖垚. 宋代绘画中园林花台样式研究[J]. 美术大观，2020(8)：110-117.
[88] 苏珊·池沃斯. 植物景观色彩设计[M]. 董丽，译. 北京：中国林业出版社，2007.
[89] 孙光闻，徐晔春. 一二年生草本花卉[M]. 北京：中国电力出版社，2011.
[90] 孙颖. 200 种花卉繁育与养护[M]. 北京：化学工业出版社，2015.
[91] 唐桂梅，黄国林，张力，等. 观光采摘型猕猴桃高效栽培创新模式及景观应用研究[J]. 湖南农业科学，2023(1)：77-79，88.
[92] 汤珏，包志毅. 植物专类园的类别和应用[J]. 风景园林，2005(1)：61-64.
[93] 田大伦，高述超，闫文德，等. 薜荔及其生长的土壤营养元素含量特征[J]. 中南林业科技大学学报，2010，30(1)：1-7.
[94] 田如男. 花境设计与常用花境植物[M]. 南京：东南大学出版社，2019.
[95] 田雪慧，何瑞林，欧雅丽. 花卉的分类及栽培[J]. 中国园艺文摘，2015(8)：171-172，180.
[96] 王成聪. 仙人掌与多肉植物大全[M]. 武汉：华中科技大学出版社，2011.
[97] 王成元，王霞. 现代月季的栽培技术及应用分析[J]. 种子科技，2023(14)：66-68.
[98] 王发国，陈红锋，刘东明，等. 广东省野生藤本植物资源及其在园林绿化中的应用[J]. 中南林业科技大学学报，2009(3)：157-161.
[99] 王凤忠，王东晖. 石斛[M]. 北京：中国农业科学技术出版社，2015.
[100] 王婕佳. 我国花卉产业国际竞争力分析与对策研究[J]. 北方园艺，2024(5)：132-138.
[101] 王凯歌. 中国传统文化在城市立体花坛景观中的设计应用[J]. 现代园艺，2023，46(17)：123-125.
[102] 王瑞琳，李欣. 一二年生草本花卉在园林中的应用[J]. 科教导刊(电子版)，2016(26)：186.
[103] 王彦华，王芳. 城市环境中月季花期调控现状及对策[J]. 现代农村科技，2021(6)：64.
[104] 王意成. 700 种多肉植物原色图鉴[M]. 南京：江苏科学技术出版社，2013.
[105] 韦三立. 多肉花卉[M]. 北京：中国农业出版社，2004.
[106] 武菊英. 观赏草及其在园林景观中的应用[M]. 北京：中国林业出版社，2008.
[107] 武苏里，朱首军，陈铁山，等. 葛藤在园林绿化中的应用[J]. 西北林学院学报，2004(3)：157-158.
[108] 吴应祥. 中国兰花[M]. 北京：中国林业出版社，1993.
[109] 熊超亿，王晓荣，刘艳利，等. 观赏草在城市景观中的应用与展望[J]. 江西农业，2024(8)：117-119.
[110] 徐达，邱浩杰，金慧. 智能化技术在家庭园艺景观养护中的设计探索与应用研究进展[J]. 园林，2024(1)：119-126.
[111] 杨常锋，汉翠，郑春兰. 日光温室盆栽红掌栽培技术要点[J]. 现代园艺，2020(19)：100-101.
[112] 杨春华，张建，张璐. 观赏草资源学[M]. 北京：中国林业出版社，2015.
[113] 杨春起，李婷. 花园宿根植物[M]. 北京：中国林业出版社，2018.
[114] 杨帆，焉志远，韩辉，等. 水生植物在水体污染修复中应用研究进展[J]. 国土与自然资源研究，2024(2)：73-74.
[115] 杨晗. 公园绿地中草本花卉设计创新思考[J]. 现代园艺，2021(6)：94-95.
[116] 杨利平，和凤美. 园林花卉学[M]. 北京：中国农业大学出版社，2017.

[117] 杨伽飞，郝转.多肉植物的特点及应用价值研究进展[J].现代园艺，2020，43（19）：112-114.
[118] 杨小英，王利凯，马小梅，等.干旱胁迫对八仙花生理特性及叶片结构的影响[J].北方园艺，2023（11）：75-80.
[119] 宜平.园林花境景观设计[M].2版.北京：化学工业出版社，2020.
[120] 叶子易，胡永红.2010年世博主题馆植物墙的设计和核心技术[J].中国园林，2012(2)：76-79.
[121] 袁小环.观赏草与景观[M].北京：中国林业出版社，2015.
[122] 岳莉然，陈楚怡，刘铭宇，等.不同直插型基质对3种盆栽菊花生长的影响以及综合评价[J].东北林业大学学报，2024(1)：21-29.
[123] 岳桦，孙颖，董云霞.4种室内花卉耐荫性的研究[J].北方园艺，2004(1)：54-55.
[124] 臧德奎，金荷仙，于东明.我国植物专类园的起源与发展[J].中国园林，2007(6)：62-65.
[125] 张丹妮，张磊，张玉.植物活墙对办公建筑室内 CO_2 净化及节能效果[J].建筑科学，2024(2)：100-110.
[126] 张德顺，姚鳗卿，陈莹莹，等.植物专类园的规划设计[J].园林，2023(9)：4-13.
[127] 张洁，王晓娥.巴东醉鱼草浸膏对4种病害药效的初步研究[J].陕西农业科学，2022（7）：57-59，72.
[128] 张菊平.园艺植物育种学[M].北京：化学工业出版社，2019.
[129] 张林霞，张蔚，张书婷，等.矮牵牛花朵大小及相关性状遗传分析[J].河南农业科学，2024(2)：118-127.
[130] 张棚.园林景观中的园林花卉设计[J].文化产业，2023(36)：100-102.
[131] 张庆刚.花卉植物造景手法在园林绿化设计中的应用探析[J].花卉，2022（2）：47-48.
[132] 张森行.朱砂根盆花质量和检测评定[J].中国花卉园艺，2020（18）：44-45.
[133] 张秀敏.试析花坛的作用及设计施工[J].内蒙古林业调查设计，2014(3)：84-85.
[134] 张雅慧，廖景平，张容妹，等.华南植物园藤本植物专类园规划设计[J].中国园林，2020(10)：92-97.
[135] 张彦妮.园林花卉[M].北京：高等教育出版社，2021.
[136] 赵春花.宿根花卉种植中存在的问题及养护管理探讨[J].种子科技，2023(9)：91-93.
[137] 赵家荣.水生花卉[M].北京：中国林业出版社，2002.
[138] 赵攀，郑育桃，邓涛，等.水生植物在水污染治理中的应用分析[J].农业灾害研究，2023(5)：152-154.
[139] 赵生兰.一二年生花卉与宿根花卉在植物造景中的配置与应用[J].花卉，2019(18)：114.
[140] 赵玉安，冯建，王俊.爱之蔓栽培技术[J].南方农业(园林花卉版)，2010(5)：72-73.
[141] 赵运林，刘享平，刘春元，等.薜荔(*Ficus pumila* L.)生物学及其开发利用的研究[J].湖南科技大学学报(社会科学版)，1991(6)：37-42.
[142] 郑诚乐，金研铭.花卉装饰与应用[M].2版.北京：中国林业出版社，2022.
[143] 郑殿升，刘旭，黎裕.起源于中国的栽培植物[J].植物遗传资源学报 2012(1)：1-10.
[144] 中华人民共和国住房和城乡建设部.植物园设计标准：CJJ/T300-2019[S].北京：中国建筑工业出版社，2020.
[145] 仲为伟，涂小云，张爱霞，等.切花郁金香设施栽培技术[J].北方园艺，2011(18)：65-67.
[146] 周青."以控为促"技术在花期调控和促根中的应用技术[J].现代园艺，2022(8)：30-32.

[147] 朱剑峰，袁玲，陈媛媛，等. 关于《植物专类园设计规范》制订中若干问题的探讨[J]. 华中师范大学学报：自然科学版，2022(4)：635-640.

[148] 朱桥明. 欧洲花卉产业的发展模式及其启示[J]. 广东园林，2020(3)：59-63.

[149] 朱晓宇，孙晓娜. 园林植物景观配置中花境植物设计研究[J]. 花卉，2023(12)：67-69.

[150] 朱萱，高康，滕文军，等. 遮荫对 5 种观赏草表型的影响及耐荫性评价[J]. 草地学报，2023(7)：2096-2106.

[151] 庄元. 红色展览叙事中的植物与花卉设计研究[J]. 中国林业产业，2023(11)：35-37.

[152] J G Hawkes. The diversity of crop plants[M]. Cambridge：Harvard University Press，1983.